中国国家标准汇编

643

GB 31835～31856
（2015 年制定）

中国标准出版社　编

中国标准出版社
北　京

图书在版编目(CIP)数据

中国国家标准汇编:2015年制定.643:
GB 31835～31856/中国标准出版社编.—北京:
中国标准出版社,2016.10
ISBN 978-7-5066-8392-0

Ⅰ.①中… Ⅱ.①中… Ⅲ.①国家标准-
汇编-中国-2015 Ⅳ.①T-652.1

中国版本图书馆CIP数据核字(2016)第214584号

中国标准出版社出版发行
北京市朝阳区和平里西街甲2号(100029)
北京市西城区三里河北街16号(100045)

网址 www.spc.net.cn
总编室:(010)68533533 发行中心:(010)51780238
读者服务部:(010)68523946

中国标准出版社秦皇岛印刷厂印刷
各地新华书店经销

*

开本 880×1230 1/16 印张 33 字数 998 千字
2016年10月第一版 2016年10月第一次印刷

*

定价 220.00 元

出 版 说 明

1.《中国国家标准汇编》是一部大型综合性国家标准全集。自1983年起，按国家标准顺序号以精装本、平装本两种装帧形式陆续分册汇编出版。它在一定程度上反映了我国建国以来标准化事业发展的基本情况和主要成就，是各级标准化管理机构，工矿企事业单位，农林牧副渔系统，科研、设计、教学等部门必不可少的工具书。

2.《中国国家标准汇编》收入我国每年正式发布的全部国家标准，分为"制定"卷和"修订"卷两种编辑版本。

"制定"卷收入上一年度我国发布的、新制定的国家标准，顺延前年度标准编号分成若干分册，封面和书脊上注明"20××年制定"字样及分册号，分册号一直连续。各分册中的标准是按照标准编号顺序连续排列的，如有标准顺序号缺号的，除特殊情况注明外，暂为空号。

"修订"卷收入上一年度我国发布的、被修订的国家标准，视篇幅分设若干分册，但与"制定"卷分册号无关联，仅在封面和书脊上注明"20××年修订-1,-2,-3,……"字样。"修订"卷各分册中的标准，仍按标准编号顺序排列(但不连续)；如有遗漏的，均在当年最后一分册中补齐。需提请读者注意的是，个别非顺延前年度标准编号的新制定的国家标准没有收入在"制定"卷中，而是收入在"修订"卷中。

读者配套购买《中国国家标准汇编》"制定"卷和"修订"卷则可收齐由我社出版的上一年度我国制定和修订的全部国家标准。

3.由于读者需求的变化，自1996年起，《中国国家标准汇编》仅出版精装本。

4.2015年我国制修订国家标准共2 113项。本分册为"2015年制定"卷第643分册，收入国家标准GB 31835～31856的最新版本。

中国标准出版社

2016年8月

目　　录

ICS 13.280
F 84

中华人民共和国国家标准

GB/T 31835—2015

用于探测与报警放射性材料的袖珍式个人辐射仪

Pocket-type personal radiation devices(PRD) for detection and alarming of radioactive material

(IEC 62401:2007, Radiation protection instrumentation—Alarming personal radiation devices(PRD) for detection of illicit trafficking of radioactive material, MOD)

2015-07-03 发布　　2016-02-01 实施

中华人民共和国国家质量监督检验检疫总局
中国国家标准化管理委员会　发布

前　言

本标准按照GB/T 1.1—2009给出的规则起草。

本标准使用重新起草法修改采用IEC 62401:2007《辐射防护仪器　用于探测非法运输放射性物质的个人辐射报警装置》。

为了便于使用，本标准对IEC 62401:2007做了下列技术性和编辑性修改：

——标准名称改为"用于探测与报警放射性材料的袖珍式个人辐射仪"；

——删去引言；

——在"2　规范性引用文件"中增加GB/T 4835.1—2012和IEC 61526:2010，以GB/T 4960.6—2008代替IEC 60050-393:2003和IEC 60050-394:2007；

——在"3　术语和定义"中增加术语"袖珍式个人辐射仪""核材料""放射性物质""放射性材料"和"参考条件"及其定义；对该标准的术语按逻辑顺序和类别重新排序，将"装置的参考点"改为"辐射仪的参考点"，"误报"中对"误报率"进行了注解，删掉了标准中未用到的名词术语，如"量的约定真值""装置""有效测量范围""读出""标准偏差""常规试验""验收试验""方差"等；

——4.2.1将"辐射仪的整体尺寸(不包括夹子、夹持装置或外部报警器)不宜超过长200 mm、宽100 mm和厚50 mm"改为"辐射仪的整体尺寸(不包括夹子、夹持装置或外部报警器)不宜超过长150 mm、宽80 mm和厚30 mm"；

——4.2.3的列项说明a)和b)改为4.2.3.1和4.2.3.2；

——5.2.3.1和5.2.3.2的列项说明a)和b)改为5.2.3.1.1、5.2.3.1.2和5.2.3.2.1、5.2.3.2.2；

——5.3.1.2下面的悬置段改为5.3.1.2.1"概述"，列项说明a)和b)改为5.3.1.2.2和5.3.1.2.3；

——删除6.1的内容；

——由于参考文献的GB/T 4835.1—2012和IEC 61526:2010在"1　范围"中引用，将这两个标准列入"2　规范性引用文件"，故删除参考文献。

本标准由全国核仪器仪表标准化技术委员会(SAC/TC 30)归口。

本标准起草单位：中国人民解放军防化研究院第二研究所。

本标准主要起草人：邵晖、李志远、胡俊丽、崔辉、樊海军、邵建辉、刘正。

用于探测与报警放射性材料的袖珍式个人辐射仪

1 范围

本标准规定了用于探测与报警放射性材料的袖珍式个人辐射仪(PRD)的设计、功能准则、性能要求和试验方法。

本标准适用于人体佩戴的袖珍式个人辐射仪。PRD 用于探测和指示贯穿电离辐射(包括光子和/或中子)的存在和大概的量级,警告用户有明显高于当地平均本底水平的放射源存在,但不用于提供剂量当量率的测量。

本标准不适用于 GB/T 4835.1—2012、IEC 61526:2010 涉及的辐射防护仪器的性能。

当 PRD 用于其他条件而不是佩戴在人体上时,其有关中子的性能可能降低。

2 规范性引用文件

下列文件对于本文件的应用是必不可少的。凡是注日期的引用文件,仅注日期的版本适用于本文件。凡是不注日期的引用文件,其最新版本(包括所有的修改单)适用于本文件。

GB 4208—2008 外壳防护等级(IP 代码)(IEC 60529:2001,IDT)

GB/T 4835.1—2012 辐射防护仪器 β、X 和 γ 辐射周围和/或定向剂量当量(率)仪和/或监测仪 第 1 部分:便携式工作场所和环境测量仪与监测仪(IEC 60846-1:2009,IDT)

GB/T 4960.6—2008 核科学技术术语 第 6 部分:核仪器仪表(IEC 60050-393:2003、IEC 60050-394:2007,NEQ)

GB/T 12162.1—2000 用于校准剂量仪和剂量率仪及确定其能量响应的 X 和 γ 参考辐射 第 1 部分:辐射特性和产生方法(ISO 4037-1:1996,IDT)

GB/T 12162.2—2004 用于校准剂量仪和剂量率仪及确定其能量响应的 X 和 γ 参考辐射 第 2 部分:辐射防护用的能量范围为 80 keV~1.3 MeV 和 4 MeV~9 MeV 的参考辐射的剂量测定(ISO 4037-2:1997,IDT)

GB/T 12162.3—2004 用于校准剂量仪和剂量率仪及确定其能量响应的 X 和 γ 参考辐射 第 3 部分:场所剂量仪和个人剂量计的校准及其能量效应和角响应的测定(ISO 4037-3:1999,IDT)

GB/T 14055.1—2008 中子参考辐射 第 1 部分:辐射特性和产生方法(ISO 8529-1:2001,IDT)

GB/T 14055.2—2012 中子参考辐射 第 2 部分:与表征辐射场基本量相关的辐射防护仪表校准基础(ISO 8529-2:2000,IDT)

GB/T 17626.2—2006 电磁兼容 试验和测量技术 静电放电抗扰度试验(IEC 61000-4-2:2001,IDT)

GB/T 17626.3—2006 电磁兼容 试验和测量技术 射频电磁场辐射抗扰度试验(IEC 61000-4-3:2002,IDT)

IEC 61526:2010 辐射防护仪器 测量 X、γ、中子和 β 辐射个人剂量当量 $H_p(10)$ 和 $H_p(0.07)$ 直读式个人剂量当量仪(Radiation protection instrumentation—Measurement of personal dose equivalents $H_p(10)$ and $H_p(0,07)$ for X, gamma, neutron and beta radiations—Direct reading personal dose equivalent meters)

ISO 8529-3:1998 中子参考辐射 第3部分:区域和个人剂量仪的校准及其响应随中子能量和入射角变化的确定(Reference neutron radiations—Part 3: Calibration of area and personal dosimeters and determination of response as a function of neutron energy and angle of incidence)

3 术语和定义、量和单位

3.1 术语和定义

GB/T 4960.6—2008 界定的以及下列术语和定义适用于本文件。

3.1.1

袖珍式个人辐射仪 pocket-type instruments

体积小、质量轻可在人身上佩戴与携带的探测放射性材料的仪器(以下简称辐射仪)。

3.1.2

辐射仪的参考点 reference point of an assembly

用于指示探测器灵敏体积中心位置而在辐射仪外面刻印的一种标志点。

3.1.3

A-加权声级 A-weighted sound level

按照人耳频率响应的标准频率响应曲线得到的频率加权声谱。

3.1.4

报警 alarm

当辐射仪读数超过一个预定值或处于预定范围之外时,触发辐射仪预设的听觉、视觉或其他信号。

3.1.5

误报 false alarm

由本底辐射水平的统计涨落导致的辐射仪报警。

注1:误报也可由周围的射频干扰引起,但设计优良的辐射监测仪可以克服这类问题。

注2:误报产生的概率称为误报率。

3.1.6

本底水平 background level

在没有被测源存在的条件下,所有源的剂量或剂量率(或与剂量或剂量率有关的可观察测量值)。

3.1.7

参考条件 reference condition

为了进行校准与比较的试验,对气候等环境的各种影响量规定的一组单一数值的条件。

3.1.8

标准试验条件 standard test condition

在辐射仪试验期间,为实现参考条件,对其各影响量规定容许变化范围的一组条件,又称规定的参考条件。

3.1.9

准确度 accuracy

测量结果与被测量的真值之间的符合程度。

3.1.10

相对固有误差 relative intrinsic error

在规定的参考条件下,受到规定的参考辐射照射时,仪器读数 M 与被测量约定真值 CTV 之差除以约定真值乘100%,见式(1):

$$\varepsilon_{REL}=\frac{M-CTV}{CTV}\times 100\% \qquad \cdots\cdots(1)$$

3.1.11

不确定度(测量中的)　uncertainty

说明测量结果的参数，用以表征被测量的真值散布性。测量结果的不确定度一般可归并为两类分量，A 类分量是对一系列观测值用统计方法计算的那些分量；B 类分量是用其他方法计算的那些分量。A 类、B 类分量以标准差定量表示为标准不确定度，并综合为合成标准不确定度，为增大置信概率将其乘以包含因子(k)而得到扩展不确定度，此时 k 值应加以说明。

3.1.12

影响量　influence quantity

不是被测量但能影响被测量值或辐射仪指示值的量，影响量可来自辐射仪外部或内部。

3.1.13

测量点　point of measurement

约定真值已确定的位置，试验时将辐射仪的参考点置于该点上。

3.1.14

响应　response

辐射仪读数与被测量约定真值的比值。

3.1.15

型式试验　type test

对代表生产的一个或多个产品样本进行的符合性试验。

3.1.16

验收试验　acceptance test

向顾客证明产品符合其某些规范要求，按合同规定进行的试验。

3.1.17

核材料　nuclear material

任何含有钚(但 ^{238}Pu 同位素浓度超过 80% 者除外)、^{233}U、浓缩铀(^{235}U 或 ^{233}U)、非矿石或矿渣形式的含天然存在的同位素混合物的铀，上述一种或多种成分的材料。

3.1.18

放射性物质　radioactive substance

因其放射性而被国家法律或监管机构指定需要接受监管控制的物质。

3.1.19

放射性材料　radioactive material

核材料和其他放射性物质的统称。

3.2　量和单位

本标准使用国际单位制(SI)，包括国际单位制的倍数单位和分数单位，必要时相应的旧单位(非SI)可在方括号中给出。

还可使用以下单位：

——能量：电子伏特(符号：eV)，1 eV＝1.602×10^{-19} J；

——时间：年(符号：a)，天(符号：d)，小时(符号：h)，分(符号：min)。

在实际使用时，也可使用国际单位制的倍数和分数单位。

4 设计要求

4.1 一般要求

使用本标准进行试验的辐射仪是人体佩戴并用于探测和指示辐射场存在及辐射水平的大概量级。这些辐射仪不用于提供剂量当量率的测量，制造商可提供光子辐射空气比释动能率的非强制显示，也可选择以 $Sv \cdot h^{-1}$ 表示的周围剂量当量率，由制造商作出修正。

使用本标准进行试验的辐射仪应能以低误报率，快速警告用户辐射水平略有升高。

辐射仪应提供以下特点：

a) 非专家用户易于使用；

b) 单独的光子和中子报警(如果提供中子响应)具有相应的视觉和听觉报警；

c) 听觉和(或)视觉指示对应于辐射水平(例如，辐射水平增加对应的蜂鸣声音调升高或发生频度增加)；

d) 在所有照明条件下(包括黑暗)，指示应易读；

e) 小型、外壳坚固耐用、抗振和防水；

f) 保护所有工作参数的设置(如果适用)；

g) 自检(诊断)能力；

h) 电池状态指示。

辐射仪还宜提供以下特点：

——被探测辐射类型的单独指示(光子和/或中子)；

——秘密行动中的无声报警，如振动报警和(或)用户可调音量(适应人耳听觉灵敏度和噪声水平大范围变化)的耳机报警；

——可预置的高空气比释动能率报警；

——可储存报警时间史并有输出至计算机的接口。

4.2 机械要求

4.2.1 尺寸

辐射仪的整体尺寸(不包括夹子、夹持装置或外部报警器)不宜超过长 150 mm、宽 80 mm 和厚 30 mm，除非将其置于其他装置中。

4.2.2 质量

完整辐射仪的质量不宜超过 400 g。

4.2.3 报警特性

4.2.3.1 佩戴位置

辐射仪可戴在能始终将报警感知于佩戴者的身体部位。

4.2.3.2 报警类型

报警声响频率宜在 1 000 Hz～4 000 Hz 之间。当提供间歇报警时，信号间隔不应超过 2 s。在离声源 30 cm 处，报警声级应至少达 85 dB(A)，而 A-加权声级则不应超过 100 dB(A)。当环境噪声水平使报警信号听不到或必需静音报警时，应提供视觉、振动或其他形式的附加报警信号。

4.2.4 外壳结构

辐射仪外壳应光滑、坚固、耐机械冲击、防尘和防水。应提供使辐射仪牢固佩戴于使用者身上的手段(例如:用夹子或环固定),且应注意探测器所需要的取向、报警类型和显示。

4.2.5 参考点标志

应在辐射仪上清楚地标明用于校准和试验目的的参考点位置。

4.2.6 开关

任何外部开关应进行有效的保护,以防止意外或未经授权的操作。

4.3 电磁要求

应采取特别预防措施,保证存在电磁骚扰时(尤其是射频辐射场)辐射仪能正常工作。

5 性能试验

5.1 一般试验条件

5.1.1 试验特性

表1给出了环境量以及那些可能影响辐射仪性能的其他量所要求的标准试验条件。通过环境条件或量本身对辐射仪性能的影响试验,应得出满足这些量可接受的试验范围。环境量(例如:温度和湿度)称为影响量。应在参考条件下进行测量或校准。由于参考条件未必能实现或方便获得,可使用标准试验条件。在这种情况下,应对参考条件进行修正。

除非另有说明,本标准中的试验均认为是型式试验(见表1)。通过在相应条款中给出的试验方法来评价所给的技术要求。应将辐射仪及其任何附件一起在同一条件下进行本标准的所有试验。对于没有规定试验方法的,可根据观测或制造商的技术规格书验证辐射仪的性能。用户可使用本标准的某些部分作为验收试验。

5.1.2 参考条件和标准试验条件

表1给出了参考条件和标准试验条件。除非另有规定,本标准中的试验应在表1第3列给出的标准试验条件下进行。

5.1.3 标准试验条件下进行的试验

标准试验条件下进行的试验列于表2,表2给出了试验中的每一特性及其要求和相应试验方法的条款号。对于这些试验,应说明试验时的温度、压力和相对湿度值并进行适当的修正,以便给出参考条件下的响应。

5.1.4 随影响量变化进行的试验

这些试验用于确定表2给出的影响量变化所带来的影响,所有其他的影响量应保持在表1给出的标准试验条件的限值以内,除非在有关的试验方法中另有说明。

5.1.5 统计涨落

对于任何使用辐射的试验,如果单独由辐射随机性引起的统计涨落在试验的允许指示值变化中占有显著份额，则为了验证该项试验是否满足要求，就应取足够多的读数，以保证有足够的准确度估算这些读数的平均值。

相邻两次读数之间的时间间隔应足够长，以保证这些读数统计学的独立性。

5.2 辐射试验

5.2.1 一般试验要求

应将辐射仪的参考点置于测量点。辐射仪的取向应与制造商说明的辐射场方向相一致。

γ 试验应使用^{241}Am、^{137}Cs 和^{60}Co 放射源，中子试验应使用^{252}Cf 中子源。

5.2.2 辐射仪调试

将辐射仪置于标准试验条件下，接通电源，按说明书调整，从接通辐射仪的时刻算起，稳定和本底水平探测过程不应超过 1 min 的稳定时间(见表 1)。当为验证空气比释动能率本底和调整辐射仪而需要移动辐射仪时，允许进行类似的调整和规定稳定时间(如要求)。

5.2.3 γ 辐射响应

5.2.3.1 要求

5.2.3.1.1 相对固有误差

注：仅适用于能显示空气比释动能率的辐射仪。

在标准试验条件下，在制造商说明的空气比释动能率指示值范围内，辐射仪对^{137}Cs 光子参考辐射响应的相对固有误差不应超过±30％。

5.2.3.1.2 γ 辐射报警

在辐射仪的参考点，当空气比释动能率在不大于 0.5 s 的时间内增加 0.5 μGy·h^{-1}(±20％)时，辐射仪应在 2 s 内触发 γ 报警。在 60 keV～1 330 keV γ 射线能量范围内应满足该要求。在本底空气比释动能率约为 0.1 μGy·h^{-1}和 0.3 μGy·h^{-1}处应满足该要求。

应在辐射仪的参考点测量空气比释动能率。使用^{137}Cs 源将天然本底辐射水平增加至所要求的本底空气比释动能率±30％以内。

5.2.3.2 试验方法

5.2.3.2.1 相对固有误差

注：仅适用于能显示空气比释动能率的辐射仪。

应使用^{137}Cs 源至少进行三个点的空气比释动能率试验。一个大约在 0.1 μGy·h^{-1}、一个大约在最大指示量程的 90％和一个大约在最大指示量程的 50％。

5.2.3.2.2 γ 辐射报警

应使用^{241}Am、^{137}Cs 和^{60}Co 源进行试验。应已知在测量点产生的空气比释动能率，其不确定度小于 20％(k=2)。整个辐射仪在试验时应处于均匀辐射场中。

当空气比释动能率分别从本底水平的 0.1 μGy·h^{-1}和 0.3 μGy·h^{-1}增加 0.5 μGy·h^{-1}(置信水平为 95％)以后，应在 2 s 内触发报警。

5.2.4 误报率

5.2.4.1 要求

在 5.2.3 规定的所有环境本底辐射水平中，误报的平均间隔时间应大于 1 h。

5.2.4.2 试验方法

无论使用多少相同辐射仪放置在 5.2.3 给出的本底空气比释动能率辐射环境中，应至少监测 30 个仪器小时(例如：三台辐射仪，每台辐射仪工作 10 h)。在此期间，报警次数不应超过 30 次。

5.2.5 辐射水平渐增的探测

5.2.5.1 要求

当辐射仪佩戴者慢慢接近放射源或是放射源接近辐射仪时，辐射仪的报警阈值不应受辐射水平缓慢增加的影响。

5.2.5.2 试验方法

应将试验点设在距 ^{137}Cs 源 1 m±0.3 m 处，该点的空气比释动能率为超过辐射仪参考点本底 0.5 μGy·h^{-1}。以大约 0.1 m·s^{-1}的速度从距试验点 5 m 处将辐射仪向试验点移动并在试验点处停止。应在辐射仪到达试验点后的 2 s 内触发报警。使辐射仪返回原点，待辐射仪稳定后重复 9 次该过程。如果 10 次试验 8 次报警，则试验通过。

5.2.6 过载

5.2.6.1 要求

当空气比释动能率大于制造商规定的最大空气比释动能率 50 倍或为 1 mGy·h^{-1}(取较大的值)时，辐射仪应指示过载。在过载期间，应持续给出报警指示。

5.2.6.2 试验方法

将辐射仪置于空气比释动能率从本底阶跃变化为由制造商规定的最大空气比释动能率 50 倍或为 1 mGy·h^{-1}(取较大的值)中持续 5 min，辐射仪应在发生阶跃变化的 5 s 内触发报警并指示处于过载状态，同时在整个照射期间应始终处于该状态。

5.2.7 中子探测(如提供)

5.2.7.1 要求

当在距辐射仪参考点 25 cm 处用发射率为 2×10^4 s^{-1}(±20%)的 0.01 μg ^{252}Cf 中子源照射时，辐射仪应在照射时间的 5 s 内触发中子报警。

5.2.7.2 试验方法

应在低散射辐照设施(见 GB/T 14055.1—2008)中或与辐射仪一起置于距所有侧面至少 1 m 的开放区域进行中子试验。

按 ISO 8529-3:1998 的规定，将辐射仪置于 30 cm×30 cm×15 cm 标准水箱体模(或选择的其他体模)的有机玻璃前表面的中心，面对中子源，应使用 1 cm 的铅屏蔽中子源的 γ 辐射。在不大于 2 s 的时间内，用发射率为 2×10^4 s^{-1}(±20%)的 0.01 μg ^{252}Cf 中子源，使距辐射仪参考点 25 cm 处的中子场增加至所要求的水平。在辐射场增加后的 5 s 内，辐射仪应指示中子的存在。降低辐射场水平并另外重复 9 次试验。如果照射 10 次有 8 次指示中子存在，则试验通过。

注：距发射率为 $2\times10^{4}\,s^{-1}$ 中子源的 25 cm 处测量点，中子注量率约等于 2.55 $cm^{-2}\cdot s^{-1}$。

5.2.8 中子探测器的 γ 响应

5.2.8.1 要求

将辐射仪放置在 ^{60}Co γ 辐射场中，当辐射仪参考点的空气比释动能率达到 100 μGy·h^{-1}（±20%），在持续照射时间 100 s 内不应触发中子报警。

注：根据国际原子能机构的建议，空气比释动能率 100 μGy·h^{-1} 是已被选定作为执法部门作业中应作出响应的最高容许值（距对象 1 m 处）。根据国际原子能机构的运输管理规定，这也是距离货物 1 m 处（运输指数为 10）允许的最高空气比释动能率。

5.2.8.2 试验方法

将辐射仪放置在 ^{60}Co 辐射场中，辐射仪参考点空气比释动能率为 100 μGy·h^{-1}（±20 %），照射时间 100 s，不应触发中子报警。源与辐射仪之间的距离不应小于 50 cm。

5.3 环境试验

5.3.1 温度试验

5.3.1.1 要求

在 −20 ℃～40 ℃温度范围内，辐射仪应在超过环境本底 0.5 μGy·h^{-1} 时功能正常并给出报警。作为温度变化的结果，辐射场量值指示值或空气比释动能率指示值（如提供）的变化不应超过指示值的 ±30% 或指示值的一个单位（取较大的值）。

辐射仪不应有可见的外观损坏并应验证所有控制功能正常。

如果制造商说明辐射仪具有较宽的工作温度范围，应在该范围内试验辐射仪正确执行其功能的能力。

5.3.1.2 试验方法

5.3.1.2.1 概述

在开始每一项试验之前，应将辐射仪置于 20 ℃±2 ℃环境中 30 min。环境的相对湿度应小于 65%，以防止在试验期间冷凝。

温度冲击和温度变化试验应按以下步骤，一次在 50 ℃±5 ℃的极端高温下进行，一次是在 −20 ℃±3 ℃的极端低温下进行。

5.3.1.2.2 温度冲击试验——室温到高温极值和低温极值

将辐射仪置于 20 ℃的试验箱，然后将试验箱温度在 5 min 内改变至极限温度。在 30 min 内，应记录读数随时间的变化。在这部分试验结束时，以相同的方法将辐射仪置于 20 ℃±2 ℃的环境中 30 min，并在这段时间的最后记录辐射仪的读数。读数（如提供）变化不应超过指示值的 ±30% 或指示值的一个单位（取较大的值）。

用产生超过环境辐射本底水平 0.5 μGy·h^{-1} 空气比释动能率的 ^{137}Cs 源照射辐射仪，辐射仪应功能正常并给出报警。

5.3.1.2.3 温度变化试验——室温到高温极值和低温极值

应将辐射仪置于 20 ℃±2 ℃的试验箱。以大约 10 ℃・h^{-1}的速率将温度线性地改变至极限温度(高温或低温)。应记录在此期间发生的读数变化。将试验箱温度维持在极限温度 30 min 并记录辐射仪的读数。读数(如提供)变化不应超过指示值的±30%或指示值的一个单位(取较大的值)。

用产生超过环境辐射本底水平 0.5 μGy・h^{-1}空气比释动能率的^{137}Cs 源照射辐射仪,辐射仪应功能正常并给出报警。

5.3.2 湿度试验

5.3.2.1 要求

35 ℃时,在 40%～93%相对湿度范围内,辐射仪应在超过环境本底 0.5 μGy・h^{-1}时功能正常并给出报警。作为湿度变化的结果,辐射场量值指示值或空气比释动能率指示值(如提供)的变化不应超过指示值的±30%或指示值的一个单位(取较大的值)。

辐射仪不应有可见的外观损坏并应验证所有控制功能正常。

5.3.2.2 试验方法

如果环境试验箱能提供适当的设置,湿度试验可以和温度试验一起进行。

应将辐射仪置于 20 ℃±2 ℃、相对湿度约为 65%的环境试验箱并稳定 30 min。应记录在此期间发生的读数变化。应分别将温度增加至 35 ℃、相对湿度以每小时大约 10%的速率增加至 93%,试验箱内的相对湿度和温度应维持 30 min 并记录辐射仪的读数。然后以每小时大约 10%的速率将相对湿度降至 40%,而温度仍保持在 35 ℃。应记录在此期间发生的读数变化。辐射仪的读数(如提供)变化不应超过指示值的±30%或指示值的一个单位(取较大的值)。

用产生超过环境辐射本底水平 0.5 μGy・h^{-1}空气比释动能率的^{137}Cs 源照射辐射仪,辐射仪应功能正常并给出报警。

5.3.3 防尘和防水试验

5.3.3.1 要求

辐射仪外壳的设计应满足 IP 53(见 GB 4208—2008)的要求,即应保护辐射仪免受灰尘和淋水的进入。IP 53 防护并不能完全防止灰尘的进入,但进入的灰尘量不应妨碍辐射仪的正常工作或削弱其安全性,并且与垂直面方向左右夹角在 60°以内的淋水不应对辐射仪造成有害影响。

作为防尘和防水试验的结果,辐射场量值指示值或空气比释动能率指示值(如提供)的变化不应超过指示值的±30%或指示值的一个单位(取较大的值)。辐射仪不应有可见的外观损坏并应验证所有控制功能正常。

对规定具有防盐雾功能的辐射仪,在经受盐水喷淋后应呈现同样的性能。

5.3.3.2 防尘试验方法

应使用防尘箱(GB 4208—2008 的 2 类)进行试验,密闭试验室的粉尘循环泵可用能使滑石粉(或硅酸盐水泥)悬浮的其他方法来代替。滑石粉用量宜为每立方米试验室容积 2 kg,且使用次数不应超过 20 次。

如果天然本底辐射水平不足以将辐射仪读数统计涨落的影响降至最低,应使用合适活度的^{137}Cs 源照射辐射仪。

随后将辐射仪置于灰尘环境中 1 h。辐射仪的读数(如提供)变化不应超过指示值的±30%或指示值的一个单位(取较大的值)。

用产生超过环境辐射本底水平 0.5 μGy·h^{-1}空气比释动能率的^{137}Cs 源照射辐射仪,辐射仪应功能正常并给出报警。

在试验后,应进行检查以确定灰尘侵入的程度。应特别注意辐射仪的电池盒和其他任何容易侵入灰尘的部位。在检查中,如果聚集的灰尘量或位置没有妨碍辐射仪的正常工作或削弱其安全性,则防护满足要求。

5.3.3.3 防水试验方法

应使用合适的喷头(GB 4208—2008 的喷头)进行试验,喷头可调节水压以给出(1±5)×10 L/min 的流量并在试验期间保持流量恒定。水温与试验时辐射仪的温度之差不应大于 5 ℃。计算辐射仪表面积,根据 1 min/m^2 确定试验时间,但最少为 5 min。

如果天然本底辐射水平不足以将辐射仪读数统计涨落的影响降至最低,应使用合适活度的^{137}Cs 源照射辐射仪。

将辐射仪置于淋水的环境。喷头的位置应距辐射仪大约 2 m。辐射仪的位置应使喷头直接指向显示屏。在试验期间,辐射仪取向应在两个相互垂直平面内沿+60°~-60°变化。辐射仪的读数(如提供)变化不应超过指示值的±30%或指示值的一个单位(取较大的值)。

在试验后,应检查辐射仪(包括电池盒),以保证水没有进入辐射仪内。

用产生超过环境辐射本底水平 0.5 μGy·h^{-1}空气比释动能率的^{137}Cs 源照射辐射仪,辐射仪应功能正常并给出报警。

对设计用于盐雾环境中的辐射仪,在 20 ℃±5 ℃使用密度约为 1 025 kg·m^{-3}的盐水进行试验。

5.4 机械试验

5.4.1 概述

可通过目测检查辐射仪验证 4.2 规定的有关尺寸、质量、外壳结构、参考点标志和开关保护的要求。下列试验用于确定辐射仪的机械特性对其响应的影响。

5.4.2 跌落试验

将辐射仪六个表面的每个面从 1 m 高度跌落至水泥地面。每次跌落后,辐射仪的读数(如提供)变化与跌落前的初始读数相比不应超过指示值的±30%或指示值的一个单位(取较大的值)。如果天然本底辐射水平不足以将辐射仪读数统计涨落的影响降至最低,应使用合适活度的^{137}Cs 源照射辐射仪。

用产生超过环境辐射本底水平 0.5 μGy·h^{-1}空气比释动能率的^{137}Cs 源照射辐射仪,辐射仪应功能正常并给出报警。

辐射仪不应有可见的外观损坏并应验证所有控制功能正常。

5.4.3 振动试验

辐射仪应承受 10 Hz~500 Hz 频率扫描并在三个正交方向的每个方向上施加 10 m·s^{-2}最大加速度的振动。辐射仪的读数(如提供)变化与振动前的初始读数相比不应超过指示值的±30%或指示值的一个单位(取较大的值)。如果天然本底辐射水平不足以将辐射仪读数统计涨落的影响降至最低,应使用合适活度的^{137}Cs 源照射辐射仪。

用产生超过环境辐射本底水平 0.5 μGy·h^{-1}空气比释动能率的^{137}Cs 源照射辐射仪,辐射仪应功能正常并给出报警。

辐射仪不应有可见的外观损坏并应验证所有控制功能正常。

5.5 电气试验

5.5.1 概述

下列试验用于确定辐射仪的电气和电子特性及其对响应的影响。

5.5.2 电池要求

每台辐射仪宜使用标准可充电和(或)不可充电电池工作。使用制造商推荐型号的新电池。在不报警的条件下,使用不可充电电池的辐射仪,电池寿命应大于 100 h,使用可充电电池的辐射仪,电池寿命应大于 16 h。在连续报警的条件下,电池寿命应大于 30 min。

应提供电池低电压指示器,用于提醒用户需更换电池或为电池充电。辐射仪应在出现低电压指示前正常工作。

5.5.3 电磁和静电干扰试验

5.5.3.1 概述

应将辐射仪置于 1 μGy · h^{-1} 光子空气比释动能率中和(如适用)在距辐射仪参考点 10 cm 处用发射率为 $2\times10^4 s^{-1}$(±20%)的 0.01 μg 的 ^{252}Cf 中子源照射,以验证辐射仪的功能正常。

5.5.3.2 静电放电

应使用"接触放电"技术。应在用户易接近的地方选择放电点(见 GB/T 17626.2—2006)。

每个放电点进行 10 次放电,每次放电之间的恢复时间为 1 s。每次放电的最大强度是 6 kV。辐射仪的读数(如提供)变化不应超过指示值的±30%或指示值的一个单位(取较大的值)。如果天然本底辐射水平不足以将辐射仪读数统计涨落的影响降至最低,应使用合适活度的 ^{137}Cs 源照射辐射仪。在放电时可给出报警。

用产生超过环境辐射本底水平 0.5 μGy · h^{-1} 空气比释动能率的 ^{137}Cs 源照射辐射仪,辐射仪应功能正常并给出报警。

辐射仪不应有可见的外观损坏并应验证所有控制功能正常。

5.5.3.3 射频

将辐射仪放入可控的射频环境中,并仅以一个取向将其置于场强为 50 V · m^{-1}(在没有辐射仪存在时测得)的射频场,在 80 MHz～1 000 MHz 的频率范围内以基频的 1% 步长扫描,在 1.4 GHz～2.5 GHz频率范围内以 0.1 GHz 步长扫描(见 GB/T 17626.3—2006)。辐射仪的读数(如提供)变化不应超过指示值的±30%或指示值的一个单位(取较大的值)。如果天然本底辐射水平不足以将辐射仪读数统计涨落的影响降至最低,应使用合适活度的 ^{137}Cs 源照射辐射仪。

用产生超过环境辐射本底水平 0.5 μGy · h^{-1} 空气比释动能率的 ^{137}Cs 源照射辐射仪,辐射仪应功能正常并给出报警。

辐射仪不应有可见的外观损坏并应验证所有控制功能正常。

5.5.3.4 磁场

将辐射仪置于 30 A · m^{-1}、50 Hz 的磁场中。在相对于磁力线至少两个取向(0°和 90°)上进行试验。辐射仪的读数(如提供)变化不应超过指示值的±30%或指示值的一个单位(取较大的值)。如果天然本底辐射水平不足以将辐射仪读数统计涨落的影响降至最低,应使用合适活度的 ^{137}Cs 源照射辐射仪。

用产生超过环境辐射本底水平 0.5 μGy·h^{-1}空气比释动能率的^{137}Cs 源照射辐射仪，辐射仪应功能正常并给出报警。

辐射仪不应有可见的外观损坏并应验证所有控制功能正常。

6 文件

6.1 型式试验报告

制造商应提供按本标准要求进行型式试验的报告。

6.2 合格证书

制造商应提供合格证书或其他至少包括下列信息的文件：

——制造商的联络方式，包括名称、地址、电话、传真、电子信箱地址；

——辐射仪、探测器的型号和辐射仪测量的辐射类型；

——辐射仪指示值的范围；

——校准用放射源的参考点和参考取向；

——探测器的位置和灵敏体积的尺寸；

——辐射仪对不同辐射能量的响应；

——辐射仪的质量和尺寸；

——电源(电池)要求；

——在环境(含电磁环境)条件下的试验结果；

——电气和机械试验的结果；

——声明符合本标准的程度。

6.3 操作和维修手册

制造商应为使用者提供至少包括下列信息的操作和维修手册：

——操作说明书和注意事项；

——使用时的取向；

——电气原理图以及备件表和规格；

——故障检修指南。

表 1 参考条件和标准试验条件

影响量	参考条件 (除非制造商另有说明)	标准试验条件 (除非制造商另有说明)
参考 γ 放射源	^{137}Cs	^{137}Cs、^{241}Am 和^{60}Co
参考中子源	^{252}Cf	^{252}Cf
稳定时间	1 min	≤1 min
环境温度	20 ℃	18 ℃～22 ℃[a]
相对湿度	65%	50%～75%[a]
大气压强	101.3 kPa	96 kPa～106 kPa
γ 辐射本底	空气比释动能率为 0.1 μGy·h^{-1}	空气比释动能率小于 0.25 μGy·h^{-1}
外界电磁场	可忽略	小于能引起干扰的最小值

表 1（续）

影响量	参考条件 （除非制造商另有说明）	标准试验条件 （除非制造商另有说明）
外界感应磁场	可忽略	小于地磁场感应值的两倍
辐射仪的控制旋钮	调到正常工作状态	调到正常工作状态
放射性物质的污染	可忽略	可忽略
注：GB/T 12162.1—2000、GB/T 12162.2—2004 和 GB/T 12162.3—2004 给出了光子参考辐射的特性和剂量测量方法，GB/T 14055.1—2008、GB/T 14055.2—2012 和 ISO 7503-3:1996 给出了中子参考辐射的特性和剂量测量方法。		
[a] 表 1 中的值用于温带进行的试验。应说明在其他气候条件下试验时的实际量值。在高海拔地区可允许 70 kPa的较低压力。		

表 2 综合性能要求

参数	性能要求或技术指标	相关条款
最大尺寸	150 mm×80 mm×30 mm	4.2.1
最大质量	400 g	4.2.2
报警(音频)	音频在 1 000 Hz～4 000 Hz 范围内。间断报警的信号时间间隔不大于 2 s。在 30 cm 处，音量大于 85 dB(A)。在 30 cm 处，A-加权声级不大于 100 dB(A)	4.2.3
触发报警的时间	不大于 2 s	5.2.3
试验时指示值的准确度	读数变化不应超过空气比释动能率指示值的±30%或指示值的一个单位(取较大的值)	见以下各相关条
相对固有误差	对于在制造商说明的指示值范围内的所有空气比释动能率，辐射仪对 ^{137}Cs 光子参考辐射响应的相对固有误差不应超过±30%	5.2.3
报警辐射水平	使用 ^{241}Am、^{137}Cs 和 ^{60}Co，空气比释动能率从本底水平的 0.1 μGy·h^{-1} 和 0.3 μGy·h^{-1} 增加 0.5 μGy·h^{-1}	5.2.3
误报率	报警的平均间隔时间大于 1 h	5.2.4
逐渐增加辐射	当逐渐增加辐射时，在 2 s 内触发报警	5.2.5
过载	当空气比释动能率大于制造商规定的最大空气比释动能率 50 倍或至少为 1 mGy·h^{-1} 时，辐射仪应指示过载并报警	5.2.6
中子探测	当在距辐射仪参考点 25 cm 处用发射率为 2×10^4 s^{-1}(±20%)(0.01 μg)的 ^{252}Cf源照射时，在照射时间的 5 s 内触发中子报警	5.2.7
中子探测器的 γ 响应	当用在辐射仪参考点产生 100 μGy·h^{-1} 空气比释动能率的 ^{60}Co 源照射 100 s 时，不应触发中子报警	5.2.8
环境温度范围	在−20 ℃～50 ℃温度范围内辐射仪的响应稳定，除非制造商另有规定。温度冲击和温度变化试验。在超过环境本底 0.5 μGy·h^{-1} 时触发报警	5.3.1
相对湿度范围	35 ℃时，在 40%～93%相对湿度范围内辐射仪的响应稳定，除非制造商另有规定。在超过环境本底 0.5 μGy·h^{-1} 时触发报警	5.3.2

表 2（续）

参数	性能要求或技术指标	相关条款
防尘和防潮	在将辐射仪置于每立方米试验室容积 2 kg 滑石粉的防尘箱 1 h 后和在以 10 L/min流量淋水至少 5 min 后，辐射仪的响应稳定。如果辐射仪用于盐雾环境，进行盐水喷淋。在超过环境本底 0.5 μGy・h^{-1}时触发报警	5.3.3
机械跌落	在辐射仪六个表面的每个面从 1 m 高度跌落至水泥地面后，辐射仪的响应稳定。辐射仪不应有可见的外观损坏并且控制功能正常。在超过环境本底 0.5 μGy・h^{-1}时触发报警	5.4.2
机械振动	在承受 10 Hz～500 Hz 频率扫描并在三个正交方向的每个方向上施加 20 m・s^{-2}最大加速度的振动后，辐射仪的响应稳定。辐射仪不应有可见的外观损坏并且控制功能正常。在超过环境本底 0.5 μGy・h^{-1}时触发报警	5.4.3
电池寿命	在不报警的条件下，不可充电电池的寿命应大于 100 h，可充电电池的寿命应大于 16 h。在连续报警的条件下，电池寿命应大于 30 min。	5.5.2
静电放电	每次放电(最大强度是 6 kV)之间的恢复时间为 1 s，在每个放电点进行 10 次放电后，辐射仪的响应稳定。辐射仪不应有可见的外观损坏并且控制功能正常。在超过环境本底 0.5 μGy・h^{-1}时触发报警	5.5.3.2
射频干扰	将辐射仪置于场强为 50 V・m^{-1}的射频场，在 80 MHz～1 000 MHz 频率范围内以基频的 1%步长扫描，在 1.4 GHz～2.5 GHz 频率范围内以 0.1 GHz 步长扫描，辐射仪响应稳定并工作正常	5.5.3.3
磁场	将辐射仪置于 30 A・m^{-1}、50 Hz 磁场的至少两个取向中，辐射仪的响应稳定并工作正常	5.5.3.4

ICS 13.280
F 84

中华人民共和国国家标准

GB/T 31836—2015/IEC 62484:2010

辐射防护仪器 用于探测和识别非法放射性物质运输的基于谱分析的门式监测系统

Radiation protection instrumentation—Spectroscopy-based portal monitors used for the detection and identification of illicit trafficking of radioactive material

(IEC 62484:2010,IDT)

2015-07-03 发布 2016-02-01 实施

中华人民共和国国家质量监督检验检疫总局
中国国家标准化管理委员会 发布

前　言

本标准按照 GB/T 1.1—2009 给出的规则起草。

本标准采用翻译法等同采用 IEC 62484:2010《辐射防护仪器　用于探测和识别非法放射性物质运输的基于谱分析的门式监测系统》。

与本标准中规范性引用的国际标准有一致性对应关系的我国文件如下：

——GB/T 17626.2—2006　电磁兼容　试验和测量技术　静电放电抗扰度试验(IEC 61000-4-2:2001,IDT)；

——GB/T 17626.3—2006　电磁兼容　试验和测量技术　射频电磁场辐射抗扰度试验(IEC 61000-4-3:2002,IDT)。

为便于使用,本标准做了下列编辑性修改：

——在"2 规范性引用文件"中将已有相应国家标准的国际标准改为我国的标准。

本标准由全国核仪器仪表标准化技术委员会(SAC/TC 30)归口。

本标准起草单位:同方威视技术股份有限公司、清华大学工程物理系。

本标准主要起草人:康克军、陈志强、赵崑、蒲中奇、张彤。

辐射防护仪器　用于探测和识别非法放射性物质运输的基于谱分析的门式监测系统

1　范围

本标准规定了基于谱分析的门式监测系统的操作和性能要求,该系统用于探测和识别非法运输的放射性物质。基于谱分析的门式监测系统具有在静态或动态模式下对可能存在于行人、车辆、集装箱和行李中的γ射线和中子辐射进行探测,对γ放射性核素进行识别的能力。

本标准建立的操作要求包括辐射探测和γ放射性核素识别的要求,以及监测系统使用时与预期电气、机械和环境条件有关的要求。

本标准的目的是建立一套性能要求并给出可接受的试验方法的示例,并规定了一般特性、试验条件、辐射特性、电气安全和环境特性,以确定监测系统是否满足本标准的要求。

对于本标准中未规定的特殊应用(如特殊的气候条件或特殊的探测需求等),应进行额外的试验。

为得到满足或超过本标准规定的性能指标,需正确地安装监测系统,设定合理的运行参数,为监测系统提供防护措施,进行定期的系统校准,实施合理的系统响应测试和维护计划,检查是否满足质量要求以及对操作人员进行适当的培训。

2　规范性引用文件

下列文件对于本文件的应用是必不可少的。凡是注日期的引用文件,仅注日期的版本适用于本文件。凡是不注日期的引用文件,其最新版本(包括所有的修改单)适用于本文件。

GB/T 2900.81—2008　电工术语　核仪器　物理现象和基本概念(IEC 60050-393:2003,IDT)

GB/T 2900.82—2008　电工术语　核仪器　仪器、系统、设备和探测器(IEC 60050-394:2007,IDT)

GB 4208—2008 外壳防护等级(IP 代码)(IEC 60529:2001,IDT)

GB/T 12162.1—2000　用于校准剂量仪和剂量率仪及确定其能量响应的X和γ参考辐射　第1部分:辐射特性及产生方法(ISO 4037-1:1996,IDT)

GB/T 12162.2—2004　用于校准剂量仪和剂量率仪及确定其能量响应的X和γ参考辐射　第2部分:辐射防护用的能量范围为80 keV～1.3 MeV和4 MeV～9 MeV的参考辐射的剂量测定(ISO 4037-2:1997,IDT)

GB/T 12162.3—2004　用于校准剂量仪和剂量率仪及确定其能量响应的X和γ参考辐射　第3部分:场所剂量仪和个人剂量计的校准及其能量响应和角响应的测定(ISO 4037-3:1999,IDT)

GB/T 14055.1—2008　中子参考辐射　第1部分:辐射特性和产生方法(ISO 8529-1:2001,IDT)

GB/T 14055.2—2012　中子参考辐射　第2部分:与表征辐射场基本量相关的辐射防护仪表校准基础(ISO 8529-2:2000,IDT)

IEC 61000-4-2:2008　电磁兼容　第4-2部分:试验和测量技术　静电放电抗扰度试验(Electromagneticcompatibility (EMC)—Part 4-2: Testing and measurement techniques—Electrostatic discharge immunity test)

IEC 61000-4-3:2006　电磁兼容　第4-3部分:试验和测量技术　射频电磁场辐射抗扰度试验

(Electromagnetic compatibility (EMC)—Part 4-3: Testing and measurement techniques—Radiated, radio-frequency, electromagnetic field immunity test)

ISO 8529-3:1998 中子参考辐射 第3部分:场所剂量仪和个人剂量计的校准及其对中子能量和入射角响应的确定(Reference neutron radiations—Part 3: Calibration of area and personal dosimeters and determination of response as a function of neutron energy and angle of incidence)

ANSI N42.42—2006 国家安全用辐射探测器数据格式标准(Data Format Standard for Radiation Detectors Used for Homeland Security)

国际计量局:国际单位制(The International System of Units),2006 第8版

3 术语和定义、缩略语、量和单位

3.1 术语和定义

GB/T 2900.81—2008 和 GB/T 2900.82—2008 界定的以及下列术语和定义适用于本文件。

3.1.1

可接受(或正确)识别 acceptable (or correct) identification

监测系统给出的识别结果与实际存在的放射性核素或同位素相符。

3.1.2

报警 alarm

当监测系统读数大于预设值或落在预设的范围之外时或者当监测系统探测和/或识别到的放射源符合预设条件时,监测系统发出的声、光或其他形式的提示信号。

3.1.3

报警判据 alarm criteria

引起监测系统报警的条件。

3.1.4

核素识别置信度 confidence indication

监测系统给出的用于衡量核素识别结果可信程度的指标。

3.1.5

探测区域 detection zone

探测组件可探测到由物体或行人发出辐射的空间。对于双侧监测系统,探测区域位于两个探测组件之间;对于单侧监测系统,探测区域位于临近探测组件探测面的一定范围内(见图1)。

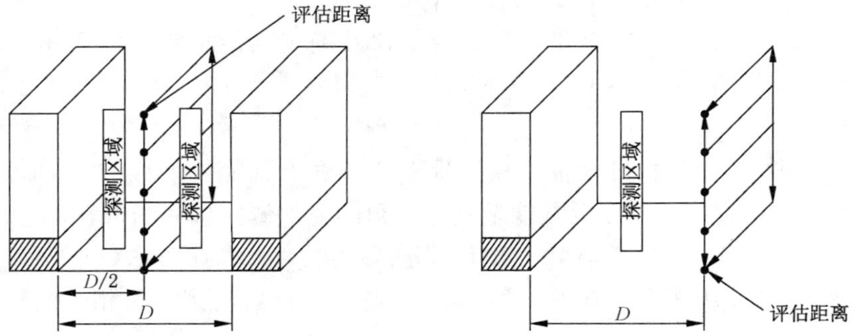

关键点

D——双侧监测系统探测组件之间的距离或者单侧监测系统的评估距离(对于单侧车辆监测系统,$D=5$ m;对于单侧行人或行李包裹监测系统,$D=1$ m;对于探测组件距离固定的监测系统,D 由制造商给出。)

图1 门式核素识别监测系统的安装尺寸示意图

3.1.6

评估距离　evaluation distances

试验源与探测组件面向探测区域的外表面之间的距离(见图1)。

3.1.7

误报警　false alarm

不是因为在本底条件下增加的辐射水平而引起的报警。

3.1.8

误识别　false identification

监测系统给出的核素识别结果与实际存在的放射性核素或同位素不符。

3.1.9

良性报警　innocent alarm

由操作者选定的且由天然放射性物质(如化肥、瓷砖、陶瓷等)、合法放射性货物或人体内医用放射性核素使辐射增加引起的报警。

3.1.10

活时间　live time

监测系统对输入信号灵敏的时间段。

注：改写GB/T 2900.82—2008,定义394-39-31。

3.1.11

制造商　manufacturer

监测系统的制造者,包括设计者。

3.1.12

占用　occupancy

被监测物体(如行人、车辆、行李包裹等)处于探测区域的过程。

3.1.13

外围设备　peripheral device

除探测器或探测组件之外,其他与监测系统相连的但又不是系统运行所必需的设备。

3.1.14

用户　purchaser

监测系统的购买者,包括使用者。

3.1.15

放射性物质　radioactive material

在本标准中,除非另有特别说明,放射性物质包括特殊核材料和任何放射源。

3.1.16

探测区域的参考点　reference point of the detection zone

对于双侧组件的监测系统,探测区域的参考点是指探测区域的几何中心;对于单侧组件的监测系统,探测区域的参考点是指临近探测组件探测面、距探测组件探测面一定距离(根据监测系统的类型有所不同)的探测区域几何中心(见图1)。

3.1.17

采集时间　run time

获取能谱或其他数据的时间段。

3.1.18

标准试验源　standard test sources

一组评估监测系统所需的放射源,该源可溯源至国家标准或国际标准。

3.1.19

静态模式　static mode

被监测物体在整个监测过程中静止于探测区域内。

3.1.20

动态模式　transient mode

被监测物体通过探测区域。

3.2 缩略语

下列缩略语适用于本文件。

3.2.1

ESD:静电放电(electrostatic discharge)

3.2.2

DU:贫铀(depleted uranium)

3.2.3

HEU:高浓缩铀(highly enriched uranium)

3.2.4

IAEA:国际原子能机构(International Atomic Energy Agency)

3.2.5

LEU:低浓缩铀(low enriched uranium)

3.2.6

NORM:天然放射性物质(naturally occurring radioactive material)

3.2.7

PMMA:聚甲基丙烯酸甲酯(有机玻璃)(polymethyl methacrylate)

3.2.8

RF:射频(radio frequency)

3.2.9

RGPu:反应堆级钚(reactor grade plutonium)

3.2.10

RH:相对湿度(relative humidity)

3.2.11

SNM:特殊核材料(special nuclear material)

3.2.12

WGPu:武器级钚(weapons grade plutonium)

3.3 物理量和单位

在本标准中,使用国际单位制(SI)单位[1)]。在 GB/T 2900.81—2008 和 GB/T 2900.82—2008 中给出了辐射量的定义。在括号中标出与 SI 单位对应的非 SI 单位。

尽管如此,也可能用到下列单位:

a) 能量:电子伏特(eV),1 eV = 1.602×10^{-19} J;

b) 磁通量密度:高斯(G);

c) 时间:年(a),天(d),小时(h),分钟(min)。

实际应用时可使用 SI 单位的倍数或者分数单位。

4 设计要求

4.1 总体要求

本标准描述的监测系统应能探测 γ 射线和中子源的存在并识别物体中、集装箱中、车辆中、行人体内或行人携带的 γ 核素种类。

当来自监测系统的信号超过预设条件(用户可自行选择辐射水平或识别结果)时,系统应触发报警。被监测物体通过探测区域或静止于探测区域时进行测量,此时用户可对被监测物体进行可控的分析(如输入采集时间和/或开始计数)。

动态模式试验的物体通过速度见表 1。制造商和用户可商定以不同速度进行特殊试验。制造商应说明静态模式测量所需的时间。

监测系统应能不依赖外围设备或远程工作站独立运行,并不应受外围设备故障的影响。

根据用途,具有核素识别功能的门式监测系统分为以下几类:

——行人监测系统;

——车辆监测系统(包括集装箱卡车);

——铁路车辆监测系统;

——行李包裹监测系统(如传送带)。

探测区域是辐射测量发生的区域,它位于双侧监测系统探测组件之间或临近单侧监测系统探测组件的探测面(见图 1)。探测区域的大小取决于监测系统的用途分类。如果监测系统有两个或两个以上的用途,那么它的探测区域大小应与其用途相适应。探测区域的大小应保证所有通过探测区域的物体都能够被监测。制造商应给出探测区域的大小,探测区域大小应满足本标准中的要求。

监测系统按照试验时的方法安装好后,应满足本标准规定的性能要求。在安装监测系统时,应考虑运行环境,如探测组件间的距离和环境本底等。制造商应说明满足本标准要求的监测系统运行环境(探测组件间距和环境本底水平)。如果制造商说明的探测组件间距与本标准规定的不同,宜在制造商给出的间距条件下进行试验。

识别导致报警的行人或车辆是很重要的。监测系统宜在一定时间内发出报警,以确保能正确的识别引起报警的物体。如果所用的复杂算法需要一定的处理时间,那么确保在一定时间内发出报警就显得很重要。如果监测系统所监测的交通流是连续不断的(如行人),则确保这一点就更加重要。

1) 国际计量局:国际单位制,2006 第 8 版。

4.1.1 行人监测系统

行人监测系统应提供一个保证行人全身都能被监测到的探测区域。在进行评估试验时，探测区域的高度应为地面上方 0.1 m～1.9 m。探测组件之间的推荐距离列于表 2 中。当探测组件间距无法改变时，该距离由制造商给出。

行人监测系统可使用单个探测组件(单侧系统)，也可使用多个探测组件(可能在探测区域的顶部或底部安装探测组件)。对于限制通过高度的监测系统，探测区域的高度应从地面或监测系统的底部探测组件表面到监测系统的顶部探测组件表面。

动态模式试验的通过速度见表 1。

4.1.2 车辆监测系统

车辆监测系统应提供一个保证整个车辆在通过时都能被监测到的探测区域。制造商应说明探测区域的高度。

注：根据使用地区和当地相关要求，可使用不同的高度。

在进行评估试验时，对于卡车，探测区域的高度应为 4.3 m(地面上方 0.2 m～4.5 m)；对于载人车辆，探测区域的高度应为 2.8 m(地面上方 0.2 m～3 m)；探测组件之间的距离见表 2 或由制造商给出。

动态模式试验的通过速度见表 1。制造商和用户可商定以较低速度进行特殊试验。制造商应说明静态模式测量所需的时间。

4.1.3 铁路车辆监测系统(包括铁路运输集装箱)

铁路车辆监测系统应提供一个保证整个铁路车辆在通过时都能被监测到的探测区域。在进行评估试验时，探测区域的高度应为 5.7 m(铁轨上方 0.3 m～6 m)，试验时可以将铁轨顶部作为地表面。对于限制通过高度的监测系统，探测区域的顶部应是监测系统的顶部探测组件的探测面。探测组件之间的距离见表 2 或由制造商给出。

注：根据使用地区和当地相关要求的不同，探测区域高度可以不同。

动态模式试验的通过速度见表 1。

4.1.4 行李包裹(或传送带)监测系统

行李包裹或传送带监测系统应提供一个保证整个物品在通过时都能被监测到的探测区域。制造商应说明探测区域的大小。行李包裹监测系统可使用单个探测组件(单侧系统)，也可使用带有顶部和(或)底部探测器的多个相对的探测组件(多侧)。

在进行评估试验时，探测区域的高度应为：

a) 探测器安装在探测区域下表面下方时，探测区域的高度应距监测系统基础面(地面或传送带底部表面)上方 1 m；
b) 探测器安装在探测区域下表面上方时，探测区域的高度从监测系统基础面到探测组件探测面应为 1 m。对于限制通过高度的监测系统，探测区域的高度应是从监测系统基础面到制造商规定的距离。

动态模式试验的通过速度见表 1。

4.2 监测系统的配置

监测系统可由一个或多个探测组件及一个数据处理单元组成。室外设备外壳宜按 GB 4208—2008 中 IP54 等级进行设计。

用于监测公路和铁路车辆的探测组件可能受到振动的影响。监测系统及其安装技术(如混凝土板、支撑架等)的设计应避免普通的振动和冲击对监测系统的正常运行造成影响。

可能影响监测系统运行的控制和调整工作(包括校准和报警设置等)应由被授权的人员完成。

监测系统应提供不使用放射源就可进行声光报警指示有效性测试的方法。

在评估监测系统时,不应使用额外的屏蔽来降低环境本底水平。

4.3 能谱识别和计数率信息

在日常使用过程中,不需要显示 γ 射线能谱。应通过执行制造商定义的用户操作显示能谱。

监测系统应具备在内部存储 100 组报警数据的能力,其存储方法应能保证在系统掉电的情况下防止数据的丢失。每组报警数据应包含以下采集和识别结果信息:

——未经处理的能谱(多探测器系统中每个探测器的能谱);

——时间和日期;

——采集时间和活时间;

——识别的核素及其分类;

——占用时间(当使用占用传感器时,指触发传感器的时间;当不使用占用传感器时,指数据采集时间);

——通过速度(如适用);

——监测系统的标识;

——报警情况(γ 射线和/或中子);

——本底(γ 射线及能谱和中子计数率);

——测量过程中的 γ 计数率;

——测量过程中的中子计数率;

——视频录像或图片(如照片、车牌/车辆注册号等)(如可获取)。

监测系统应具备在内部存储至少 3 h 测量数据或 1 000 组完整占用数据的能力,其存储方法应能保证在系统掉电的情况下防止数据的丢失。

监测系统应具备将所存储的信息(包括能谱)按照用户选定的时间间隔转存到外部设备(如计算机)的能力。

监测系统应具备在内部或外部设备上显示 γ 计数率和中子计数率随时间变化的历史数据的能力。

如果在发生报警的测量过程中或之后不能识别出核素种类,应显示或另外提供指示(如"无法识别"、"未知源"等)。

如果在核素识别的结果中包括核素识别置信度,应在数据组中提供置信度数值,并且制造商应描述显示置信度数值的含义。

监测系统应具备对静止于探测区域中的物体进行核素识别测量的能力。用户应在静态模式和动态模式之间进行选择。应由制造商说明静态模式的建议测量时间,同时用户可自定义测量时间。最大可选择的测量时间由制造商和用户协商确定。

4.4 指示特征

监测系统应提供系统运行状态和报警情况的指示,而且能将这些信号传送给远程工作站。用户应能选择状态指示是否可见。

所有的报警指示都应能按用户的规定进行自动或手动复位。用户可以选择计数率、核素种类和/或核素分类的不同辐射报警功能。

4.5 车辆、铁路车辆监测系统的占用和速度传感器

占用和速度传感器:

——应能探测车辆的存在并估计车辆的速度,提示车辆是否停在探测区域内,对单个车辆或物体只记录一次;

——宜能在车辆类型复杂的情况下使用(例如轿车、面包车、皮卡、大客车、货车、铁路车辆);

——宜能在本标准规定的所有环境条件下正常使用。

当监测多节车厢的铁路车辆时,铁路车辆监测系统应具备提示报警车厢的大致位置的能力。

为了测试目的,使用占用传感器触发测量的监测系统宜具有在不触发占用传感器的情况下进行一定次数(用户可选)的自动连续离散测量的能力。用户应能选择该功能的变量参数(如占用时间、占用之间的时间间隔等)。

4.6 标识

制造商应通过电路板上的标识和/或单个组件上的标识体现内部控制器件,并将其内部控制关系在技术手册中加以说明。

在正常使用条件下,标识应永久固定。

外部标识仅限于标注制造商的唯一序列号以及对电压和电流的要求。

4.7 电源

4.7.1 要求

市电供电的组件宜在单相交流电压 100 V ～240 V 和频率 47 Hz～63 Hz 的电源条件下工作。

如果制造商提供备用电源,则应给出监测系统使用备用电源的预期运行时间以及决定该运行时间的运行条件。

4.7.2 试验方法

将^{137}Cs 和^{252}Cf 试验源置于一个可提供稳定读数(使其波动最小化,以保证观察到任何因电压或频率引起的读数变化)的位置。当电源电压处于其标称值时,取足够多的 γ 射线和中子读数以分别确定平均值,并使用^{137}Cs 进行 10 次核素识别。记录识别结果。

将电源电压增加到其标称值的 112%。确定和记录 γ 射线和中子读数的平均值,并进行 10 次核素识别。将电源电压降低到其标称值的 88%。确定和记录 γ 射线和中子读数的平均值,并进行 10 次核素识别。

对于标称频率为 60 Hz 的电源,将频率变为 58 Hz 和 63 Hz 后,分别重复上述试验;对于标称频率为 50 Hz 的电源,将频率变为 47 Hz 和 53 Hz 后,分别重复上述试验。

对于本项试验,在每个电压或频率下得到的核素识别结果都应优于在标称电压和频率下得到的结果或与其相同。例如:如果在标称电压和频率下 10 次核素识别结果中有 6 次正确,那么在其他电压和频率下核素识别结果中正确的次数应不少于 6 次。对于 γ 射线和中子通道,如果在每个电压或频率下获得的平均读数都处于在标称电压或频率下获得的平均读数的±15%范围内,则通过试验。

4.8 开关保护

开关和其他控制装置的设计宜在确保能够正常控制监测系统的情况下,避免开关的意外操作。

4.9 能量和计数率范围

制造商应说明 γ 射线能量范围、γ 计数率测量范围以及中子计数率指示值范围。

4.10 通信协议和数据格式

监测系统应具备将数据传输到外围设备(如计算机)的能力。数据传输所使用的技术应是通用技术，例如：以太网、USB、RS-232、无线或 RS-485。

在技术手册中，应完整描述通信协议和数据格式，通信协议和数据格式应免费发布。建议使用基于 ANSI N42.42 标准的数据格式。

4.11 用户界面

4.11.1 报警逻辑指南

监测系统宜提供五种类型的功能/报警提示：

a) “正常”——系统运行中，无报警，无感兴趣的识别结果；

b) “报警”——系统运行中，探测到 γ，无识别结果[2]；

c) “绿色报警”——系统运行中，识别到无危害的放射性核素，同时 γ 计数率（或剂量当量率）低于预设的阈值[3]；

d) “红色报警”——系统运行中，识别到感兴趣核素或 γ 计数率（或剂量当量率）大于阈值的无危害（用户自定义）核素，或探测到中子；

e) “不可用”——系统故障或暂时不可用。

4.11.2 声音报警

用户可选的声音报警应适用于 4.11.1 中的所有报警，包括系统故障报警。使用者应能确认报警。

4.11.3 视觉指示

视觉指示应适用于 4.11.1 中的所有报警，包括系统故障报警。

显示的信息应包括：

——中子报警；

——γ 报警；

——放射性核素分类及识别结果；

——无核素识别结果的报警；

——有物体存在（如使用了占用传感器）；

——系统故障；

——系统状态；

——工作模式。

4.11.4 警告提示

应在用户界面中至少提供下列提示信息：

——在非占用期间，能够影响监测系统整体灵敏度的本底变化；

——探测器计数率过高或过低的情况；

——能量稳定失效或不合格；

——占用传感器故障（如使用了占用传感器）；

——过载提示（例如“高本底”或“高计数”）；

——市电掉电；

——探测器故障；

——通信故障。

2） 可对应于得出识别结果前的短暂报警状态或无核素识别结果的报警状态。

3） 可用于天然放射性物质和人体内医用放射核素引起的报警。

4.11.5 基本提示与功能

应向经过培训的使用者提供以下信息和控制：

——查看运行状态；

——查看报警提示；

——复位报警状态；

——查看被识别出的放射性核素的种类和分类(可由高级用户或管理员用户自定义)。

4.11.6 高级提示和功能

应通过用户访问控制或特殊指令向管理员用户提供以下信息和操作：

——查看、修改运行参数(核素库、报警控制)；

——查看、修改数据记录的时间间隔；

——查看报警历史记录；

——查看能谱；

——查看核素识别结果和修改基本提示功能；

——查看占用数据组(如使用了占用传感器)；

——查看车辆照片或视频录像(如可用)；

——查看计数率曲线(计数率随时间变化的历史数据)；

——查看本底辐射信息；

——查看报警选择条件，包括选择特定核素的能力；

——查看状态提示条件，包括设置用于触发高本底报警提示的阈值的能力；

——查看能量和/或效率校准信息。

5 辐射探测和指示性能要求

5.1 一般试验条件

5.1.1 试验的性质

除非另行说明，本标准中的试验均为型式试验。标准中所述的指标需要通过相应条款下的试验进行评估。本标准中的所有试验都应在相同的条件下进行，监测系统附带的任何配件都应完整无缺。如果没有规定试验方法，可通过查看制造商的说明书或与其协商验证系统的性能。用户可使用本标准的部分内容作为验收试验。

运行参数、报警参数及放射性核素库应在整个试验过程中保持不变。

5.1.2 参考条件和标准试验条件

表3中给出了参考条件和标准试验条件。参考条件是监测系统的各项性能均有效的条件；标准试验条件表明在实际试验中存在必要的偏差。除非另行说明，本标准中的试验应在标准试验条件下进行。

5.1.3 统计涨落

对于使用辐射的所有试验，如果单独由辐射的随机性引起的指示值统计涨落在试验中占有显著份额，那么就应取足够多的读数，以保证有足够的准确度估计这些读数的平均值，用于确定是否满足试验特性的要求。

相邻两次读数之间的时间间隔应足够长，以保证这些读数在统计学上的独立性。

5.2 参考辐射

除非另行说明,与能谱分析无关的γ射线响应试验应使用^{133}Ba和^{57}Co,中子响应试验应使用^{252}Cf(裸源或带慢化体)。

表4中列出了用于核素识别试验的其他放射性核素。

γ射线响应试验中的周围剂量当量率以及核素识别试验中所选的放射源活度水平不应作为设定报警阈值或监测系统整体灵敏度的依据,应依据环境本底水平与可接受的误报警率进行设定。

5.3 报警分类

根据探测和测量到的辐射水平和核素识别结果对报警进行分类。国际原子能机构(IAEA)推荐使用颜色进行报警分类。表5中列出了IAEA推荐的报警分类方法。

5.4 误报警

5.4.1 要求

在稳定的环境本底(仅有天然涨落,见表3)下,对于使用占用传感器的监测系统,在1 000次占用中,误报警率和误识别率不应大于1次;对于不使用占用传感器的监测系统,在2 h内,误报警率和误识别率不应大于1次。

误报警试验应在所有其他辐射相关试验之前进行。报警阈值应在整个试验过程中保持不变。

注:本项要求包括两部分:总计数率误报警和误识别,两个试验可同时进行。

5.4.2 试验方法

在稳定的环境本底下,对于使用占用传感器的监测系统,应至少进行5 000次测量(每次占用的时间为车辆或铁路车辆监测系统5 s、行人或行李包裹监测系统1 s);对于不使用占用传感器的监测系统,在稳定可控本底的区域内观察10 h。如果误报警次数或误识别次数不大于5次,则通过试验。

5.5 γ辐射响应

5.5.1 要求

当物体以表1中对特定应用规定的速度通过探测区域时,监测系统应在所测辐射水平(如总计数率等)超过报警阈值时触发报警。

在50次占用中,监测系统应至少报警49次。应按4.11的规定触发视觉指示("红色报警"、"绿色报警"、"报警")和声音报警。

5.5.2 试验方法

使用^{133}Ba和^{57}Co(见表4)进行试验,使每个放射源以要求的试验速度(见表1)在特定应用的距离(见表2)上水平通过探测区域。放射源的高度应根据用途确定,应为探测区域的底部、中部和顶部以及中部与底部之间的中点、中部与顶部之间的中点,以验证监测系统的报警。在每次试验之间,应有10 s～30 s的间隔,在试验间隔期间,放射源应远离监测系统或置于屏蔽体中,以免影响环境本底。

5.6 辐射强度和识别报警

5.6.1 要求

当测量的辐射强度高于报警阈值和/或识别到感兴趣的放射性核素时,应触发报警。辐射强度报警应基于在一段测量时间内测得的周围剂量当量率或计数率的估计值。

5.6.2 试验方法

试验方法应包括验证当监测系统识别到选定的放射性核素时触发报警。通过将强度阈值设置为低于所测计数率并验证报警功能，然后将强度阈值调整至高于所测计数率并验证没有触发报警，应以此验证强度报警。由使用者决定所选的放射性核素和辐射强度。

5.7 中子辐射响应

5.7.1 要求

当物体进入探测区域时，监测系统应在所测中子计数率大于报警阈值时发出中子报警（“红色报警”）。

在 50 次占用中，监测系统应至少报警 49 次。应按 4.11 的规定触发视觉指示和声音报警。

5.7.2 试验方法

使用表 4 中的中子源（封装在厚度为 1 cm 钢和 0.5 cm 铅中）进行试验。使裸源和带慢化体（8 cm 厚的高密度聚乙烯或相当的材料）的源以要求的速度（见表 1）在特定应用的距离（见表 2）上水平通过探测区域。放射源的高度应根据用途确定，应为探测区域的底部、中部和顶部以及中部与底部之间的中点、中部与顶部之间的中点，以验证监测系统的中子报警功能。在每次试验之间，应有 10 s～30 s 的间隔，在试验间隔期间，放射源应远离监测系统或者置于屏蔽体中，以免影响环境本底。

5.8 超量程

5.8.1 要求

如果监测系统在占用期间或当不使用占用传感器进行测量时所接受的辐射水平大于制造商给出的最大值，监测系统应触发报警（如“高本底”或“高计数”等），并保持报警直至辐射水平下降或报警由用户复位。用户可选择的高辐射报警的视觉指示和声音报警应按 4.11 的规定。

在辐射水平恢复到本底水平后，系统恢复到非报警状态所用的时间不应大于 1 min。

5.8.2 试验方法

监测系统在稳定的环境本底下开始进行监测。同时使用 ^{137}Cs 源将探测区域参考点处的周围剂量当量率提高到大于制造商给出的最大值（最小为 100 $\mu Sv \cdot h^{-1}$）。监测系统应发出报警并保持报警状态直至辐射水平恢复到试验前水平。在放射源移除后的 1 min 内，监测系统应恢复至试验前的计数率。

连续进行三次试验，监测系统每次都应发出报警并恢复到非报警状态。

5.9 γ 射线引起的中子报警

5.9.1 要求

周围剂量当量率高达 100 $\mu Sv \cdot h^{-1}$ 的 γ 辐射（在探测区域参考点处）不应触发监测系统的中子报警。而该 γ 辐射的存在也不应影响监测系统对中子源的报警。

5.9.2 试验方法

当监测系统处于占用状态时，使用 ^{60}Co 或 ^{137}Cs 源将探测区域参考点处的周围剂量当量率增加至 100 $\mu Sv \cdot h^{-1}$ 并持续 5 s。将放射源移除，使监测系统恢复到正常运行状态，并重复试验 3 次。

如果没有触发中子报警(报警阈值的设置与5.7相同),则确认中子探测器可有效抑制γ辐射的影响。

当γ源存在时,以中子源(分别进行裸源和带慢化体源的试验)照射监测系统,以验证触发中子报警。

5.10 本底影响

5.10.1 要求

当环境本底变化已大到足以导致报警概率发生较大变化时,监测系统应发出警告提示。该提示应以可视信息和声音的形式出现并应与监测报警有所区别。

制造商应给出监测系统能满足本标准要求的最大周围剂量当量率。

5.10.2 试验方法

在不进入占用状态(如果使用占用传感器)的情况下,从至少距探测区域中心8 m以外、以0.08 km/h的速度将^{137}Cs源(见表4)移近并最终穿过探测区域,或直至监测系统提示本底发生明显改变或触发报警。共进行3次试验。每次试验的时间间隔应为1 min。使用^{252}Cf源(见表4)重复上述试验。

当监测系统提示本底发生改变或触发报警时,则通过试验。

5.11 核素识别

5.11.1 核素分类

5.11.1.1 概述

放射性核素应包括:

——特殊核材料(SNM):铀(通常指^{233}U、DU、LEU、HEU及提纯铀)、^{237}Np、钚(RGPu、WGPu);

——医用放射性核素:^{18}F、^{67}Ga、^{51}Cr、^{89}Sr、^{99}Mo、^{99m}Tc、^{103}Pd、^{111}In、^{123}I、^{131}I、^{153}Sm、^{201}Tl、^{133}Xe;

——天然放射性物质(NORM):^{40}K、^{226}Ra及其子体、^{232}Th及其子体、铀矿石(通常被识别为镭);

——工业用放射性核素:^{57}Co、^{60}Co、^{75}Se、^{133}Ba、^{137}Cs、^{192}Ir、^{226}Ra、^{241}Am。

注1:给出的核素列表仅供参考,并未包含所有核素。

注2:附录A给出了铀的识别。

5.11.1.2 要求

制造商应说明监测系统能识别的放射性核素及其分类。分类宜基于5.11.1。

5.11.1.3 试验方法

通过审查制造商提供的技术手册以及操作系统中的信息来验证是否满足要求。

5.11.2 核素识别结果的分类

"正确"是指由监测系统识别出所有存在的核素且不包含不存在的核素,或者当没有放射源存在时,监测系统未识别到任何核素(除了环境天然本底辐射)。

"错误否定"是指核素识别结果不完整或不正确,或者当活度高于探测限时没有被识别出。

"错误肯定"是指监测系统识别结果中既包括试验的核素也包括其他不存在的核素。

5.11.3 核素识别能力试验的总体要求

使用表4中的放射源(其活度由大于40 keV的光子发射强度确定,同时也考虑到表4中描述的封装和屏蔽的条件)进行核素识别能力的试验。用于确定表 4 中每个活度的发射率是每秒 500 000 个光子,对于封装在 0.25 mm 厚不锈钢内的^{137}Cs 源,距其 1 m 处的周围剂量当量率约为 0.05 μSv・h^{-1}。

试验中使用的放射源活度与表 4 中所列活度的偏差应在 0%~20%之间。对于医用核素,偏差应在 0%~50%之间。特殊核材料以质量为单位,其偏差应在±20%以内。试验时,应说明使用的实际活度或质量。

在本标准中:

——HEU 是指富集度为 93.5%^{235}U 的浓缩铀;

——DU 是指含有 0.2%的^{235}U 的铀;

——天然铀是指含有 0.7%的^{235}U 的铀;

——RGPu 是指含有不小于 10%的^{240}Pu 的钚;

——WGPu 是指含有不大于 6%的^{240}Pu 的钚。

注:附录 A 给出了铀的识别。

5.11.4 单核素识别

5.11.4.1 要求

制造商应给出监测系统能识别的所有放射性核素的列表,该列表应至少包含以下核素:

——^{40}K、^{57}Co、^{60}Co、^{67}Ga、^{99m}Tc、^{131}I、^{133}Ba、^{137}Cs、^{192}Ir、^{201}Tl、^{226}Ra、^{232}Th、DU、RGPu、^{241}Am、HEU、WGPu。

5.11.4.2 试验方法——裸源

当放射性核素以特定应用所要求的速度(见表 1)通过探测区域时或在制造商说明的时间内(静态测量),监测系统应能识别:

——^{40}K、^{57}Co、^{60}Co、^{67}Ga、^{99m}Tc、^{131}I、^{133}Ba、^{137}Cs、^{192}Ir、^{201}Tl、^{226}Ra、^{232}Th、DU(^{238}U)、^{241}Am。

对于动态模式,使每个放射源以要求的试验速度(见表 1)在特定应用的距离(见表 2)上水平通过探测区域。放射源的高度应根据用途确定,应为探测区域的底部、中部和顶部以及中部与底部之间的中点、中部与顶部之间的中点。

对于静态模式,将放射源置于特定应用的距离(见表 2)处,手动开始测量。垂直试验距离应根据用途确定,应为探测区域的底部、中部和顶部以及中部与底部之间的中点、中部与顶部之间的中点。制造商应给出建议的测量时间。

不论是动态模式还是静态模式,每个放射源在监测系统应用所要求的每个位置上都应连续进行 10 次试验。监测系统的报警应在每次试验之后(或之前)复位。在每次试验之间应有 10 s 的间隔,在试验间隔期间,放射源应处于不影响环境本底的位置或将其置于屏蔽体中。

如果监测系统在 10 次连续试验和报警中能正确识别至少 8 次,则通过试验。

5.11.4.3 试验方法——无屏蔽 SNM

当放射性核素以特定应用所要求的速度(见表 1)通过探测区域时或在制造商说明的时间内(静态测量),监测系统应能识别:

——HEU、RGPu、WGPu。

对于静态模式,将放射源置于特定应用的距离(见表 2)处,手动开始测量。垂直试验距离应根据用途确定,应为探测区域的底部、中部和顶部以及中部与底部之间的中点、中部与顶部之间的中点。制造商应给出建议的测量时间。

不论是动态模式还是静态模式,每个放射源在监测系统应用所要求的每个位置上都应连续进行 10 次试验。监测系统的报警应在每次试验之后(或之前)复位。在每次试验之间应有 10 s 的间隔,在试验间隔期间，放射源应处于不影响环境本底的位置或将其置于屏蔽体中。

如果监测系统在10次连续试验和报警中能正确识别至少8次，则通过试验。

5.11.5 被屏蔽的放射性核素的识别

5.11.5.1 海运集装箱屏蔽的要求

制造商应给出监测系统能识别的被屏蔽放射性核素的列表，对于本标准，源是由3 cm厚的钢屏蔽。

注：3 cm厚的钢是根据海运集装箱的合理屏蔽配置和对γ射线的衰减给出的。

使用在探测组件表面产生0.05 μSv·h^{-1}(0%～20%)剂量当量率的被屏蔽放射源进行识别能力的试验。

核素列表应至少包含：

——^{133}Ba、^{137}Cs、^{60}Co。

5.11.5.2 医用放射性核素屏蔽的要求

制造商应给出监测系统能识别的人体内医用放射性核素的列表。对于本标准，源是由8 cm厚的有机玻璃(PMMA)或相同类型的聚合物模拟人体屏蔽。

使用在探测组件表面产生0.05 μSv·h^{-1}(0%～20%)剂量当量率的被PMMA屏蔽的放射源进行识别能力的试验。

核素列表应至少包含：

——^{67}Ga、^{99m}Tc、^{131}I、^{201}Tl。

5.11.5.3 试验方法

为验证监测系统是否满足5.11.5.1和5.11.5.2中的要求，应进行下列试验。

对于动态模式，使每个放射源以要求的试验速度(见表1)在特定应用的距离(见表2)上水平通过探测区域。移动的高度根据用途确定，应为探测区域的底部、中部和顶部以及中部与底部之间的中点、中部与顶部之间的中点。

对于静态模式，将放射源置于特定应用的距离(见表2)处，手动开始测量。垂直试验距离应根据用途确定，应为探测区域的底部、中部和顶部以及中部与底部之间的中点、中部与顶部之间的中点。制造商应给出建议的测量时间。

不论是动态模式还是静态模式，每个放射源在监测系统应用所要求的每个位置上都应连续进行10次试验。监测系统的报警应在每次试验之后(或之前)复位。在每次试验之间应有10 s的间隔，在试验间隔期间，放射源应处于不影响环境本底的位置或将其置于屏蔽体中。

如果监测系统在10次连续试验和报警中能正确识别至少8次，则通过试验。

5.11.6 多核素的同时识别与遮蔽

5.11.6.1 要求

当多个放射源同时在探测组件表面产生相同剂量当量率时，监测系统应有能力同时识别多个核素；当感兴趣核素与其他核素混在一起(被遮蔽)时，监测系统应能识别出该感兴趣核素。

5.11.6.2 试验方法——同时识别

试验中应使用下列放射源组合(其中HEU和RGPu代表目标放射源)：

——^{99m}Tc+ HEU；

——^{131}I+ RGPu。

每个放射源在探测组件表面产生的剂量当量率应为 0.05 μSv·h^{-1}。

对于动态模式，使每个放射源组合以要求的试验速度(见表 1)在特定应用的距离(见表 2)上水平通过探测区域。移动的高度根据用途确定，应为探测区域的底部、中部和顶部以及中部与底部之间的中点、中部与顶部之间的中点。

对于静态模式，将放射源组合置于特定应用的距离(见表 2)处，手动开始测量。垂直试验距离根据用途确定，应为探测区域的底部、中部和顶部以及中部与底部之间的中点、中部与顶部之间的中点。制造商应给出建议的测量时间。

不论是动态模式还是静态模式，每个放射源组合在监测系统应用所要求的每个位置上都应连续进行 10 次试验。监测系统的报警应在每次试验之后(或之前)复位。在每次试验之间应有 10 s 的间隔，在试验间隔期间，放射源组合应处于不影响环境本底的位置或将其置于屏蔽体中。

如果监测系统在 10 次连续试验和报警中能正确识别至少 8 次，则通过试验。

5.11.6.3 试验方法——遮蔽

为验证遮蔽要求，由遮蔽放射源中每个核素在探测组件表面产生的剂量当量率应为 0.1 μSv·h^{-1}(或总计为 0.3 μSv·h^{-1})，而目标放射源在探测组件表面产生的剂量当量率应为 0.05 μSv·h^{-1}。目标放射源不应被遮蔽放射源掩盖。应使用下列放射源组合(其中 HEU 和 RGPu 代表目标放射源)按 5.11.6.2规定的方法进行试验：

——^{40}K + ^{226}Ra + ^{232}Th + HEU；

——^{40}K + ^{226}Ra + ^{232}Th + RGPu；

注："锆英砂"可作为天然放射性物质替代^{40}K、^{226}Ra、^{232}Th，"锆英砂"还含有^{238}U。

——^{99m}Tc+ HEU；

——^{131}I+ RGPu。

5.11.7 核素识别的超量程特性

5.11.7.1 要求

制造商应说明用于识别的最大周围剂量当量率(μSv·h^{-1})。周围剂量当量率应使用^{226}Ra 源(置于 1 cm 铁屏蔽中)产生。

5.11.7.2 试验方法

使用^{226}Ra 源将周围剂量当量率增加至制造商给出的用于核素识别的最大值。为使监测系统能重新计算本底并使用^{60}Co 源以表 4 给出的活度进行核素识别，应重新采集^{226}Ra 存在时的本底。

对于动态模式，使^{60}Co 源以要求的试验速度(见表 1)在特定应用的距离(见表 2)上水平通过探测区域。移动的高度应为探测区域高度的中点。

对于静态模式，将^{60}Co 源置于探测区域的水平中心，在特定应用的距离(见表 2)上开始手动测量。高度应为探测区域高度的中点。制造商应给出建议的测量时间。

不论是动态模式还是静态模式，应连续进行 10 次试验。监测系统的报警应在每次试验之间复位。在每次试验之间应有 10 s 的间隔，在试验间隔期间，^{60}Co 源处于不影响环境本底的位置或将其置于屏蔽体中。^{226}Ra 源在试验期间应始终保持不动，以保持环境本底的强度。如果在 10 次试验中监测系统能正确识别至少 8 次，则通过试验。

5.11.8 堆积效应

5.11.8.1 要求

当近期接受过放射治疗(^{131}I)的人经过监测系统时,监测系统应能正确识别核素。

5.11.8.2 试验方法

使用活度为 20 MBq 的^{131}I 源(置于 PMMA 或相同的聚合物屏蔽体中)进行 5.11.5.2 中规定的试验。

对于动态模式,使放射源以要求的试验速度(见表 1)在距探测组件表面 1 m 处水平通过探测区域。放射源移动的高度应为探测区域高度的中点。

对于静态模式,将放射源置于探测区域的水平中心,在距探测组件表面 1 m 处开始手动测量。试验高度应为探测区域高度的中点。制造商应给出建议的测量时间。

不论是动态模式还是静态模式,应连续进行 10 次试验。监测系统的报警应在每次试验之后(或之前)复位。在每次试验之间应有 10 s 的间隔,在试验间隔期间,放射源处于不影响环境本底的位置或将其置于屏蔽体中。

如果在 10 次连续试验中监测系统能正确识别至少 8 次,则通过试验。

5.11.9 核素库中没有的核素

5.11.9.1 要求

当出现没有全能峰的放射源或不在核素库中的核素时,监测系统应报警(“红色报警”)并提示“不在核素库中”或“未知核素”。

5.11.9.2 试验方法

建议使用^{90}Sr/^{90}Y 源(能产生轫致辐射)进行试验。放射源在探测组件表面产生的剂量当量率宜为 0.05 μSv·h^{-1}。

对于动态模式,使放射源以要求的试验速度(见表 1)水平通过探测区域。放射源移动的高度应为探测区域高度的中点。

对于静态模式,将放射源置于在探测组件表面产生要求的剂量当量率处开始测量。制造商应给出建议的测量时间。

不论是动态模式还是静态模式,应连续进行 10 次试验。监测系统的报警应在每次试验之后(或之前)复位。在每次试验之间应有 10 s 的间隔,在试验间隔期间,放射源处于不影响环境本底的位置或将其置于屏蔽体中。

如果在 10 次连续试验中,监测系统能至少 8 次报警(“红色报警”)并提示“不在核素库中”或“未知核素”,则通过试验。

使用一个能产生全能峰(但该峰不在核素库中)的放射源在相同的周围剂量当量率条件下重复试验。

5.12 环境试验

5.12.1 环境温度

5.12.1.1 要求

监测系统应能在−30 ℃～55 ℃范围内正常工作。为在温度可控环境(有暖气或空调)设计的监测系统应能在 5 ℃～40 ℃范围内正常工作。在上述温度范围内，监测系统的响应与标称温度时（20±2）℃的平均读数相比，其变化不应超过±15%，核素识别结果应优于标称温度时的结果或与其相同。应验证所有必需的控制功能、报警和提示功能工作正常。

除了作为探测系统部件的冷却或加热装置，允许通过仅试验关键组件（如探测器及为在不可控环境中使用而设计的组件）代替系统试验。

5.12.1.2 试验方法

对于本项试验，监测系统的响应应包括分别使用^{57}Co、^{60}Co和^{252}Cf源得到的一系列γ射线读数和中子读数，还应包括分别使用^{57}Co、^{60}Co源进行 10 次核素识别试验的结果。每次核素识别试验之间的时间间隔应与运行模式相对应。对于动态模式，时间间隔宜为 5 s；对于静态模式，时间间隔应由制造商给出。对每个核素的识别结果应记录为“10 次试验，x 次正确”。

该试验宜在环境试验箱内进行。湿度水平宜足够低（相对湿度小于 65%）以防止冷凝，温度的变化率不应超过 10 ℃/h。在记录读数之前，应保持试验温度上限和下限至少 16 h。

注：在使用中子源进行试验时，应使中子源尽量靠近探测组件，以减少散射的影响和因环境变化造成的其他影响。

5.12.2 湿度试验

5.12.2.1 要求

在处于相对湿度 93%（环境温度 40 ℃）的环境期间及离开该环境之后，监测系统应能正常工作。

在整个试验过程中，监测系统的响应与在标称温度（20±2）℃和湿度时获得的平均读数相比，其偏差应在±15%以内，核素识别结果应优于标称温度（20±2）℃和湿度时的结果或与其相同。设备暴露的部分不应有任何显著的影响。

除了作为探测系统部件的冷却或加热装置，允许通过仅试验关键组件（如探测器及为在不可控环境中使用而设计的组件）代替系统试验。

5.12.2.2 试验方法

对于本项试验，监测系统的响应应包括分别使用^{57}Co、^{60}Co和^{252}Cf源得到的一系列γ射线读数和中子读数，还应包括分别使用^{57}Co、^{60}Co源进行 10 次核素识别试验的结果。每次核素识别试验之间的时间间隔应与运行模式相对应。对于动态模式，时间间隔宜为 5 s；对于静态模式，时间间隔应由制造商给出。对每个核素的识别结果应记录为“10 次试验，x 次正确”。

该试验宜在环境试验箱内进行。相对湿度和温度的变化率分别不应大于 10%/h 和 10 ℃/h，直至达到相对湿度 93%±5%和温度 40 ℃。在记录读数之前，应保持该湿度和温度至少 16 h。

注：在使用中子源进行试验时，应使中子源尽量靠近探测组件，以减少散射的影响和因环境变化而造成的其他影响。

5.12.3 防尘和防湿试验

5.12.3.1 要求

为在无保护环境中使用而设计的监测系统（包括其组件）应能满足 IP54 的要求（见 GB 4208—2008）。监测系统应能防止灰尘和淋水的进入。根据 IP54 的要求，不能完全防止灰尘进入，但灰尘的进入量不应影响监测系统的正常运行或削弱系统安全；在外壳上任何方向的淋水不应产生有害的影响。

在试验期间和试验之后，γ射线读数和中子读数与试验前的读数相比，其偏差应在±15%以内，在试验中不应有可观察到的影响并应验证所有控制功能工作正常。

能耐受盐水喷淋的监测系统在受到盐水喷淋之后，其性能应与上述规定相同。

5.12.3.2 试验方法——防尘

应在防尘试验箱(GB 4208—2008 的 2 类)中进行试验,可用能使滑石粉悬浮在密闭试验箱内的其他方法代替粉末循环泵。滑石粉的用量宜为 2 kg/m^3,使用次数不应超过 20 次。

如果监测系统使用了多个相同的探测组件,仅需对一个组件进行试验。

应使用足够强度的^{137}Cs源照射监测系统,以将读数统计涨落的影响降至最小。然后,应将监测系统置于灰尘环境中 1 h。在试验期间和试验之后的 γ 射线读数和中子读数与试验前读数相比,其偏差应在±15%以内。

试验后,应进行检查以确定灰尘进入的程度。如果在检查中防护措施得当,粉末沉积量或沉积位置并不影响监测系统正常工作或削弱其安全功能,则通过试验。

5.12.3.3 试验方法——防湿

应使用能给出(10±0.5) L/min 流量的可调水压喷嘴(见 GB 4208—2008)进行试验,试验期间压力宜维持恒定。试验时,水与监测系统的温差不应大于 5 ℃。试验的持续时间按 1 min/m^2 乘以监测系统的表面积计算,至少为 15 min。

试验后,应进行检查以确定进水情况。如果在检查中防护措施得当,进水量或进水位置并不影响监测系统正常工作或削弱其安全功能,则通过试验。

对用于盐水喷溅环境设计的监测系统,应使用密度约为 1 025 kg/m^3 的盐水在(20±5) ℃的条件下试验。

5.13 机械要求

5.13.1 振动

5.13.1.1 要求

当安装在无防护场所的监测系统承受加速度为 0.5 g_n、频率范围为 10 Hz~150 Hz 的振动时,系统应功能正常。监测系统的结构宜不受振动的影响(例如:焊接处完好,螺母、螺钉不松动)。在试验期间和试验之后,监测系统的 γ 射线读数或中子读数与试验前的读数相比,其偏差应在±15%以内。

5.13.1.2 试验方法

试验应由 10 个对数扫频循环组成,每个循环扫频时间为 2 min。振动方向应与监测系统在实际安装中受到的振动方向一致。如果监测系统没有发出报警或其他错误提示并且其响应没有显著变化(与试验前平均 γ 射线读数或中子读数相比,其可重复偏差不超过±15%),则满足要求。试验后应检查监测系统的机械损伤和松动部件。

5.13.2 颤振/碰撞

5.13.2.1 要求

监测系统不应受颤振的影响,该情况可发生在低强度剧烈接触中(能量最大为 1.0 J)。

监测系统不应有报警或其他错误提示并且其响应没有显著变化(与试验前平均 γ 射线读数或中子读数相比,其可重复偏差不超过±15%)。

注:1.0 J 相当于 1 kg 的质量以 1.4 m/s 的速度移动或从 0.1 m 的高处落下。

5.13.2.2 试验方法

宜在靠近电子学部件的三个位置和监测系统内靠近探测器的三个其他位置进行碰撞试验。如果监测系统没有报警或其他错误提示出现并且其响应没有显著变化(与试验前平均 γ 射线读数或中子读数相比,其可重复偏差不超过±15%),则满足要求。

应在未占用状态和占用状态下重复试验。

5.14 电磁性能要求

5.14.1 静电放电(ESD)

5.14.1.1 要求

监测系统在经受高达 6 kV (IEC 61000-4-2:2008,严酷度等级 3)的静电放电之后应功能正常。

5.14.1.2 试验方法

为评价监测系统的抗静电放电的特性,应使用接触放电技术。尽量选择用户可接触到的地方作为试验点。每个试验点应进行 10 次放电试验,每次放电之间有 1 s 的恢复时间。建议首先以 2 kV 进行试验,如果未见异常,则继续进行 4 kV 试验,最后进行 6 kV 试验。

如果监测系统没有报警或其他错误提示出现并且其响应没有显著变化(与试验前平均 γ 射线读数或中子读数相比,其可重复偏差不超过±15%),则通过试验。

应在未占用状态和占用状态下分别进行试验。

5.14.2 射频

5.14.2.1 要求

监测系统应不受频率范围为 80 MHz~2 500 MHz 和 1.4 GHz~2.5 GHz、强度为 10 V/m 射频场(IEC 61000-4-3:2006,严酷度等级 3)的影响。监测系统应没有报警或其他错误提示出现并且其响应没有显著变化(与试验前平均 γ 射线读数或中子读数相比,其可重复偏差不超过±15%)。

5.14.2.2 试验方法

宜使用频率变化率不大于 1% 基频的自动扫频的射频信号发生器进行试验。持续时间取决于监测系统的响应时间,但不宜少于 3 s。

如果监测系统没有报警或其他错误提示出现并且其响应没有显著变化(与试验前平均 γ 射线读数或中子读数相比,其可重复偏差不超过±15%),则满足要求。

应在未占用状态和占用状态下分别进行试验。

5.14.3 射频发射

5.14.3.1 要求

当在 3 m 处测量时,射频发射应小于表 6 给出的限值。

5.14.3.2 试验方法

将监测系统置于合适的射频屏蔽房间或屏蔽室内,在距离监测系统 3 m 处放置天线。关闭监测系统电源,使用 50 kHz 的扫描带宽收集本底谱。打开监测系统电源,分别测量监测系统在未占用状态和占用状态下的射频频谱。

5.14.4 传导骚扰

5.14.4.1 要求

监测系统不宜受由外部电缆在监测系统感应的射频场影响。

监测系统宜没有报警或其他错误提示出现,并且其响应没有显著变化(与试验前平均γ射线读数或中子读数相比,其可重复偏差不超过±15%)。

5.14.4.2 试验方法

将^{137}Cs和^{252}Cf试验源置于能提供稳定读数的位置并将监测系统暴露于频率范围为150 kHz～80 MHz、强度为140 dB(μV)、以1 kHz正弦波进行80%调幅的感应射频场中。

宜使用频率变化率不大于1%基频的自动扫频的射频信号发生器进行试验。宜根据监测系统的响应时间选择持续时间,但不宜少于3 s。

应在未占用状态和占用状态下分别进行试验。

5.14.5 磁场

5.14.5.1 要求

监测系统应不受磁场存在的影响,应无报警或其他错误提示出现,并且其响应没有显著变化(与试验前平均γ射线读数或中子读数相比,其可重复偏差不超过±15%)。

5.14.5.2 试验方法

制造商应说明磁场对监测系统的影响。建议的试验过程是:将^{137}Cs和^{252}Cf试验源置于能提供稳定读数的位置并将监测系统暴露于1 mT(10 Gs)的直流磁场中。宜至少进行两个方向的试验(与磁力线方向呈0°和90°角)。如果监测系统没有报警或其他错误提示并且其响应没有显著变化(与试验前平均γ射线读数或中子读数相比,其可重复偏差不超过±15%),则满足要求。

应在未占用状态和占用状态下分别进行试验。

5.14.6 浪涌和振荡波

5.14.6.1 要求

在强度小于2 kV的浪涌和振荡波(归类为1.2/50 μs和8/20 μs的组合波)的作用下,监测系统应不受影响,应无报警或其他错误提示出现并且其响应没有显著变化(与试验前平均γ射线读数或中子读数相比,其可重复偏差不超过±15%)。

5.14.6.2 试验方法

对监测系统施加10个脉冲,每个脉冲之间的时间间隔至少1 min。该浪涌脉冲宜为组合波脉冲(1.2/50 μs和8/20 μs),且脉冲强度为2 kV。使用振铃波脉冲不要大于2 kV。

应在未占用状态和占用状态下分别进行试验。

6 文件

6.1 型式试验报告

在用户有要求时,制造商应提供满足本标准要求的型式试验报告。

6.2 合格证书

制造商应至少提供以下信息：

——制造商的联系信息，包括名称、地址、电话、传真、电子邮箱等；

——门式监测系统、探测器类型以及监测系统测量的辐射类型；

——探测组件之间的安装距离（如适用）；

——电源要求；

——按本标准进行试验的结果；

——推荐的运行参数，例如：探测器响应、误报警率、报警阈值、静态测量时间和核素库；

——评估监测系统的完整描述，包括探测区域和静态测量所要求的时间；

——外壳防护等级；

——是否包含另外受控的危险物质（例如核素检查源）；

——监测系统可识别的放射性核素列表；

——分别对应总计数和识别的超量程辐射水平值；

——监测系统与本标准要求的一致性。

6.3 操作和维护手册

制造商应向用户提供包含以下信息的操作和维护手册：

——操作说明和限制；

——模块连接原理图；

——电气连接原理图；

——备件列表；

——故障排除指南；

——传输和接收数据所用通信方法的描述及其协议；

——输出文件的数据格式描述。

表 1　放射源的移动速度

监测系统类型	速度
行人监测系统	1.2 m/s
车辆和铁路车辆监测系统	2.2 m/s
行李包裹或传送带监测系统	1.2 m/s
注：允许的速度误差为±20%。	

表 2　不同类型监测系统的评估距离

监测系统类型	探测组件之间距离	评估距离
单侧行人或行李包裹监测系统	不适用	放射源距探测器 1 m
固定尺寸的行人或行李包裹监测系统	按制造商说明	放射源位于探测组件之间居中位置
多侧行人或行李包裹监测系统	探测组件表面间距 1 m，或按制造商说明	放射源位于探测组件之间居中位置
单侧车辆监测系统（包括集装箱卡车）	不适用	放射源距探测组件 5 m
多侧车辆监测系统（包括集装箱卡车）	探测组件表面间距 5 m，或按制造商说明	放射源位于探测组件之间居中位置

表 2（续）

监测系统类型	探测组件之间距离	评估距离
单侧铁路车辆监测系统	不适用	放射源距探测组件 6 m
多侧铁路车辆监测系统	探测组件表面间距 6 m，或按制造商说明	放射源位于探测组件之间居中位置

表 3 参考条件和标准试验条件

影响量	参考条件 （除非制造商另行说明）	标准试验条件 （除非制造商另行说明）
环境温度[a]	20 ℃	18 ℃～20 ℃
相对湿度[a]	65%	20%～75%
大气压力[a]	101.3 kPa	70 kPa～106.6 kPa
外部电磁场	可忽略	可忽略
外部磁感应	可忽略	可忽略
监测系统的控制旋钮	调到正常工作状态	调到正常工作状态
本底周围剂量当量率	$0.1\ \mu Sv \cdot h^{-1}$	$\leqslant 0.1\ \mu Sv \cdot h^{-1}$
参考 γ 辐射[b]	^{137}Cs	^{137}Cs（除非另行说明）
参考中子辐射[b]	^{252}Cf（裸源及带慢化体的源）	^{252}Cf（裸源及带慢化体的源）

[a] 表中的数值用于在温带气候环境中进行的试验。在其他气候环境中，应说明试验时的各影响量的实际值。同样，在高海拔地区大气压力的下限允许低于 70 kPa。

[b] γ 参考辐射的特性及其剂量测定方法见 GB/T 12162.1—2000、GB/T 12162.2—2004 和 GB/T 12162.3—2004；中子参考辐射的特性及其剂量测定方法见 GB/T 14055.1—2008、GB/T 14055.2—2012 和 ISO 8529-3:1998。

表 4 γ 试验源与中子试验源的活度

放射性核素	未屏蔽的活度/Bq
^{241}Am	1.7×10^{6}
^{133}Ba	3.2×10^{5}
^{57}Co	5.5×10^{5}
^{60}Co	2.5×10^{5}
^{137}Cs	5.8×10^{5}
DU	4.5 kg（46 cm^2）
^{67}Ga	6.0×10^{5}
HEU	237g（6.5 cm^2）
^{131}I	3.6×10^{5}
^{192}Ir	2.2×10^{5}
^{40}K	4.7×10^{6}
^{237}Np	90 mg（1 cm 厚铁屏蔽）

表 4（续）

放射性核素	未屏蔽的活度/Bq
^{99m}Tc	5.9×10^5
^{201}Tl	3.6×10^5
^{226}Ra	2.9×10^5
^{232}Th	5.0×10^5
RGPu	1.4 g（1 cm 厚铁屏蔽）
WGPu	15 g（1 cm 厚铁屏蔽）
^{252}Cf	$(2\times10^4\pm4\times10^3)s^{-1}$

表 5　报警分类的实例

"绿色"报警	"红色"报警
——识别到人体内医用核素：^{67}Ga、^{99m}Tc、^{111}In、^{123}I、^{51}Cr、^{125}I、^{131}I、^{133}Xe、^{201}Tl，^{18}F(周围剂量当量率低于遮蔽限值) ——识别到天然放射性物质：^{40}K、处于平衡状态的^{226}Ra或处于平衡状态和周围剂量当量率低于遮蔽限值(由用户规定)的^{232}Th	——识别到核材料或工业用核素：^{233}U、^{235}U、^{238}U、^{237}Np、所有 Pu 同位素、^{57}Co、^{60}Co、^{133}Ba、^{137}Cs、^{192}Ir、^{152}Eu、^{241}Am、^{75}Se ——识别到"未知源" ——指示中子辐射 ——指示医用核素或天然放射性物质产生的周围剂量当量率高于用户规定的遮蔽限值

表 6　发射限值

发射频率范围/MHz	MHz 场强度/(μV/m)
30 ～ 88	100
88 ～ 216	150
216 ～ 960	200
960 以上	500

附 录 A
(资料性附录)
铀同位素的识别

表 A.1 给出了与在运输过程中探测和识别不同级别的铀和引发报警有关的背景信息,并作为使用按本标准设计制造的监测系统进行测量的结果。

表 A.1 铀的探测和识别指南

铀的级别	定义	可接受的分类	可接受的识别结果	备注
铀矿石	天然铀,即浓度为天然丰度且处于动态平衡中的^{235}U和^{238}U	NORM	^{226}Ra	很难将铀矿石与^{226}Ra及其子体区分开,因为二者都由^{238}U衰变而来,而且^{226}Ra位于186.2 keV的峰遮蔽了^{235}U位于185.7 keV的峰
提纯铀	通过化学方法与其子体分离的天然铀(^{238}U的短寿命子体^{234}Th和^{234m}Pa仍然存在)	SNM、可疑源	U、^{235}U或$^{235}U+^{238}U$	由于在应用中没有办法区分提纯铀和浓缩铀,因此提纯铀也宜归类为SNM
低浓缩铀 LEU	含^{235}U的浓度低于20%的浓缩铀	SNM	U、LEU、^{235}U或$^{235}U+^{238}U$	可能包含子类(如轻度浓缩铀,即含^{235}U的浓度为0.9%~2%的浓缩铀)
高浓缩铀 HEU	含^{235}U的浓度高于20%的浓缩铀	SNM	U、HEU、^{235}U或$^{235}U+^{238}U$	
贫铀 DU	含^{235}U的浓度小于天然丰度的铀	SNM、可疑源、工业用核素	U、DU、$^{235}U+^{238}U$或^{238}U	虽然不认为贫铀是SNM,但是由于贫铀具有毒性且具有遮蔽能力,因此通常也将其归类为SNM

参 考 文 献

[1] IEC 60038 IEC standard voltages

[2] IEC 60068-2-75 Environmental testing—Part 2-75: Tests—Test Eh: Hammer tests

[3] IEC 60846 (all parts) Radiation protection instrumentation—Ambient and/or directional dose equivalent (rate) meters and/or monitors for beta, X and gamma radiation

[4] IEC 61526:2010 Radiation protection instrumentation—Measurement of personal dose equivalents Hp(10) and Hp(0,07) for X, gamma, neutron and beta radiations—Direct reading personal dose equivalent meters

[5] IEC 62327:2006 Radiation protection instrumentation—Hand-held instruments for the detection and identification of radionuclides and for the indication of ambient dose equivalent rate from photon radiation

[6] IEC 62401:2007 Radiation protection instrumentation—Alarming personal radiation devices (PRD) for detection of illicit trafficking of radioactive material

ICS 13.280
F 84

中华人民共和国国家标准

GB/T 31837—2015

用于探测、报警与识别放射性材料的手持式辐射监测仪

Hand-held radiation monitor for detection, alarming and identification of radioactive material

(IEC 62327:2006, Radiation protection instrumentation—Hand-held instruments for the detection and identification of radionuclides and for the indication of ambient dose equivalent rate from photon radiation, MOD)

2015-07-03 发布 2016-02-01 实施

中华人民共和国国家质量监督检验检疫总局
中国国家标准化管理委员会 发布

前　言

本标准按照 GB/T 1.1—2009 给出的规则起草。

本标准使用重新起草法修改采用 IEC 62327:2006《辐射防护仪器　用于探测与识别放射性核素和指示光子辐射周围剂量当量率的手持式监测仪》。

本标准与 IEC 62327:2006 相比存在技术性差异，附录 A 中给出了相应技术性差异及其原因的一览表。

本标准由全国核仪器仪表标准化技术委员会(SAC/TC 30)归口。

本标准起草单位：中国人民解放军防化研究院第二研究所。

本标准主要起草人：肖无云、梁卫平、李京伦、王善强、艾宪芸、史志兰、马新华。

用于探测、报警与识别放射性材料的手持式辐射监测仪

1 范围

本标准规定了用于探测、报警与识别放射性材料的手持式监测仪（γ 谱仪）的要求，特别是对探测器、多道分析器、识别软件、放射性核素库和监测仪显示的要求。另外还规定了一般特性、一般试验方法、辐射特性以及电气特性、机械特性、安全特性和环境特性。

本标准还可为选择合适的放射性核素库（其中包括在边境口岸频繁探测到的放射性材料）提供指导。

本标准适用于探测和识别放射性核素并能指示 γ 辐射周围剂量当量率的手持式监测仪。本标准不适用于 GB/T 4835.1—2012 涵盖的辐射防护监测仪的性能。

本标准涉及的监测仪可用于 ISO 22188:2003 规定的目的。

本标准可用于设计中无中子探测功能的监测仪，此时，中子探测要求不适用。

本标准不包括实验室用的高分辨率 γ 谱仪。

考虑到可能使用本标准规定的监测仪的一线执法人员通常不是辐射防护专家，这就需要用户友好的监测仪设计和操作过程中高度的固有安全性。

2 规范性引用文件

下列文件对于本文件的应用是必不可少的。凡是注日期的引用文件，仅注日期的版本适用于本文件。凡是不注日期的引用文件，其最新版本（包括所有的修改单）适用于本文件。

GB 4208—2008 外壳防护等级（IP 代码）（IEC 60529:2001，IDT）

GB/T 4835.1—2012 辐射防护仪器 β、X 和 γ 辐射周围和/或定向剂量当量（率）仪和/或监测仪 第 1 部分：便携式工作场所和环境测量仪与监测仪（IEC 60846-1:2009，IDT）

GB/T 4960.6—2008 核科学技术术语 第 6 部分：核仪器仪表（IEC 60050-393:2003，IEC 60050-394:2007，NEQ）

GB/T 12162.1—2000 用于校准剂量仪和剂量率仪及确定其能量响应的 X 和 γ 参考辐射 第 1 部分：辐射特性和产生方法（ISO 4037-1:1996，IDT）

GB/T 16511—1996 电气和电子测量设备随机文件（IEC 61187:1993，IDT）

ISO 22188:2003 放射性材料的无意移动和非法运输的监测（Monitoring for inadvertent movement and illicit trafficking of radioactive material）

3 术语和定义

GB/T 4960.6—2008 界定的以及下列术语和定义适用于本文件。

3.1

常规模式 routine mode

由受过培训的非专家用户使用的操作模式。包括探测和识别放射性核素以及指示周围剂量当量率水平。

注：该模式可称为“自动”或“简易”模式。

3.2

专家模式　expert mode

由专家用户使用的高级操作模式。在该模式下可获得谱数据和控制对测量结果有影响的参数，例如：放射性核素库、常规功能控制、校准参数、报警阈等。通过密码保护或其他类似方法限制进入该模式。

注：该模式也可称为“高级”或“保护”模式。

3.3

专家用户　expert user

允许访问和修改专家模式中监测仪操作参数的人。

3.4

量的约定真值　conventionally true value of a quantity

被认为充分接近真值，可以代替真值的值。通常它的数值由次级标准或基准确定，或者由按次级标准或基准校准过的参考装置确定。

3.5

指示值误差　error of indication

在测量点处，被测量的指示值 υ 与其约定真值 υ_c 之差。

3.6

相对固有误差　relative intrinsic error

在参考条件下，受到规定参考辐射照射时，设备或装置指示值的相对误差，以式(1)表示：

$$e_i = (\upsilon - \upsilon_c)/\upsilon_c \quad \cdots\cdots(1)$$

式中：

υ ——量的指示值；

υ_c ——测量点处量的约定真值。

3.7

辐射测量设备或装置的响应　response of a radiation measuring equipment or assembly

在规定的条件下，由式(2)给出的比值：

$$R = \upsilon/\upsilon_c \quad \cdots\cdots(2)$$

式中：

υ ——设备或装置在试验时测量的量值；

υ_c ——该量的约定真值。

3.8

型式试验　type test

对代表生产的一个或多个产品样本进行的符合性试验。

3.9

常规试验　routine test

对制造中或完工后的每一件产品所进行的试验，以确定其满足某些标准。

3.10

验收试验　acceptance test

向顾客证明产品符合其某些规范要求，按合同规定进行的试验。

3.11

补充试验　supplementary tests

为了提供仪器或装置某些特性的补充信息的试验。

3.12

周围剂量当量率 ambient dose equivalent rate $\dot{H}^*(10)$

用于环境监测的 10 mm 推荐深度处的周围剂量当量在时间间隔 dt 内的增量 d$H^*(10)$与 dt 的商见式(3)：

$$\dot{H}^*(10)=\frac{\mathrm{d}H^*(10)}{\mathrm{d}t} \qquad \cdots\cdots(3)$$

4 一般特性

4.1 概述

这些监测仪用于探测、定位和识别放射性材料并指示周围剂量当量率水平。监测仪通常测量 γ 能谱并通过与内置放射性核素库对比来识别放射性核素。作为手持式并由电池供电的监测仪，用于现场测量。

4.2 辐射探测器

为满足不同应用要求，这类监测仪通常使用一个以上的探测器。为了能准确识别放射性核素，用于能谱测量的 γ 辐射探测器应具有足够的能量分辨率、灵敏度和稳定性。

4.3 能量校准

γ 辐射能量校准应在要求的温度范围内保持稳定。

校准不应受电池电压、计数率或功能状态(开机或关机)变化的影响。

应提供检测校准漂移的方法，并允许在现场重新调整。

4.4 软件

内置软件应能识别 6.1、6.2 列出的放射性核素和存在其他放射性核素时 6.3 列出的放射性核素。

4.5 用户界面

监测仪应采用：

——在正常光照条件下和要求的温度范围内易读的显示；

——用户友好的控制界面；

——简单易懂的菜单结构；

——至少两个不同的操作模式，一个是常规模式，另一个是专家模式。

4.6 通信接口

监测仪应具有数据传输能力，例如：将 γ 能谱传输到另一个装置(如计算机)。制造商应提供传输数据格式的详细说明。

4.7 防潮和防尘

监测仪外壳的设计应满足 IP 53(见 GB 4208—2008)的要求。

监测仪应作防护以免受灰尘和淋水的进入。IP 53 防护虽然不能完全防止灰尘进入，但进入的灰尘量不妨碍监测仪正常工作或削弱其安全性，并且与垂直方向夹角 60°内的淋水不应对监测仪造成有害影响。

4.8 标志

4.8.1 概述

监测仪所有的外部控制、显示和调节部件应根据其功能作出标志。内部控制部件应在电路板上加以标识并在技术手册中标明。

4.8.2 外部标志

在监测仪和每个主要部件(如探头)的外部,应标注下列合适的标志:

——制造商名称和型号;

——序列号;

——各探测器有效中心的位置;

——用于控制、开关和调节部件的功能指示。

在正常使用(包括正常去污)条件下,标志应保持易读和牢固。

4.9 电池状态指示

监测仪应配备电池状态检测电路或给出其他直接可见的电池状态指示。

4.10 开关保护

应保护开关和其他控制部件以减少或防止无意中关断或不适当地操作监测仪。

4.11 谱储存和显示

在常规模式下不要求显示 γ 能谱。

监测仪应能储存至少 50 个谱。

储存的每个谱应包含采集和识别结果的信息,包括:

——时间和日期;

——识别的放射性核素和相关的置信水平;

——指示的周围剂量当量率;

——测量时的中子计数率。

4.12 周围剂量当量率指示

4.12.1 γ 辐射

监测仪应能指示周围剂量当量率。最大周围剂量当量率不应低于 10 mSv/h。中子对 γ 的影响应尽可能小并由制造商说明。

4.12.2 中子

监测仪可选择探测中子,并宜采用计数率指示。当探测到中子时应给出报警。

4.12.3 报警

当指示的周围剂量当量率超过阈值水平时,应提供报警以警示用户。报警应包括声、光两种形式,并能在专家模式下进行设置。还应提供静音报警指示的方法,例如:采用振动和(或)使用耳机。

报警时应能通过“确认”或其他控制方法实现静音。

5 一般试验方法

5.1 试验性质

除非在个别的试验步骤中另有规定，本标准的所有试验均为型式试验。经制造商和用户协商，某些试验也可作为验收试验。

5.2 参考条件和标准试验条件

参考条件在表1的第2列给出。除非另有规定，试验应在表1第3列给出的标准试验条件下进行。对于在标准试验条件下进行的试验，应说明试验时的温度、气压和相对湿度值，并进行适当的修正以给出参考条件下的响应值。应说明所有的修正值。

表1 参考条件和标准试验条件

影响量	参考条件 （除非制造商另有说明）	标准试验条件 （除非制造商另有说明）
用于 $H^*(10)$ 测量的 γ 辐射能量	^{137}Cs(GB/T 12162.1—2000)	^{137}Cs
稳定时间	由制造商说明	由制造商说明
环境温度	20 ℃	18 ℃～22 ℃
相对湿度	65％	50％～75％
大气压强	101.3 kPa	70 kPa～106.6 kPa
电池电压	标称电压	电池使用时间不超过寿命的一半所对应的电压范围内
辐射入射角	由制造商给出的参考方向	在给出的参考方向的±5°以内
外界电磁场	可忽略	小于能引起干扰的最小值
外界感应磁场	可忽略	小于地磁场感应值的两倍
监测仪的取向	由制造商说明	在规定取向的±5°的以内
监测仪的控制部件	调到正常工作状态	调到正常工作状态
辐射本底	周围剂量当量率为 0.2 $\mu Sv \cdot h^{-1}$ 或更低（如果实际如此）	周围剂量当量率小于 0.25 $\mu Sv \cdot h^{-1}$
放射性污染	可忽略	可忽略

5.3 统计涨落

对于任何使用辐射的试验，如果单独由辐射的随机性引起的指示值的统计涨落在试验所允许的指示值的变化中占有显著的份额，那么为了确定试验特性是否满足要求，就应获取足够多的读数，以保证有足够的精确度去估计这些读数的平均值。

为了保证这些读数在统计上是相互独立的，相邻两次读数之间的时间间隔应足够长。

6 放射性核素识别

6.1 放射性核素分类

6.1.1 最关注和最可能遇到的四大类放射性核素

最关注和最可能遇到的四类放射性核素包括：

——核材料：^{233}U、^{235}U、^{237}Np、Pu(武器级或反应堆级)；

——医用放射性核素：正电子发射断层成像装置(PET)使用的核素(例如^{18}F)、^{67}Ga、^{99m}Tc、^{111}In、^{123}I、^{125}I、^{131}I、^{133}Xe、^{201}Tl；

——工业用放射性核素：^{57}Co、^{75}Se、^{60}Co、^{133}Ba、^{137}Cs、^{192}Ir、^{241}Am；

——天然存在的放射性物质(NORM)：^{40}K、^{226}Ra 及其子体、^{232}Th 及其子体、^{238}U 及其子体。

注：这只是资料性列表，不宜认为需要识别的放射性核素仅限于此。

用于试验目的的放射性核素库作为识别程序的一部分应至少包含上述所列的放射性核素，并且在整个试验过程中保持放射性核素库不变。

对不能识别的放射性核素应给出"未识别"指示。

6.1.2 对碘、铀、钚和钍进行分类的特殊要求

当对碘、铀、钚和钍进行分类时，下述要求可根据制造商和用户的协商来处理：

——如果探测到碘的同位素，宜指示"医用碘"；

——如果探测到铀的同位素，可指示"铀"；

——如果探测到钚的同位素，可指示"核材料—钚"；

——如果探测到^{232}Th 及其子体，可指示"天然存在的放射性物质—钍"；

——如果探测到韧致辐射源(例如：$^{90}Sr/^{90}Y$)，宜指示"韧致辐射"或"未识别"。

6.2 单个放射性核素的识别

6.2.1 要求

在受到放射性核素照射后的指定时间内，监测仪应能识别下列放射性核素和(或)按上面的说明对其加以分类：

——未屏蔽，1 min 内：^{111}In、^{133}Xe、^{99m}Tc、^{201}Tl、^{67}Ga、^{125}I、^{123}I、^{131}I、^{18}F(PET)[1)]；

——3 mm 钢屏蔽，2 min 内：低浓铀(LEU)、反应堆级钚(RGPu)、高浓铀(HEU)、武器级钚(WG-Pu)、^{57}Co、^{241}Am、^{237}Np；

——5 mm 钢屏蔽，2 min 内：RGPu、HEU、WGPu、^{133}Ba、^{40}K、^{226}Ra、^{232}Th、^{137}Cs、^{60}Co、^{192}Ir。

注：本标准中，HEU 的^{235}U 浓缩度大于 90%，LEU 的^{235}U 浓缩度为 3%～5%。RGPu 含有不大于 24%的^{240}Pu，WGPu 含有不大于 6%的^{240}Pu。

6.2.2 试验方法

以 6.2.1 列出的放射性核素照射监测仪。用一个独立的辐射测量装置(例如：周围剂量当量仪)测量每个未屏蔽或经屏蔽源在探测器位置处产生的周围剂量当量率应高于本底 0.5 $\mu Sv \cdot h^{-1}$(±30%)。对每个放射性核素，应至少进行 10 次试验。如果在至少 90%的试验中监测仪能正确识别出某放射性

1) 可以用 PET 或其他类似文字信息表示^{18}F 的正电子湮没辐射。

核素，则监测仪性能满足要求。

6.3 混合放射性核素的识别

6.3.1 要求

应在 1 min 内识别下列混合放射性核素，其中每种放射性核素（未屏蔽）在探测器处产生的周围剂量当量率应高于本底 0.5 μSv·h^{-1}（±30%）：

——^{137}Cs＋HEU；

——^{131}I＋HEU；

——^{57}Co＋HEU；

——^{133}Ba＋RGPu。

6.3.2 试验方法

以每组中的所有放射性核素同时照射监测仪。每种放射性核素（未屏蔽）在探测器处产生的周围剂量当量率应高于本底 0.5 μSv·h^{-1}（±30%）。

应在照射后的 1 min 内完成识别。对每组放射性核素，应至少进行 10 次试验。如果在至少 90% 的试验中监测仪能正确识别放射性核素，则监测仪性能满足要求。

6.4 识别的过载特性

6.4.1 要求

制造商应说明满足放射性核素识别要求的最大周围剂量当量率。当周围剂量当量率过高以致于不能正确识别放射性核素时，监测仪应给出相关提示。

6.4.2 试验方法

使用^{137}Cs 使周围剂量当量率增加至制造商说明的用于放射性核素识别的最大周围剂量当量率的 80% 并进行放射性核素识别。监测仪应能正确识别^{137}Cs。将周围剂量当量率增加至制造商说明的用于放射性核素识别的最大周围剂量当量率的 120% 并进行放射性核素识别。监测仪应显示不能正确识别放射性核素。制造商可为用户提供附加信息，说明将辐射水平减小至能正确识别放射性核素所应采取的措施。

6.5 源指示器

6.5.1 要求

当搜索或扫描放射源时，监测仪应提供一种方法用于指示由于辐射源的存在而引起周围辐射场增加。

指示应以声、光两种方式给出，并能在专家模式中进行调整。还应提供静音指示的方法，例如：使用振动方式和（或）耳机。该要求应与 7.2 给出的周围剂量当量率报警相区别。

6.5.2 试验方法

将监测仪置于大约为 0.2 μSv·h^{-1} 的稳定周围剂量当量率中。缓慢移动^{137}Cs 源并经过监测仪，使该处的周围剂量当量率为 0.5 μSv·h^{-1}。监测仪应指示周围剂量当量率增加，并随着源远离监测仪而指示周围剂量当量率降低。

7 周围剂量当量率指示

7.1 相对固有误差

7.1.1 要求

在标准试验条件下，对 1 μSv·h^{-1}～10 mSv·h^{-1}范围内的所有周围剂量当量率，监测仪对来自 ^{137}Cs 参考 γ 辐射响应的相对固有误差不应超过±30%。周围剂量当量率指示值的范围应包括低至 0.03 μSv·h^{-1}的天然本底水平，此时相对固有误差限值可以放宽。

7.1.2 试验方法

以 2 μSv·h^{-1}、4 μSv·h^{-1}、8 μSv·h^{-1}、20 μSv·h^{-1}、40 μSv·h^{-1}、80 μSv·h^{-1}、200 μSv·h^{-1}、400 μSv·h^{-1}、800 μSv·h^{-1}、2 mSv·h^{-1}、4 mSv·h^{-1}、8 mSv·h^{-1}的周围剂量当量率照射监测仪，验证监测仪读数的变化在照射监测仪的周围剂量当量率的±30%内。

7.2 报警和响应时间

7.2.1 要求

当监测仪在周围本底辐射水平中受到大于用户设置的报警阈值的辐射照射时，监测仪应在发生阶跃变化的 3 s 内给出报警。报警应给出声光信号。此外，在发生辐射水平变化的 5 s 内，显示的周围剂量当量率指示值变化应在改变后的周围剂量当量率的±30%内。

7.2.2 试验方法

将报警阈值调整到 0.25 μSv·h^{-1}。将监测仪置于约为 0.2 μSv·h^{-1}的稳定周围剂量当量率环境中。使用^{137}Cs 源使周围剂量当量率在 1 s 内增加到 0.5 μSv·h^{-1}。观察监测仪的响应。监测仪应在发生阶跃变化的 3 s 内触发报警，并且在 5 s 内周围剂量当量率的指示值应在(1±30%)×0.5 μSv·h^{-1}以内。确认报警后再重复 9 次这一过程。如果 10 次照射有 9 次触发报警，则满足要求。

7.3 周围剂量当量率指示的过载特性

7.3.1 要求

当周围剂量当量率增加至监测仪有效测量范围的最大周围剂量当量率 10 倍时，监测仪应指示满量程。

7.3.2 试验方法

将监测仪所处位置的周围剂量当量率陡然增加到有效测量范围的最大周围剂量当量率的 10 倍。监测仪应在 5 s 内指示过载，并在整个照射期间(最少 5 min)保持这一状态。照射至少 5 min 后，将辐射场减少至试验前的水平。监测仪应在 5 min 内恢复到正常工作状态。

8 中子探测

8.1 中子指示

8.1.1 要求

当受到中子照射时，监测仪应指示中子的存在并触发报警。

8.1.2 试验方法

试验前将中子报警水平调至约4倍于中子的本底水平值，后者可由监测仪的计数率指示值确定。

用1 cm的铅屏蔽未慢化的发射率约20 000 s^{-1}的0.01 μg ^{252}Cf中子源，使γ辐射降至未屏蔽时的1%。将中子源瞬间置于距监测仪参考点25 cm处，照射的中子周围剂量当量率约为3 $\mu Sv \cdot h^{-1}$。在上述中子辐射水平阶跃变化的10 s内，监测仪应给出中子指示并触发报警。

8.2 存在γ辐射时的中子指示

8.2.1 要求

当监测仪参考点受到0.1 $mSv \cdot h^{-1}$ γ辐射周围剂量当量率照射时，应不触发中子报警。

当监测仪同时受到中子源和增加的γ辐射水平照射时，应指示中子的存在。

8.2.2 试验方法

首先应按8.1.2的方法试验监测仪的中子灵敏度，验证中子报警信号。移去中子源后将^{137}Cs γ辐射源以0.1 $mSv \cdot h^{-1}$周围剂量当量率照射中子探测器，确认在连续照射10 min时间内不触发中子报警，为避免中子探测器的几何条件依赖性，^{137}Cs γ辐射源与探测器之间的距离宜至少达到50 cm。

当监测仪存在上述增大的γ辐射水平照射下，按8.1.2同样方法用中子源照射监测仪，监测仪的响应与不存在γ辐射时的中子响应相比，其差别应在20%以内。

9 电气和环境性能要求

9.1 稳定时间

9.1.1 要求

制造商应说明监测仪开机至全部功能可用所需要的时间，应不大于10 min。

9.1.2 试验方法

在经过制造商说明的稳定时间后，立即用^{241}Am和^{60}Co照射监测仪，每个源产生高于本底0.5 $\mu Sv \cdot h^{-1}$（±30%）的周围剂量当量率。本项试验不是监测仪识别放射性核素能力的试验，因此也不要求正确识别(10次试验至少9次成功)。如果监测仪在接通电源的10 min内给出稳定的响应并能够执行识别，则满足要求。

9.2 电源—电池

9.2.1 要求

制造商应说明电池的寿命以及有关工作温度的要求。在标准试验条件下，监测仪在全功能(能够探测和识别)状态下应至少连续工作8 h。

注：监测仪在低温条件下工作时，大多数型号的电池容量会明显降低。

制造商还应说明监测仪正常工作所需要的最低电压。当指示的周围剂量当量率比使用新电池时低10%和/或监测仪仍能按本标准的要求正确识别放射性核素时的电压规定为最低电压。

电池的低容量指示不应小于上面规定的最低电压。

9.2.2 试验方法

监测仪应安装充满电的电池。在试验期间所有功能电路(不包括报警和喇叭)均处于开启状态。

用^{241}Am和^{60}Co源照射探测器，并使得每种核素在探测器参考点处产生的周围剂量当量率为0.5 μSv·h^{-1}（±30%）。在制造商推荐的预热时间后和其后每隔一小时，应读取足够的读数并应正确识别放射性核素。当平均读数与初始平均读数的比值超过0.9～1.1和（或）当不再正确识别放射性核素时的时间即为电池寿命。

9.3 振动

9.3.1 要求

监测仪应能经受表2给出的振动而不损坏。

表2 振动和冲击试验水平

振动	频率/Hz	10～500
	最大加速度/(m·s^{-2})	10
	轴数	3
	试验时间	每个轴向15 min
冲击	最大加速度/(m·s^{-2})	300
	脉冲时间/ms	6
	每个方向的总冲击次数	3
	冲击方向	6

9.3.2 试验方法

进行外观检查（目测）并确保监测仪功能正常。将监测仪置于表2给出的振动条件下进行三个方向的振动。试验后检查监测仪是否有机械损坏或部件松动。打开监测仪开关并验证监测仪功能正常。

9.4 机械冲击

9.4.1 要求

将监测仪置于包装箱内，监测仪应能经受表2给出的冲击而不损坏。

9.4.2 试验方法

进行外观检查（目测）并确保监测仪的功能正常。将监测仪安装在冲击台上并使其处于表2给出的瞬时冲击。试验后检查监测仪是否有机械损坏或部件松动。打开监测仪开关并确认监测仪功能正常。

9.5 防尘和防潮

9.5.1 要求

监测仪外壳的设计应满足IP 53（见GB 4208—2008）的要求，即应保护监测仪免受灰尘和淋水的进入。IP 53防护并不能完全防止灰尘的进入，但进入的灰尘量不应妨碍监测仪的正常工作或削弱其安全性，并且与垂直面方向左右夹角在60°以内的淋水不应对监测仪造成有害影响。

9.5.2 试验方法——防尘

应使用防尘箱（GB 4208—2008的2类）进行试验，密闭试验室的粉尘循环泵可用能使滑石粉（或硅酸盐水泥）悬浮的其他方法来代替。滑石粉用量宜为每立方米试验室容积2 kg，且使用次数不应超过

20次。

为了减小监测仪读数统计涨落的影响，使用足够强度的^{137}Cs源照射监测仪。然后将监测仪置于灰尘环境中1 h。在试验期间和试验后，监测仪应对辐射产生响应。

在试验后，应进行检查以确定灰尘进入的程度。应特别注意监测仪的电池盒和其他任何容易进入灰尘的部位。在检查中，如果聚集的灰尘量或聚集位置没有妨碍监测仪的正常工作或削弱其安全性，则防护满足要求。

9.5.3 试验方法——防潮

应使用合适的喷头(GB 4208—2008的喷头)进行试验，喷头可调节水压以给出(1±5%)×10 L/min的流量并在试验期间保持流量恒定。水温与试验时监测仪的温度之差不应大于5 ℃。计算监测仪表面积，根据1 min/m² 确定试验时间，但最少为5 min。

在试验前使用足够强度的^{137}Cs源照射监测仪以减小监测仪读数统计涨落的影响。然后将监测仪置于淋水的环境。喷头的位置应距监测仪大约2 m。在试验期间和试验后，监测仪应对辐射产生响应。

监测仪的位置应使喷头直接指向显示屏。在试验期间，监测仪取向应在两个正交平面内沿+60°～-60°变化。

在试验后，应检查监测仪(包括电池盒)，以保证潮气没有进入监测仪内。

9.6 环境温度影响

9.6.1 要求

监测仪应在-20 ℃～50 ℃温度范围内正常工作。

9.6.2 试验方法

本项试验可使用外部电源为监测仪供电。

将监测仪置于环境试验箱内并使其温度稳定在20 ℃，接通电源，将^{241}Am和^{60}Co源放置在一定位置使得每个源在探测器处产生的周围剂量当量率为0.5 μSv・h^{-1}，进行同时识别。然后将温度保持在每个极限值至少8 h，在8 h的最后30 min进行同时识别的试验。温度的变化率应不大于10 ℃・h^{-1}，相对湿度水平应保持在小于75%。在每个极限温度下，进行10次试验，监测仪应不小于9次正确识别每个放射性核素。每个极限温度下的读数平均值与20 ℃时获得的读数平均值的相对偏差应在±30%以内。

9.7 温度冲击

9.7.1 要求

温度在20 ℃→50 ℃和50 ℃→20 ℃以及20 ℃→-20 ℃和-20 ℃→20 ℃之间快速变化，每次变化的时间应小于5 min。在1 h的试验时间内，监测仪的全部功能应正常；如果功能异常，监测仪应给出指示。

9.7.2 试验方法

将监测仪置于环境试验箱内并使其温度稳定在20 ℃，将^{241}Am和^{60}Co源放置在一定位置使得每个源在探测器处产生的周围剂量当量率为0.5 μSv・h^{-1}，进行同时识别并记录足够的周围剂量当量率读数。然后将监测仪和放射源暴露于$50(^{+0}_{-5})$ ℃，温度变化时间应小于5 min。

应连续观察监测仪。每隔15 min进行一次放射性核素的同时识别(如前所述)，并应记录一组周围剂量当量率读数。如果监测仪指示功能异常，则不进行放射性核素识别。在1 h后，监测仪应在10次试验中9次正确识别每个放射性核素。每个极限温度下的读数平均值与20 ℃时获得的读数平均值的相对偏差应在±30%以内。

如果监测仪在最初的1 h后不能进行放射性核素的识别，建议在此温度下另外增加1 h，其中包括恢复时间。如果监测仪在最初的1 h内恢复，在另外增加1 h期间不需记录数据；然而，在达到温度稳定期间，监测仪应保持在该环境中。在温度稳定后，将监测仪暴露于20 ℃±2 ℃。温度变化时间应小于5 min，并应按上述规定重复进行试验。

整个过程应在20 ℃～$-20(^{+5}_{-0})$ ℃和$-20(^{+5}_{-0})$ ℃～20 ℃范围内重复进行。

9.8 相对湿度

9.8.1 要求

在湿度高达93%(35 ℃)的范围内，监测仪的全部功能应正常。

9.8.2 试验方法

将监测仪置于环境试验箱内，在20 ℃的温度和40%的相对湿度下稳定2 h。将^{241}Am和^{60}Co源放置在一定位置使得每个源在探测器处产生的周围剂量当量率为0.5 μSv·h^{-1}，进行同时识别并记录足够的周围剂量当量率读数。然后，以不超过10 ℃·h^{-1}的速率将温度增加到35 ℃±2 ℃，之后，以不超过每小时10%的速率将相对湿度增加到(93±3)%。温度和湿度应在35 ℃±2 ℃和(93±3)%保持16 h。并在这期间的最后30 min内应进行10次放射性核素识别并记录平均剂量当量率读数。

然后，将湿度降至40%而温度仍维持在35 ℃±2 ℃。在该条件下至少保持2 h以使监测仪稳定后，应进行10次放射性核素识别并记录平均剂量当量率读数。

在每个试验点，进行10次试验监测仪应有9次正确识别每个放射性核素。周围剂量当量率读数平均值与试验前正常读数平均值的相对偏差应在±30%以内。

9.9 电磁兼容

9.9.1 概述

应采取特殊的预防措施保证监测仪在电磁骚扰(特别是射频场)存在的情况下正常工作。

9.9.2 静电放电(ESD)

9.9.2.1 要求

在受到强度高达6 kV的接触放电和8 kV的空气放电后，监测仪应功能正常。

9.9.2.2 试验方法

为了评价监测仪对静电放电的抗扰度，应使用“接触放电”技术。应在用户易接近的地方选择放电点。

每个放电点进行10次放电，每次放电之间的恢复时间为1 s。每次放电的最大强度是6 kV。在进行静电放电试验后，监测仪应能同时识别^{241}Am和^{60}Co(源放置在一定位置使得每个源在探测器处产生的周围剂量当量率为0.5 μSv·h^{-1})。在每次放电时，监测仪不应发生报警或错误识别。

9.9.3 射频(RF)

9.9.3.1 要求

监测仪不应受场强为 10 V/m、频率范围 20 MHz～1 000 MHz 和 1 400 MHz～2 500 MHz 射频场的影响。周围剂量当量率读数平均值变化应保持在未加射频干扰时读数平均值的±20%以内。

9.9.3.2 试验方法

将监测仪置于受控的射频环境中,使其暴露于 20 MHz～1 000 MHz 和 1 400 MHz～2 500 MHz 频率范围内的 20 V/m(在没有监测仪存在时测得)射频场。应使用 1 kHz 的正弦波对射频场进行 80% 幅度调制。应使用频率变化率不大于基频 1%的自动扫描进行试验。

注:选择 20 V/m 是为了减少在一个取向下进行试验的时间。

如果显示的周围剂量当量率发生较大变化或存在其他操作变化(例如:启动报警),表明存在敏感性,在这些频率下进行^{241}Am 和^{60}Co 放射性核素的同时识别(源放置在一定位置使得每个源在探测器处产生的周围剂量当量率为 0.5 μSv·h^{-1})。不应发生报警或其他虚假指示,放射性核素识别也不应变化。周围剂量当量率读数平均值与试验前正常读数平均值的相对偏差应在±20%以内。

9.9.4 射频辐射发射

9.9.4.1 要求

监测仪产生的射频发射应小于能干扰到同一地点使用的其他设备的场强。在 3 m 远处测量时的发射限值见表 3。

表 3 辐射发射限值

发射的频率范围 MHz	场强 μV/m
30～88	100
88～216	150
216～960	200
>960	500

9.9.4.2 试验方法

根据情况将监测仪置于屏蔽间或屏蔽箱中。监测仪距天线 3 m。监测仪处于关闭状态,使用 50 kHz 的带宽收集本底谱。打开监测仪开关并进行射频扫描。在监测仪进行放射性核素识别的同时,重复本项试验。

9.9.5 传导骚扰

9.9.5.1 要求

监测仪不应受由外部传导电缆传导至监测仪上的射频场的影响。没有外部传导电缆的监测仪不进行本项试验。

9.9.5.2 试验方法

将^{241}Am 和^{60}Co 置于一定位置,使得每个源在探测器处产生 0.5 μSv·h^{-1}周围剂量当量率。将监测仪暴露于经 1 kHz 的正弦波作 80%幅度调制的传导射频场，其频率范围为 150 kHz～80 MHz、强度为 140 dB(μV)。应使用频率变化率不大于基频 1%的自动扫描进行试验。如果显示的周围剂量当量率发生较大变化或存在其他操作变化(例如：启动报警)，表明存在敏感性，在那些频率上进行放射性核素的同时识别。不应发生报警或其他虚假指示，对放射性核素的识别也不应变化。周围剂量当量率读数平均值与试验前正常读数平均值的相对偏差应在±20%以内。

9.9.6 磁场

9.9.6.1 要求

在相对于 10 Gs 直流磁场的两个取向上进行试验时，监测仪的全部功能应正常。

9.9.6.2 试验方法

将^{241}Am 和^{60}Co 置于一定位置，使得每个源在探测器处产生 0.5 μSv·h^{-1}周围剂量当量率，并将监测仪暴露于 10 Gs 的磁场中。如果显示的周围剂量当量率发生较大变化或存在其他操作变化(例如：引起报警)，表明存在敏感性，进行放射性核素识别。不应触发报警或产生其他输出，同时，对放射性核素的正确识别也不应变化。

9.10 运输和储存

9.10.1 运输

监测仪的设计应保证在制造商的包装条件下、温度在－25 ℃～50 ℃范围内、不带电池运输后，经过足够长时间恢复到环境温度，其技术性能仍符合本标准的规定。

在某些条件下，可能需要制定更严格的规定，例如空运时具有承受低环境压力的能力。

9.10.2 储存

监测仪的储存应保证在制造商的包装条件下、温度在－25 ℃～50 ℃范围内、不带电池存放至少六个月。经过足够长时间恢复到环境温度，其技术性能仍符合本标准的规定。

10 文件

10.1 合格证书

每台监测仪应随带一份合格证书，其中至少应给出下列信息：

——制造商名称或注册商标；

——监测仪的型号、序列号和固件版本；

——监测仪试验过的放射性核素列表；

——周围剂量当量率范围；

——进行的试验及其结果。

10.2 操作和维修手册

每台仪应随带一份符合 GB/T 16511—1996 要求的说明手册。

11 试验的归纳

监测仪进行试验的试验特性或影响量、要求及试验方法归纳于表 4～表 6。

表 4 放射性核素识别的要求

试验特性或影响量	要求	试验方法
放射性核素分类	6.1	6.1
单个放射性核素的识别	6.2.1	6.2.2
混合放射性核素的识别	6.3.1	6.3.2
识别的过载特性	6.4.1	6.4.2
源指示器	6.5.1	6.5.2

表 5 γ 辐射周围剂量当量率指示的要求

试验特性或影响量	要求	试验方法
相对固有误差	7.1.1	7.1.2
报警和响应时间	7.2.1	7.2.2
周围剂量当量率指示的过载特性	7.3.1	7.3.2
中子指示	8.1.1	8.1.2
存在 γ 辐射时的中子指示	8.2.1	8.2.2

表 6 电气和环境性能要求

试验特性或影响量	要求	试验方法
稳定时间	9.1.1	9.1.2
电源-电池	9.2.2	9.2.3
振动	9.3.1	9.3.2
机械冲击	9.4.1	9.4.2
防潮和防尘	9.5.1	9.5.2 和 9.5.3
环境温度	9.6.1	9.6.2
温度冲击	9.7.1	9.7.2
相对湿度	9.8.1	9.8.2
静电放电	9.9.2.1	9.9.2.2
射频	9.9.3.1	9.9.3.2
辐射发射	9.9.4.1	9.9.4.2
传导骚扰	9.9.5.1	9.9.5.2
电磁场	9.9.6.1	9.9.6.2

附 录 A
（资料性附录）
本标准与 IEC 62327:2006 的技术性差异及其原因

表 A.1 给出了本标准与 IEC 62327:2006 的技术性差异及其原因。

表 A.1 本标准与 IEC 62327:2006 的技术性差异及其原因

本标准章条号	技术性差异	原因
标准名称	修改为“用于探测、报警与识别放射性材料的手持式辐射监测仪”	适用于核和辐射的辐射防护领域
引言	删除 IEC 62327 引言	符合 GB/T 1.1—2009 的规定
全文	“光子谱(photon spectrum)”改为“γ 能谱”，“光子谱仪(photon spectrometer)”改为“γ 谱仪”	考虑到“光子”的概念比较宽泛，而本标准中“光子”的确切含义是指作为致电离辐射的 γ 射线。为了避免不必要的误解，据习惯将“光子谱”改为“γ 能谱”，将“光子谱仪”改为“γ 谱仪”
2	将已有相应国家标准的国际标准改为我国的标准	将 IEC 62327“规范性引用文件”中的国际标准替换为我国标准，这些标准大部分等同采用国际标准，GB/T 4960.6—2008 为非等效采用 IEC 60050-393:2003 和 IEC 60050-394:2007
3	删除“ambient dose equivalent rate indication”	IEC 62327 中“3.4 ambient dose equivalent rate indication”位置在“3.13 周围剂量当量率”之前，而且从术语的角度，在定义了“周围剂量当量率”的情况下没有必要再定义“周围剂量当量率指示”
3.2	“restricted or expert mode”翻译为“专家模式”	“restricted or expert mode”原意为“受限模式或专家模式”，在上下文中的准确含义是指进入该模式时会验证权限，从而限制普通用户进入该模式。但是考虑到“受限模式”更容易被误解为“该模式下的操作是受限制的”，从而与“专家模式”更大的操作权限相悖，为此将该术语改译为“专家模式”
3.5	“指示值误差”定义中的“activity”修改为“被测量”	“指示值误差”定义中的“activity”有误，本标准并不要求仪器给出活度测量结果，为避免误解将其改为“被测量”
4.12.1	增加 γ 射线周围剂量当量率测量上限为 10 mSv·h^{-1} 的要求，相应地在“7.1 相对固有误差”中将 γ 射线周围剂量当量率测量上限由 100 μSv·h^{-1} 提高到 10 mSv·h^{-1}	考虑到核和辐射恐怖事件防范与处置中遇到超过 100 μSv·h^{-1} 的 γ 射线周围剂量当量率的可能性较大，参考 IAEA Nuclear Security Series No.1 的规定，将 γ 射线周围剂量当量率上限确定为 10 mSv·h^{-1}

表 A.1（续）

本标准章条号	技术性差异	原因
5.2	表 1 删除第二个影响量“中子辐射能量，$H^{*}(10)$”	表 1 的第二个影响量原文为“Neutron radiation energy，$H^{*}(10)$”表述有误，考虑到本标准并不要求监测仪给出中子照射情况下的个人剂量当量，故将其删除
5.2	表 1 中“辐射本底”由原来的“0.1 μSv·h^{-1}”改为“0.2 μSv·h^{-1}”	考虑到不少实际环境中的周围剂量当量率可能高于 0.1 μSv·h^{-1}，为便于试验，将“0.1 μSv·h^{-1}”改为“0.2 μSv·h^{-1}”
8	本标准中与中子探测有关的内容为可选	本标准主要是针对 γ 能谱测量并兼容 γ 射线周围剂量当量率监测的手持式仪器，设计时宜对中子探测作为可选，故本标准中与中子探测有关的内容可作参考
9.2	对电池连续工作时间的要求从“5 h”提高到“8 h”	IEC 62327 给出的电池连续工作时间 5 h 过于宽松。考虑到实际使用要求，并参考 IAEA Nuclear Security Series No.1 的规定，提高到 8 h(一个工作日)
9.9.3.1	对应的原文中“discharge”修改为“射频干扰”	IEC 62327 的 9.9.3.1 中“discharge”意为“放电”，但 9.9.3 的标题是“射频(RF)”，与上下文不相符。考虑到此处说明的是“射频”对测量结果的影响，故改为“射频干扰”
9.10	将“9.10 运输和储存”改为“9.10.1 运输”和“9.10.2 储存”	层次更清晰

参 考 文 献

[1] GB/T 2423.5—1995 电工电子产品环境试验 第2部分:试验方法 试验Ea和导则:冲击

[2] GB/T 8897.1—2008 原电池 第1部分:总则

[3] GB/T 12162.2—2004 用于校准剂量仪和剂量率仪及确定其能量响应的X和γ参考辐射 第2部分:辐射防护用的能量范围为8 keV～1.3 MeV和4 MeV～9 MeV的参考辐射的剂量测定

[4] GB/T 12162.3—2004 用于校准剂量仪和剂量率仪及确定其能量响应的X和γ参考辐射 第3部分:场所剂量仪和个人剂量计的校准及其能量响应和角响应的测定

[5] GB/T 14055.1—2008 中子参考辐射 第1部分:辐射特性和产生方法(ISO 8529-1:2001,IDT)

[6] GB/T 14055.2—2012 中子参考辐射 第2部分:与表征辐射场基本量相关的辐射防护仪表校准基础(ISO 8529-2:2000,IDT)

[7] GB/T 17626.2—2006 电磁兼容 试验和测量技术 静电放电抗扰度试验

[8] GB/T 17626.3—2006 电磁兼容 试验和测量技术 射频电磁场辐射抗扰度试验

[9] GB/T 17626.6—2008 电磁兼容 试验和测量技术 射频场感应的传导骚扰抗扰度

[10] GB/T 17626.8—2006 电磁兼容 试验和测量技术 工频磁场抗扰度试验

ICS 29.035.01
K 15

中华人民共和国国家标准

GB/T 31838.1—2015/IEC 62631-1:2011

固体绝缘材料 介电和电阻特性 第1部分:总则

Solid insulating materials—Dielectric and resistive properties—Part 1:General

(IEC 62631-1:2011,IDT)

2015-07-03 发布 2016-02-01 实施

中华人民共和国国家质量监督检验检疫总局
中国国家标准化管理委员会 发布

前言

GB/T 31838《固体绝缘材料　介电和电阻特性》由以下几部分组成：

——第1部分：总则；

——第2部分：介电常数和介质损耗因数（AC方法）　技术频率（1 Hz至100 MHz）；

——第3部分：介电常数和介质损耗因数（AC方法）　高频（1 MHz至300 MHz）；

——第4部分：介电常数和介质损耗因数（AC方法）　特高频率（300 MHz以上）；

——第5部分：介电常数和介质损耗因数（AC方法）　低频（1 MHz至1 kHz）；

——第6部分：电阻特性（DC方法）　体积电阻和体积电阻率；

——第7部分：电阻特性（DC方法）　表面电阻和表面电阻率；

——第8部分：电阻特性（DC方法）　绝缘电阻；

……

本部分为GB/T 31838的第1部分。

本部分按照GB/T 1.1—2009给出的规则起草。

本部分使用翻译法等同采用IEC 62631-1:2011《固体绝缘材料　介电和电阻特性　第1部分：总则》。

与本部分中规范性引用文件有一致性对应关系的我国文件如下：

——GB/T 2900.5—2013　电工术语　绝缘固体、液体和气体（IEC 60050-212:2010，IDT）；

——GB/T 2918—1998　塑料试样状态调节和试验的标准环境（ISO 291:1997，IDT）；

——GB/T 29306.1—2012　绝缘材料在300 MHz以上频率下介电性能测定方法　第1部分：总则（IEC 60377-1:1973，MOD）；

——GB/T 29306.2—2012　绝缘材料在300 MHz以上频率下介电性能测定方法　第2部分：谐振法（IEC 60377-2:1977，MOD）。

与IEC 62631-1:2011相比本部分做了如下编辑性修改：

——删除了标准中有关IEC 62631为系列标准的表述部分；

——删除了前言中表1关于计划制定IEC 62631其他部分的说明。

本部分由中国电器工业协会提出。

本部分由全国电气绝缘材料与绝缘系统评定标准化技术委员会（SAC/TC 301）归口。

本部分起草单位：机械工业北京电工技术经济研究所、南通中菱绝缘材料有限公司、佛山市顺德区质量技术监督标准与编码所、库柏电子科技（上海）有限公司。

本部分主要起草人：刘亚丽、闫传胪、周到、陈昊、陈媛、王蕊、崔鹤松。

引　言

固体绝缘材料的介电和电阻特性的测量值取决于电压施加的时间、频率、电极的性质和几何形状、样品的条件处理、测量时周围大气的温度和湿度、电场强度等。因此，本标准所包含的电气和介电特性仅在规定测量环境参数的情况下才具有可比性。在产品标准或与试验过程有关的本标准系列的相关部分中，测试样本的形状、规格以及测量参数应予以明确。这取决于满足测量特定要求的需要。当为设计电力产品而使用本标准中的测量值时，应加以谨慎。

固体绝缘材料 介电和电阻特性
第1部分:总则

1 范围

GB/T 31838 的本部分规定了测定固体电气绝缘材料的介电和电阻特性的总则。

2 规范性引用文件

下列文件对于本文件的应用是必不可少的。凡是注日期的引用文件,仅注日期的版本适用于本文件。凡是不注日期的引用文件,其最新版本(包括所有的修改单)适用于本文件。

GB/T 1409—2006 测量电气绝缘材料在工频、音频、高频(包括纳米波波长在内)下电容率和介质损耗因数的推荐方法(IEC 60250:1969, IDT)

GB/T 1410—2006 固体绝缘材料体积电阻率和表面电阻率试验方法(IEC 60093:1980,IDT)

GB/T 10064—2006 测定固体绝缘材料绝缘电阻的试验(IEC 60167:1964,IDT)

GB/T 10581—2006 绝缘材料在高温下电阻和电阻率的试验方法(IEC 60345:1971,IDT)

IEC 60377-1:1973 绝缘材料在300 MHz以上频率下介电性能测定方法 第1部分:总则(Recommended methods for the determination of the dielectric properties of insulating materials at frequencies above 300 MHz—Part 1:General)

IEC 60377-2:1977 绝缘材料在300 MHz以上频率下介电性能测定方法 第2部分:谐振法(Recommended methods for the determination of the dielectric properties of insulating materials at frequencies above 300 MHz—Part 2:Resonance methods)

IEC 60050-212 国际电工术语词汇 第212部分:电气绝缘固体、液体和气体(International electrotechnical vocabulary—Part 212: Electrical insulating solids,liquids and gases)

ISO 291 塑料试样状态调节和试验的标准环境(Plastics—Standard atmospheres for conditioning and testing)

ISO 558 条件和测试 标准大气定义(Conditioning and testing—Standard atmospheres—Definitions)

3 术语和定义

下列术语和定义适用于本文件。

3.1 总体定义

3.1.1

电气绝缘材料 electrical insulating material

具有可忽略不计的低电导率的固体材料,用于隔离电势不同的导体部分。

注:在英文词汇中,术语“电气绝缘材料”也可以广泛用于液体和气体。IEC 60247 包含液体绝缘材料内容。

3.2 电阻特性定义

一种绝缘材料的电阻特性是在一定时间范围内用直流电压测量出的综合材料特性。

3.2.1

绝缘电阻　insulation resistance

在规定条件下，由绝缘材料隔开的两导体之间存在的电阻。

注：绝缘电阻包括在给定试样几何形状下的体积电阻和表面电阻。

3.2.2

体积电阻　volume resistance

施加在与绝缘介质表面接触的两个电极间的直流电压与给定时间流过介质的电流之比。

注：本定义不包含沿表面的电流，并忽略可能在电极间产生的极化现象。

3.2.3

体积电阻率　volume resistivity

直流电场强度与在给定时间电压下绝缘介质内电流密度之比。

注1：根据 IEC 60050-212，"电导率"被定义为标量或矩阵，它与电场强度的乘积是传导电流密度；"电阻率"是"电导率"的倒数。体积电阻率是在测量时单位体积内可能存在的各向异性的数量的平均值，还包括在电极间可能产生的极化现象。

注2：在实际中，体积电阻率通常被视为单位体积内的体积电阻。

3.2.4

表面电阻　surface resistance

取决于沿表面导电的那部分绝缘电阻。

注：表面电流通常主要取决于施加电压的时间；表面电流还通常以不稳定的方式变动。

3.2.5

表面电阻率　surface resistivity

单位面积内的表面电阻。

注：表面电阻率的数值不受面积大小的影响。

3.3　介电性能的定义

一种绝缘材料的介电特性是指在给定频率范围内用交流电压测量出的综合材料特性。

3.3.1

绝对介电常数　absolute permittivity

电通密度除以电场强度。

注：一种绝缘材料的测量介电常数 ε 等于它的相对介电常数 ε_r 和真空介电常数 ε_0 的乘积，见式(1)：

$$\varepsilon = \varepsilon_0 \times \varepsilon_r \qquad \cdots\cdots(1)$$

介电常数的单位是法拉每米(F/m)，真空介电常数 ε_0 的值按式(2)确定：

$$\varepsilon_0 = 8.854 \times 10^{-12}\ \text{F/m} \qquad \cdots\cdots(2)$$

3.3.2

相对介电常数　relative permittivity

绝对介电常数与真空介电常数 ε_0 的比值。

注1：在恒定电场或频率很低的交变电场中，各向同性及准各向同性介质的相对介电常数等于充满该介质的电容器的电容与相同结构电极的真空电容器的电容之比。

注2：在实际工程中，"介电常数"这一术语常用来指代"相对介电常数"。

注3：绝缘材料的相对介电常数 ε_r 是电容量 C_x 与 C_0 之比。其中，C_x 是置于电极之间和周围完全由考虑中绝缘材料填充的电容试样(电容器)的电容值；C_0 则是真空下相同构造电极的电容值。

$$\varepsilon_r = \frac{C_x}{C_0} \qquad \cdots\cdots(3)$$

在标准大气压下，不含二氧化碳的干燥空气的相对介电常数是 1.000 53，因此在实践中，常用电极构造相同的空气电容值 C_a 代替真空电容值 C_0 来测定介质的相对介电常数 ε_r 的精度是足够的。

3.3.3

相对复合介电常数　relative complex permittivity

稳定的正弦场条件下用复数表示介电常数,见式(4):

$$\underline{\varepsilon}_r = \varepsilon_r' - j\varepsilon_r'' = \varepsilon_r \times e^{-j\delta} \qquad (4)$$

其中 ε_r' 与 ε_r'' 为正值。

注 1:习惯上,相对复介电常数 $\underline{\varepsilon}_r$ 可用 ε_r' 和 ε_r'' 中的任意一个表示,或者用 ε_r 和 $\tan\delta$ 表示。若 $\varepsilon_r' > \varepsilon_r''$,则 $\varepsilon_r \approx \varepsilon_r'$;此时这两者都被称为相对介电常数。

注 2:ε_r'' 被称为损耗指数。

3.3.4

介质损耗因数 tanδ(损耗正切)　dielectric dissipation factor tanδ(loss tagent)

复合介电常数的虚部与实部的比值,见式(5):

$$\tan\delta = \frac{\varepsilon_r''}{\varepsilon_r'} \qquad (5)$$

注 1:绝缘材料的介质损耗因数 $\tan\delta$ 就是角 δ 的正切值。当固体绝缘材料在电容试样(电容器)中专门用作电介质时,损耗角 δ 是 $\frac{\pi}{2}$ 弧度减去施加电压与产生电流的相位差 ϕ(如图 1)。

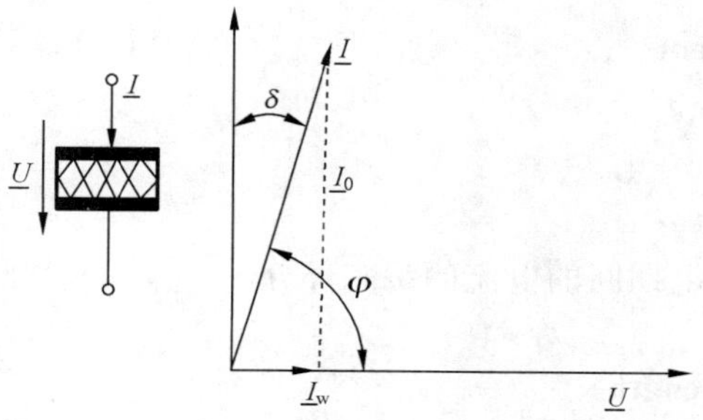

图 1　介质损耗因数

介质损耗因数也可用等价的电路图表示。该电路图中,一个理想电容器与一个电阻器进行串联或并联(如图 2),此时 $\tan\delta$ 见式(6):

$$\tan\delta = \omega C_s \times R_s = \frac{1}{\omega C_p \times R_p} \qquad (6)$$

$$\frac{C_p}{C_s} = \frac{1}{1+\tan^2\delta} \qquad (7)$$

$$\frac{R_p}{R_s} = 1 + \frac{1}{\tan^2\delta} \qquad (8)$$

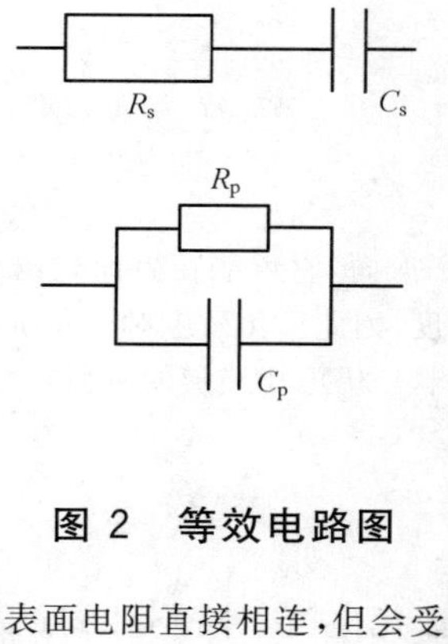

图 2　等效电路图

注 2:R_s 和 R_p 并不与绝缘材料的体积和表面电阻直接相连,但会受到它们的影响。因此,介质损耗因数也可能会受到这些电阻材料性质的影响。

3.4

电容　capacitance

C

当导体间存在电势差时，导体和电介质的装置能够储存电荷的特性。

注：C 是电荷数量 q 与电势差 U 之间的比率，见式(9)。电容值永远为正，当电荷量与电势差的单位分别为库仑和伏特时，电容单位为法拉。

$$C = \frac{q}{U} \qquad (9)$$

3.5

电压施加　voltage application

电极之间施加的电压。

注：电压施加有时也被称作充电。

3.6

电压施加后的电流　current after voltage application

当直流电压施加在与绝缘介质接触的两电极之间时产生的电流。

注：电压施加后电流与时间联系紧密，通常在电压施加 1 min 后测定电流。

3.7

传导电流　conduction current

电压施加后电流的稳定部分。

3.8

充电电流　charging current

电压施加后，流动在试样充电期间的电流的瞬态部分。

3.9

电场强度　electric field strength

作用于静止带电粒子上的力 F 与电荷 Q 之比，为矢量，用 $\boldsymbol{E}$ 表示，见式(10)：

$$F = Q \times \boldsymbol{E} \qquad (10)$$

3.10

电通密度　electric flux density

在给定点上真空介电常数 ε_0 和电场强度 $\boldsymbol{E}$ 的乘积与极化 $\boldsymbol{P}$ 之和，为矢量，用 $\boldsymbol{D}$ 表示，见式(11)：

$$\boldsymbol{D} = \varepsilon_0 \boldsymbol{E} + \boldsymbol{P} \qquad (11)$$

3.11

极化　polarization

$\boldsymbol{P}$

描述横截电场方向的材料现象。在给定准无限小体积 V 内，极化等于电偶极矩 ρ 除以体积 V，极化为矢量，见式(12)：

$$\boldsymbol{P} = \frac{\rho}{V} \qquad (12)$$

注 1：极化 $\boldsymbol{P}$ 满足式(11)。

注 2：极化可能导致带电粒子迁移或偶极子取向，它可能在界面处出现，如在电极和在电气绝缘材料的内边界处。所有极化效应都依赖时间、频率和温度，因此极化效应对电介质和电阻特性产生强烈影响。因此，时间依赖于极化发生的过程(也就是电气绝缘材料经历电压施加的过程)，当一种电气绝缘材料的电阻特性被测定时通常被表达为极化。

3.12

去极化　depolarization

从电气绝缘材料上移去极化直到去极化电流忽略不计的过程。

注：通常建议在测量电气绝缘材料的电阻特性前进行去极化。

3.13

极化电流　polarization current

施加电压后产生电流的暂态部分，可能会被充电电流大大减弱。

注：极化电流通常在电极的初次短路后进行测量，为有足够时间使短路电流可忽略不计。

3.14

去极化电流　depolarization current

在施加直流电压一段时间后，流经与绝缘介质相接触的两电极间短路的电流。

注：去极化电流通常在电压施加后进行测量，为有足够时间使极化电流可忽略不计。

3.15

测量电极　measuring electrodes

贴附于材料表面或者埋入材料内部的导体，以接触材料来测量其介电或电阻特性。

注：这个设计取决于试样或者测试的目的。

4　影响电气绝缘材料特性的因素

4.1　总则

按照特定的应用要求，电气绝缘材料的电阻和介电特性值应在可接受的范围，同时机械、化学和热性能及其他必要的特性值也一样在可接受范围。

注：介电和电阻材料特性需在运行条件下测试。

绝缘电阻由两部分组成：表面电阻和体积电阻，且均受到许多参数的影响，如湿度、温度、电场强度、试样形状、表面条件和电极。温度、化学与气态环境、湿度和电场强度的改变可能会使电阻发生巨大变化，这一点在设计运行环境时应事先了解。

介电常数和介质损耗也会受很多参数影响，但其受影响程度较电阻而言要小。除受到温度影响外，它们也会受到频率的强烈影响。

4.2　影响电阻和介电特性的因素

4.2.1　总则

下列参数可能会对电气绝缘材料的介电和电阻特性产生影响，任何试验报告都应列出这些参数，具体如下：

——时间；

——频率；

——温度；

——湿度；

——电场强度；

——电压；

——条件处理；

——电极材料。

本部分对这些参数分别进行具体说明。

4.2.2　时间

如3.11所述，极化效应与时间密切相关。对任何一种极化而言，可指定一个松弛时间 τ，在该松弛时间内通过时域获取的测量值(如电阻特性)，取决于施加电压的时间。

有些材料的松弛时间可能会相当长(至少要几个月之久)。为得到正确结果,可能有必要花费很长时间来实施测量。然而出于实践原因,对电阻特性的测量要在电压施加 1 min 后进行,这要求能够接受这"1 min 后测量值"与电气绝缘材料电阻真实值之间的误差。

注: 电阻特性可能会明显受到充电电流的影响,并且充电电流的时间取决于电压源的内部电阻。

4.2.3 频率

由于介电常数与损耗因数在大频率范围以上不能保持恒定,所以有必要在电介质材料被应用的频率下去测量介电常数与损耗因数。

如图 3 所示,在特定频率下,损耗指数 ε_r''在松弛转变中达到了最大值。在该松弛转变中,介电常数 ε_r'从较高值 ε_{rs}(静态)下降到较低值 $\varepsilon_{r\infty}$(频率无穷大)。这种现象是由极化对时间依赖所造成的(见 3.6),可用松弛时间 τ 来描述,见式(13):

$$\omega_m' = \frac{1}{\tau} \qquad (13)$$

然而,由于与极化有关,实际上会出现多于一个的松弛转变。

介质损耗因数 tanδ 也与频率相关。根据 3.3.4 给出的定义,以及随频率升高而下降的 ε_r',相比损耗因数,tanδ 的最大值通过式(14)转向更高频率:

$$\omega_m = \sqrt{\frac{\varepsilon_{rs}}{\varepsilon_{r\infty}}} \times \frac{1}{\tau} \qquad (14)$$

注: 时间与频率依赖性是彼此相关的,德拜的理论对此作了描述。他的著作对这些问题提供了更多参考资料。

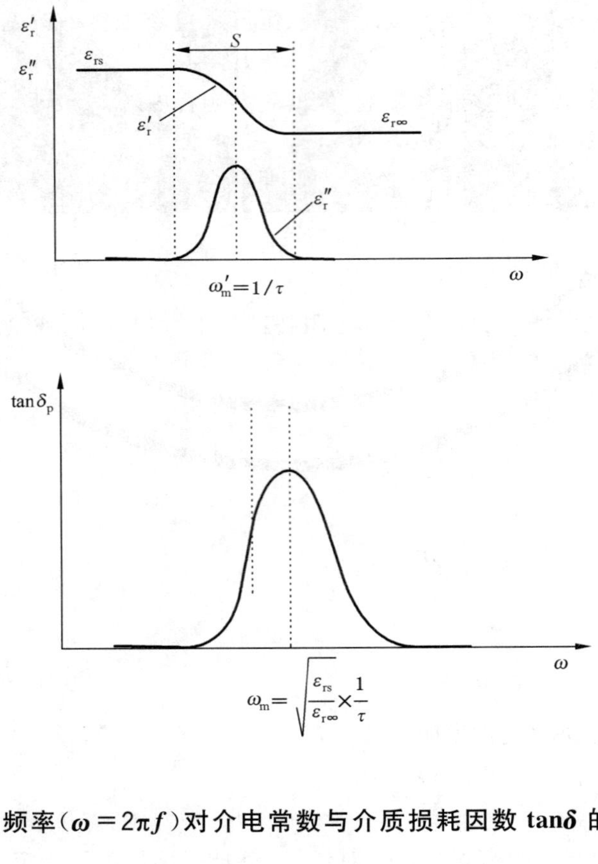

图 3　频率($\omega=2\pi f$)对介电常数与介质损耗因数 tanδ 的影响

4.2.4 温度

随着温度的升高,介质损耗因数可能会出现一个或多个最大值(见图 4),这是因为温度会影响极化(见 3.6)和松弛时间的缩短。由此,介电常数随温度而逐步增大。

另外,在高温下离子和电子等粒子可以更自由地运动,使电导率升高。

同理,绝缘电阻值和表面或体积电阻率也与温度密切相关。

注 1:热老化效应也会对材料的介质损耗因数和电阻特性产生影响。对电气绝缘材料和系统的耐热性评估分别参照 IEC 60216-1 和 IEC 60505,可能会有助于测量介电和电阻特性。

注 2:在升温情况下,由材料电阻特性产生的传导电流可能会导致介质损耗因数的明显增大[见式(7)]。

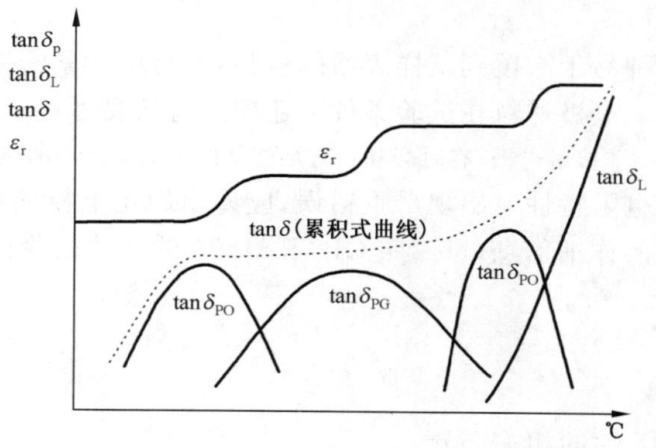

图 4 温度对介电常数与介质损耗因数影响的示例

4.2.5 湿度

所有介电和电阻特性,如介电常数、损耗因数、体积和表面电阻率,都会受湿度影响。因此不论在试验前后,对试样的条件处理,如对湿度的控制,都至关重要。

4.2.6 电场强度

如果没有电子发射或相关效应控制,除界面极化外,所有种类的介电极化效应都和施加电场强度呈近似线性的关系。当界面极化存在时,自由离子的数量随电场强度增多,介质损耗因数最大值和位置发生改变。若没有电离效应,损耗和介电常数因数对电场强度的依赖性不大。

4.2.7 电压

当电压或电场强度升高时,多种非线性现象可能发生。与时间相关的充电电流也与电压有关。

4.2.8 条件处理

大部分固体绝缘材料的电阻和介电特性都会受到以上列出的参数影响。因此,有必要按照 ISO 291和 ISO 558 中所规定的内容,对在试验前后试样条件处理程序的种类与持续时间进行详细说明。

试验前和试验中的首选条件为:296 K±2 K 的温度和 50%±5%的相对湿度。

表面条件会影响材料性能,清洁试样表面会影响试验结果。然而在特定情况下,有必要在条件处理前对试样进行清洁。

4.2.9 试样

试样的形状和尺寸会影响测量值。试样的最佳尺寸应参照 GB/T 31838 的介电特性和电阻特性相关部分的试验过程中所使用的尺寸进行选取。然而,由于形状和尺寸与绝缘材料的种类及其应用密切相关,可能会出现形状应由适当产品标准来决定的情况。

注:在这些标准未出版前,GB/T 1409—2006、GB/T 1410—2006、GB/T 10064—2006、GB/T 10581—2006、IEC 60377-1:1973 和 IEC 60377-2:1977 中所引用的尺寸仍然有效。

4.2.10 电极材料

电极材料的选择对获取可靠的测量结果而言十分重要,将在第 5 章中详细说明。

5 电极系统

绝缘材料的电极应是一种易于涂覆到试样表面的材料,能与试样紧密接触,不会因电极电阻或试样污染而出现不可预见的误差。电极材料在试验条件下还应具有抗腐蚀性。

注:对于交流电测量时,一种"非接触电极"有时会和具有足够低的表面电导率的试样一同使用。

为了避免在测量介电和电阻特性时出现严重错误,应谨慎确定电极的形状和试样的厚度。有关适用于特定种类测量电极系统的详细信息,可参照 GB/T 31838 的有关试验程序部分的内容。

6 试验程序

试验程序参照 GB/T 31838 的相关部分。

根据给定的试验方法,任何可靠的试验设备或可使用的仪器都可用于测定上述提到的性质。不过,对试验仪器的精确度应加以规定,以符合试验材料的要求。

参 考 文 献

[1] IEC 60216-1,Electrical insulating materials—Properties of thermal endurance—Part 1:Ageing procedures and evaluation of test results

[2] IEC 60247,Insulating liquids—Measurement of relative permittivity,dielectric dissipation factor (tan δ) and d.c.resistivity

[3] IEC 60505,Evaluation and qualification of electrical insulation systems

[4] IEEE 100,The Authoritative Dictionary of IEEE Standards Terms,Seventh Edition.

[5] Kohlrausch:Praktische Physik (2 Bände).Leipzig:Teubner,1953.

[6] Debye,Paul:Polare Molekeln.Leipzig:Hirzel,1929.

[7] Bartnikas,Ray:Engineering Dielectrics Volume IIB Electrical Properties of Solid Insulating Materials:Measurement Techniques.ASTM 1987.

[8] Beyer, M; Boeck, W.; Möller, K.; Zaengl, W.: Hochspannungstechnik. Theoretische und praktische Grundlagen für die Anwendung.Springer,1986.

ICS 31.240
K 05

中华人民共和国国家标准

GB/T 31839—2015

电工电子设备机械结构 安全要求和试验

Mechanical structures for electrotechnical and electronic equipment—Safety requirements and tests

2015-07-03 发布

2016-02-01 实施

中华人民共和国国家质量监督检验检疫总局
中国国家标准化管理委员会 发布

前　言

本标准按照 GB/T 1.1—2009 给出的规则起草。

请注意本文件的某些内容可能涉及专利。本文件的发布机构不承担识别这些专利的责任。

本标准由全国电工电子设备结构综合标准化技术委员会(SAC/TC 34)提出并归口。

本标准由北京四方继保自动化股份有限公司负责起草，国网电力科学研究院、国电南京自动化股份有限公司、华为技术有限公司、中兴通讯股份有限公司、南京南瑞继保电气有限公司、许继电气股份有限公司、中国船舶重工集团公司第七一五研究所、烽火通信科技股份有限公司、江苏天港箱柜有限公司、慈溪奇国电器有限公司、万控集团有限公司、天津正本电气股份有限公司参加起草。

本标准主要起草人：张开国、田蘅、张钰、吴蓓、张实、王蔚、尹东海、张洋、庞海鸥、袁丰华、游汉涛、巫珏、江国庆、杨博、申随章。

电工电子设备机械结构 安全要求和试验

1 范围

本标准规定了电工电子设备机械结构安全总则、安全要求、试验方法及检验规则。

本标准适用于户内和户外使用的电工电子设备机械结构(以下简称机械结构)。

2 规范性引用文件

下列文件对于本文件的应用是必不可少的。凡是注日期的引用文件,仅注日期的版本适用于本文件。凡是不注日期的引用文件,其最新版本(包括所有的修改单)适用于本文件。

GB/T 1251.3—2008 人类工效学 险情和信息的视听信号体系

GB/T 2423.53—2005 电工电子产品环境试验 第53部分:试验Xb:由手的摩擦造成标记和印刷文字的磨损

GB/T 2893.1—2013 图形符号 安全色和安全标志 第1部分:安全标志和安全标记的设计原则

GB 2894—2008 安全标志及其使用导则

GB/T 3805—2008 特低电压(ELV)限值

GB/T 4205—2010 人机界面标志标识的基本和安全规则 操作规则

GB 4208—2008 外壳防护等级(IP代码)

GB/T 4776—2008 电气安全术语

GB 4943.1—2011 信息技术设备安全 第1部分:通用要求

GB/T 5169.1—2007 电工电子产品着火危险试验 第1部分:着火试验术语

GB/T 5169.16—2008 电工电子产品着火危险试验 第16部分:50 W水平与垂直火焰试验方法

GB/T 5465.2—2008 电气设备用图形符号 第2部分:图形符号

GB/T 8332—2008 泡沫塑料燃烧性能试验方法 水平燃烧法

GB/T 9089.3—2008 户外严酷条件下的电气设施 第3部分:设备及附件的一般要求

GB/T 13870.1—2008 电流对人和家畜的效应 第1部分:通用部分

GB/T 14092.1—2009 机械产品环境条件 湿热

GB 14598.27—2008 量度继电器和保护装置 产品安全要求

GB/T 16273.1—2008 设备用图形符号 第1部分:通用符号

GB/T 16842—2008 外壳对人和设备的防护 检验用试具

GB/T 17045—2008 电击防护 装置和设备的通用部分

GB/T 18717.2—2002 用于机械安全的人类工效学设计 第2部分:人体局部进入机械的开口尺寸确定原则

GB/T 19183.5—2003 电子设备机械结构 户外机壳 第3部分:机柜和箱体的气候、机械试验及安全要求

GB 19517—2009 国家电气设备安全技术规范

GB/T 20138—2006　电气设备外壳对外界机械碰撞的防护等级(IK 代码)

GB/T 24342—2009　工业机械电气设备　保护接地电路连续性试验规范

GB/T 26443—2010 安全色和安全标志　安全标志的分类、性能和耐久性

ISO 13943:2008　消防安全　词汇(Fire safety—Vocabulary)

IEC 61340-5-1:1998　静电　第 5-1 部分:电子设备对静电场的防护　通用要求(Electrostatics—Part 5-1:Protection of electronic devices from electrostatic phenomena—General requirements)

3　术语和定义

GB/T 4776—2008、GB/T 5169.1—2007 和 ISO 13943:2008 界定的术语和定义适用于本文件。

4　安全总则

4.1　涉及产品安全的背景

在国际、国内标准化领域,有关产品安全问题已经达成以下共识:

a)　产品安全主要指人身安全和动植物安全,其次是财产安全;

b)　安全标准优先于其他通用标准;

c)　安全要求优先于产品功能性要求;

d)　安全标准的层次为:适用于各个领域的通用性的"基础安全标准",以及基于基础安全标准并结合具体产品实际的"产品安全标准"。对具体的产品来说,后者的适用性和可操作性更强。

4.2　机械结构安全准则

作为电工电子设备的载体,机械结构的安全设计应遵循以下原则:

a)　机械结构应满足产品在其正常运行环境条件下的安全要求;

b)　机械结构还应满足产品在单一故障条件下的安全要求;

c)　机械结构应在产品的整个生命周期内满足安全要求;

d)　机械结构应在其制造、包装及运输、拆封、安装、运行和维护过程中确保安全;

e)　机械结构除了符合自身的安全要求之外,还应满足相应的产品标准规定的安全要求;

f)　机械结构的安全应遵循 GB 19517—2009 的规定。

5　安全要求

5.1　机械安全要求

机械结构应满足以下机械安全要求:

a)　机械结构的粗糙表面、边沿、尖角、凸起、开孔等不应对人员造成刺伤、划伤等伤害;

b)　机械结构的旋转、摆动、传动等运动部件不应对人员造成挤压、划伤、刺伤等伤害,必要时应采取防护措施;

c)　在正常的安装、运行和维护过程中,机械结构不应因不稳定性因素造成对人员的伤害;

d)　应能承受在正常使用条件下可能出现的力学、物理和化学作用,并不得对人体产生危害;

e)　机械结构设计应满足产品的电气间隙和爬电距离要求;

f)　机械结构在包装、搬运、运输和拆封过程中也应满足上述的机械安全要求。

5.2 外壳防护要求

5.2.1 IP防护

5.2.1.1 一般概念

IP防护的一般概念和要求如下：

a) IP(International Protection)防护是指外壳对人体、固体异物以及液体的防护，以免人身、设备受到伤害；

b) IP防护按照对人体的肢体尺寸、固体异物的大小以及液体对外壳的影响方式和程度进行分级；

c) IP防护的分级以IP代码表示，随后的两位数字分别表示对人体、固体异物以及液体的防护程度(见GB 4208—2008)；

d) 机械结构外壳的IP防护是确保人身安全的基本保证，常用的IP防护等级见表1。

有关外壳IP防护及其应用的进一步细节见GB 4208—2008。

表1 常用的外壳防护等级

性能等级	防护类别	试验条件	试验评定
IP20	防止手指或直径不小于12.5 mm的固体异物接触危险部件	直径12 mm的铰接试指和直径12.5 mm的物体试具(试球)	试指可进入机壳80 mm，但应与危险部件保持足够的安全间隙；试球不能通过任何开孔进入机壳内
	对水和液体的防护没有要求	—	—
IP30	防止工具和直径不小于2.5 mm的固体异物接触危险部件	直径2.5 mm的物体试具	试具不能进入机壳内，并应与危险部件保持足够的安全间隙
	对水和液体的防护没有要求	—	—
IP32	防止工具和直径不小于2.5 mm的固体异物接触危险部件	直径2.5 mm的物体试具	试具不能进入机壳内，并应与危险部件保持足够的安全间隙
	防止外壳在15°范围以内倾斜时垂直方向的水滴	外壳在15°范围以内倾斜时沿垂直方向滴水	水滴不应有任何有害影响
IP42	防止工具和直径不小于1 mm的固体异物接触危险部件	直径1 mm的物体试具	试具不能进入机壳内，并应与危险部件保持足够的安全间隙
	防止外壳在15°范围以内倾斜时垂直方向的水滴	滴水试验箱	水滴不应有任何有害影响
IP44	防止工具和直径不小于1 mm的固体异物接触危险部件	直径1 mm的物体试具	试具不能进入机壳内，并应与危险部件保持足够的安全间隙
	防止向外壳任何方向的溅水影响	摆管式喷水设备	所有方向的喷水不应有任何有害影响
IP54	防止金属丝接触危险部件；少量灰尘可能进入	直径1 mm的物体试具；灰尘试验箱	试具不能进入机壳内，并应与危险部件保持足够的安全间隙；少量灰尘能够进入，但产品的功能和安全(例如，产生泄漏电流)不应受到损害
	防止外壳任何方向的溅水影响	摆管式喷水设备	所有方向的喷水不应有任何有害影响

表 1（续）

性能等级	防护类别	试验条件	试验评定
IP55	防止金属丝接触危险部件；少量灰尘可能进入	直径 1 mm 的物体试具； 灰尘试验箱	有少量灰尘进入，但不能影响设备安全
	防止外壳任何方向的喷水影响	带有软管喷嘴的喷水设备	所有方向的喷水不应有任何有害影响
IP65	无灰尘进入	灰尘试验箱	无灰尘进入
	防止外壳任何方向的喷水影响	带有软管喷嘴的喷水设备	所有方向的喷水不应有任何有害影响
IP67	无灰尘进入	灰尘试验箱	无灰尘进入
	防短时潜水影响	潜入规定压力的水中	在规定的试验时间后，外壳进水量不得达到有害程度
IP68	无灰尘进入	灰尘试验箱	无灰尘进入
	防持续潜水影响	潜入规定压力的水中	持续潜水后外壳进水量不得达到有害程度
注：此表引自 GB 4208—2008。			

5.2.1.2 IP 等级的选择

为确保人身安全，机械结构的外壳防护不应低于 IP20 等级。如果对固体异物、液体有特定的防护要求，应按照需要依据 GB 4208—2008 选择合适的等级。

5.2.2 IK 防护

5.2.2.1 通用要求

IK(International mechanical protection，国际机械防护）是外壳对外界有害机械碰撞的防护等级代码，表明外壳对机械碰撞的防护等级。IK 防护包括以下概念：

a） IK 防护以碰撞能量大小反映外壳承受碰撞的能力；

b） 用 IK 以及两位数字表示相应的 IK 等级，见表 2。

IK 防护的要求是：设备外壳应对外界有害机械碰撞提供有效的防护，不产生有害影响。

有关外壳 IK 防护的详细内容见 GB/T 20138—2006。

表 2 IK 代码及其对应的碰撞能量

单位为焦

IK 代码	IK00	IK01	IK02	IK03	IK04	IK05	IK06	IK07	IK08	IK09	IK10
碰撞能量	[a]	0.14	0.2	0.35	0.5	0.7	1	2	5	10	20

注 1：如果需要更高的 IK 防护等级，推荐的碰撞能量为 50 J。

注 2：某些国家规定的 IK 代码为一位数字。为避免混淆，GB/T 20138—2006 采用 2 位数字表示。

[a] IK00 表示没有防护，或不要求防护。

5.2.2.2 IK 等级的选择要求

可根据设备的需要选择相应的 IK 防护等级。常用的承受碰撞能力的外壳 IK 防护等级不宜低于 GB/T 20138—2006 中的 IK 08 级(碰撞能量为 5 J),供观察使用的透明罩(窗)的 IK 防护等级不宜低于 IK02 级(碰撞能量为 0.2 J)。

5.3 电击防护要求

5.3.1 总则

电击防护是电工电子设备最基本的人身安全要求之一,当安全要求与功能性要求发生冲突时,应把安全要求放在优先地位。

满足机械结构的电击防护要求,是达到电工电子设备电击防护目的的前提条件。

机械结构应在正常条件下和单一故障条件下,同时满足电击防护要求。有关“正常条件”和“单一故障条件”的含义见附录 A。

5.3.2 电击防护的安全限值

基于电流对人体效应的电击原理(参见 GB/T 13870.1—2008),电击防护对于电气参数的限制要求见表 3。

表 3 安全限值

<table>
<tr><th rowspan="2">序号</th><th rowspan="2" colspan="2">条件</th><th colspan="3">电压
V</th><th colspan="3">电流
mA</th><th colspan="2">电容放电</th></tr>
<tr><th>交流
有效值</th><th>交流
峰值</th><th>直流</th><th>交流
有效值</th><th>交流
峰值</th><th>直流</th><th>电荷
μC</th><th>能量
mJ</th></tr>
<tr><td rowspan="2">1</td><td rowspan="2">正常
条件</td><td>干燥</td><td>33</td><td>46.7</td><td>70</td><td rowspan="2">0.5</td><td rowspan="2">0.7</td><td rowspan="2">2</td><td rowspan="2">45</td><td rowspan="2">350</td></tr>
<tr><td>潮湿</td><td>25</td><td>35</td><td>37.5</td></tr>
<tr><td rowspan="2">2</td><td rowspan="2">单一故
障条件</td><td>干燥</td><td>55</td><td>78</td><td>140</td><td rowspan="2">3.5</td><td rowspan="2">5</td><td rowspan="2">15</td><td rowspan="2" colspan="2">a</td></tr>
<tr><td>潮湿</td><td>33</td><td>46.7</td><td>70</td></tr>
</table>

注 1:超过本表中限值时,即认为是危险带电。

注 2:正常运行和单故障条件下,只有当电压超过表中的值时,才采用电流和电容限值。

注 3:在不同的产品领域,安全限值可能略有差异,参见 GB/T 3805—2008 和 GB 4943.1—2011。

注 4:根据 GB/T 14092.1—2009 的表 1,潮湿条件是指存在凝露的情况。

注 5:此表引自 GB 14598.27—2008 并进行了整合。

[a] 按 GB 14598.27—2008 中图 I.2 的曲线确定。

5.3.3 电击防护等级

电击防护等级及其防护能力见表 4。在一般情况下,机械结构的电击防护等级一般为 GB/T 17045—2008 规定的 Ⅰ 类,即采用基本绝缘作为正常条件下的基本防护措施,同时采用保护电路作为故障条件下的防护措施。

表 4　电击防护等级

序号	防电击等级	防护能力	表示符号
1	0[a]	由基本绝缘作为基本防护措施，而没有故障防护。当基本绝缘破坏时，设备安全仅由安装位置的环境条件决定	—
2	Ⅰ	除基本绝缘提供基本电击防护外，外露的可导电部分与保护(接地)导体相连，以提供故障下的防护	 GB/T 5465.2 (IEC 60417)，No.5019
3	Ⅱ	除基本绝缘提供基本电击防护外，还由附加绝缘提供故障防护，或者由加强绝缘同时提供基本防护和故障防护	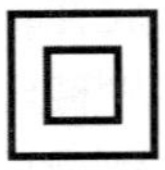 GB/T 5465.2 (IEC 60417)，No.5172
4	Ⅲ	设备由安全特低电压供电[b,c]	 GB/T 5465.2 (IEC 60417)，No.5180

[a] 这种设备不与保护(接地)导体相连，其安全的可靠性仅与环境条件有关。
[b] 安全特低电压见表 3，并且通过加强绝缘或双重绝缘与危险电路隔离。
[c] 该类设备不会产生危险电压，所以不与保护(接地)导体相连。

5.3.4　电击防护要求

Ⅰ类设备的机械结构应满足以下保护接地要求：

a)　外露可导电部分包括金属外壳与保护电路接地端子之间的电阻不应超过 0.1 Ω；
b)　所有外露可导电部分应确保保护电路的连续性；
c)　保护电路接地端子或总接地点应有接地标志(见表 9 符号 7)。

对于有涂覆层的金属外壳，仅靠安装螺钉不能保证有效、可靠的导电连接。在这种情况下，应采用齿形垫圈等刺破涂覆层。

对于其他防护类别(Ⅱ类和Ⅲ类)设备的机械结构的电击防护要求，见 GB/T 17045—2008。

5.3.5　保护导体的截面积

保护导体的截面积宜符合表 5 的规定。保护导体护套的颜色应为黄绿双色。

表 5　保护导体的截面积　　单位为平方毫米

保护电路的导体截面积 S	保护导体的最小截面积
<16	S
>16～35	16
>35～400	$S/2$
>400～800	200
>800	$S/4$

5.3.6 保护导体的金属组合

保护导体的金属组合宜参照附录B选择，以避免在接合面产生电化学腐蚀。

5.4 可燃性及着火危险防护要求

5.4.1 机械结构零部件的可燃性等级

由GB/T 5169.16—2008和GB/T 8332—2008规定的绝缘材料可燃性分级见表6。

表6 绝缘材料的可燃性分级

序号	级别代号	曾经使用过的代号	说明	备注
1	5VA	5V	优于5VB	5V试验
2	5VB	5V	—	
3	V-0	—	优于V-1	垂直燃烧试验
4	V-1	—	优于V-2	
5	V-2	—	—	
6	HB40	HB	优于HB75	水平燃烧试验
7	HB75	HB	—	
8	HF1	FH1	优于HF2	泡沫材料
9	HF2	FH2	优于HF3	泡沫材料
10	HBF	FH3	—	泡沫材料
注：序号8～10由GB/T 8332—2008规定，其他由GB/T 5169.16—2008规定。				

机械结构零部件使用的绝缘材料可燃性等级不宜低于GB/T 5169.16—2008中的V-2级，或GB/T 8332—2008中的HF2级，并应符合相应的产品安全标准的规定。

5.4.2 绝缘材料的耐热性分级

绝缘材料的耐热性是指它的最高允许温度，由此对其进行耐热性分级。在着火危险防护设计时，应根据发热情况和材料的耐热温度（最高允许温度）选择适用的材料，以防止结构破坏以及发生火灾。绝缘材料的耐热温度及其耐热性等级见表7。

表7 绝缘材料的耐热性分级

ATE或RTE		耐热等级	字母表示[a]
≥90	<105	90	Y
≥105	<120	105	A
≥120	<130	120	E
≥130	<155	130	B
≥155	<180	155	F
≥180	<200	180	H
≥200	<220	200	N

表 7（续）

ATE 或 RTE		耐热等级	字母表示[a]
≥220	<250	220	R
≥250[b]	<275	250	—

[a] 为了便于表示，字母可以写在括弧中，例如 180 级（H）。如因空间关系，比如在铭牌上，产品技术委员会可能仅选用字母表示。

[b] 耐热等级超过 250 的可按 25 间隔递增的方式表示。

5.4.3 防火外壳要求

防火外壳应符合下列要求：

a) 底部不应有开孔；或者在图 1 的范围内应具有图 2 所示的挡板结构；或者是由金属制成并按表 8 规定的开孔的挡板；或者是一个以相邻网眼的中心距离不超过 2 mm×2 mm、线径至少为 0.45 mm的金属网；

b) 在图 1 中斜线 C 以内所包括的区域里的侧面不应有开孔；

c) 设备外壳、挡板或火焰遮栏应由金属（镁除外）或可燃性等级不低于 GB/T 5169.16—2008 中 V-1 级的非金属材料制造；

d) 设备外壳、任何挡板或火焰遮栏应具有足够的刚性。

表 8 设备外壳底部可接受的开孔

单位为毫米

最小厚度	孔的最大直径（见注）	孔的最小间隔（中心对中心）
0.76	1.15	1.70
0.76	1.19	2.36
0.81	1.91	3.18（72 个孔/645 mm^2）
0.89	1.90	3.18
0.91	1.60	2.77
0.91	1.98	3.18
1.00	1.60	2.77
1.00	2.00	3.00

注：方孔的最大尺寸为对角线。

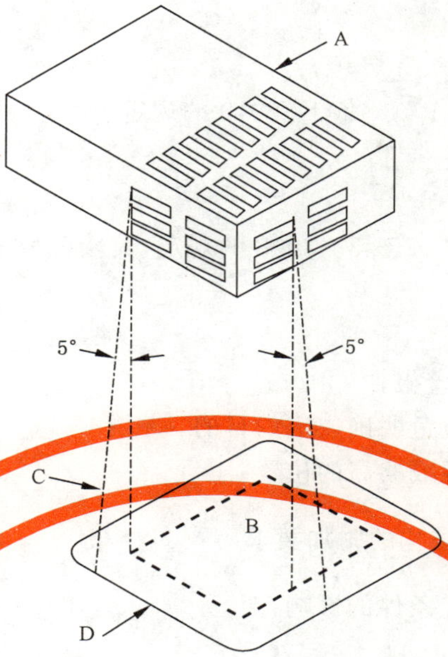

说明：

A——被认为是着火危险源的设备的部件或元件。它由无其他遮挡的设备的元件或部件的整体，或由外壳部分遮挡的元件的未遮挡部分构成；

B——A 的轮廓在水平面上的投影；

C——描绘出按照 5.4.3.1 规定所构成的底部和侧面的最小面积的斜线。该线与沿 A 的周边上任何一点的垂线呈 5°夹角为走向，以描绘出最大面积；

D——按照 5.4.3.1 规定所构建的底部需要防护的最小范围。

图 1　防火外壳

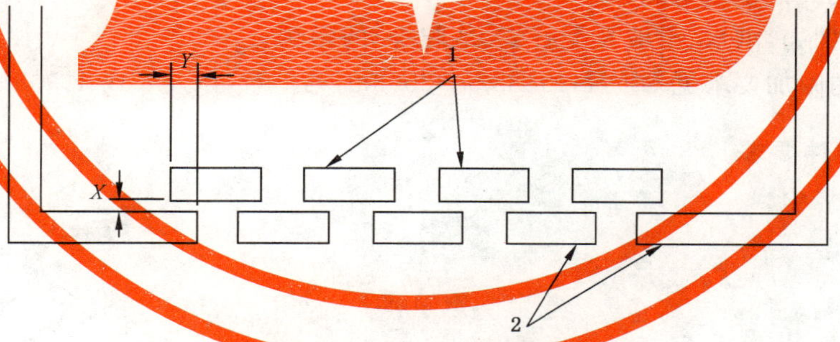

说明：

$Y \geqslant 2X$，但不小于 25 mm。

关键部件：

1——挡板(可位于外壳底部的下方)；

2——外壳底部。

图 2　防火挡板

5.5　人机接口的安全要求

5.5.1　人体局部进入机械的开口尺寸

人体局部进入机械的开口尺寸应符合 GB/T 18717.2—2002 确定的原则。

5.5.2 操作件的选择和布置

操作件的选择和布置应符合 GB/T 4205—2010 的规定。

5.5.3 监视器件的选择和布置

监视器件的选择应符合 GB/T 1251.3—2008 的规定，其颜色表示的要求如下：

——红色为危险；

——黄色为注意；

——绿色为正常运行，或解除警报；

——蓝色用于没有被红、绿、黄色明确规定的目的。

监视器件宜布置在与人眼平视或略高的位置。

5.6 户外及特殊环境条件下机械结构的附加要求

户外机械结构宜考虑以下环境条件的影响：

——最高和最低的环境温度；

——最高和最低的相对湿度；

——设备安装的海拔高度；

——工业大气和腐蚀性物质影响；

——太阳辐射的影响；

——风压、沙尘等影响；

——海洋大气的影响；

——可燃性、爆炸性物质的影响；

——霉菌的影响；

——啮齿动物或其他小动物的影响；

——自然灾害(例如，洪水、滑坡及泥石流、地震等)的影响。

户外机械结构的附加要求见 GB/T 19183.5—2003 的第 7 章，以及 GB/T 9089.3—2008。

5.7 标志、标识和文件要求

5.7.1 标志

5.7.1.1 总则

在任何情况下，安全标志均应优先于任何功能性标志。

安全标志应从设备外部看到，或者用户不借助工具打开预期可移动的覆板或开口时能够看到。

5.7.1.2 安全标志

常用的安全标志或与安全相关的标志见表 9。

表 9 安全标志符号

序号	符号	出版物	说明
1	⎓	GB/T 5465.2—2008，No.5031	直流电
2	∼	GB/T 5465.2—2008 ，No.5032	交流电
3	3∼	GB/T 5465.2—2008，No.5032-1	三相交流电

表 9（续）

序号	符号	出版物	说明
4		GB/T 5465.2—2008,No.5032-2	带中性线的三相交流电
5		GB/T 5465.2—2008,No.5033	交流和直流两用电
6		GB/T 5465.2—2008,No.5017	接地(在不需要序号 7 和 8 的情况下使用)
7		GB/T 5465.2—2008,No.5019	保护接地
8		GB/T 5465.2—2008,No.5018	功能性接地
9		GB/T 5465.2—2008, No.5020	连接机架或机箱的端子
10		GB/T 5465.2—2008,No.5021	等电位
11		GB/T 5465.2—2008,No.5172	全部由双重绝缘或加强绝缘防护的设备(GB/T 17045—2008 中的Ⅱ类设备)
12		GB/T 5465.2—2008,No.5180	由安全特低电压供电的设备(GB/T 17045—2008 中的Ⅲ类设备)
13[a,b]		GB/T 5465.2—2008,No.5036[a] GB 2894—2008, No.2-7	电击危险 当心触电
14[b]		GB/T 5465.2—2008,No.5041 GB 2894—2008,No.2-24	小心烫伤 当心高温表面
15		GB/T 16273.1—2008,No.0506	运行期间不允许操作
16		GB/T 16273.1—2008,No.0659	生物危险
17	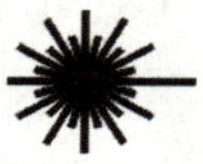	GB/T 5465.2—2008,No.5152 GB 2894—2008,No.2-29	激光辐射 当心激光
18		GB/T 5465.2—2008,No.5140 GB 2894—2008,No.2-30	非电离的电磁辐射; 当心微波辐射
19		GB/T 5465.2—2008,No.5104	启动,动作开始
20[b]		GB/T 16273.1—2008,No.0434 GB 2894—2008,No.2-1	小心:查阅随机文件 注意安全
21[b]		GB 2894—2008,No.2-10	当心机械伤人

表 9（续）

序号	符号	出版物	说明
22		GB 2894—2008，No.1-7	禁止启动
23		GB 2894—2008，No.1-8	禁止合闸
24[c]		GB/T 5465.2—2008，No.5134	防静电，用于静电敏感器件和电路 可用符号： 
25[c]		IEC 61340-5-1:1998	用于防静电工作区(EPA)及包装
注：尽管序号 24 和 25 并不是严格意义的“安全符号”，考虑到与设备安全相关而列入。			
[a] 该符号是按照 GB/T 2893.1—2013 与 GB/T 5465.2—2008 结合使用的情况，并规定在 GB 2894—2008 中。 [b] 这些符号一般要求如下： ——背景为黄色； ——符号和外框为黑色。 [c] 背景及符号和外框颜色与脚注 b 的规定相反。			

5.7.1.3 标志的尺寸及其保持性要求

安全标志应符合以下要求：

——安全符号的尺寸见 GB/T 5465.2—2008 ；

——符号的高度至少应为 2.75 mm，文字的高度至少应为 1.5 mm，并且与背景颜色形成反差；

——模制、铭刻或雕刻在材料上的符号或文字的高度至少应为 2.0 mm。如果没有颜色反差，它们的深度或凸起高度至少应达到 0.5 mm；

——如果设备上标记的模制或雕刻的符号高度或深度达到 0.5 mm，或符号和外框与背景在颜色上有反差，则颜色要求不适用于表 9 中的符号 12、13 和 14；

——安全标志应清晰、持久、易于辨认，不应受自然光和人造光的影响，符合 GB/T 26443—2010 的要求。

5.7.2 标识

如果电工电子设备的制造商提出要求，机械结构制造商至少应提供以下内容的标识：

——机械结构制造厂或供应商的名称或商标；

——机械结构的型号或规格；

——如果机械结构具有同一名称(型号)而产自一个以上的地区，应标记产地。

5.7.3 文件

机械结构的配套文件(说明书)应包含以下内容：

——机械结构的安装、调整和维护的说明；

——机械结构预期使用的说明；

——用户在进行其他任何操作之前，有责任保证保护电路完整性的声明；
——用户在调试或维护之前，有责任核实设备的参数、操作说明和安装说明的声明；
——对所使用的安全标志符号的说明。

6 试验方法

6.1 机械安全检验

检验 5.1 机械安全要求，采用目测的方法进行。

6.2 外壳防护试验

6.2.1 IP 防护试验

检验 5.2.1 的 IP 防护，采用 GB 4208—2008 规定的方法进行试验。试验器具应符合GB/T 16842—2008的规定。

6.2.2 IK 防护试验

检验 5.2.2 的 IK 防护，采用 GB/T 20138—2006 规定的方法进行试验。

6.3 电击防护试验

6.3.1 保护电路连续性试验

采用以下方法进行试验，应符合 5.3.4 中 a）的要求：
——以电压降法测量后，通过计算得出电阻值；
——最大电流为过流保护额定值的 2 倍，一般可取 10 A；
——试验电压不应超过 12 V（交流或直流）；
——试验的持续时间应为 60 s。

6.3.2 保护接地连续性试验

检验 5.3.4 的保护接地连续性试验，采用以下方法进行试验。

方法 1：
——按照 6.3.1 规定的方法测量任意两个外露的可导电部分之间的电阻；
——所测的电阻值应符合 5.3.4 中 a）的要求。

方法 2（GB/T 24342—2009）：
——保护接地电路的连续性应通过引入来自 PELV（安全特低电压 4 V～24 V 之间，50 Hz 或 60 Hz）电源的低电压、至少 10 A 电流以及至少 10 s 时间的验证。该验证在 PE 端子和保护接地电路部件的有关点间进行。
——PE 端子和各测试点间的实测电压降不应超过表 10 所规定的值。

表 10 保护接地电路连续性的检验

被测保护电路所用导线最小有效截面积 mm^2	最大的实测电压降（对应测试电流为 10 A 的值） V
1.0	3.3
1.5	2.6

表 10（续）

被测保护电路所用导线最小有效截面积 mm^2	最大的实测电压降(对应测试电流为 10 A 的值) V
2.5	1.9
4	1.4
>6.0	1.0

6.3.3 保护接地导体截面积检验

检查导体铭的牌或标志以及测量导体的线性尺寸，应符合 5.3.5 的规定。

6.4 可燃性及着火危险防护试验

检验 5.4.1 的着火危险防护，采用 GB/T 5169.16—2008 规定的方法进行试验，并根据机械结构所用的材料依据表 6 选择相应的垂直燃烧或水平燃烧试验，应符合 5.4.1 的要求。

6.5 人机接口检验

采用目测的方法进行，应符合 5.5 的规定。

6.6 户外机械结构特殊要求的试验

采用 GB/T 19183.5—2003 规定的方法进行试验，应符合 5.6 的规定。

6.7 标志、标识和文件检验

采用目测的方法进行，应符合 5.7 的规定。标志的持久性试验，采用 GB/T 2423.53—2005 规定的方法进行，或者采用以下推荐的方法进行检验：

——用制造厂指定清洗剂浸渍的布擦拭 15 s；

——如果没有指定清洗剂，则用水代替。

7 检验规则

7.1 检验类型

7.1.1 检验分类

检验类型分为型式试验和例行试验两类。

7.1.2 型式试验

在以下情况下，应进行型式试验：

——机械结构定型(设计确认或鉴定)之前；

——机械结构的设计有重大改变而影响到安全性能时；

——国家质量技术监督部门有要求时(按照相应规定的项目进行)；

——停产连续一年及以上时。

型式试验采取一次抽样方案，抽样数为两台。

7.1.3 例行试验

每一台机械结构出厂前均应进行例行试验。

7.2 检验项目

按照试验类型分类的检验项目见表 11。对于机械结构,表 11 未列入的项目不要求检验。

表 11 检验项目

序号	项目名称	要求的条款	试验方法的条款	型式试验	例行试验	备注
1	机械安全	5.1	6.1	√	√	
2	IP 防护	5.2.1	6.2.1	√	—	
3	IK 防护	5.2.2	6.2.2	√	—	
4	电击防护: 接地电阻	5.3.4a)	6.3.1	√	—	Ⅱ类和Ⅲ类设备机械结构的电击防护试验见 GB/T 17045—2008
5	电击防护: 保护接地连续性	5.3.4b)	6.3.2	√	√	
6	电击防护: 保护接地导体截面积	5.3.5	6.3.3	√	√	
7	可燃性及着火危险防护	5.4.1	6.4	√	—	
8	人机接口	5.5	6.5	√	√	
9	户外机械结构	5.6	6.6	√	—	
10	标志、标识和文件	5.7	6.7	√	√[a]	

注:符号√为应进行检查或试验的项目;符号"—"为无需试验的项目。

[a] 只检验标志的符合性要求。

7.3 合格判据

7.3.1 型式试验的合格判据

所有型式试验项目通过则判为试验合格,否则为不合格。

7.3.2 例行试验的合格判据

所有试验项目通过则判为合格。如果有不合格项,允许修复直至合格为止。如果修复后仍不合格,则判为不合格。

附 录 A
（规范性附录）
正常条件和单一故障条件

A.1 正常条件

正常条件是指预期使用并且没有故障的条件。

注：预期使用是根据供方提供的信息对产品、过程或服务的使用。

A.2 单一故障条件

单一故障条件是指一个预防危险的保护措施或器件失效，或出现一次可能引起危险的故障条件。

由于任何绝缘（双重绝缘或加强绝缘除外）或任何元器件（具有双重绝缘或加强绝缘的元器件除外）的失效引发，而产生下列任何一种情况时，均认为是单一故障（条件）：

——可触及的非危险带电部分变成危险的带电部分（例如，限制稳态接触电流和电荷的措施失效）；

——在正常条件下可触及的不带电的可导电部分变成危险带电部分（例如，由于外露的可导电部分的基本绝缘损坏）；

——危险带电部分由不可触及变成可触及（例如，防护外壳的机械损坏）；

——发生引燃或着火。

注：由单一故障引起的所有的继发性故障均应视为单一故障不可分割的组成部分。

附 录 B
（资料性附录）
防止电化学腐蚀的金属组合（电化学电位）

在导电连续性设计中，宜参照表 B.1 选择保护联结的金属组合，以避免在接合面产生电化学腐蚀。

表 B.1 防止电化学腐蚀的金属组合（电化学电位）

单位为伏

锰及其合金	锌及其合金	钢镀锡锌	铝	钢镀铬	铝锰合金	低碳钢	硬铝	铅	钢镀铬，软焊料	钢镀镍镀铬，钢镀锡	低铬不锈钢	铜及其合金	奥氏体高铬不锈钢	钢镀镍	银	铜镀银铑金合金	碳	金，铂	
0	0.05	0.55	0.7	0.8	0.85	0.9	1.0	1.05	1.1	1.15	1.25	1.35	1.4	1.45	1.6	1.65	1.7	1.75	锰及其合金
—	0	0.05	0.2	0.3	0.35	0.4	0.5	0.55	0.6	0.65	0.75	0.85	0.9	0.95	1.1	1.15	1.2	1.25	锌及其合金
—	—	0	0.15	0.25	0.3	0.35	0.45	0.5	0.55	0.6	0.7	0.8	0.85	0.9	1.05	1.1	1.15	1.2	钢镀锡锌
—	—	—	0	0.1	0.15	0.2	0.3	0.35	0.4	0.45	0.55	0.65	0.7	0.75	0.9	0.95	1.0	1.05	铝
—	—	—	—	0	0.05	0.1	0.2	0.25	0.3	0.35	0.45	0.55	0.6	0.65	0.8	0.85	0.9	0.95	钢镀铬
—	—	—	—	—	0	0.05	0.15	0.2	0.25	0.3	0.4	0.5	0.55	0.6	0.75	0.8	0.85	0.9	铝锰合金
—	—	—	—	—	—	0	0.05	0.1	0.15	0.25	0.35	0.45	0.5	0.55	0.7	0.75	0.8	0.85	低碳钢
—	—	—	—	—	—	—	0	0.05	0.1	0.15	0.25	0.35	0.4	0.45	0.6	0.65	0.7	0.75	硬铝
—	—	—	—	—	—	—	—	0	0.05	0.1	0.2	0.3	0.35	0.4	0.55	0.6	0.66	0.7	铅
—	—	—	—	—	—	—	—	—	0	0.05	0.15	0.25	0.3	0.35	0.5	0.55	0.6	0.65	钢镀铬，软焊料
—	—	—	—	—	—	—	—	—	—	0	0.1	0.2	0.25	0.3	0.45	0.5	0.55	0.6	钢镀镍镀铬，钢镀锡
—	—	—	—	—	—	—	—	—	—	—	0	0.1	0.15	0.2	0.35	0.4	0.45	0.5	低铬不锈钢
—	—	—	—	—	—	—	—	—	—	—	—	0	0.05	0.1	0.25	0.3	0.35	0.4	铜及其合金
—	—	—	—	—	—	—	—	—	—	—	—	—	0	0.05	0.2	0.25	0.3	0.35	奥氏体高铬不锈钢
—	—	—	—	—	—	—	—	—	—	—	—	—	—	0	0.15	0.2	0.25	0.3	钢镀镍
—	—	—	—	—	—	—	—	—	—	—	—	—	—	—	0	0.05	0.1	0.15	银
—	—	—	—	—	—	—	—	—	—	—	—	—	—	—	—	0	0.05	0.1	铜镀银铑金合金
—	—	—	—	—	—	—	—	—	—	—	—	—	—	—	—	—	0	0.05	碳
—	—	—	—	—	—	—	—	—	—	—	—	—	—	—	—	—	—	0	金，铂

注：黑框中的组合应避免采用。

参 考 文 献

[1] GB 4793.1—2007 测量、控制和试验室使用的电气设备的安全要求(IEC 61010-1:2001,IDT)

[2] GB 7251.1—2013 低压成套开关设备和控制设备 第1部分:总则

[3] GB 7947—2006 人机界面标志标识的基本和安全规则 导体的颜色或数字标识(IEC 60446:1999,IDT)

[4] GB/T 11021—2014 电气绝缘 耐热性和表示方法

[5] GB/T 13626—2008 单一故障准则应用于核电厂安全系统(IEEE Std 379:2000,MOD)

[6] GB 14598.27—2008 量度继电器和保护装置 产品安全要求(IEC 60255-27:2005,MOD)

[7] GB 16895.21—2004 建筑物电气装置 第4-41部分:安全防护 电击防护(IEC 60364-4-41:2001,IDT)

[8] ECMA 287:2002 Safety of electronic equipment

ICS 29.060.20
K 13

中华人民共和国国家标准

GB/T 31840.1—2015

额定电压 1 kV(U_m＝1.2 kV)到 35 kV(U_m＝40.5 kV)铝合金芯挤包绝缘电力电缆 第1部分:额定电压 1 kV(U_m＝1.2 kV)和 3 kV(U_m＝3.6 kV)电缆

Aluminum alloys power cables with extruded insulation for rated voltages from 1 kV(U_m＝1.2 kV) up to 35 kV(U_m＝40.5 kV)—Part 1: Cables for rated voltages of 1 kV(U_m＝1.2 kV) and 3 kV(U_m＝3.6 kV)

2015-07-03 发布　　　　2016-02-01 实施

中华人民共和国国家质量监督检验检疫总局
中国国家标准化管理委员会　发布

前　言

GB/T 31840《额定电压 1 kV(U_m=1.2 kV)到 35 kV(U_m=40.5 kV)铝合金芯挤包绝缘电力电缆》分为 3 个部分：

——第 1 部分：额定电压 1 kV(U_m=1.2 kV)和 3 kV(U_m=3.6 kV)电缆；

——第 2 部分：额定电压 6 kV(U_m=7.2 kV)到 30 kV(U_m=36 kV)电缆；

——第 3 部分：额定电压 35 kV(U_m=40.5 kV)电缆。

本部分为 GB/T 31840 的第 1 部分。

本部分按照 GB/T 1.1—2009 给出的规则起草。

请注意本文件的某些内容可能涉及专利。本文件的发布机构不承担识别这些专利的责任。

本部分由中国电力企业联合会提出并归口。

本部分主要起草单位：中国电力科学研究院。

本部分参加起草单位：安徽欣意电缆有限公司、国网北京市电力公司检修公司、国网江苏省电力公司南京供电公司、国网浙江省电力公司电力科学研究院、电力工业电气设备质量检验测试中心、河北德昊电缆有限公司、江苏亨通电力电缆有限公司、金杯电工股份有限公司、安徽太平洋电缆集团有限公司、崇德电缆有限公司、河北新宝丰电线电缆有限公司、中冠电缆有限公司、河北欣意电缆有限公司。

本部分主要起草人：赵健康、余乐华、黄鹤鸣、王光明、吴明祥、彭超、李增群、钱子明、杨志强、吕发忠、江建秋、朱朋飞、周俊民。

额定电压 1 kV(U_m=1.2 kV)到 35 kV(U_m=40.5 kV) 铝合金芯挤包绝缘电力电缆 第1部分:额定电压 1 kV(U_m=1.2 kV) 和 3 kV(U_m=3.6 kV)电缆

1 范围

GB/T 31840 的本部分规定了用于配电网或工业装置中,固定安装的额定电压 1 kV(U_m=1.2 kV)和 3 kV(U_m=3.6 kV)铝合金芯挤包绝缘电力电缆的材料、结构、尺寸和试验要求。

本部分适用于额定电压 1 kV(U_m=1.2 kV)和 3 kV(U_m=3.6 kV)铝合金芯挤包绝缘电力电缆。

本部分包括了阻燃、低烟和无卤电缆。

本部分不包括用于特殊安装和运行条件的电缆,例如用于架空电缆、采矿工业、核电厂(安全壳内及其附近),以及用于水下或船舶的电缆。

2 规范性引用文件

下列文件对于本文件的应用是必不可少的。凡是注日期的引用文件,仅注日期的版本适用于本文件。凡是不注日期的引用文件,其最新版本(包括所有的修改单)适用于本文件。

GB/T 156 标准电压

GB/T 2951.11—2008 电缆和光缆绝缘和护套材料通用试验方法 第11部分:通用试验方法 厚度和外形尺寸测量 机械性能试验

GB/T 2951.12—2008 电缆和光缆绝缘和护套材料通用试验方法 第12部分:通用试验方法 热老化试验方法

GB/T 2951.13—2008 电缆和光缆绝缘和护套材料通用试验方法 第13部分:通用试验方法 密度测定方法 吸水试验 收缩试验

GB/T 2951.14—2008 电缆和光缆绝缘和护套材料通用试验方法 第14部分:通用试验方法 低温试验

GB/T 2951.21—2008 电缆和光缆绝缘和护套材料通用试验方法 第21部分:弹性体混合料专用试验方法 耐臭氧试验 热延伸试验 浸矿物油试验

GB/T 2951.31—2008 电缆和光缆绝缘和护套材料通用试验方法 第31部分:聚氯乙烯混合料专用试验方法 高温压力试验 抗开裂试验

GB/T 2951.32—2008 电缆和光缆绝缘和护套材料通用试验方法 第32部分:聚氯乙烯混合料专用试验方法 失重试验 热稳定性试验

GB/T 2951.41—2008 电缆和光缆绝缘和护套材料通用试验方法 第41部分:聚乙烯和聚丙烯混合料专用试验方法 耐环境应力开裂试验 熔体指数测量方法 直接燃烧法测量聚乙烯中碳黑和(或)矿物质填料含量 热重分析法(TGA)测量碳黑含量 显微镜法评估聚乙烯中碳黑分散度

GB/T 3048.10 电线电缆电性能试验方法 第10部分:挤出护套火花试验

GB/T 3048.13 电线电缆电性能试验方法 第13部分:冲击电压试验

GB/T 3956—2008 电缆的导体

GB/T 4909.2—2009 裸电线试验方法 第2部分:尺寸测量

GB/T 4909.3 裸电线试验方法 第3部分:拉力试验

GB/T 4909.5 裸电线试验方法 第5部分:弯曲试验 反复弯曲

GB/T 6995.3 电线电缆识别标志方法 第3部分:电线电缆识别标志

GB/T 6995.5 电线电缆识别标志方法 第5部分:电力电缆绝缘线芯识别标志

GB/T 7999 铝及铝合金光电直读发射光谱分析方法

GB/T 9327 额定电压35 kV(U_m=40.5 kV)及以下电力电缆导体用压接式和机械式连接金具试验方法和要求

GB/T 11091 电缆用铜带

GB/T 12706.1—2008 额定电压1 kV(U_m=1.2 kV)到35 kV(U_m=40.5 kV)挤包绝缘电力电缆及附件 第1部分:额定电压1 kV(U_m=1.2 kV)和3 kV(U_m=3.6 kV)电缆

GB/T 16927.1 高电压试验技术 第1部分:一般定义及试验要求

GB/T 17650.1 取自电缆或光缆的材料燃烧时释出气体的试验方法 第1部分:卤酸气体总量的测定

GB/T 17650.2 取自电缆或光缆的材料燃烧时释出气体的试验方法 第2部分:用测量pH值和电导率来测定气体的酸度

GB/T 17651.2 电缆或光缆在特定条件下燃烧的烟密度测定 第2部分:试验步骤和要求

GB/T 18380.11 电缆和光缆在火焰条件下的燃烧试验 第11部分:单根绝缘电线电缆火焰垂直蔓延试验 试验装置

GB/T 18380.12 电缆和光缆在火焰条件下的燃烧试验 第12部分:单根绝缘电线电缆火焰垂直蔓延试验1 kW预混合型火焰试验方法

GB/T 18380.13 电缆和光缆在火焰条件下的燃烧试验 第13部分:单根绝缘电线电缆火焰垂直蔓延试验测定燃烧的滴落(物)/微粒的试验方法

GB/T 18380.35 电缆和光缆在火焰条件下的燃烧试验 第35部分:垂直安装的成束电线电缆火焰垂直蔓延试验 C类

GB/T 19666 阻燃和耐火电线电缆通则

GB/T 20975(所有部分) 铝及铝合金化学分析方法

GB/T 30552—2014 电缆导体用铝合金线

GB/T 31840.2—2015 额定电压1 kV(U_m=1.2 kV)到35 kV(U_m=40.5 kV) 铝合金芯挤包绝缘电力电缆 第2部分:额定电压6 kV(U_m=7.2 kV)到30 kV(U_m=36 kV)电缆

JB/T 8137(所有部分) 电线电缆交货盘

JB/T 8996 高压电缆选择导则

YB/T 024 铠装电缆用钢带

ISO 48 硫化型或热塑型橡胶硬度测定(硬度在10 IRHD和100 IRHD之间)[Rubber, vulcanized or thermoplastic.Determination of hardness (hardness between 10 IRHD and 100 IRHD)]

IEC 60684-2 绝缘软管 第2部分:试验方法(Flexible insulating sleeving—Part 2:Methods of test)

IEC 60724 额定电压1 kV(U_m=1.2 kV)和3 kV(U_m=3.6 kV)电缆的短路温度限值[Short-circuit temperature limits of electric cables with rated voltages of 1 kV(U_m=1.2 kV)and 3 kV(U_m=3.6 kV)]

3 术语和定义

下列术语和定义适用于本文件。

3.1

[电缆导体用]铝合金　aluminum alloys used for cable conductor

铝的质量分数大于95%以上的合金。在本部分中简称铝合金。

3.2

稀土高铁铝合金　aluminum alloy with rare-earth & high-iron

以铁、稀土等为主要合金元素的铝合金。

3.3

金属联锁铠装　metal interlock-armoured

在绝缘线芯或包有内衬层缆芯上螺旋绕包单根金属带，该金属带截面具有弧形部分和远离弧形部分向弧形部分凸出的伸出部分，该伸出部分与相邻节距的金属带弧形部分形成的扣合联锁结构的铠装层。

注：本部分金属联锁铠装层材料为铝合金带。

3.4

标称值　nominal value

指定的量值并经常用于表格之中。

注：在本部分中，通常标称值引伸出的量值在考虑规定公差下通过测量进行检验。

[GB/T 12706.1—2008，定义3.1.1]

3.5

近似值　approximate value

既不保证也不检查的数值，例如用于其他尺寸值的计算。

[GB/T 12706.1—2008，定义3.1.2]

3.6

中间值　median value

将试验得到的若干数值以递增(或递减)的次序依次排列时，若数值的数目是奇数，中间的那个值为中间值；若数值的数目是偶数，中间两个数值的平均值为中间值。

[GB/T 12706.1—2008，定义3.1.3]

3.7

假设值　fictitious value

按确定护层尺寸的假设计算方法计算所得的值。

3.8

例行试验　routine tests

由制造方在成品电缆的所有制造长度上进行的试验，以检验所有电缆是否符合规定的要求。

[GB/T 12706.1—2008，定义3.2.1]

3.9

抽样试验　sample tests

由制造方按规定的频度，在成品电缆试样上或在取自成品电缆的某些部件上进行的试验，以检验电缆是否符合规定要求。

[GB/T 12706.1—2008，定义3.2.2]

3.10

型式试验　type tests

按一般商业原则对本部分所包含的一种类型电缆在供货之前所进行的试验,以证明电缆具有满足预期使用条件的满意性能。

注:该试验的特点是除非电缆材料或设计或制造工艺的改变可能改变电缆的特性,试验做过以后就不需要重做。

[GB/T 12706.1—2008,定义 3.2.3]

3.11

安装后电气试验　electrical tests after installation

在安装后进行的试验,用以证明安装后的电缆及其附件完好。

[GB/T 12706.1—2008,定义 3.2.4]

4　电压标示和材料

4.1　额定电压

本部分中电缆的额定电压 $U_0/U(U_m)$ 为 0.6/1(1.2)kV 和 1.8/3(3.6)kV。

注:上述电压的表示方法是合适的。尽管在一些国家采用其他的表示方法。例如:1.7/3 kV 或 1.9/3.3 kV 代替 1.8/3 kV。

在电缆的电压表示 $U_0/U(U_m)$ 中:

U_0——电缆设计用的导体对地或金属屏蔽之间的额定工频电压;

U ——电缆设计用的导体间的额定工频电压;

U_m——设备可承受的"最高系统电压"的最大值(见 GB/T 156)。

电缆的额定电压应适合电缆所在系统的运行条件。为了便于选择电缆,将系统划分为下列 3 类:

——A 类:该类系统任一相导体与地或接地导体接触时,能在 1 min 内与系统分离;

——B 类:该类系统可在单相接地故障时作短时运行,接地故障时间按照 JB/T 8996 应不超过 1 h。对于本部分包括的电缆,在任何情况下允许不超过 8 h 的更长的带故障运行时间。任何一年接地故障的总持续时间应不超过 125 h;

——C 类:包括不属于 A 类、B 类的所有系统。

注:应该认识到,在系统接地故障不能立即自动解除时,故障期间加在电缆绝缘上过高的电场强度,会在一定程度上缩短电缆寿命。如预期系统会经常地运行在持久的接地故障状态下,该系统应划为 C 类。

用于三相系统的电缆,U_0 的推荐值列于表 1。

表 1　额定电压 U_0 推荐值

系统最高电压 U_m/kV	额定电压 U_0/kV	
	A 类、B 类	C 类
1.2	0.6	0.6
3.6	1.8	3.6[a]

[a] 这一类包括在 GB/T 31840.2—2015 的 3.6/6(7.2)kV 电缆中。

4.2　绝缘混合料

本部分所涉及绝缘混合料及其代号列于表 2。

表 2 绝缘混合料

绝缘混合料	代 号
a) 热塑性的	
用于额定电压 $U_0/U \leqslant 1.8/3$ kV 电缆的聚氯乙烯	PVC/A[a]
b) 热固性的	
乙丙橡胶或类似绝缘混合料(EPR 或 EPDM)	EPR
高弹性模数或高硬度乙丙橡胶	HEPR
交联聚乙烯	XLPE
[a] 聚氯乙烯为基料的绝缘混合料用于额定电压 $U_0/U = 3.6/6$ kV 电缆时，在 GB/T 31840.2—2015 中表示为 PVC/B。	

本部分所包括的各种绝缘混合料的导体最高温度列于表 3。

表 3 各种绝缘混合料的导体最高温度

绝缘混合料	导体最高温度/℃	
	正常运行	短路(最长持续 5 s)
聚氯乙烯(PVC/A)		
导体截面≤300 mm^2	70	160
导体截面>300 mm^2	70	140
交联聚乙烯(XLPE)	90	250
乙丙橡胶(EPR 和 HEPR)	90	250

表 3 中的温度由绝缘材料的固有特性决定，在使用这些数据计算额定电流时其他因素的考虑也是很重要的。

例如在正常运行条件下，如果电缆直接埋入地下，按表中所规定的导体最高温度作连续负荷(100%负荷因数)运行，电缆周围的土壤热阻系数经过一定时间后，会因干燥而超过原始值，因此导体温度可能大大地超过最高温度，如果能预料这类运行条件，应当采取适当的预防措施。

短路温度的导则宜参照 IEC 60724。

4.3 护套混合料

本部分不同类型护套混合料电缆的导体最高温度列于表 4 中。

表 4 不同类型护套混合料电缆的导体最高温度

护套混合料	代号	正常运行时导体最高温度/℃
a) 热塑性		
聚氯乙烯(PVC)	ST_1	80
	ST_2	90
聚乙烯	ST_3	80
	ST_7	90
无卤阻燃材料	ST_8	90
b) 弹性体		
氯丁橡胶、氯磺化聚乙烯或类似聚合物	SE_1	85

5 导体

5.1 导体应是符合 GB/T 3956—2008 的第 2 种铝合金导体，其具体化学成分见附录 A，导体的各项性能应符合 5.3 和 5.4 的规定。

5.2 导体应采用圆形紧压或型线紧压绞合结构。

5.3 导体绞合后的单线性能要求应符合表 5 的规定。

5.4 导体 20 ℃直流电阻应符合 GB/T 3956—2008 的第 2 种铝合金导体的规定值。导体最大和最小外径应符合 GB/T 3956—2008 附录 C 表 C.2 的规定，800 mm^2 截面导体最小直径为 32.4 mm，最大直径为 36.8 mm，800 mm^2 以上截面导体的最小最大直径由制造方和买方协商确定。

表 5 导体绞合后的单线性能

项 目	要 求
抗拉强度/(N/mm^2)	98～159
断裂伸长率/%	≥10
反复弯曲次数/次	≥25

6 绝缘

6.1 材料

绝缘应为表 2 所列的一种挤包成型的介质。

无卤电缆的绝缘应符合表 27 的规定。

6.2 绝缘厚度

绝缘标称厚度规定在表 6～表 8 中。

任何隔离层的厚度应不包括在绝缘厚度之中。

表 6 PVC/A 绝缘标称厚度

导体标称截面积/mm^2	额定电压 $U_0/U(U_m)$下的绝缘标称厚度/mm	
	0.6/1(1.2)kV	1.8/3(3.6)kV
10,16	1.0	2.2
25,35	1.2	2.2
50,70	1.4	2.2
95,120	1.6	2.2
150	1.8	2.2
185	2.0	2.2
240	2.2	2.2
300	2.4	2.4
400	2.6	2.6
500～800	2.8	2.8
1 000	3.0	3.0
注：不推荐任何小于以上给出的导体截面积。		

表 7 交联聚乙烯(XLPE)绝缘标称厚度

导体标称截面/mm²	额定电压 $U_0/U(U_m)$ 下的绝缘标称厚度/mm	
	0.6/1(1.2) kV	1.8/3(3.6) kV
10,16	0.7	2.0
25,35	0.9	2.0
50	1.0	2.0
70,95	1.1	2.0
120	1.2	2.0
150	1.4	2.0
185	1.6	2.0
240	1.7	2.0
300	1.8	2.0
400	2.0	2.0
500	2.2	2.2
630	2.4	2.4
800	2.6	2.6
1 000	2.8	2.8
注：不推荐任何小于以上给出的导体截面积。		

表 8 乙丙橡胶(EPR)和硬乙丙橡胶(HEPR)绝缘标称厚度

导体标称截面/mm²	在额定电压 $U_0/U(U_m)$ 下的绝缘标称厚度/mm			
	0.6/1(1.2) kV		1.8/3(3.6) kV	
	EPR	HEPR	EPR	HEPR
10,16	1.0	0.7	2.2	2.0
25,35	1.2	0.9	2.2	2.0
50	1.4	1.0	2.2	2.0
70	1.4	1.1	2.2	2.0
95	1.6	1.1	2.4	2.0
120	1.6	1.2	2.4	2.0
150	1.8	1.4	2.4	2.0
185	2.0	1.6	2.4	2.0
240	2.2	1.7	2.4	2.0
300	2.4	1.8	2.4	2.0
400	2.6	2.0	2.6	2.0
500	2.8	2.2	2.8	2.2
630	2.8	2.4	2.8	2.4
800	2.8	2.6	2.8	2.6
1 000	3.0	2.8	3.0	2.8
注：不推荐任何小于以上给出的导体截面积。				

7 多芯电缆的缆芯、内衬层和填充物

7.1 内衬层和填充物

7.1.1 结构

内衬层(若有)可以挤包、绕包或纵包。

除五芯以上电缆外,圆形绝缘线芯电缆只有在绝缘线芯间的间隙被密实填充时,才可采用绕包或纵包内衬层。

挤包内衬层前允许用合适的带子扎紧。

7.1.2 材料

用于内衬层和填充物的材料应适合电缆的运行温度并和电缆绝缘材料相容。

无卤电缆的内衬层和填充应符合表 27 的规定。

7.1.3 挤包内衬层厚度

挤包内衬层的近似厚度应从表 9 中选取。

表 9 挤包内衬层厚度

缆芯假设直径 d/mm		挤包内衬层厚度近似值/mm
—	≤25	1.0
>25	≤35	1.2
>35	≤45	1.4
>45	≤60	1.6
>60	≤80	1.8
>80	—	2.0

7.1.4 绕、纵包内衬层厚度

缆芯假设直径为 40 mm 及以下时,绕、纵包内衬层的近似厚度取 0.4 mm;如大于 40 mm 时,则取 0.6 mm。

7.2 额定电压 0.6/1 kV 电缆

7.2.1 有统包金属层的电缆(见第 8 章)

电缆绝缘外应有内衬层,内衬层和填充应符合 7.1 规定。

如果所用金属带的单层厚度不超过 0.3 mm,金属带也可以直接绕包在缆芯外,省略内衬层。这种电缆应符合 17.17 规定的特殊弯曲试验的要求。

7.2.2 无统包金属层的电缆(见第 8 章)

只要电缆外部形状保持圆整而且缆芯和护套之间不粘连,内衬层就可以省略。

如果采用内衬层,那么其厚度不必符合 7.1.3 或 7.1.4 规定。

7.3 额定电压 1.8/3 kV 电缆

7.3.1 具有统包金属层的电缆(见第 8 章)

缆芯外应有内衬层,内衬层和填充物应符合 7.1 的规定,并为非吸湿性材料。

7.3.2 具有分相金属层的电缆(见第 9 章)

各绝缘线芯的金属层应相互接触。

有附加统包金属层(见第 8 章)的电缆,当金属材料与分相包覆的金属层材料相同时,缆芯外应有内衬层。内衬层与填充物应符合 7.1 规定,并为非吸湿性材料。

当分相与统包金属层采用的金属材料不同时,应采用符合 12.2 中规定的任一种材料挤包隔离套将其隔开。

既无铠装又无同心导体,也无其他统包金属层(见第 8 章)的电缆,只要电缆外形保持圆整,可以省略内衬层。若采用内衬层,其厚度不必按 7.1.3 或 7.1.4 的规定。

注:7.1~7.3 不适用于由有护套单芯电缆成缆的缆芯。

8 单芯或多芯电缆的金属层

本部分包括以下类型的金属层:

a) 金属屏蔽(见第 9 章);

b) 同心导体(见第 10 章);

c) 金属铠装(见第 11 章)。

金属层应由上述的一种或几种型式组成,包覆在多芯电缆的单独绝缘线芯上或单芯电缆上时应是非磁性的。

9 金属屏蔽

9.1 结构

金属屏蔽应由一根或多根金属带,金属编织,金属丝的同心层或金属丝与金属带的组合结构组成。

金属屏蔽可以是符合 9.2 要求的金属铠装层。

选择金属屏蔽材料时,应特别考虑存在腐蚀的可能性,这不仅为了机械安全,而且也为了电气安全。

金属屏蔽绕包的搭盖和间隙应符合 9.2 的要求。

9.2 要求

9.2.1 金属屏蔽中铜丝的电阻,适用时应符合 GB/T 3956—2008 的要求。铜丝屏蔽的标称截面积应根据故障电流容量确定。

9.2.2 铜丝屏蔽应由疏绕的软铜线组成,其表面采用反向绕包的铜丝或铜带扎紧。相邻铜丝的平均间隙应不大于 4 mm。

9.2.3 铜带或铝合金带屏蔽应由一层重叠绕包的软铜带或铝合金带组成,也可采用双层铜带或铝合金间隙绕包。铜带或铝合金带间的搭盖率为铜带或铝合金带宽度的 15%(标称值),最小搭盖率应不小于 5%。

铜带应符合 GB/T 11091 的规定。

铜带标称厚度为：

——单芯电缆：≥0.12 mm；

——多芯电缆：≥0.10 mm。

铜带的最小厚度应不小于标称值的90%。

铝合金带应符合附录B的规定。

铝合金带标称厚度为：

——单芯电缆：≥0.18 mm；

——多芯电缆：≥0.15 mm。

铝合金带的最小厚度应不小于标称值的90%。

10 同心导体

10.1 结构

同心导体的间隙应符合9.2.2的要求。

选用同心导体结构和材料时，应特别考虑腐蚀的可能性，这不仅为了机械安全，也为了电气安全。

10.2 要求

同心导体的尺寸、物理及其电阻值要求，应符合9.2的要求。

10.3 使用

如采用同心导体结构，应在多芯电缆的内衬层外包覆同心导体层，对单芯电缆应直接在绝缘外或适当的内衬层外包覆同心导体层。

11 金属铠装

11.1 金属铠装类型

本部分包括铠装类型如下：

a) 扁金属丝铠装；

b) 圆金属丝铠装；

c) 双金属带铠装；

d) 铝合金带联锁铠装。

11.2 材料

圆金属丝或扁金属丝应是镀锌钢丝、铜丝或镀锡铜丝、铝或铝合金丝。

金属带为涂漆钢带、镀锌钢带、铝或铝合金带。钢带应符合YB/T 024的规定。

联锁铠装用铝合金带应符合附录C的规定。

在要求铠装钢丝满足最小导电性的情况下，铠装层中允许包含足够的铜丝或镀锡铜丝，以确保达到要求。

选择铠装材料时，尤其是铠装作为屏蔽层使用时，应特别考虑存在腐蚀的可能性，这不仅为了机械安全，而且也为了电气安全。

除特殊结构外，用于交流回路的单芯电缆铠装应采用非磁性材料。

注：用于交流回路的单芯电缆铠装采用某种特殊结构，电缆载流量仍将大为降低，应慎重选用。

11.3 铠装的使用

11.3.1 单芯电缆

单芯电缆的铠装层下应有挤包、绕包或纵包的内衬层，其厚度应符合 7.1.3 或 7.1.4 的要求。

11.3.2 多芯电缆

多芯电缆需要铠装时，铠装应包覆在符合 7.1 规定的内衬层上。如采用金属带直接绕包铠装时，见 7.2.1 规定。

11.3.3 隔离套

当铠装下的金属层与铠装材料不同时，应用 12.2 规定的一种材料，挤包一层隔离套将其隔开。

隔离套应经受 GB/T 3048.10 规定的火花试验。

无卤电缆的隔离套(ST_8)应符合表 27 的规定。

如果在铠装层下采用隔离套，可以由其代替内衬层或附加在内衬层上。

挤包隔离套的标称厚度 T_s(以 mm 计)应按式(1)计算：

$$T_s = 0.02D_u + 0.6 \quad \cdots\cdots\cdots\cdots(1)$$

式中：

D_u——挤包该隔离套前的假设直径，单位为毫米(mm)。

计算按附录 D 所述进行，计算结果修约到 0.1 mm(见附录 E)。

电缆的隔离套标称厚度应不小于 1.2 mm。

11.4 铠装金属丝和铠装金属带的尺寸

铠装金属丝和铠装金属带应优先采用下列标称尺寸：

——圆金属丝：直径 0.8 mm、1.25 mm、1.6 mm、2.0 mm、2.5 mm、3.15 mm；

——扁金属丝：厚度 0.8 mm；

——钢带：厚度 0.2 mm、0.5 mm、0.8 mm；

——铝或铝合金带：厚度 0.5 mm、0.8 mm；

——联锁铠装用铝合金带：厚度 0.5 mm、0.6 mm、0.7mm。

11.5 电缆直径与铠装层尺寸的关系

铠装圆金属丝的标称直径、铠装金属带的标称厚度和联锁铠装用铝合金带的标称厚度应分别不小于表 10、表 11 和表 12 中规定的数值。

表 10 铠装圆金属丝标称直径

铠装前假设直径 d/mm		铠装金属丝标称直径/mm
—	≤10	0.8
>10	≤15	1.25
>15	≤25	1.6
>25	≤35	2.0
>35	≤60	2.5
>60	—	3.15

表 11 铠装金属带标称厚度

铠装前假设直径 d/mm		金属带标称厚度/mm	
		钢带或镀锌钢带	铝或铝合金带
—	≤30	0.2	0.5
>30	≤70	0.5	0.5
>70	—	0.8	0.8

表 12 联锁铠装用铝合金带标称厚度

铠装前电缆外径 d/mm		铝合金带标称厚度/mm
—	≤20	0.5
>20	≤40	0.6
>40	—	0.7

铠装前电缆假设直径大于 15 mm 的电缆，扁金属丝的标称厚度应取 0.8 mm。电缆假设直径为 15 mm 及以下时，不应采用扁金属丝铠装。

11.6 圆金属丝或扁金属丝铠装

金属丝铠装应紧密，即使相邻金属丝间的间隙为最小。必要时，可在圆金属丝铠装或扁金属丝铠装外疏绕一条最小标称厚度为 0.3 mm 的镀锌钢带，钢带厚度的偏差应符合 15.6.3 的规定。

11.7 双金属带铠装

当采用金属带铠装和符合 7.1 规定的内衬层时，其内衬层应采用包带垫层加强。如果铠装金属带厚度为 0.2 mm，内衬层和附加包带垫层的总厚度应按 7.1 的规定值再加 0.5 mm；如果铠装金属带厚度大于 0.2 mm，内衬层和附加包带垫层的总厚度应按 7.1 的规定值再加 0.8 mm。

内衬层和附加包带垫层的总厚度应不小于规定值的 80%再减 0.2 mm。

如果有隔离套或挤包的内衬层并且满足 11.3.3 的规定时，则不必加包带垫层。

金属带铠装应螺旋绕包两层，使外层金属带的中线大致在内层金属带间隙上方，包带间隙应不大于金属带宽度的 50%。

11.8 铝合金带联锁铠装

铝合金带联锁铠装的内衬层采用绕包或纵包结构时应选用合适的带子扎紧，并符合 7.1.4 的规定，采用挤包结构时应符合 7.1.3 的规定。

铝合金带的宽度、厚度及截面积应均匀一致。联锁铠装层在整个电缆长度上是连续的，不能有任何损伤电缆铠装层下面和上面护层的毛刺、尖边、凹痕、裂缝或其他裂痕。铝合金带可以接头，接头不应显著地增大带子的宽度或厚度，也不能降低铝合金带的机械强度或对成形后的铠装层造成有害的影响，且不能有任何切口或断裂。

12 外护套

12.1 概述

外护套(若有)通常为黑色，但也可以按照制造方和买方协议采用黑色以外的其他颜色，以适应电缆使用的特定环境。

外护套应经受 GB/T 3048.10 规定的火花试验。

12.2 材料

外护套(若有)为热塑性材料(聚氯乙烯,聚乙烯或无卤材料)或弹性体材料(聚氯丁烯,氯磺化聚乙烯或类似聚合物)。

如果要求在火灾时电缆能阻止火焰的燃烧、发烟少以及没有卤素气体释放,应采用无卤型护套材料。无卤阻燃电缆的外护套(ST_8)应符合表 27 的规定。

外护套材料应与表 4 中规定的电缆运行温度相适应。

在特殊条件下(例如为了防白蚁)使用的外护套,可能有必要使用化学添加剂,但这些添加剂不应包括对人类及环境有害的材料。

注:例如,不希望采用的材料包括[1]:

——氯甲桥萘(艾氏剂):1、2、3、4、10、10-六氯代-1、4、4a、5、8、8a-六氢化-1、4、5、8-二甲桥萘;

——氧桥氯甲桥萘(狄氏剂):1、2、3、4、10、10-六氯代-6、7-环氧-1、4、4a、5、6、7、8、8a-八氢-1、4、5、8-二甲桥萘;

——六氯化苯(高丙体六六六):1、2、3、4、5、6-六氯代-环乙烷 γ 异构体。

12.3 厚度

若无其他规定,挤包护套标称厚度值 T_s(以 mm 计)应按式(2)计算:

$$T_s = 0.035D + 1.0 \qquad (2)$$

式中:

D——挤包护套前电缆的假设直径,单位为毫米(mm)(见附录 D)。

按式(2)计算出的数值应修约到 0.1 mm(见附录 E)。

无铠装的电缆和护套不直接包覆在铠装、金属屏蔽或同心导体上的电缆,其单芯电缆护套的标称厚度应不小于 1.4 mm,多芯电缆护套的标称厚度应不小于 1.8 mm。

护套直接包覆在铠装、金属屏蔽或同芯导体上的电缆,护套的标称厚度应不小于 1.8 mm。

铝合金带联锁铠装电缆的护套厚度应从表 13 中选取。

表 13 铝合金带联锁铠装层上面的外护套厚度

缆芯假设直径 d/mm		外护套厚度标称值/mm
—	≤10	1.0
>10	≤40	1.3
>40	≤60	1.5
>60	≤75	1.9
>75	—	2.2

13 试验条件

13.1 环境温度

除非另有规定,试验应在环境温度(20±15)℃下进行。

1) 来源:《工业材料中的危险品》N.I.Sax,第五版,Van Nostrand Reinhold,ISBN 0-442-27373-8。

13.2 工频试验电压的频率和波形

工频试验电压的频率应在 49 Hz～61 Hz；波形基本上为正弦波，引用值为有效值。

13.3 冲击试验电压的波形

按照 GB/T 3048.13，冲击波形应具有有效波前时间 1 μs～5 μs，标称半峰值时间 40 μs～60 μs。其他方面应符合 GB/T 16927.1。

14 例行试验

14.1 概述

例行试验通常应在每一根电缆制造长度上进行(见 3.8)。根据购买方和制造方达成的质量控制协议，可以减少试验电缆的根数。

本部分要求的例行试验为：

a) 导体电阻测量(见 14.2)；

b) 电压试验(见 14.3)。

14.2 导体电阻

应对例行试验中的每一根电缆长度所有导体进行测量，如果有同心导体也包括在内。

成品电缆或从成品电缆上取下的试样，应在保持适当温度的试验室内至少存放 12 h。若怀疑导体温度是否与室温一致，电缆应在试验室内存放 24 h 后测量。也可选取另一种方法，即将导体试样浸在温度可以控制的液体槽内，至少浸入 1 h 后测量电阻。

试样长度，截面 185 mm^2 及以下取 3 m，截面 240 mm^2 及以上取 5 m。有争议时，截面 185 mm^2 及以下取 5 m，截面 240 mm^2 及以上取 10 m。直流电阻试验应按照 GB/T 3048.4 进行，其中电流引入端应采用铝压接头(铝连接端子)，并按常规压接方法压接，以使压接后的导体与接头融为一体。其电位电极应采用直径约为 1.0 mm 的软铜丝在绞线外紧密缠绕 1～2 圈后打结引出，以防松动。

电阻测量值应按 GB/T 3956—2008 规定的公式和系数校正到 20 ℃下 1 km 长度的数值。

每一根导体 20 ℃时的直流电阻应不超过 GB/T 3956—2008 规定的相应的最大值。标称截面积适用时，同心导体的电阻也应符合 GB/T 3956—2008 的规定。

14.3 电压试验

14.3.1 概述

电压试验应在环境温度下进行。制造方可选择采用工频交流电压或直流电压。

14.3.2 单芯电缆试验步骤

单芯屏蔽电缆的试验电压应施加在导体与金属屏蔽之间，时间为 5 min。

单芯无屏蔽电缆应将其浸入室温水中 1 h，在导体和水之间施加试验电压 5 min。

14.3.3 多芯电缆试验步骤

对于分相屏蔽的多芯电缆，在每一相导体与金属层间施加试验电压 5 min。

对于非分相屏蔽的多芯电缆，应依次在每一绝缘导体对其余导体和绕包金属层(若有)之间施加试验电压 5 min。

导体可适当地连接在一起依次施加试验电压进行电压试验以缩短总的试验时间，只要连接顺序可以保证电压施加在每一相导体与其他导体和金属层(若有)之间至少 5 min 而不中断。

三芯电缆也可采用三相变压器，一次完成试验。

14.3.4 试验电压

工频试验电压为 $2.5U_0+2$ kV，对应标准额定电压的单相试验电压如表 14。

表 14 例行试验电压

额定电压 U_0/kV	0.6	1.8
试验电压/kV	3.5	6.5

若用三相变压器同时对三芯电缆进行电压试验，相间试验电压应取表 14 所列数据的 1.73 倍。

当电压试验采用直流电压时，直流电压值应为工频交流电压值的 2.4 倍。

在任何情况下，电压都应逐渐升高到规定值。

14.3.5 要求

绝缘应无击穿。

15 抽样试验

15.1 概述

本部分要求的抽样试验包括：

a) 导体检查(见 15.4)；

b) 尺寸检验(见 15.5～15.7)；

c) EPR、HEPR 和 XLPE 绝缘和弹性体护套的热延伸试验(见 15.8)；

d) 铝合金单线的抗拉强度和断裂伸长率试验(见 15.9)；

e) 铝合金单线的反复弯曲性能试验(见 15.10)；

f) 联锁铠装层的紧密性试验(见 15.11)。

15.2 抽样试验频度

15.2.1 导体检查和尺寸检查

导体检查，绝缘和护套厚度测量以及电缆外径的测量应在每批同一型号和规格电缆中的一根制造长度的电缆上进行，但应限制不超过合同长度数量的 10%。

15.2.2 物理试验

应按商定的质量控制协议，在制造长度电缆上取样进行试验。若无协议，对于总长度大于 2 km 的多芯电缆或 4 km 的单芯电缆测试按表 15 进行。

表 15 抽样试验样品数量

电缆长度/km				样品数
多芯电缆		单芯电缆		
>2	≤10	>4	≤20	1
>10	≤20	>20	≤40	2
>20	≤30	>40	≤60	3
……		……		……
注：……表示其余类推。				

15.3 复试

如果任一试样没有通过第15章的任一项试验，应从同一批中再取两个附加试样就不合格项目重新试验，如果两个附加试样都合格，样品所取批次的电缆应认为符合本部分要求。如果加试样中有一个试样不合格，则认为抽样取该试样的这批电缆不符合本部分要求。

15.4 导体检查

应采用检查或可行的测量方法检验导体结构是否符合GB/T 3956—2008的要求。

15.5 绝缘和非金属护套厚度的测量(包括挤包隔离套但不包括挤包内衬层)

15.5.1 概述

试验方法应符合GB/T 2951.11—2008中第8章规定。

为试验而选取的每根电缆长度应从电缆的一端截取一段电缆来代表，如果必要，应将可能损伤的部分电缆先从该端截除。

对于超过三芯的等截面电缆，测量的绝缘线芯数目应限制在任意三个绝缘线芯上，或取总绝缘线芯数的10%，但应选取其中大的测量数。

15.5.2 对绝缘的要求

每一段绝缘线芯，绝缘厚度测量值的平均值在按附录E修约到0.1 mm后，应不小于规定的标称厚度；其最小测量值应不低于规定标称值的90%减去0.1 mm，即：

$$t_m \geqslant 0.9t_n - 0.1$$

式中：

t_m ——最小厚度，单位为毫米(mm)；

t_n ——标称厚度，单位为毫米(mm)。

15.5.3 对非金属护套要求

护套应符合下列要求：

a) 无铠装电缆的非金属护套和不直接包覆在铠装、金属屏蔽或同心导体上的电缆外护套，其厚度的最小测量值应不低于规定标称值的85%减去0.1 mm。即：

$$t_m \geqslant 0.85t_n - 0.1$$

b) 直接包覆在铠装、金属屏蔽或同心导体上的电缆外护套和隔离套，其厚度最小测量值应不低于规定标称值的80%减去0.2 mm。即：

$$t_m \geqslant 0.8t_n - 0.2$$

15.6 铠装金属丝和金属带的测量

15.6.1 金属丝的测量

应使用具有两个平测头精度为±0.01 mm 的千分尺来测量圆金属丝的直径和扁金属丝的厚度。对圆金属丝应在同一截面上两个互成直角的位置上各测量一次，取两次测量的平均值作为金属丝的直径。

15.6.2 金属带的测量

对双金属带铠装用金属带，应使用具有两个直径为 5 mm 平测头、精度为±0.01 mm 的千分尺进行测量。对带宽为 40 mm 及以下的金属带应在宽度中央测其厚度；对更宽的带子应在距其每一边缘 20 mm 处测量，取其平均值作为金属带厚度。

对联锁铠装用金属带，应使用具有一个平测头和一个球形测头、精度为±0.01 mm 的千分尺进行测量，测量时球形测头应位于金属带的内侧。

15.6.3 要求

铠装金属丝和金属带(包含联锁铠装用金属带)尺寸低于 11.5 中规定的标称尺寸的量值应不超过：

——圆金属丝：5%；

——扁金属丝：8%；

——金属带：10%。

15.7 外径测量

如果抽样试验中要求测量电缆外径，应按 GB/T 2951.11—2008 进行。

15.8 EPR、HEPR 和 XLPE 绝缘和弹性体护套的热延伸试验

15.8.1 步骤

抽样和试验步骤按 GB/T 2951.21—2008 中第 9 章规定进行。

试验条件列于表 21 和表 26。

15.8.2 要求

EPR、HEPR 和 XLPE 绝缘试验结果应符合表 21 的规定，SE_1 护套应符合表 26 的规定。

15.9 铝合金单线的抗拉强度和断裂伸长率试验

15.9.1 取样

从成品电缆铝合金绞合导体中取单线进行试验。中心线取 1 根，最外层取 3 根，其他每层各取 1 根。

15.9.2 试验

按照 GB/T 4909.3 中所述的试验设备和方法进行试验。单线的横截面积通过称量长度为 1 m 的单线的重量，并按照 GB/T 4909.2—2009 中 5.4.2 的规定求得，铝合金的密度取为 2.71 g/cm^3。

15.9.3 要求

试验结果取所有试件数据的最小值。抗拉强度和断裂伸长率应符合表 5 的要求。

15.10 铝合金单线的反复弯曲性能试验

15.10.1 步骤

抽样和试验步骤按 GB/T 4909.5 规定进行。

15.10.2 要求

试验的最小弯曲断裂次数应符合表 5 要求。

15.11 联锁铠装层的紧密性试验

15.11.1 步骤

应按附录 F.1 的规定取样和进行试验。

15.11.2 要求

试验结果符合附录 F.1.4 要求。

16 电气型式试验

16.1 概述

取成品电缆试样长度 10 m～15 m。应依次进行下列试验：

a) 环境温度下的绝缘电阻测量(见 16.2)；

b) 正常运行时导体最高温度下绝缘电阻测量(见 16.3)；

c) 4 h 电压试验(见 16.4)。

额定电压 1.8/3(3.6)kV 电缆应进行冲击电压试验；试验应在另外 10 m～15 m 长度的成品电缆试样上进行(见 16.5)。

最多同时试验三个绝缘线芯。

16.2 环境温度下的绝缘电阻测量

16.2.1 步骤

该试验可在任何其他电气试验之前的试验样品上进行。

所有外护层应去掉，测试前绝缘线芯应在环境温度下的水中浸泡至少 1 h。

直流测试电压应为 80 V～500 V 并施加足够长的时间，以达到合理稳定的测量，但不小于 1 min，不超过 5 min。

测量在每相导体与水之间进行。

如有要求，测量可在(20±1)℃下进一步证实。

16.2.2 计算

体积电阻率由所测得的绝缘电阻通过式(3)求得：

$$\rho = \frac{2 \times \pi \times L \times R}{\ln(D/d)} \qquad (3)$$

式中：

ρ ——体积电阻率，单位为欧姆厘米(Ω · cm)；

R——测量得到的绝缘电阻,单位为欧姆(Ω);
L——电缆长度,单位为厘米(cm);
D——绝缘外径,单位为毫米(mm);
d——绝缘内径,单位为毫米(mm)。

"绝缘电阻常数(K_i)"可按式(4)计算,以 MΩ·km 表示:

$$K_i = \frac{L \times R \times 10^{-11}}{\lg(D/d)} = 10^{-11} \times 0.367\rho \quad \cdots\cdots (4)$$

注:对于成型导体的绝缘线芯,比值 D/d 是绝缘表面周长与导体表面周长之比。

16.2.3 要求

从测量值计算出的数值应不小于表 16 的规定值。

16.3 导体最高温度下绝缘电阻测量

16.3.1 步骤

电缆试样的绝缘线芯在试验前应浸在电缆正常运行时导体最高温度±2 ℃的水中至少 1 h。

直流测试电压应为 80 V～500 V,应施加足够长的时间,以达到合理稳定的测量,但不少于 1 min,也不超过 5 min。

测量应在每相导体与水之间进行。

16.3.2 计算

体积电阻率和(或)绝缘电阻常数,由绝缘电阻通过 16.2.2 所给公式计算求得。

16.3.3 要求

由测量值计算出的数值应不小于表 16 中的规定值。

16.4 4 h 电压试验

16.4.1 步骤

电缆试验用绝缘线芯应在试验前浸入环境温度的水中至少 1 h。

在水与导体之间施加 $4U_0$ 的工频电压,电压应逐渐升高并持续 4 h。

16.4.2 要求

绝缘应不击穿。

16.5 额定电压 1.8/3(3.6)kV 电缆的冲击电压试验

16.5.1 步骤

试验应在导体温度高于正常运行时导体最高温度 5 ℃～10 ℃下的电缆上进行。

应按 GB/T 3048.13 规定步骤施加冲击电压,峰值为 40 kV。

对于没有分相屏蔽的多芯电缆,每次冲击电压应依次施加在每相导体与地之间,其他导体连接在一起并接地。

16.5.2 要求

每根电缆绝缘线芯应承受正负各 10 次冲击电压后不击穿。

17 非电气型式试验

17.1 绝缘厚度测量

17.1.1 取样

应从每根绝缘线芯上各取一个试样。

对于三芯的等截面电缆，测量绝缘线芯的数目应限制在三个绝缘线芯或总芯数的10%中，取两者中的大者。

17.1.2 步骤

按GB/T 2951.11—2008中8.1规定进行。

17.1.3 要求

见15.5.2规定。

17.2 非金属护套厚度测量（包括挤包隔离套但不包括内衬层）

17.2.1 取样

每根电缆取一个样品。

17.2.2 步骤

应按GB/T 2951.11—2008中8.2规定进行测量。

17.2.3 要求

见15.5.3规定。

17.3 老化前后绝缘的机械性能试验

17.3.1 取样

应按GB/T 2951.11—2008中9.1规定进行取样和制备试片。

17.3.2 老化处理

应在表19规定的条件下按GB/T 2951.12—2008中8.1的规定进行老化处理。

17.3.3 预处理和机械试验

应按GB/T 2951.11—2008中9.1规定进行预处理和机械试验。

17.3.4 要求

试片老化前和老化后的试验结果均应符合表19要求。

17.4 非金属护套老化前后的机械性能试验

17.4.1 取样

应按GB/T 2951.11—2008中9.2规定进行取样及制备试片。

17.4.2 老化处理

应在表 22 规定的条件下按 GB/T 2951.12—2008 中 8.1 的规定进行老化处理。

17.4.3 预处理和机械性能试验

应按 GB/T 2951.11—2008 中 9.2 规定进行预处理和机械性能试验。

17.4.4 要求

试片老化前和老化后的试验结果均应符合表 22 要求。

17.5 成品电缆段的附加老化试验

17.5.1 概述

本试验旨在检验运行中电缆绝缘和非金属护套与电缆中其他电缆部件接触时有无劣化倾向。

本试验适用于任何类型的电缆。

17.5.2 取样

应按 GB/T 2951.12—2008 中 8.1.4 规定从成品电缆上截取样品。

17.5.3 老化处理

应按 GB/T 2951.12—2008 中 8.1.4 规定在空气烘箱中进行电缆样品的老化处理。老化条件如下：

——温度：高于电缆正常运行时导体最高温度（见表 19）(10±2)℃；

——周期：168 h。

17.5.4 机械试验

取自老化后电缆段试样的绝缘和护套试片，应按 GB/T 2951.12—2008 的 8.1.4 进行机械性能试验。

17.5.5 要求

老化前和老化后抗张强度和断裂伸长率中间值的变化率（见 17.3 和 17.4）应不超过空气烘箱老化后的规定值。绝缘的规定值见表 19，非金属护套的规定值见表 22。

17.6 ST_2 型 PVC 护套失重试验

17.6.1 步骤

应按 GB/T 2951.32—2008 中 8.2 规定取样和进行试验。

17.6.2 要求

试验结果应符合表 23 的要求。

17.7 绝缘和非金属护套的高温压力试验

17.7.1 步骤

应按 GB/T 2951.31—2008 第 8 章规定进行高温压力试验，试验条件和试验方法见表 20 和表 24。

17.7.2 要求

试验结果应符合 GB/T 2951.31—2008 第 8 章的要求。

17.8 低温下 PVC 绝缘和护套以及无卤护套的性能试验

17.8.1 步骤

应按 GB/T 2951.14—2008 第 8 章规定取样和进行试验,试验温度见表 20、表 23 和表 25。

17.8.2 要求

试验结果应符合 GB/T 2951.14—2008 第 8 章的要求。

17.9 PVC 绝缘和护套抗开裂试验(热冲击试验)

17.9.1 步骤

应按 GB/T 2951.31—2008 第 9 章规定取样和进行试验,试验温度和加热持续时间见表 20 和表 23。

17.9.2 要求

试验结果应符合 GB/T 2951.31—2008 第 9 章的要求。

17.10 EPR 和 HEPR 绝缘耐臭氧试验

17.10.1 步骤

应按 GB/T 2951.21—2008 第 8 章规定取样和进行试验,臭氧浓度和试验时间应符合表 21 要求。

17.10.2 要求

试验结果应符合 GB/T 2951.21—2008 第 8 章的要求。

17.11 EPR、HEPR 和 XLPE 绝缘和弹性体护套的热延伸试验

应按 15.8 规定取样和进行试验,并符合其要求。

17.12 弹性体的浸油试验

17.12.1 步骤

应按 GB/T 2951.21—2008 第 10 章规定取样和进行试验,试验条件应符合表 24 规定。

17.12.2 要求

试验结果应符合表 26 要求。

17.13 绝缘吸水试验

17.13.1 步骤

应按 GB/T 2951.13—2008 中 9.1 和 9.2 规定取样和进行试验。试验条件应分别符合表 20 和表 21 规定。

17.13.2 要求

试验结果应分别符合 GB/T 2951.13—2008 中 9.1 和表 21 要求。

17.14 不延燃试验

17.14.1 电缆的单根阻燃试验

该试验适用于 ST_1、ST_2 或 SE_1 护套的电缆。且仅有特别要求时才在这些电缆上进行。

试验要求和方法应符合 GB/T 18380.11、GB/T 18380.12、GB/T18380.13 规定。

17.14.2 电缆的成束阻燃试验

该试验适用于 ST_8 无卤护套的电缆。

试验要求和方法应符合 GB/T 18380.35 规定。

17.14.3 烟发散试验

该试验适用于 ST_8 无卤护套的电缆。

试验要求和方法应符合 GB/T 17651.2 规定。

17.14.4 酸气含量

17.14.4.1 步骤

试验方法应符合 GB/T 17650.1 规定。

17.14.4.2 要求

试验结果应符合表 27 要求。

注：该试验适用于非金属 ST_8 材料作为外护套的无卤电缆。

17.14.5 pH 值和电导率试验

17.14.5.1 步骤

试验方法应符合 GB/T 17650.2 规定。

17.14.5.2 要求

试验结果应符合表 27 要求。

注：该试验适用于非金属 ST_8 材料作为外护套的无卤电缆。

17.14.6 氟含量试验

17.14.6.1 步骤

试验方法应符合 IEC 60684-2 规定。

17.14.6.2 要求

试验结果应符合表 27 要求。

注：该试验适用于非金属 ST_8 材料作为外护套的无卤电缆。

17.15 黑色聚乙烯护套碳黑含量测定

17.15.1 步骤

应按 GB/T 2951.41—2008 第 11 章规定取样和进行试验。

17.15.2 要求

试验结果应符合表 24 要求。

17.16 XLPE 绝缘的收缩试验

17.16.1 步骤

应按 GB/T 2951.13—2008 第 10 章规定取样和进行试验，试验条件应符合表 21 规定。

17.16.2 要求

试验结果应符合表 21 要求。

17.17 特殊弯曲试验

17.17.1 步骤

试样应在环境温度下绕在试验圆柱体上(例如，线盘的筒体)至少一圈，圆柱体的直径为 $7D\pm5\%$，这里 D 为电缆样品的实测外径。然后松开电缆再在相反方向上重复此过程。

这种操作循环进行三次，然后将绕在试验圆柱体上的试验放入电缆正常运行时导体最高温度的空气烘箱中加热 24 h。

电缆冷却后应按 14.3 规定对弯曲状态的电缆进行电压试验。

17.17.2 要求

无击穿，外护套无裂纹。

注：试验应在额定电压 0.6/1 kV 有统包金属层并且金属带直接绕包在缆芯上且省略内衬层的多芯电缆上进行。

17.18 HEPR 绝缘的硬度试验

17.18.1 步骤

应按 GB/T 12706.1—2008 附录 C 规定取样和进行测量。

17.18.2 要求

试验结果应符合表 21 规定。

17.19 HEPR 绝缘弹性模量测定

17.19.1 步骤

应按 GB/T 2951.11—2008 第 9 章规定取样、制备试片和进行试验，应测量伸长率为 150%时所需的负荷。相应的应力可用测得的负荷除以未伸长前的截面积得到。确定应力与应变的比值就可得到伸长率为 150%时的弹性模量，弹性模量应取全部试验结果的中间值。

17.19.2 要求

试验结果应符合表21规定。

17.20 PE护套收缩试验

17.20.1 步骤

应按GB/T 2951.13—2008第11章规定取样和进行试验。

试验条件见表24。

17.20.2 要求

试验结果应符合表24规定。

17.21 无卤护套的吸水试验

17.21.1 步骤

应按GB/T 2951.13—2008的9.2规定取样和进行试验，试验条件应符合表25规定。

17.21.2 要求

试验结果应符合表25要求。

17.22 铝合金单线的抗拉强度和断裂伸长率试验

应按15.9规定取样和进行试验，并符合其要求。

17.23 铝合金单线的反复弯曲性能试验

应按15.10规定取样和进行试验，并符合其要求。

17.24 铝合金导体化学成分试验

17.24.1 步骤

应按GB/T 20975或GB/T 7999的规定取样和进行试验。仲裁分析方法应按GB/T 20975的规定进行。

17.24.2 要求

试验结果应符合5.1要求。

17.25 铝合金单线的抗压蠕变试验

应按GB/T 30552—2014附录B规定取样和进行试验。该试验仅在客户要求时进行。

17.26 铝合金带联锁铠装的特殊性能试验

17.26.1 紧密性试验

应按15.11规定取样和进行试验，并符合其要求。

17.26.2 柔韧性试验

具有铝合金带联锁联锁铠装层的电缆中，任意一芯大于或等于25 mm^2 时应进行铠装层柔韧性试验。

17.26.2.1 步骤

应按附录 F.2 规定取样和进行试验。

17.26.2.2 要求

试验结果符合附录 F.2.4 要求。

17.26.3 抗张性试验

17.26.3.1 步骤

应按附录 F.3 规定取样和进行试验。

17.26.3.2 要求

试验结果符合附录 F.3.4 要求。

17.26.4 冲击试验

17.26.4.1 步骤

应按附录 F.4 规定取样和进行试验。

17.26.4.2 要求

试验结果符合附录 F.4.4 要求。

17.26.5 抗压试验

17.26.5.1 步骤

应按附录 F.5 规定取样和进行试验。

17.26.5.2 要求

试验结果符合附录 F.5.4 要求。

注：铝合金带联锁铠装的特殊性能试验适用于具有铝合金带联锁铠装结构的电缆。

17.27 铝合金导体与金具的连接性能试验

试验步骤和要求应符合 GB/T 9327 中 A 类连接金具的规定。与铝合金导体相连的金具，宜采用与铝合金导体相似的材料制造。

注 1：通过连接性能试验之后不需要再进行抗压蠕变试验。

注 2：本部分非电气常规型式试验项目见表 17；非电气特殊型式试验项目见表 18。

18 安装后电气试验

如有要求，应在电缆和与之相配的附件安装完成后进行下述试验。

应施加 $4U_0$ 直流电压，持续 15 min。

注：电缆绝缘修复后的电气试验由安装要求决定，以上试验仅适用于新安装的电缆。

19 电缆产品的补充条款

电缆产品的补充条款包括电缆型号和产品的表示方法、多芯电缆的中性线和保护线导体标称截面、产品验收规则、成品电缆标志及电缆包装、运输和贮存，以及产品安装条件，详见附录 G。

表 16 绝缘混合料的电气型式试验要求

序号	试验项目和试验条件 (混合料代号见 4.2)	单位	性能要求		
			PVC/A	EPR/HEPR	XLPE
0	正常运行时导体最高温度(见 4.2)	℃	70	90	90
1	体积电阻率 ρ				
1.1	——20 ℃(见 16.2)	Ω·cm	10^{13}	—	—
1.2	——正常运行时导体最高温度(见 16.3)	Ω·cm	10^{10}	10^{12}	10^{12}
2	绝缘电阻常数 K_i				
2.1	——20 ℃(见 16.2)	MΩ·km	3.67	—	—
2.2	——正常运行时导体最高温度(见 16.3)	MΩ·km	0.037	3.67	3.67

表 17 非电气常规型式试验

序号	试验项目 (混合料代号见 4.2 和 4.3)	绝缘				护套					
		PVC/A	EPR	HEPR	XLPE	PVC		PE		ST_8	SE_1
						ST_1	ST_2	ST_3	ST_7		
1	尺寸										
1.1	厚度测量	×	×	×	×	×	×	×	×	×	×
2	机械性能(抗张强度和断裂伸长率)										
2.1	老化前	×	×	×	×	×	×	×	×	×	×
2.2	空气烘箱老化后	×	×	×	×	×	×	×	×	×	×
2.3	成品电缆段老化	×	×	×	×	×	×	×	×	×	×
2.4	浸入热油后	—	—	—	—	—	—	—	—	—	×
3	热塑性能										
3.1	高温压力试验(凹痕)	×	—	—	—	×	×	—	×	×	—
3.2	低温性能	×	—	—	—	×	×	—	—	×	—
4	其他各类试验										
4.1	空气烘箱失重	—	—	—	—	—	×	—	—	—	—
4.2	热冲击试验(开裂)	×	—	—	—	×	×	—	—	—	—
4.3	耐臭氧试验	—	×	×	—	—	—	—	—	—	—
4.4	热延伸试验	—	×	×	×	—	—	—	—	—	×
4.5	吸水试验	×	×	×	×	—	—	—	—	×	—
4.6	收缩试验	—	—	—	×	—	—	×	×	—	—
4.7	炭黑含量[a]	—	—	—	—	—	—	×	×	—	—
4.8	硬度试验	—	—	×	—	—	—	—	—	—	—
4.9	弹性模量试验	—	—	×	—	—	—	—	—	—	—

表 17（续）

序号	试验项目（混合料代号见 4.2 和 4.3）	绝缘				护套					
		PVC/A	EPR	HEPR	XLPE	PVC		PE		ST_8	SE_1
						ST_1	ST_2	ST_3	ST_7		
5	不延燃试验										
5.1	电缆的单根阻燃试验(要求时)	—	—	—	—	×	×	—	—	—	×
5.2	电缆的成束阻燃试验	—	—	—	—	—	—	—	—	×	—
5.3	烟发散试验	—	—	—	—	—	—	—	—	×	—
5.4	酸气含量试验	—	b	b	b	—	—	—	—	×	—
5.5	pH 值和电导率	—	b	b	b	—	—	—	—	×	—
5.6	氟含量试验	—	b	b	b	—	—	—	—	×	—

注 1：×表示型式试验项目。

注 2：具体试验见表 19～表 27。

a 仅对黑色外护套适用。

b 仅适用于绝缘材料为 EPR、HEPR 和 XLPE 的无卤电缆。

表 18 非电气特殊型式试验

序号	试验项目
1	铝合金单线的抗拉强度和断裂伸长率试验
2	铝合金单线的反复弯曲性能试验
3	铝合金导体化学成分试验
4	铝合金单线的抗压蠕变试验(要求时进行)
5	铝合金带联锁铠装的特殊性能试验
5.1	紧密性试验
5.2	柔韧性试验
5.3	抗张性试验
5.4	冲击试验
5.5	抗压试验
6	铝合金导体与金具的连接性能试验

表 19 电缆绝缘混合料机械性能试验要求(老化前后)

序号	试验项目(混合料代号见 4.2)	单位	PVC/A	EPR	HEPR	XLPE
0	正常运行导体最高温度(见 4.2)	℃	70	90	90	90
1	老化前(GB/T 2951.11—2008 中 9.1)					
1.1	抗张强度,最小	N/mm^2	12.5	4.2	8.5	12.5
1.2	断裂伸长率,最小	%	150	200	200	200
2	空气烘箱老化后(GB/T 2951.12—2008 中 8.1)					
2.1	无导体老化后					
2.1.1	处理条件					

表 19（续）

序号	试验项目(混合料代号见 4.2)	单位	PVC/A	EPR	HEPR	XLPE
	——温度	℃	100	135	135	135
	——温度偏差	℃	±2	±3	±3	±3
	——持续时间	h	168	168	168	168
2.1.2	抗张强度					
	a) 老化后数值,最小	N/mm²	12.5	—	—	—
	b) 变化率[a],最大	%	±25	±30	±30	±25
2.1.3	断裂伸长率					
	a) 老化后数值,最小	%	150	—	—	—
	b) 变化率[a],最大	%	±25	±30	±30	±25
2.2	带导体老化后抗张试验					
2.2.1	处理条件					
	——温度	℃	—	150	150	150
	——温度偏差	℃	—	±3	±3	±3
	——持续时间	h	—	168	168	168
2.2.2	抗张强度[a],最大	%	—	±30	±30	±30
2.2.3	断裂伸长率变化率[a],最大	%	—	±30	±30	±30
2.3	带导体老化后弯曲试验(仅用于如不进行 2.2 条试验的试样)[b]					
2.3.1	——温度	℃	—	150	150	150
	——温度偏差	℃	—	±3	±3	±3
	——持续时间	h	—	240	240	240
2.3.2	试验结果		—	无裂纹	无裂纹	无裂纹

[a] 变化率:老化前后得出的中间值之差值除以老化前中间值,以百分数表示。

[b] 见 17.3.2。

表 20 PVC 绝缘混合料特殊性能试验要求

序号	试验项目(混合料代号见 4.2)	单位	PVC/A 绝缘
1	高温压力试验(GB/T 2951.31—2008 中第 8 章)		
1.1	温度(偏差±2 ℃)	℃	80
2	低温性能试验[a](GB/T 2951.14—2008 中第 8 章)		
2.1	未经老化前进行试验		
	——直径<12.5 mm 的冷弯曲试验		
	——温度(偏差±2 ℃)	℃	−15
2.2	哑铃片的低温拉伸试验		
	温度(偏差±2 ℃)	℃	−15
2.3	低温冲击试验		
	温度(偏差±2 ℃)	℃	—

表 20（续）

序号	试验项目 （混合料代号见 4.2）	单位	PVC/A 绝缘
3	热冲击试验(GB/T 2951.31—2008 中第 9 章)		
3.1	温度(偏差±3 ℃)	℃	150
3.2	持续时间	h	1
4	吸水试验(GB/T 2951.13—2008 中 9.1)电气法		
4.1	温度(偏差±3 ℃)	℃	70
4.2	持续时间	h	240

[a] 因气候条件,购买方可以要求采用更低的温度。

表 21 各种热固性绝缘混合料的特殊性能试验要求

序号	试验项目 （混合料代号见 4.2）	单位	EPR	HEPR	XLPE
1	耐臭氧试验(GB/T 2951.21—2008 中第 8 章)				
1.1	臭氧浓度(按体积)	%	0.025～0.030	0.025～0.030	—
1.2	无开裂持续试验时间	h	24	24	—
2	热延伸试验(GB/T 2951.21—2008 中第 9 章)				
2.1	处理条件				
	——空气温度(偏差±3 ℃)	℃	250	250	200
	——负荷时间	min	15	15	15
	——机械应力	N/cm^2	20	20	20
2.2	载荷下最大伸长率	%	175	175	175
2.3	冷却后最大永久伸长率	%	15	15	15
3	吸水试验(GB/T 2951.13—2008 中 9.2)重量分析方法				
3.1	温度(偏差+2 ℃)	℃	85	85	85
3.2	持续时间	h	336	336	336
3.3	重量最大增量	mg/cm^2	5	5	1[a]
4	收缩试验(GB/T 2951.13—2008 中第 10 章)				
4.1	标志间长度 L	mm	—	—	200
4.2	处理温度(偏差+3 ℃)	℃	—	—	130
4.3	持续时间	h	—	—	1
4.4	最大允许收缩率	%	—	—	4
5	硬度测试(见 GB/T 12706.1—2008 中附录 C)				
5.1	IRHD[b],最小		—	80	—
6	弹性模量测定(见 18.19)				
6.1	150%伸长率下的弹性模量,最小	N/mm^2	—	4.5	—

[a] 对于密度大于 1 g/cm^3 的 XLPE 要考虑吸水量增加大于 1 mg/cm^2。
[b] IRHD:国际橡胶硬度级。

表 22　护套混合料机械性能试验要求(老化前后)

序号	试验项目 (混合料代号见 4.3)	单位	ST_1	ST_2	ST_3	ST_7	ST_8	SE_1
1	正常运行时导体最高温度(见 4.3)	℃	80	90	80	90	90	85
2	老化前(GB/T 2951.12—2008 中 9.2)							
2.1	抗张强度,最小	N/mm²	12.5	12.5	10.0	12.5	9.0	10.0
2.2	断裂伸长率,最小	%	150	150	300	300	125	300
3	空气烘箱老化后(GB/T 2951.12—2008 中 8.1)							
3.1	处理条件							
	——温度(偏差±2 ℃)	℃	100	100	100	110	100	100
	——持续时间	h	168	168	240	240	168	168
3.2	抗张强度							
	a)　老化后数值,最小	N/mm²	12.5	12.5	—	—	9.0	—
	b)　变化率[a],最大	%	±25	±25	—	—	±40	±30
3.3	断裂伸长率							
	a)　老化后数值,最小	%	150	150	300	300	100	250
	b)　变化率[a],最大	%	±25	±25	—	—	±40	±40

[a] 变化率:老化前后得出的中间值之差值除以老化前中间值,以百分数表示。

表 23　PVC 护套混合料特殊性能试验要求

序号	试验项目 (混合料代号见 4.3)	单位	ST_1	ST_2
			护套	
1	空气烘箱中失重试验(GB/T 2951.32—2008 中 8.2)			
1.1	处理条件			
	——温度(偏差±2 ℃)	℃	—	100
	——持续时间	H	—	168
1.2	最大允许失重量	mg/cm²	—	1.5
2	高温压力试验(GB/T 2951.32—2008 中第 8 章)			
2.1	温度(偏差±2 ℃)	℃	80	90
3	低温性能试验[a](GB/T 2951.14—2008 中第 8 章)			
3.1	未经老化前进行试验			
	——直径＜12.5 mm 的冷弯曲试验			
	——温度(偏差±2 ℃)	℃	−15	−15
3.2	哑铃片的低温拉伸试验			
	温度(偏差±2 ℃)	℃	−15	−15
3.3	冷冲击试验			
	温度(偏差±2 ℃)	℃	−15	−15
4	热冲击试验(GB/T 2951.31—2008 中第 9 章)			
4.1	温度(偏差±3 ℃)	℃	150	150
4.2	持续时间	h	1	1

[a] 因气候条件,购买方可以要求采用更低的温度。

表 24 PE(热塑性聚乙烯)护套混合料的特殊性能试验要求

序号	试验项目 (混合料代号 4.3)	单位	ST_3	ST_7
1	密度[a](GB/T 2951.13—2008 中第 8 章)			
2	炭黑含量(仅适于黑色护套)(GB/T 2951.41—2008 中第 11 章)			
2.1	标准值	%	2.5	2.5
2.2	偏差	%	±0.5	±0.5
3	收缩试验(GB/T 2951.13—2008 中第 11 章)			
3.1	温度(偏差±2 ℃)	℃	80	80
3.2	加热持续时间	h	5	5
3.3	加热周期		5	5
3.4	最大允许收缩	%	3	3
4	高温压力试验(GB/T 2951.31—2008 中 8.2)			
4.1	温差(±2 ℃)	℃	—	110
[a] 密度的测定仅在其他试验需要时才做。				

表 25 无卤护套混合料的特殊性能试验要求

序号	试验项目 (混合料代号见 4.2 和 4.3)	单位	ST_8
1	高温压力试验(GB/T 2951.31—2008 中第 8 章)		
1.1	温度(偏差±2 ℃)	℃	80
2	低温性能试验[a](GB/T 2951.14—2008 中第 8 章)		
2.1	未经老化前进行试验		
	——直径<12.5 mm 的低温弯曲试验		
	——温度(偏差±2 ℃)	℃	−15
2.2	哑铃片的低温拉伸试验		
	温度(偏差±2 ℃)	℃	−15
2.3	低温冲击试验		
	温度(偏差±2 ℃)	℃	−15
3	吸水试验(GB/T 2951.13—2008 中第 9.1)重量法		
3.1	温度(偏差±2 ℃)	℃	70
3.2	持续时间	h	24
3.3	最大增加重量	mg/cm^2	10
[a] 因气候条件,购买方可以要求采用更低的温度。			

表 26 弹性体护套混合料特殊性能试验要求

序号	试验项目(混合料代号 4.3)	单位	SE_1
1	浸油后机械性能试验(GB/T 2951.21—2008 中第 10 章和 GB/T 2951.11—2008 中第 9 章)		
1.1	处理条件		
	——油温(偏差±2 ℃)	℃	100
	——持续时间	h	24
	最大允许变化率[a]		
	a) 抗张强度	%	±40
	b) 断裂伸长率	%	±40
2	热延伸(GB/T 2951.21—2008 中第 9 章)		
2.1	处理条件		
	——温度(偏差±3 ℃)	℃	200
	——载荷时间	min	15
	——机械应力	N/cm^2	20
2.2	负载下允许最大伸长率	%	175
2.3	冷却后最大永久伸长率	%	15
[a] 变化率:处理前后得出的中间值之差除以处理前中间值,以百分数表示。			

表 27 无卤混合料的试验方法和要求

序号	试验项目	单位	要求
1	酸气含量试验(GB/T 17650.1)		
1.1	溴和氯含量(以 HCl 表示),最大值	%	0.5
2	氟含量试验(IEC 60684-2)		
2.1	氟含量,最大值	%	0.1
3	pH 值和电导率试验(GB/T 17650.2)		
3.1	pH 值,最小值		4.3
3.2	电导率,最大值	μS/mm	10

附 录 A
（规范性附录）
铝合金导体成分

电缆导体用铝合金材料应符合表 A.1 和表 A.2 中任一成分代号对应的化学成分。

表 A.1 铝合金导体成分

序号	化学成分（质量分数）/%								
	Si	Fe	Cu	Mg	Zn	B	其他		Al
							单个	合计	
1	≤0.10	0.55～0.80	0.10～0.20	0.01～0.05	≤0.05	≤0.04	≤0.03[a]	≤0.10	余量
2	≤0.10	0.30～0.80	0.15～0.30	≤0.05	≤0.05	0.001～0.04	≤0.03	≤0.10	余量
3	≤0.10	0.60～0.90	≤0.40	0.08～0.22	≤0.05	≤0.04	≤0.03	≤0.10	余量
4	≤0.15[b]	0.40～1.00	0.05～0.15	—	≤0.10	—	≤0.03	≤0.10	余量
5	0.03～0.15	0.40～1.00	—	—	≤0.10	—	≤0.05[c]	≤0.15	余量
6	≤0.10	0.25～0.45	≤0.40	0.04～0.12	≤0.05	≤0.04	≤0.03	≤0.10	余量

注：对于脚注中特定元素，仅在有需要时测量。

[a] 该成分的铝合金中 Li 元素的质量分数应不大于 0.003%。

[b] 该成分的铝合金应同时满足（Si+Fe）元素的质量分数应不大于 1.0%。

[c] 该成分的铝合金中 Ga 元素的质量分数应不大于 0.03%。

表 A.2 稀土高铁铝合金导体成分

序号	化学成分（质量分数）/%							
	Fe	Si	Cu	Be	RE	其他		Al
						单个	总和	
1	0.40～1.20	≤0.10	—	—	0.01～0.30	≤0.03	≤0.30	余量
2	0.30～1.50	≤0.08	0.005～0.30	0.001～0.30	0.10～0.80	≤0.03	≤0.15	余量

注：稀土（RE）主要以铈（Ce）和镧（La）为主。

附 录 B
（规范性附录）
金属屏蔽用铝合金带技术要求

B.1 范围

本附录规定了金属屏蔽用铝合金带的技术要求。

B.2 性能

B.2.1 概述

铝合金带应成圈交货。

铝合金带的质量和韧度应均匀一致。铝合金带应干燥、清洁、光滑，无开裂、毛刺等外观缺陷，表面处理后形成具有防腐蚀及导电功能的薄膜，金属屏蔽绕包时铝合金带应不缠结、不刮损。

B.2.2 标称厚度和宽度

铝合金带的标称厚度和宽度见表 B.1。

表 B.1 铝合金带的标称厚度和宽度

标称厚度/mm	宽度/mm
0.15	10～50
0.18	

B.2.3 机械性能

铝合金带的机械性能见表 B.2。

表 B.2 铝合金带的机械性能

厚度/mm	抗拉强度/MPa(20 ℃)	屈服强度/MPa(20 ℃)	伸长率
0.15	175	130	15%
0.18	175	130	15%

B.2.4 电气性能

铝合金带的电气性能见表 B.3。

表 B.3 铝合金带的电气性能

电缆类型	厚度 mm	导电率 %IACS(20 ℃)	通过电缆金属屏蔽层的短路电流容量		
			起始温度/℃	终止温度/℃	短路电流 A
多芯电缆	0.15	≥57.5	90	160	需要满足 IEC 60949 考虑非绝热升温效应的热允许短路电流的计算
单芯电缆	0.18	≥57.5	65	160	

B.2.5 防腐蚀性能

铝合金带的防腐蚀性能见表 B.4。

表 B.4 铝合金带的防腐蚀性能

材料	防腐等级	表面平均腐蚀速率(480 h)	
铝合金带	很耐腐蚀材料	盐雾试验(中性)mm/a	全浸试验(中性)$g/m^2 \cdot h$
		≤0.004	≤0.004
		表面光滑、颜色不发生改变	

附　录　C
（规范性附录）
联锁铠装用铝合金带技术要求

C.1　范围

本附录规定了联锁铠装用铝合金带的技术要求。

C.2　性能

C.2.1　概述

铝合金带应成圈交货。

铝合金带的质量和韧度应均匀一致。铝带应干燥、清洁、光滑，无开裂、毛刺等表观缺陷，并确保铠装时铝合金带不缠结。

C.2.2　标称厚度

铝合金带的标称厚度见表 C.1。

表 C.1　铝合金带的标称厚度

序号	厚度/mm
1	0.5
2	0.6
3	0.7

C.2.3　机械性能

铝合金带的抗张强度为 276 MPa～303 MPa。

铝合金带的断裂伸长率(标志间距离为 250 mm)应不小于 5%。

C.2.4　电气性能

铝合金带的导电率应不小于 30%IACS(20 ℃)。

附 录 D
（规范性附录）
确定护层尺寸的假设计算方法

D.1 概述

电缆护层，诸如护套和铠装，其厚度通常与电缆标称直径有一个“阶梯表”的关系。

有时候会产生一些问题，计算出的标称直径不一定与生产出的电缆实际尺寸相同。如果计算直径稍有偏差，护层厚度与实际直径不相符合，就会产生疑问。不同制造方的成型导体尺寸变化、计算方法不同会引起标称直径不同和由此导致使用在基本设计相同的电缆上的护层厚度不同。

为了简便而采取假设计算方法，这种计算方法忽略形状和导体的紧压程度而根据导体标称截面积，绝缘标称厚度和电缆芯数，利用公式来计算假设直径。这样护套厚度和其他护层厚度都可以通过公式或表格而与假设直径有了相应的关系。假设直径计算的方法明确规定，使用的护层厚度是唯一的，它与实际制造中的细微差别无关。这就使电缆设计标准化，对于每一个导体截面的护层厚度尺寸可以被预先计算和规定。

假设直径仅用来确定护套和电缆护层的尺寸，不是代替精确计算标称直径所需的实际过程，实际标称直径计算应分开计算。

采用下述规定的电缆各种护层厚度的假设计算方法，是为了保证消除在单独计算中引起的任何差异，例如由于导体尺寸的假设以及标称直径和实际直径之间不可避免的差异。

所有厚度值和直径都应按附录 E 中的规则修约到一位小数。

扎带，例如反向螺旋绕包在铠装外的扎带，如果不厚于 0.3 mm，在此方法中忽略。

D.2 方法

D.2.1 导体

不考虑形状和紧压程度如何，每一标称截面积导体的假设直径 d_L 由表 D.1 给出。

表 D.1 导体的假设直径

导体标称截面积/mm²	d_L/mm	导体标称截面积/mm²	d_L/mm
10	3.6	185	15.3
16	4.5	240	17.5
25	5.6	300	19.5
35	6.7	400	22.6
50	8.0	500	25.2
70	9.4	630	28.3
95	11.0	800	31.9
120	12.4	1 000	35.7
150	13.8		

D.2.2 绝缘线芯

任何绝缘线芯的假设直径 D_c 如式(D.1)计算：

$$D_c = d_L + 2t_i \quad \text{(D.1)}$$

式中：

t_i——绝缘的标称厚度，单位为毫米(mm)(见表 6～表 8)。

如果采用金属屏蔽或同心导体，则应参考 D.2.5 考虑增大绝缘线芯的标称直径。

D.2.3 缆芯直径

缆芯的假设直径 D_f 如式(D.2)、式(D.3)、式(D.4)和式(D.5)计算：

a) 所有导体标称截面积相同的电缆：

$$D_f = KD_c \quad \text{(D.2)}$$

式中：

成缆系数 K 在表 D.2 中给出。

b) 有一根小截面的四芯电缆：

$$D_f = \frac{2.42(3D_{c1} + D_{c2})}{4} \quad \text{(D.3)}$$

c) 有一根小截面的五芯电缆：

$$D_f = \frac{2.70(4D_{c1} + D_{c2})}{5} \quad \text{(D.4)}$$

d) 有两根小截面的五芯电缆：

$$D_f = \frac{2.70(3D_{c1} + D_{c2} + D_{c3})}{5} \quad \text{(D.5)}$$

式中：

D_{c1} ——包括金属层(若有)的每相绝缘线芯的假设直径，单位为毫米(mm)；

D_{c2}、D_{c3} ——包括绝缘或护层(若有)的小截面绝缘线芯的假设直径，单位为毫米(mm)。

表 D.2 线芯成缆系数 *K*

芯数	成缆系数 K	芯数	成缆系数 K
2	2.00	12	4.16
3	2.16	12[a]	5.00
4	2.42	13	4.41
5	2.70	14	4.41
6	3.00	15	4.70
7	3.00	16	4.70
7[a]	3.35	17	5.00
8	3.45	18	5.00
8[a]	3.66	18[a]	7.00
9	3.80	19	5.00
9[a]	4.00	20	5.33
10	4.00	21	5.33
10[a]	4.40	22	5.67
11	4.00	23	5.67

表 D.2（续）

芯数	成缆系数 K	芯数	成缆系数 K
24	6.00	38	7.33
25	6.00	39	7.33
26	6.00	40	7.33
27	6.15	41	7.67
28	6.41	42	7.67
29	6.41	43	7.67
30	6.41	44	8.00
31	6.7	45	8.00
32[a]	6.7	46	8.00
33	6.7	47	8.00
34	7.0	48	8.15
35	7.0	52	8.41
36	7.0	61	9.00
37	7.0		

[a] 绝缘线芯在一层中成缆。

D.2.4 内衬层

内衬层的直径 D_B 应按式(D.6)计算：

$$D_B = D_f + 2t_B \qquad \cdots\cdots(D.6)$$

式中：

缆芯的假设直径 D_f 为 40 mm 及以下，t_B＝0.4 mm；

缆芯的假设直径 D_f 大于 40 mm，t_B＝0.6 mm。

t_B 的假设直径应用于：

a） 多芯电缆：

——无论有无内衬层；

——无论内衬层为挤包还是绕包。

当有一个符合 11.3.3 规定的隔离套代替或附加在内衬层上时，应按 D.2.6 中公式计算。

b） 单芯电缆：

——无论有挤包还是绕包的内衬层。

D.2.5 同心导体和金属屏蔽

由于同心导体和金属屏蔽使直径增加的数值由表 D.3 给出。

表 D.3 金属屏蔽使直径的增加值

同心导体或金属屏蔽的标称截面积/mm²	直径的增加值/mm	同心导体或金属屏蔽的标称截面积/mm²	直径的增加值/mm
1.5	0.5	50	1.7
2.5	0.5	70	2.0
4	0.5	95	2.4
6	0.6	120	2.7
10	0.8	150	3.0
16	1.1	185	4.0
25	1.2	240	5.0
35	1.4	300	6.0

如果同心导体或金属屏蔽的标称截面积介于上表所列数据的两数之间，那么取这两个标称值中较大数值所对应的直径增加值。

如果有金属屏蔽层，表D.3中规定的屏蔽层截面积应按式(D.7)和式(D.8)计算：

a) 金属带屏蔽：

$$S = n_t \times t_t \times w_t \qquad \text{(D.7)}$$

式中：

S ——金属带截面积，单位为平方毫米(mm^2)；

n_t ——金属带根数；

t_t ——单根金属带的标称厚度，单位为毫米(mm)；

w_t ——单根金属带的标称宽度，单位为毫米(mm)。

当屏蔽总厚度小于0.15 mm时，直径增加值为零；

——一层金属带重叠绕包屏蔽或两层金属带搭盖绕包屏蔽，屏蔽总厚度为金属带厚度的两倍；

——金属带纵包屏蔽：

如果搭盖率小于30%，屏蔽总厚度为金属带的厚度；

如果搭盖率达到或超过30%，屏蔽总厚度为金属带厚度的两倍。

b) 金属丝屏蔽(包括一反向扎线，若有)：

$$S = \frac{n_w \times d_w^2 \times \pi}{4} + n_h \times t_h \times W_h \qquad \text{(D.8)}$$

式中：

S ——金属丝截面积，单位为平方毫米(mm^2)；

n_w ——金属丝根数；

d_w ——单根金属丝直径，单位为毫米(mm)；

n_h ——反向扎带根数；

t_h ——厚度大于0.3 mm的反向扎带的厚度，单位为毫米(mm)；

W_h ——反向扎带的宽度，单位为毫米(mm)。

D.2.6 隔离套

隔离套的假设直径 D_s 应按式(D.9)计算：

$$D_s = D_u + 2t_s \qquad \text{(D.9)}$$

式中：

D_u ——隔离套下的假设直径，单位为毫米(mm)；

t_s ——按 11.3.3 的计算厚度,单位为毫米(mm)。

D.2.7 金属带铠装电缆的附加垫层(加在内衬层外)

因附加垫层引起的直径增加量见表 D.4。

表 D.4 因附加垫层引起的直径增加量

附加垫层下的假设直径/mm	因附加垫层引起的直径增加/mm
≤29	1.0
>29	1.6

D.2.8 铠装

铠装外的假设直径 D_x 应按式(D.10)、式(D.11)和式(D.12)计算:

a) 扁或圆金属丝铠装:

$$D_x = D_A + 2t_A + 2t_w \quad \cdots\cdots (D.10)$$

式中:

D_A ——铠装前直径,单位为毫米(mm);

t_A ——铠装金属丝的直径或厚度,单位为毫米(mm);

t_w ——如果有反向螺旋扎带时厚度大于 0.3 mm 的反向螺旋扎带时厚度,单位为毫米(mm)。

b) 双金属带铠装:

$$D_x = D_A + 4t_A \quad \cdots\cdots (D.11)$$

式中:

D_A ——铠装前直径,单位为毫米(mm);

t_A ——铠装带厚度,单位为毫米(mm)。

c) 联锁铠装:

$$D_x = D_A + 2t_A \quad \cdots\cdots (D.12)$$

式中:

D_A ——铠装前直径,单位为毫米(mm);

t_A ——铠装带压型后的弓形高度,mm。

假设直径 D_A 为 38 mm 及以下时,弓形高度为 2.5 mm;

假设直径 D_A 为 38～76 mm 时,弓形高度为 3.5 mm;

假设直径 D_A 大于 76 mm 时,弓形高度为 4.3 mm。

附 录 E
（规范性附录）
数 值 修 约

E.1 假设计算法的数值修约

在按附录D计算假设直径和确定单元尺寸而对数值进行修约时，采用下述规则。

当任何阶段的计算值小数点后多于1位数时，数值应修约到一位小数，即精确到0.1 mm。每一阶段的假设直径数值应修约到0.1 mm，当用来确定包覆层厚度和直径时，在用到相应的公式或表格中去之前应先进行修约，按附录D要求从修约后的假设直径计算出的厚度应依次修约到0.1 mm。

用下述实例来说明这些规则：

a） 修约前数据的第2位小数为0、1、2、3或4时则小数点后第1位小数保持不变（舍弃）。

例如：

2.12 ≈ 2.1；

2.449 ≈ 2.4；

25.047 8 ≈ 25.0。

b） 修约前数据的第2位小数为9、8、7、6或5时则小数点后第1位小数应增加1（进一）。

例如：

2.17 ≈ 2.2；

2.453 ≈ 2.5；

30.050 ≈ 30.1。

E.2 用作其他目的的数值修约

除E.1考虑的用途外，有可能有些数值要修约到多于1位小数，例如计算几次测量的平均值，或标称值加上一个百分率偏差以后的最小值。在这些情况下，应按有关条文修约到小数点后面的规定位数。

这时修约的方法为：

a） 如果修约前应保留的最后数值后一位数为0、1、2、3或4时，则最后数值应保持不变（舍弃）。

b） 如果修约前应保留的最后数值后一位数为9、8、7、6或5时，则最后数值加1（进一）。

例如：

2.449 ≈ 2.45 修约到2位小数；

2.449 ≈ 2.4 修约到1位小数；

25.047 8 ≈ 25.048 修约到3位小数；

25.047 8 ≈ 25.05 修约到2位小数；

25.047 8 ≈ 25.0 修约到1位小数。

附　录　F
（规范性附录）
联锁铠装特殊性能试验

F.1　紧密性试验

F.1.1　试样制备

从电缆上截取 3 150 mm 长的一段试样，在其一端剥去 150 mm 的铠装层，该端铠装层要切成直角并去掉所有金属毛刺。

F.1.2　试验装置

试验装置有：

a)　一根 3 m 长的管子，管子的规格应满足样品顺利的穿入（管子内径宜不大于电缆外径的 1.3 倍）。

b)　一个中心带孔的管帽，其孔径比电缆铠装层的内径或长轴的长度略大一些。

c)　一个可施加 133 N 拉力的砝码。

注：管子使电缆试样保持近似伸直，并被支撑成垂直位置；管帽与管子下端连接，用于对电缆试样的铠装层提供一个肩式支撑，使其保持静止，管帽孔的边缘要修成圆弧。

F.1.3　试验

将试样拉进管子，并使缆芯伸出底端的管帽孔，缆芯部分露出 150 mm，将砝码系到伸出来的缆芯上。注意缆芯不要与管帽孔的边缘摩擦，将管子以垂直位置缓慢提升，以使砝码和地面之间刚好有间距，然后悬挂 60 s。

F.1.4　要求

在铠装层上端的线芯退入铠装层中间的距离应不大于 13 mm。

F.2　柔韧性试验

F.2.1　试样制备

在成品电缆试验长度内，取三段试样，去除铠装层外的任何护层（铠层焊接过或无焊接）。

F.2.2　试验装置

一个半径为 $7D$ 的圆轴（D 为电缆试样的直径）。

F.2.3　试验

测试三个试样。将试样绕在圆轴上 180°，以必要的拉力但不要过重，将电缆铠装层保持与圆轴接触。如果铠装层焊接过，第一根试样上有焊接线的地方应放在弯曲的内侧；第二根试样上有焊接线的地方应放在弯曲线的外侧；第三根试样上有焊接线的地方应放在弯曲的内侧和外侧之间。

F.2.4 要求

当每一试样弯曲在圆轴上时，观察以确定铠装层下的护层和成缆线芯不能有损坏，并检查铠装层也不能损坏。焊接过的铠装层上焊缝不能有开口、裂纹、开裂、撕开，或其他开口。联锁式铠装层邻近的搭扣处可以不相连，但不可以看见铠装层内的电缆部分。

F.3 抗张性能试验

F.3.1 试样制备

在成品电缆试验长度内取三段长 1 220 mm 的试样，剥去铠装层外护套，试样的一端用一副尺寸合适的电缆夹具夹紧，另一端的铠装层夹在第二副夹具上，紧固夹具以防试样滑脱，但不要过紧。

F.3.2 试样装置

该试验装置由一对夹具、一个施加 667 N 拉力的砝码和一个从支架悬挂砝码的可靠工具组成。

夹具由硬木制成，每两片夹具用两枚螺栓紧固，夹住铠装层的夹具宽度不小于 50 mm；砝码用可靠的方法缚到其中的一个夹具上；用滑轮、滑车或差动滑轮来提升试样、夹具和砝码。

F.3.3 试验

夹铠装层的夹具置于最上面，试样由上夹具用绳圈悬挂在滑轮组或差动滑轮的吊钩上，吊具挂在一个可靠的支架下。砝码缚到下夹具上——该夹具夹电缆接头。整个试样段垂直悬挂并且与夹具的面成直角，然后缓慢提升试样、夹具和砝码，使拉力以不大于 890 N/min 的速率施加在试样上，直到砝码刚好离开地面并自由悬挂在空中，用手阻止砝码旋转，试样承受砝码悬挂 5 min，然后放到地面上，除去砝码和夹具。

F.3.4 要求

观察并确定铠装层邻近搭扣的边缘是否分离而使内部的电缆暴露，如果三个试样中的任何一个，由于铠装层开口或其他变形使电缆内部暴露或电缆被拉出接头，则该电缆被判为不合格。由于接头损坏而引起的拉出可不计，但应备新试样再做一次试验。

F.4 冲击试验

F.4.1 试样制备

一根长度为 3.35m 的圆电缆(铠装层外的任何护套都应去除)，如是扁电缆，按同样长度取两根。在测试的长度电缆上标记出 10 处被受冲击的试验点，第一个标志位于距试验长度一端 305 mm 处，其余 9 个标志在电缆长度上以 305 mm 间隔接连作出。

F.4.2 试验装置

试验装置有：

a) 冲击砧：

121 mm(长)×76 mm(宽)×127 mm(高)实心矩形钢块，上表面(121 mm×76 mm)呈水平固定在水泥地面或其他坚固的支架上。

b) 实心钢杆：

一根直径为 19 mm 和长为 121 mm 的实心钢杆，紧固在固定的砧板的上表面中心，且与砧板表面 121 mm 尺寸方向平行。

c) 冲击锤：

一块 4.5 kg 重(适用于 35 mm^2 以下规格)和一块 22.7 kg 重(适用于 35 mm^2 及以上规格)的实心矩形钢块，其下表面(该表面撞击电缆)宽为 51 mm，长为 152 mm，边缘修成 1.5 mm 的圆弧。

d) 具有 3 W，120 V 氖灯指示的通断检测器。

e) 垂直导向装置：

限制冲击锤运动时保持其下表面水平，使通过冲击锤，钢杆和固定砧板重心的垂线与冲击锤下表面的几何中心和固定砧板上表面的几何中心的垂线重合，顶部配备滑动机构以便释放冲击锤使其自由地从选定的高度落下冲击试样。

F.4.3 试验

具体试验步骤如下：

a) 根据不同规格的样品，通过垂直装置将 4.5 kg 重的冲击锤固定在距试样 46 cm 的上方或将 22.7 kg 重的冲击锤固定在距试样 31 cm 的上方。

b) 将试样的第一个标志点放置并固定在钢杆上，使得试样的纵轴呈水平，与钢杆的纵轴垂直，并位于冲击锤下表面、钢杆及固定砧板上表面的几何中心的垂线上。如是扁电缆应能经受宽的一面和窄的一面分别放在钢杆上的冲击试验(平面朝下和边缘朝下试验时用单独的试样)。

c) 试样绝缘导电线芯中的每一根应与 3 W，120 V 灯光指示的通断检测器相连，绝缘的接地线芯接到铠装层上。

d) 冲击锤从设定的高度释放，在导向装置中自由落下并撞击试样一次，然后立即提升并固定在最初的高度，电缆试样应向前移动，并分别撞击试样其余的试验点各一次，共 10 次。

e) 每次撞击应注意并记录在冲击时是否有一个或两个氖灯发亮，表明导电线芯之间或一根或两根导电线芯同铠装层发生瞬时或较长时间的接通。

在整个试验期间，电缆试样、试验设备和周围空气应在 24.0 ℃±8 ℃的温度下达到相互热平衡。

F.4.4 要求

如果在试验长度的任何 10 个试验点中有两个以上试验点被撞击时，任何一个灯发亮，则电缆视为不合格。

F.5 抗压试验

F.5.1 试样制备

取一根长度 2.55 m 的圆电缆(铠装层外的任何护套都应去除)，如是扁电缆，按同样长度取两根。在测试的长度电缆上标记出 10 处被挤压的试验点，第一个标志位于距试验长度一端 230 mm 处，其余 9 个标志在电缆长度上以 230 mm 的间隔接连作出。

F.5.2 试验装置

试验装置有：

a) 一台压力机，上下压力的面由两块宽 50 mm 的扁钢板组成，一根直径为 19 mm，长为 50 mm 的实心钢杆固定在下钢板的表面上。两块钢板与钢杆的纵轴应位于同一垂面上。

b） 蜂鸣器或其他低压指示器及电源电路。

F.5.3 试验

具体试验步骤如下：

a） 提起压力机的上钢板使其位于钢杆上方数个试样直径的高度，然后将试样的第一个标志点放置并固定在钢杆上使得试样的纵轴呈水平并与钢杆的纵轴垂直且位于横向等分钢杆和钢板的垂面上。

b） 电缆试验长度中的每根绝缘的导电线芯应与蜂鸣器或其他低压指示器以及电源电路串联，电源电路的一相应接地。电缆试验长度中的所有接地线芯应同铠装层、压力机的所有金属部件、每根接地线和接地电源线连接。

c） 使压力机的上钢板降落直至恰好抵着试样，然后使钢板以 10±1 mm/min 的速度继续下降运动从而增加对试样的压力直至一个或数个指示器指示试样的导电线芯之间或一根或数根导电线芯与任何接地线芯、铠装层或两者之间已经接通。向前移动被试电缆段，接连对每个标志挤压，总共做 10 次挤压。记录接通时压力机压力表上指示的压力。如是扁电缆一根平面朝下和一根边缘朝下分别受 10 个点的挤压。

F.5.4 要求

导体截面 35 mm^2 以下的试样 10 个挤压力的平均值小于 4 448 N，导体截面 35 mm^2 及以上试样 10 个挤压力的平均值小于 8 896 N，则电缆视为不合格。

附 录 G
（规范性附录）
电缆产品的补充条款

G.1 电缆型号和产品表示方法

G.1.1 型号

本部分包含的电缆常用型号见表 G.1 中。

表 G.1 铝合金电缆常用型号

型号	名 称
VLHV	铝合金芯聚氯乙烯绝缘聚氯乙烯护套电力电缆
VLHY	铝合金芯聚氯乙烯绝缘聚乙烯护套电力电缆
VLHV22	铝合金芯聚氯乙烯绝缘钢带铠装聚氯乙烯护套电力电缆
VLHV23	铝合金芯聚氯乙烯绝缘钢带铠装聚乙烯护套电力电缆
VLHV32	铝合金芯聚氯乙烯绝缘细钢丝铠装聚氯乙烯护套电力电缆
VLHV33	铝合金芯聚氯乙烯绝缘细钢丝铠装聚乙烯护套电力电缆
VLHVS	铝合金芯聚氯乙烯绝缘铝合金带联锁裸铠装电力电缆
VLHVS2	铝合金芯聚氯乙烯绝缘铝合金带联锁铠装聚氯乙烯护套电力电缆
VLHVS3	铝合金芯聚氯乙烯绝缘铝合金带联锁铠装聚乙烯护套电力电缆
YJLHV	铝合金芯交联聚乙烯绝缘聚氯乙烯护套电力电缆
YJLHY	铝合金芯交联聚乙烯绝缘聚乙烯护套电力电缆
YJLHV22	铝合金芯交联聚乙烯绝缘钢带铠装聚氯乙烯护套电力电缆
YJLHY23	铝合金芯交联聚乙烯绝缘钢带铠装聚乙烯护套电力电缆
YJLHV32	铝合金芯交联聚乙烯绝缘细钢丝铠装聚氯乙烯护套电力电缆
YJLHY33	铝合金芯交联聚乙烯绝缘细钢丝铠装聚乙烯护套电力电缆
YJLHS	铝合金芯交联聚乙烯绝缘铝合金带联锁裸铠装电力电缆
YJLHVS2	铝合金芯交联聚乙烯绝缘铝合金带联锁铠装聚氯乙烯护套电力电缆
YJLHYS3	铝合金芯交联聚乙烯绝缘铝合金带联锁铠装聚乙烯护套电力电缆
注 1：铝合金带铠装电力电缆可根据使用的场合或敷设方式的要求选择有无内护套或外护层。 注 2：本表中未列出的电缆型号可按 G.1.2 的规定组成。 注 3：导体材料为稀土高铁铝合金时，应在名称上注明稀土高铁铝合金。	

G.1.2 代号和产品表示方法

G.1.2.1 代号

G.1.2.1.1 导体代号

铝合金导体 …………………………………………………………………………………… LH

G.1.2.1.2 绝缘代号

聚氯乙烯绝缘 …………………………………………………… V
交联聚乙烯绝缘 ………………………………………………… YJ
乙丙橡胶绝缘 …………………………………………………… E
硬乙丙橡胶绝缘 ………………………………………………… EY

G.1.2.1.3 护套代号[2)]

聚氯乙烯护套 …………………………………………………… V
聚乙烯或聚烯烃护套 …………………………………………… Y
弹性体护套[3)] …………………………………………………… F

G.1.2.1.4 铠装代号

双钢带铠装 ……………………………………………………… 2
细圆钢丝铠装 …………………………………………………… 3
粗圆钢丝铠装 …………………………………………………… 4
(双)非磁性金属带[4)]铠装 ……………………………………… 6
非磁性金属丝[5)]铠装 …………………………………………… 7
铝合金带联锁铠装 ……………………………………………… S

G.1.2.1.5 外护套代号

聚氯乙烯外护套 ………………………………………………… 2
聚乙烯或聚烯烃外护套 ………………………………………… 3
弹性体[6)]外护套 ………………………………………………… 4

G.1.2.2 产品表示方法

G.1.2.2.1 概述

产品用型号(型号中有数字代号的电缆外护层,数字前的文字代号表示内护层)、规格(额定电压、芯数、标称截面积)及本部分标准编号表示。

阻燃电缆产品的表示方法,应符合 GB/T 19666 的规定表示。

G.1.2.2.2 产品型号组成

产品型号组成和排列顺序如图 G.1。

---

2) 护套代号包括挤包的内衬层和隔离套等。

3) 弹性体护套包括氯丁橡胶、氯磺化聚乙烯或类似聚合物为基的护套混合料。若订货合同中未注明,则采用何种弹性体由制造方确定。

4) 非磁性金属带包括非磁性不锈钢带、铝或铝合金带等。若订货合同中未注明,则采用何种非磁性金属带由制造方确定。

5) 非磁性金属丝包括非磁性不锈钢丝、铜丝或镀锡铜丝、铜合金丝或镀锡铜合金丝、铝或铝合金丝等。若订货合同中未注明,则采用何种非磁性金属丝由制造方确定。

6) 弹性体外护套包括氯丁橡胶、氯磺化聚乙烯或类似聚合物为基的护套混合料。若订货合同中未注明,则采用何种弹性体由制造方确定。

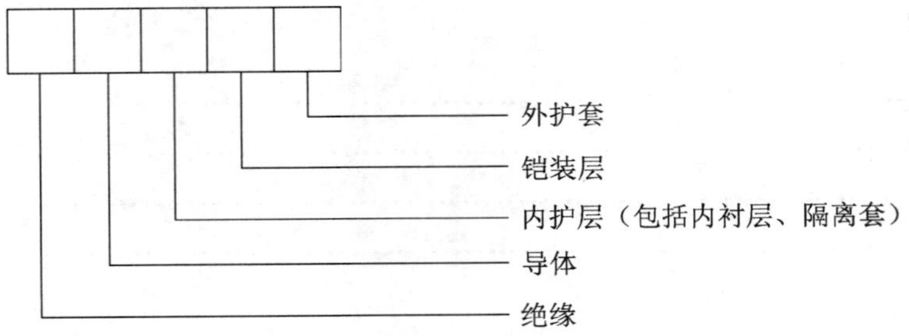

图 G.1　产品型号的组成和排列顺序图

G.1.2.2.3　产品表示示例

示例 1：铝合金芯交联聚乙烯绝缘聚氯乙烯护套电力电缆，额定电压为 0.6/1 kV，3+1 芯，标称截面积 120 mm²，中心线截面积 70 mm²，表示为：

YJLHV-0.6/1　3×120+1×70

示例 2：铝合金芯交联聚乙烯绝缘聚乙烯护套电力电缆，额定电压 0.6/1 kV，3 芯，标称截面积 150 mm²，表示为：

YJLHY-0.6/1　3×150

示例 3：稀土高铁铝合金芯交联聚乙烯绝缘铝合金带联锁铠装聚氯乙烯护套电力电缆，额定电压 0.6/1 kV，三芯，标称截面积 185 mm²，表示为：

YJLHVS2-0.6/1　3×185

G.2　多芯电缆中性线和保护线导体标称截面积

多芯电缆中性线和保护线导体标称截面积见表 G.2。

表 G.2　多芯电缆中性线和保护线导体标称截面积

主绝缘线芯导体标称截面积/mm²	中性线和保护线较小导体标称截面积/mm²
10	6
16	10
25	16
35	16
50	25
70	35
95	50
120	70
150	70
185	95
240	120
300	150
400	185

G.3　选用原则

本部分电力电缆选用应符合相应的设计规程。

本部分规定的联锁铠装电力电缆仅用于建筑物内部。

G.4 产品验收规则、成品电缆标志及电缆包装、运输和贮存

G.4.1 验收规则

产品应由制造方的质量检验部门检验合格方可出厂。每个出厂的包装件上应附有产品质量检验合格证。

产品应按本部分规定的试验项目进行试验验收。

G.4.2 成品电缆标志

成品电缆的护套表面应有制造厂名称、产品型号及额定电压的连续标志，标志应字迹清楚、容易辨认、耐擦。

成品电缆标志应符合 GB/T 6995.3 规定。

电缆绝缘线芯标志应符合 GB/T 6995.5 规定。

G.4.3 电缆包装、运输和贮存

G.4.3.1 电缆应妥善包装在符合 JB/T 8137 规定要求的电缆盘上交货。

电缆端头应可靠密封，伸出盘外的电缆端头应加保护罩，伸出的长度应不小于 300 mm。

重量不超过 80 kg 的短段电缆，可以成圈包装。

G.4.3.2 成盘电缆的电缆盘外侧及成圈电缆的附加标签应标明：

a) 制造厂名称或商标；

b) 电缆型号和规格；

c) 长度，m；

d) 毛重，kg；

e) 制造日期：年月；

f) 表示电缆盘正确滚动方向的符号；

g) 本部分标准编号。

G.4.3.3 运输和贮存应符合下列要求：

a) 电缆应避免在露天存放，电缆盘不允许平放；

b) 运输中严禁从高处扔下装有电缆的电缆盘，严禁机械损伤电缆；

c) 吊装包装件时，严禁几盘同时吊装。在车辆、船舶等运输工具上，电缆盘应放稳，并用合适方法固定，防止互撞或翻倒。

G.5 产品安装条件

G.5.1 电缆安装时的环境温度

具有聚氯乙烯绝缘或聚氯乙烯护套的电缆，安装时的环境温度不宜低于 0 ℃。

G.5.2 电缆的最小弯曲半径

铝合金带联锁铠装电缆的最小允许弯曲半径为 $7D$，其他型号电缆的最小弯曲半径应符合 GB/T 12706.1—2008 的规定。

ICS 29.060.20
K 13

中华人民共和国国家标准

GB/T 31840.2—2015

额定电压 1 kV(U_m＝1.2 kV)到 35 kV(U_m＝40.5 kV)铝合金芯挤包绝缘电力电缆 第 2 部分:额定电压 6 kV(U_m＝7.2 kV)到 30 kV(U_m＝36 kV)电缆

Aluminum alloys power cables with extruded insulation for rated voltages from 1 kV(U_m＝1.2 kV) up to 35 kV(U_m＝40.5 kV)—Part 2: Cables for rated voltages from 6 kV(U_m＝7.2 kV) up to 30 kV(U_m＝36 kV)

2015-07-03 发布　　　　2016-02-01 实施

中华人民共和国国家质量监督检验检疫总局
中国国家标准化管理委员会　发布

前　言

GB/T 31840《额定电压 1 kV(U_m=1.2 kV)到 35 kV(U_m=40.5 kV)铝合金芯挤包绝缘电力电缆》分为 3 个部分：

——第 1 部分：额定电压 1 kV(U_m=1.2 kV)和 3 kV(U_m=3.6 kV)电缆；

——第 2 部分：额定电压 6 kV(U_m=7.2 kV)到 30 kV(U_m=36 kV)电缆；

——第 3 部分：额定电压 35 kV(U_m=40.5 kV)电缆。

本部分为 GB/T 31840 的第 2 部分。

本部分按照 GB/T 1.1—2009 给出的规则起草。

请注意本文件的某些内容可能涉及专利。本文件的发布机构不承担识别这些专利的责任。

本部分由中国电力企业联合会提出并归口。

本部分主要起草单位：安徽欣意电缆有限公司。

本部分参加编写单位：中国电力科学研究院、国网北京市电力公司检修公司、国网江苏省电力公司南京供电公司、国网浙江省电力公司电力科学研究院、河北德昊电缆有限公司、江苏亨通电力电缆有限公司、金杯电工股份有限公司、安徽太平洋电缆集团有限公司、崇德电缆有限公司、河北新宝丰电线电缆有限公司、中冠电缆有限公司、江苏通光强能输电线科技有限公司。

本部分主要起草人：瞿其勇、邓显波、黄鹤鸣、王光明、吴明祥、蒙绍新、武建省、钱子明、杨志强、吕发忠、江建秋、朱朋飞、周俊民。

额定电压 1 kV(U_m=1.2 kV)到 35 kV(U_m=40.5 kV) 铝合金芯挤包绝缘电力电缆 第 2 部分:额定电压 6 kV(U_m=7.2 kV) 到 30 kV(U_m=36 kV)电缆

1 范围

GB/T 31840 的本部分规定了用于配电网或工业装置中,固定安装的额定电压 6 kV(U_m=7.2 kV)到 30 kV(U_m=36 kV)铝合金芯挤包绝缘电力电缆的材料、结构、尺寸和试验要求。

本部分适用于额定电压 6 kV(U_m=7.2 kV)到 30 kV(U_m=36 kV)铝合金芯挤包绝缘电力电缆。

在决定电缆应用时,建议考虑径向进水的可能风险。本部分包括了所谓纵向阻水结构电缆及其试验。

本部分不包括特殊安装和运行条件的电缆,例如用于架空电缆、采矿工业、核电厂(安全壳内及其附近),以及用于水下或船舶的电缆。

2 规范性引用文件

下列文件对于本文件的应用是必不可少的。凡是注日期的引用文件,仅注日期的版本适用于本文件。凡是不注日期的引用文件,其最新版本(包括所有的修改单)适用于本文件。

GB/T 156 标准电压

GB/T 2951.11—2008 电缆和光缆绝缘和护套材料通用试验方法 第 11 部分:通用试验方法 厚度和外形尺寸测量 机械性能试验

GB/T 2951.12—2008 电缆和光缆绝缘和护套材料通用试验方法 第 12 部分:通用试验方法 热老化试验方法

GB/T 2951.13—2008 电缆和光缆绝缘和护套材料通用试验方法 第 13 部分:通用试验方法 密度测定方法 吸水试验 收缩试验

GB/T 2951.14—2008 电缆和光缆绝缘和护套材料通用试验方法 第 14 部分:通用试验方法 低温试验

GB/T 2951.21—2008 电缆和光缆绝缘和护套材料通用试验方法 第 21 部分:弹性体混合料专用试验方法 耐臭氧试验 热延伸试验 浸矿物油试验

GB/T 2951.31—2008 电缆和光缆绝缘和护套材料通用试验方法 第 31 部分:聚氯乙烯混合料专用试验方法 高温压力试验 抗开裂试验

GB/T 2951.32—2008 电缆和光缆绝缘和护套材料通用试验方法 第 32 部分:聚氯乙烯混合料专用试验方法 失重试验 热稳定性试验

GB/T 2951.41—2008 电缆和光缆绝缘和护套材料通用试验方法 第 41 部分:聚乙烯和聚丙烯混合料专用试验方法 耐环境应力开裂试验 熔体指数测量方法 直接燃烧法测量聚乙烯中碳黑和(或)矿物质填料含量 热重分析法(TGA)测量碳黑含量 显微镜法评估聚乙烯中碳黑分散度

GB/T 3048.4 电线电缆电性能试验方法 第 4 部分:导体直流电阻试验

GB/T 3048.10 电线电缆电性能试验方法 第10部分：挤出护套火花试验

GB/T 3048.12 电线电缆电性能试验方法 第12部分：局部放电试验

GB/T 3048.13 电线电缆电性能试验方法 第13部分：冲击电压试验

GB/T 3956—2008 电缆的导体

GB/T 4909.2—2009 裸电线试验方法 第2部分：尺寸测量

GB/T 4909.3 裸电线试验方法 第3部分：拉力试验

GB/T 4909.5 裸电线试验方法 第5部分：弯曲试验 反复弯曲

GB/T 6995.3 电线电缆识别标志方法第3部分：电线电缆识别标志

GB/T 7999 铝及铝合金光电直读发射光谱分析方法

GB/T 9327 额定电压35 kV(U_m=40.5 kV)及以下电力电缆导体用压接式和机械式连接金具试验方法和要求

GB/T 11091 电缆用铜带

GB/T 12706.2—2008 额定电压1 kV(U_m=1.2 kV)到35 kV(U_m=40.5 kV)挤包绝缘电力电缆及附件 第2部分：额定电压6 kV(U_m=7.2 kV)到30 kV(U_m=36 kV)电缆

GB/T 16927.1 高电压试验技术 第1部分：一般试验要求

GB/T 18380.12 电缆和光缆在火焰条件下的燃烧试验 第12部分：单根绝缘电线电缆火焰垂直蔓延试验 1 kW预混合型火焰试验方法

GB/T 18380.35 电缆和光缆在火焰条件下的燃烧试验 第35部分：垂直安装的成束电线电缆火焰垂直蔓延试验 C类

GB/T 20975(所有部分) 铝及铝合金化学分析方法

GB/T 30552—2014 电缆导体用铝合金线

GB/T 31840.1—2015 额定电压1 kV(U_m=1.2 kV)到35 kV(U_m=40.5 kV)铝合金芯挤包绝缘电力电缆 第1部分：额定电压1 kV(U_m=1.2 kV)和3 kV(U_m=3.6 kV)电缆

JB/T 8137(所有部分) 电线电缆交货盘

JB/T 8996 高压电缆选择导则

YB/T 024 铠装电缆用钢带

ISO 48 硫化型或热塑型橡胶硬度测定(硬度在10 IRHD和100 IRHD之间)[Rubber, vulcanized or thermoplastic. Determination of hardness(hardness between 10 IRHD and 100 IRHD)]

IEC 60229:2007 具有特殊保护作用的挤包电缆外护套的试验(Electric cables. Tests on extruded oversheaths with a special protective function)

IEC 60986 额定电压6 kV(U_m=7.2 kV)到30 kV(U_m=36 kV)电缆的短路温度限值[Short-circuit temperature limits of electric cables with rated voltages from 6 kV(U_m=7.2 kV) up to 30 kV (U_m=36 kV)]

3 术语和定义

GB/T 31840.1—2015界定的术语和定义适用于本文件。

4 电压标示和材料

4.1 额定电压

本部分中电缆的额定电压$U_0/U(U_m)$表示方法如下：

$U_0/U(U_m)$=3.6/6(7.2)—6/6(7.2)—6/10(12)—8.7/10(12)—8.7/15(17.5)—12/20(24)—18/30(36)kV。

注1：上述电压的表示方法是合适的。尽管在一些国家采用其他的表示方法。例如：3.5/6—5.8/10—11.5/20—17.3/30 kV。

在电缆的电压标示 $U_0/U(U_m)$ 中：

U_0 ——电缆设计用的导体对地或金属屏蔽之间的额定工频电压；

U ——电缆设计用的导体之间的额定工频电压；

U_m——设备可使用的"最高系统电压"的最大值(见 GB/T 156)。

对于一种给定应用的电缆的额定电压应适合电缆所在系统的运行条件。为了便于选择电缆，将系统划分为下列3类：

——A类：该类系统任一相导体与地或接地导体接触时，能在1 min内与系统分离；

——B类：该类系统可在单相接地故障时作短时运行，接地故障时间按照JB/T 8996应不超过1 h。对于本部分包括的电缆，在任何情况下允许不超过8 h的更长的带故障运行时间。任何一年接地故障的总持续时间应不超过125 h；

——C类：包括不属于A类、B类的所有系统。

注2：应该认识到，在系统接地故障不能立即自动解除时，故障期间加在电缆绝缘上过高的电场强度，会在一定程度上缩短电缆寿命。如系统预期会经常地运行在持久的接地故障状态下，该系统可建议划为C类。

用于三相系统的电缆，U_0 的推荐值列于表1。

表1 额定电压 U_0 推荐值

系统最高电压 U_m/kV	额定电压 U_0/kV	
	A类、B类	C类
7.2	3.6	6.0
12.0	6.0	8.7
17.5	8.7	12.0
24.0	12.0	18.0
36.0	18.0	—

4.2 绝缘混合料

本部分所包括的绝缘混合料及其代号列于表2。

表2 绝缘混合料

绝缘混合料	代 号
a) 热塑性的	
用于额定电压 U_0/U=3.6/6 kV电缆的聚氯乙烯	PVC/B[a]
b) 热固性的	
乙丙橡胶或类似绝缘混合料(EPR或EPDM)	EPR
高弹性模数或高硬度乙丙橡胶	HEPR
交联聚乙烯	XLPE

[a] 聚氯乙烯绝缘混合料用于额定电压 $U_0/U \leqslant$1.8/3 kV电缆时，在GB/T 31840.1—2015中表示为PVC/A。

本部分所包括的各种绝缘混合料的导体最高温度列于表3。

表 3　各种绝缘混合料的导体最高温度

绝缘混合料	导体最高温度/℃	
	正常运行	短路(最长持续 5 s)
聚氯乙烯(PVC/B)		
导体截面≤300 mm^2	70	160
导体截面>300 mm^2	70	140
交联聚乙烯(XLPE)	90	250
乙丙橡胶(EPR 和 HEPR)	90	250

表 3 中的温度由绝缘混合料的固有特性决定,在使用这些数据计算额定电流时其他因素的考虑也是重要的。

例如正常运行时,如果直接埋入地下的电缆按表 3 所示导体最高温度在连续负荷(100%负荷因数)下运行,电缆周围土壤的热阻系数经过一定时间后,会因土壤干燥而超过原始值。因此导体温度可能大大地超过最高温度。如果能预料这类运行条件,应当采取足够的预防措施。

短路温度的导则宜参照 IEC 60986。

4.3　护套混合料

本部分中不同类型护套混合料电缆导体最高温度列于表 4 中。

表 4　不同类型护套混合料的电缆导体最高温度

护套混合料	代号	正常运行时导体最高温度/℃
a)　热塑性		
聚氯乙烯(PVC)	ST_1	80
	ST_2	90
聚乙烯	ST_3	80
	ST_7	90
b)　弹性体		
氯丁橡胶、氯磺化聚乙烯或类似聚合物	SE_1	85

5　导体

5.1　导体应是符合 GB/T 3956—2008 的第 2 种铝合金导体,其具体化学成分见附录 A,导体的各项性能应符合 5.3 和 5.4 的规定。

5.2　导体应采用圆形紧压或型线紧压绞合结构。

5.3　导体绞合后的单线性能要求应符合表 5 的规定。

表 5　导体绞合后的单线性能

项目	要求
抗拉强度/(N/mm^2)	98～159
断裂伸长率/%	≥10
反复弯曲次数/次	≥25

5.4 导体 20 ℃直流电阻应符合 GB/T 3956—2008 的第 2 种铝合金导体的规定值。导体最大和最小外径应符合 GB/T 3956—2008 附录 C 表 C.2 的规定，800 mm² 截面导体最小直径为 32.4 mm，最大直径为 36.8 mm，800 mm² 以上截面导体的最小最大直径由制造方和买方协商确定。

6 绝缘

6.1 材料

绝缘应为表 2 所列的一种挤包成型的介质。

6.2 绝缘厚度

绝缘标称厚度在表 6～表 8 中规定。

注：表 7 和表 8 中额定电压 6/6 kV、8.7/10 kV 电缆分别与 6/10 kV、8.7/15 kV 电缆结构完全相同，详见表 1 规定。

导体或绝缘外面的任何隔离层或半导电屏蔽层的厚度应不包括在绝缘厚度中。

表 6 PVC/B 绝缘标称厚度

导体标称截面积/mm²	在额定电压 $U_0/U(U_m)$ 下的绝缘标称厚度/mm 3.6/6(7.2)kV
10～1 600	3.4

注 1：不推荐任何小于本表给出的导体截面积。如果需要更小截面积，可用导体屏蔽来增加导体的直径（见 7.2）或增加绝缘厚度，以限制在试验电压下加于绝缘的最大电场强度不超过本表中给出的最小导体尺寸计算得出的场强值。

注 2：对大于 1 000 mm² 导体，可以增加绝缘厚度以避免安装和运行时的机械伤害。

表 7 交联聚乙烯(XLPE)绝缘标称厚度

导体标称截面 mm²	额定电压 $U_0/U(U_m)$ 下的绝缘标称厚度/mm				
	3.6/6(7.2)kV	6/6(7.2)kV， 6/10(12)kV	8.7/10(12)kV， 8.7/15(17.5)kV	12/20(24)kV	18/30(36)kV
10	2.5	—	—	—	—
16	2.5	3.4	—	—	—
25	2.5	3.4	4.5	—	—
35	2.5	3.4	4.5	5.5	—
50～185	2.5	3.4	4.5	5.5	8.0
240	2.6	3.4	4.5	5.5	8.0
300	2.8	3.4	4.5	5.5	8.0
400	3.0	3.4	4.5	5.5	8.0
500～1 600	3.2	3.4	4.5	5.5	8.0

注 1：不推荐任何小于本表给出的导体截面积。如果需要更小截面积，可用导体屏蔽来增加导体的直径（见 7.2）或增加绝缘厚度，以限制在试验电压下加于绝缘的最大电场强度不超过本表中给出的最小导体尺寸计算得出的场强值。

注 2：对大于 1 000 mm² 导体，可以增加绝缘厚度以避免安装和运行的机械伤害。

表 8 乙丙橡胶(EPR)和硬乙丙橡胶(HEPR)绝缘标称厚度

导体标称截面 mm²	额定电压 $U_0/U(U_m)$下的绝缘标称厚度/mm					
	3.6/6(7.2)kV		6/6(7.2)kV,6/10(12)kV	8.7/10(12)kV,8.7/15(17.5)kV	12/20(24)kV	18/30(36)kV
	无屏蔽	有屏蔽				
10	3.0	2.5	—	—	—	—
16	3.0	2.5	3.4	—	—	—
25	3.0	2.5	3.4	4.5	—	—
35	3.0	2.5	3.4	4.5	5.5	—
50～185	3.0	2.5	3.4	4.5	5.5	8.0
240	3.0	2.6	3.4	4.5	5.5	8.0
300	3.0	2.8	3.4	4.5	5.5	8.0
400	3.0	3.0	3.4	4.5	5.5	8.0
500～1 600	3.2	3.2	3.4	4.5	5.5	8.0

注 1:不推荐任何小于本表给出的导体截面积。如果需要更小截面积,可用导体屏蔽来增加导体的直径(见 7.2)或增加绝缘厚度,以限制在试验电压下加于绝缘的最大电场强度不超过本表中给出的最小导体尺寸计算得出的场强值。

注 2:对大于 1 000 mm² 导体,可以增加绝缘厚度以避免安装和运行的机械伤害。

7 屏蔽

7.1 概述

所有电缆的绝缘线芯上必须有金属屏蔽,可以在单根绝缘线芯上也可以在几根绝缘线芯上包覆金属屏蔽。

当单芯和三芯电缆绝缘线芯需要屏蔽时,应由导体屏蔽和绝缘屏蔽组成,除下列电缆外,其他电缆均应有屏蔽:

a) 额定电压 3.6/6(7.2)kV EPR 和 HEPR 绝缘电缆,若采用表 8 中绝缘厚度较大的一种结构时,可用无屏蔽结构;

b) 额定电压 3.6/6(7.2)kV PVC 绝缘电缆应采用无屏蔽结构。

7.2 导体屏蔽

导体屏蔽应是非金属的,由挤包的半导电料或在导体上先包半导电带再挤包半导电料组成,挤包的半导电料应和绝缘紧密结合。

7.3 绝缘屏蔽

绝缘屏蔽应由非金属半导电层与金属层组合而成。

每根绝缘线芯上应直接挤包与绝缘线芯紧密结合并可剥离的非金属半导电层。

然后对每根绝缘线芯或缆芯也可绕包一层半导电带或挤包半导电料。

金属屏蔽层应包覆在每根绝缘线芯或缆芯的外面,并应符合第 10 章的要求。

8 三芯电缆的缆芯、内衬层和填充

8.1 内衬层和填充物

8.1.1 结构

内衬层可以挤包或绕包。

圆形绝缘线芯电缆只有在绝缘线芯间的间隙被密实填充时，才应允许采用绕包内衬层。

挤包内衬层前允许用合适的带子扎紧。

8.1.2 材料

用于内衬层和填充物的材料应适合电缆的运行温度与电缆绝缘材料相容。

8.1.3 挤包内衬层厚度

挤包内衬层的近似厚度应从表 9 中选取。

8.1.4 绕包内衬层厚度

缆芯假设直径为 40 mm 及以下时，绕包内衬层的近似厚度取 0.4 mm；如缆芯假设直径大于 40 mm，则绕包内衬层的近似厚度取 0.6 mm。

表 9 挤包内衬层厚度

缆芯假设直径 d/mm	挤包内衬层厚度近似值/mm
$d \leqslant 25$	1.0
$25 < d \leqslant 35$	1.2
$35 < d \leqslant 45$	1.4
$45 < d \leqslant 60$	1.6
$60 < d \leqslant 80$	1.8
$d > 80$	2.0

8.2 具有统包金属层的电缆(见第 9 章)

电缆的缆芯外应包覆内衬层。内衬层和填充物应符合 8.1 规定。除纵向阻水型电缆外，内衬层应采用非吸湿材料。

如果电缆的每个绝缘线芯均采用半导电屏蔽并统包金属层时，其内衬层应采用半导电材料，填充物也采用半导电材料。

8.3 具有分相金属层的电缆(见第 10 章)

各个绝缘线芯的金属层应相互接触。

若电缆分相金属屏蔽芯外具有同样金属材料的统包金属层，电缆的缆芯外应包覆内衬层，内衬层和填充物应符合 8.1 规定。除纵向阻水型电缆外，内衬层和填充物应采用非吸湿材料。内衬层和填充物也可采用半导电材料。

当分相与统包金属层采用的金属材料不同时，应采用符合 13.2 中规定的一种材料挤包隔离套将其隔开。

若电缆没有统包金属层(见第 9 章),只要电缆外形保持圆整,可以省略内衬层。

注:8.1～8.3 不适用于有护套单芯电缆成缆的缆芯。

9 单芯或三芯电缆的金属层

本部分包括以下类型的金属层:

a) 金属屏蔽(见第 10 章);

b) 同心导体(见第 11 章);

c) 金属铠装(见第 12 章)。

金属层应为上述的一种或几种型式组成,包覆在单芯电缆上或三芯电缆的单独绝缘线芯上时应是非磁性的。

可以采取某些措施使金属层周围具有纵向阻水性能。

10 金属屏蔽

10.1 结构

金属屏蔽应由一根或多根金属带、金属编织,金属丝的同心层或金属丝与金属带的组合结构组成。

金属屏蔽也可以是金属套或符合 10.2 要求的金属铠装层。

选择金属屏蔽材料时,应特别考虑存在腐蚀的可能性,这不仅为了机械安全,而且也为了电气安全。

金属屏蔽绕包的搭盖和间隙应符合 10.2 要求。

10.2 要求

10.2.1 金属屏蔽中铜丝的电阻,适用时应符合 GB/T 3956—2008 要求。铜丝屏蔽的标称截面积应根据故障电流容量确定。

10.2.2 铜丝屏蔽由疏绕的软铜丝组成,其表面应用反向绕包的铜丝或铜带扎紧,相邻铜丝的平均间隙应不大于 4 mm。

10.2.3 铜带或铝合金带屏蔽应由一层重叠绕包的软铜带或铝合金带组成,也可采用双层铜带或铝合金间隙绕包。铜带或铝合金带间的搭盖率为铜带宽度的 15%(标称值),最小搭盖率应不小于 5%。

铜带应符合 GB/T 11091 的规定。

铜带标称厚度为:

——单芯电缆:≥0.12 mm;

——多芯电缆:≥0.10 mm。

铜带的最小厚度应不小于标称值的 90%。

铝合金带应符合附录 B 的规定。

铝合金带标称厚度为:

——单芯电缆:≥0.18 mm;

——三芯电缆:≥0.15 mm。

铝合金带的最小厚度应不小于标称值的 90%。

10.3 不带半导电层的金属屏蔽

额定电压为 3.6/6(7.2)kV 的 PVC、EPR 和 HEPR 绝缘的电缆,采用金属屏蔽时不需要有半导电层。

11 同心导体

11.1 结构

同心导体的间隙应符合10.2.3要求。

选用同心导体结构和材料时，应特别考虑腐蚀的可能性，这不仅为了机械安全，也为了电气安全。

11.2 要求

同心导体的尺寸、物理及其电阻值要求，应符合10.2要求。

11.3 使用

如要求采用同心导体结构，可在三芯电缆的内，对单芯电缆应直接在绝缘上、半导电绝缘屏蔽上或适当的内衬层外包覆同心导体层。

12 金属铠装

12.1 金属铠装类型

本部分包括铠装类型如下：

a） 扁金属丝铠装；

b） 圆金属丝铠装；

c） 双金属带铠装；

d） 铝合金带联锁铠装。

12.2 材料

圆金属丝或扁金属丝应是镀锌钢丝，铜丝或镀锡铜丝，铝或铝合金丝。

金属带为涂漆钢带、镀锌钢带、铝或铝合金带。钢带应采用工业等级的热扎或冷扎钢带。钢带应符合YB/T 024规定。

联锁铠装用铝合金带应符合附录C的规定。

在要求铠装钢丝满足最小导电性的情况下，铠装层中允许嵌入包含足够的铜丝或镀锡铜丝，并应确保达到要求。

选择铠装材料时，尤其是铠装作为屏蔽层使用时，应特别考虑存在腐蚀的可能性，这不仅是为了机械安全，而且也为了电气安全。

除特殊结构外，用于交流系统的单芯电缆的铠装应采用非磁性材料。

注：用于交流系统的单芯电缆以磁性材料为主的铠装即使采用特殊结构，电缆载流量仍将大为降低，应慎重选用。

12.3 铠装的应用

12.3.1 单芯电缆

单芯电缆的铠装层下应有挤包或绕包的内衬层，其厚度符合8.1.3或8.1.4要求。

12.3.2 三芯电缆

三芯电缆需要铠装时，铠装应包覆在符合8.1规定的内衬层上。

12.3.3 隔离套

当铠装下的金属层与铠装材料不同时，应用 13.2 规定的一种材料，挤包一层隔离套将其隔开。

隔离套应经受 GB/T 3048.10 规定的火花试验。

如果在铠装层下采用隔离套，可以由其代替内衬层或附加在内衬层上。

在金属层外具有纵向阻水结构的电缆不需要采用隔离套。

隔离套的标称厚度 T_s(以 mm 计)应按式(1)计算：

$$T_s = 0.02D_u + 0.6 \qquad (1)$$

式中：

D_u——挤包该隔离套前的假设直径，单位为毫米(mm)。

计算按附录 D 所述进行，计算结果修约到 0.1 mm(见附录 E)。

电缆的隔离套标称厚度应不小于 1.2 mm。

12.4 铠装金属丝和铠装金属带的尺寸

铠装金属丝和铠装金属带应优先采用下列标称尺寸：

——圆金属丝：直径 0.8 mm、1.25 mm、1.6 mm、2.0 mm、2.5 mm、3.15 mm；

——扁金属丝：厚度 0.8 mm；

——钢带：厚度 0.2 mm、0.5 mm、0.8 mm；

——铝或铝合金带：厚度 0.5 mm、0.8 mm；

——联锁铠装用铝合金带：厚度 0.5 mm、0.6 mm、0.7 mm。

12.5 电缆直径与铠装层尺寸的关系

铠装圆金属丝的标称直径和铠装金属带的标称厚度应分别不小于表 10、表 11 和表 12 规定的数值。

表 10 铠装圆金属丝标称直径

铠装前假设直径 d/mm		铠装金属丝标称直径/mm
—	≤10	0.8
>10	≤15	1.25
>15	≤25	1.6
>25	≤35	2.0
>35	≤60	2.5
>60	—	3.15

表 11 铠装金属带标称厚度

铠装前假设直径 d/mm		金属带标称厚度/mm	
		钢带或镀锌钢带	铝或铝合金带
—	≤30	0.2	0.5
>30	≤70	0.5	0.5
>70	—	0.8	0.8

表 12 联锁铠装用铝合金带标称厚度

铠装前电缆外径 d/mm		铝合金带的厚度/mm
—	≤20	0.5
>20	≤40	0.6
>40	—	0.7

铠装前电缆假设直径大于 15 mm 的电缆，扁金属丝的标称厚度应取 0.8 mm。电缆假设直径为 15 mm 及以下时，不应采用扁金属丝铠装。

12.6 圆金属丝和扁金属丝铠装

金属丝铠装应紧密，即使相邻金属丝间的间隙为最小。必要时，可在圆金属丝铠装和扁金属丝铠装外疏绕一条最小标称厚度为 0.3 mm 的镀锌钢带，钢带厚度的偏差应符合 16.6.3 的规定。

12.7 双金属带铠装

当采用金属带铠装和符合 8.1 规定的内衬层时，其内衬层应采用包带垫层加强。如果铠装金属带厚度为 0.2 mm，内衬层和附加包带垫层的总厚度应按 8.1 的规定值再加 0.5 mm；如果铠装金属带厚度大于 0.2 mm，内衬层和附加包带垫层的总厚度应按 8.1 的规定值再加 0.8 mm。

内衬层和附加包带垫层的总厚度应不小于规定值的 80% 再减 0.2 mm。

如果有隔离套或挤包的内衬层并且满足 12.3.3 的规定时，则不要求加包带垫层。

金属带铠装应螺旋绕包两层，使外层金属带的中线大致在内层金属带间隙上方，包带间隙应不大于金属带宽度的 50%。

12.8 铝合金带联锁铠装

铝合金带联锁铠装的内衬层采用绕包结构时应选用合适的带子扎紧，并符合 8.1.4 的规定，采用挤包结构时应符合 8.1.3 的规定。

铝合金带的宽度、厚度及截面积应均匀一致。联锁铠装层在整个电缆长度上是连续的，不能有任何损伤电缆铠装层下面和上面护层的毛刺、尖边、凹痕、裂缝或其他裂痕。铝合金带可以接头，接头不应显著地增大带子的宽度或厚度，也不能减少铝合金带的机械强度或对成形后的铠装层造成有害的影响，且不能有任何切口或断裂。

13 外护套

13.1 概述

所有电缆都应具有外护套。

外护套通常为黑色，但也可以按照制造方和买方协议采用黑色以外的其他颜色，以适应电缆使用的特定环境。

外护套应经受 GB/T 3048.10 规定的火花试验。

13.2 材料

外护套为热塑性材料（聚氯乙烯或聚乙烯）或弹性体材料（聚氯丁烯，氯磺化聚乙烯或类似聚合物）。

外护套材料应与表 4 中规定的电缆运行温度相适应。

在特殊条件下(例如为了防白蚁)使用的外护套,可能有必要使用化学添加剂,但这些添加剂不应包括对人类以及环境有害的材料。

注:例如添加剂不希望采用的材料包括[1]:

——氯甲桥萘(艾氏剂):1、2、3、4、10、10-六氯代-1、4、4a、5、8、8a-六氢化-1、4、5、8-二甲桥萘;

——氧桥氯甲桥萘(狄氏剂):1、2、3、4、10、10-六氯代-6、7-环氧-1、4、4a、5、6、7、8、8a-八氢-1、4、5、8-二甲桥萘;

——六氯化苯(高丙体六六六):1、2、3、4、5、6-六氯代-环乙烷γ异构体。

13.3 厚度

若无其他规定,挤包护套标称厚度值 T_s(以 mm 计)应按式(2)计算:

$$T_s = 0.035D + 1.0 \qquad \cdots\cdots(2)$$

式中:

D——挤包护套前电缆的假设直径,单位为毫米(mm)(见附录 D)。

按式(2)计算出的数值应修约到 0.1 mm(见附录 E)。

无铠装的电缆和护套不直接包覆在铠装、金属屏蔽或同心导体上的电缆,其单芯电缆护套的标称厚度应不小于 1.4 mm,多芯电缆护套的标称厚度应不小于 1.8 mm。

护套直接包覆在铠装、金属屏蔽或同芯导体上的电缆,护套的标称厚度应不小于 1.8 mm。

14 试验条件

14.1 环境温度

除非另有规定,试验应在环境温度(20±15)℃下进行。

14.2 工频试验电压的频率和波形

工频试验电压的频率应在 49 Hz~61 Hz;波形基本上为正弦波,引用值为有效值。

14.3 冲击试验电压的波形

按照 GB/T 3048.13,冲击波形应具有有效波前时间 1 μs~5 μs,标称半峰值时间 40 μs~60 μs。其他方面应符合 GB/T 16927.1。

15 例行试验

15.1 概述

例行试验通常应在每一根电缆制造长度上进行(见 3.8)。根据购买方和制造方达成的质量控制协议,可以减少试验电缆的根数或采用其他的试验方法。

本部分规定的例行试验为:

a) 导体电阻测量(见 15.2);

b) 在带有符合 7.2 和 7.3 规定的导体屏蔽和绝缘屏蔽的电缆绝缘线芯上进行的局部放电试验(见 15.3);

c) 电压试验(见 15.4)。

15.2 导体电阻

应对例行试验中的每一根电缆长度所有导体进行测量,如果有同心导体也包括在内。

1) 来源:《工业材料中的危险品》N.I.Sax,第五版,Van Nostrand Reinhold,ISBN 0-442-27373-8。

成品电缆或从成品电缆上取下的试样，试验前应在保持适当温度的试验室内至少存放 12 h。若怀疑导体温度是否与室温一致，电缆应在试验室内存放 24 h 后测量。也可将导体试样放在温度可以控制的液体槽内至少 1 h 后测量电阻。

试样长度，截面 185 mm^2 及以下取 3 m，截面 240 mm^2 及以上取 5 m。有争议时，截面 185 mm^2 及以下取 5 m，截面 240 mm^2 及以上取 10 m。直流电阻试验应按照 GB/T 3048.4 进行，其中电流引入端应采用铝压接头(铝接线端子)，并按常规压接方法压接，以使压接后的导体与接头融为一体。其电位电极应采用直径约为 1.0 mm 的软铜丝在绞线外紧密缠绕 1～2 圈后打结引出，以防松动。

电阻测量值应按 GB/T 3956—2008 给出的公式和系数校正到 20 ℃下 1 km 长度的数值。

每一根导体 20 ℃时的直流电阻应不超过 GB/T 3956—2008 规定的相应的最大值。标称截面积适用时，同心导体的电阻也应符合 GB/T 3956—2008 规定。

15.3 局部放电试验

应按 GB/T 3048.12 进行局部放电试验，试验灵敏度应为 10 pC 或更优。

三芯电缆的所有绝缘线芯都应试验，电压施加于每一根导体和金属屏蔽之间。

试验电压应逐渐升高到 $2U_0$ 并保持 10 s，然后缓慢降到 $1.73U_0$。

在 $1.73U_0$ 下，应无任何由被试电缆产生的超过声明试验灵敏度的可检测到的放电。

注：被试电缆的任何放电都可能有害。

15.4 电压试验

15.4.1 概述

电压试验应在环境温度下进行。采用工频交流电压进行。

15.4.2 单芯电缆试验步骤

单芯屏蔽电缆的试验电压应施加在导体与金属屏蔽之间，时间为 5 min。

15.4.3 三芯电缆试验步骤

对于分相屏蔽的三芯电缆，在每一相导体与金属层间施加试验电压，持续 5 min。

对于非分相屏蔽的多芯电缆，应依次在每一绝缘导体对其余导体和绕包金属屏蔽层之间施加试验电压，持续 5 min。

三芯电缆也可采用三相变压器，一次完成试验。

15.4.4 试验电压

工频试验电压为 $3.5U_0$，对应额定电压的单相试验电压值如表 13。

表 13 例行试验电压

额定电压 U_0/kV	3.6	6	8.7	12	18
试验电压/kV	12.5	21	30.5	42	63

若用三相变压器同时对三芯电缆进行电压试验，相间试验电压应取表 13 所列数据的 1.73 倍。

在任何情况下，电压都应逐渐升高到规定值。

15.4.5 要求

绝缘应无击穿。

16 抽样试验

16.1 概述

本部分要求的抽样试验包括：

a) 导体检查(见 16.4)；

b) 尺寸检查(见 16.5～16.7)；

c) 额定电压高于 3.6/6(7.2)kV 电缆的电压试验(见 16.8)；

d) EPR、HEPR 和 XLPE 绝缘及弹性体护套的热延伸试验(见 16.9)；

e) 铝合金单线的抗拉强度和断裂伸长率试验(见 16.10)；

f) 铝合金单线的反复弯曲性能试验(见 16.11)。

16.2 抽样试验的频度

16.2.1 导体检查和尺寸检查

导体检查,绝缘和护套厚度的测量以及电缆外径的测量应在每批同一型号和规格电缆中的一根制造长度的电缆上进行,但应限制不超过合同长度数量的 10%。

16.2.2 电气和物理试验

电气和物理试验应按商定的质量控制协议,在制造长度电缆上取样。若无协议,对于三芯电缆总长度大于 2 km 或单芯电缆总长度大于 4 km 时,应按表 14 数量进行试验。

表 14 抽样试验样品数量

电缆长度/km				样品数
三芯电缆		单芯电缆		
>2	≤10	>4	≤20	1
>10	≤20	>20	≤40	2
>20	≤30	>40	≤60	3
……		……		……
注：……表示其余类推。				

16.3 复试

如果任一试样没有通过第 16 章的任一项试验,应从同一批中再取两个附加试样就不合格项目重新试验,如果两个附加试样都合格,样品所取批次的电缆应认为符合本部分要求。如果加试样中有一个试样不合格,则认为抽样取该试样的这批电缆不符合本部分要求。

16.4 导体检查

应采用检查或可行的测量方法检验导体结构是否符合 GB/T 3956—2008 要求。

16.5 绝缘和非金属护套厚度的测量(包括挤包隔离套但不包括挤包内衬层)

16.5.1 概述

试验方法应符合 GB/T 2951.11—2008 第 8 章规定。

为试验而选取的每根电缆长度应从电缆的一段截取一段电缆来代表，如果必要，应将可能损伤的部分电缆先从该端截除。

16.5.2 对绝缘的要求

每一段绝缘线芯，最小测量值应不低于规定标称值的 90%再减 0.1 mm，即：

$$t_{min} \geqslant 0.9t_n - 0.1$$

同时：

$$(t_{max} - t_{min})/t_{max} \leqslant 0.15$$

式中：

t_{max}——最大厚度，单位毫米(mm)；

t_{min}——最小厚度，单位毫米(mm)；

t_n——标称厚度，单位为毫米(mm)。

注：t_{max} 和 t_{min} 在同一截面测得。

16.5.3 对非金属护套要求

护套应符合下列要求：

a) 对于非铠装电缆和护套不直接包覆在铠装、金属屏蔽或同心导体上的电缆，其最小测量值应不低于规定标称值的 85%再减 0.1 mm，即：

$$t_{min} \geqslant 0.85t_n - 0.1$$

b) 直接包覆在铠装、金属屏蔽或同心导体上的护套，其最小测量值应不低于标称值的 80%再减 0.2 mm，即：

$$t_{min} \geqslant 0.8t_n - 0.2$$

16.6 铠装金属丝和金属带的测量

16.6.1 金属丝的测量

应使用具有两个平测头精度为±0.01 mm 的千分尺来测量圆金属丝的直径和扁金属丝的厚度。对圆金属丝应在同一截面上两个互成直角的位置上各测量一次，取两次测量的平均值作为金属丝的直径。

16.6.2 金属带的测量

对双金属带铠装用金属带，应使用具有两个直径为 5 mm 平测头、精度为±0.01 mm 的千分尺进行测量。对带宽为 40 mm 及以下的金属带应在宽度中央测其厚度；对更宽的带子应在距其每一边缘 20 mm 处测量，取其平均值作为金属带厚度。

对联锁铠装用金属带，应使用具有一个平测头和一个球形测头、精度为±0.01 mm 的千分尺进行测量，测量时球形测头应位于金属带的内侧。

16.6.3 要求

铠装金属丝和金属带(包含联锁铠装用金属带)尺寸低于 12.5 中规定的标称尺寸的量值应不超过：

——圆金属丝：5%；

——扁金属丝：8%；

——金属带：10%。

16.7 外径测量

如果抽样试验中要求测量电缆外径，应按 GB/T 2951.11—2008 规定进行。

16.8 4 h 电压试验

16.8.1 取样

试验终端之间的一根成品电缆长度应至少为 5 m。

16.8.2 步骤

在环境温度下，每一导体与金属层间应施加工频电压 4 h。

16.8.3 试验电压

试验电压应为 $4U_0$。对应于标准额定电压的试验电压值列于表 15。

表 15 抽样试验电压

额定电压 U_0/kV	6	8.7	12	18
试验电压/kV	24	35	48	72

试验电压应逐渐升高到规定值，并持续 4 h。

16.8.4 要求

绝缘应不发生击穿。

注：本试验仅适用于额定电压 3.6/6(7.2)kV 以上的电缆。

16.9 EPR、HEPR 和 XLPE 绝缘和弹性体护套热延伸试验

16.9.1 步骤

取样和试验步骤应按 GB/T 2951.21—2008 第 9 章规定进行。试验条件列于表 22 和表 26。

16.9.2 要求

EPR、HEPR 和 XLPE 绝缘的试验结果应符合表 22 要求，SE_1 护套应符合表 26 要求。

16.10 铝合金单线的抗拉强度和断裂伸长率试验

16.10.1 取样

从成品电缆铝合金导体中取单线进行试验。中心线取 1 根，最外层取 3 根，其他每层各取 1 根。

16.10.2 试验

按照 GB/T 4909.3 中所述的试验设备和方法进行试验。单线的横截面积通过称量长度为 1 m 的单线的重量，并按照 GB/T 4909.2—2009 中 5.4.2 的规定求得，铝合金的密度取为 2.71 g/cm^3。

16.10.3 要求

试验结果取所有试件数据的最小值。抗拉强度和断裂伸长率应符合表 5 要求。

16.11 铝合金单线的反复弯曲性能试验

16.11.1 步骤

抽样和试验步骤按 GB/T 4909.5 规定进行。

16.11.2 要求

试验的最小弯曲断裂次数应符合表 5 要求。

17 电气型式试验

17.1 概述

具有特定电压和导体截面的一种型式的电缆通过了本部分的型式试验后，对于具有其他导体截面和/或额定电压的电缆型式批准仍然有效，只要满足下列三个条件：

a) 绝缘和半导电屏蔽材料以及所采用的制造工艺相同；

b) 导体截面积不大于已试电缆，但是如果已试电缆的导体截面积为 95 mm^2～630 mm^2（含）之间，那么 630 mm^2 及以下的所有电缆也有效；

c) 额定电压不高于已试电缆。

型式批准与导体材料无关。

17.2 具有导体屏蔽和绝缘屏蔽的电缆

17.2.1 概述

应从成品电缆中取 10 m～15 m 长的电缆试样按 17.2.2 进行试验。

除 17.2.3 的例外，所有 17.2.2 所列的试验应依次在同一试样上进行。

三芯电缆的每项试验或测量应在所有绝缘线芯上进行。

17.2.10 规定的半导电屏蔽电阻率测量，应在另外的试样上进行。

17.2.2 试验顺序

正常试验的顺序应如下：

a) 弯曲试验及随后的局部放电试验（见 17.2.4 和 17.2.5）；

b) $\tan\delta$ 测量（见 17.2.3 和 17.2.6）；

c) 加热循环试验及随后的局部放电试验（见 17.2.7）；

d) 冲击电压试验及随后的工频电压试验（见 17.2.8）；

e) 4 h 电压试验（见 17.2.9）。

17.2.3 特殊条款

$\tan\delta$ 测量可以在没有按 17.2.2 正常试验顺序做过试验的另一个试样进行。

额定电压低于 6/10(12)kV 的电缆，不需要进行 $\tan\delta$ 测量。

17.2.2 中的 e）项试验可取一个新的试样进行，但该试样应预先进行过 17.2.2 中的 a）项和 c）项试验。

17.2.4 弯曲试验

在室温下试样应围绕试验圆柱体（例如线盘的筒体）至少绕一整圈，然后松开展直，再在相反方向上重复此过程。

此操作循环应进行 3 次。

试验圆柱体的直径应为：

$20(d+D)\pm 5\%$ 单芯电缆；

$15(d+D)\pm 5\%$ 三芯电缆。

式中：

D ——电缆试样实测外径，单位为毫米(mm)，按16.7测量；

d ——导体的实测直径，单位为毫米(mm)。

如果导体不是圆形：

$$d=1.13\sqrt{S}$$

式中：

S——标准截面，单位为平方毫米(mm^2)。

本试验完成后，试样应即进行局部放电试验，并应符合17.2.5要求。

17.2.5 局部放电试验

应按GB/T 3048.12进行局部放电试验，试验灵敏度应为5 pC或更优。

三芯电缆的所有绝缘线芯都应试验，电压施加于每一根导体和金属屏蔽之间。

试验电压逐渐升高到$2U_0$并保持10 s，然后缓慢降到$1.73U_0$。

在$1.73U_0$下，应无任何由被试电缆产生的超过声明试验灵敏度的可检测到的放电。

注：被试电缆的任何放电都可能有害。

17.2.6 额定电压6/10(12)kV及以上电缆的tanδ测量

成品电缆试样应采用下述方法之一加热：试样应放置在液体槽或烘箱中，或者在试样的金属屏蔽层或导体或两者都通电流加热。

试样应加热至导体温度超过电缆正常运行时导体最高温度5 ℃～10 ℃。

每一方法中，导体的温度应通过测量导体电阻确定，或者用放在液体槽、烘箱内或放在屏蔽层表面上，或放在与被测电缆相同的另一根同样加热的参照电缆上的测温装置进行测量。

在交流电压不低于2 kV和上述规定温度下进行tanδ测量。

测量值应不高于表17规定。

17.2.7 热循环试验

经过上述各项试验后的试样应在试验室的地面上展开，并在试样导体上通以电流加热，直至导体达到稳定温度，此温度应超过电缆正常运行时导体最高温度5 ℃～10 ℃。

三芯电缆的加热电流应通过所有导体。

加热循环应持续至少8 h，在每一加热过程中，导体应在达到规定温度后至少维持2 h。随后应在空气中自然冷却至少3 h，使导体温度不超过环境温度10 K。

此循环应重复20次。

第20个循环后，试样应进行局部放电试验并应符合17.2.5要求。

17.2.8 冲击电压试验及随后的工频电压试验

试验应在超过电缆正常运行时导体最高温度5 ℃～10 ℃的温度下进行。

按GB/T 3048.13规定的步骤施加冲击电压，其电压峰值列于表16。

表16 冲击电压

额定电压U_0/kV	6	10	15	20	30
试验电压(峰值)/kV	60	75	95	125	170

电缆的每一个绝缘线芯应耐受10次正极性和10次负极性冲击电压而不击穿。

在冲击电压试验后，电缆试样的每一绝缘线芯应在室温下进行工频电压试验15 min。试验电压应按表13规定。绝缘应不发生击穿。

17.2.9　4 h 电压试验

本试验应在室温下进行。应在试样的导体和屏蔽之间施加工频交流电压4 h。

试验电压应为$4U_0$，试验电压值见表15。电压应逐渐升高至规定值。绝缘应不发生击穿。

17.2.10　半导电屏蔽电阻率

17.2.10.1　步骤

试验步骤应按GB/T 12706.2—2008附录D。

应在电缆正常运行时导体最高温度±2 ℃范围内进行测量。

17.2.10.2　要求

在老化前和老化后，电阻率应不超过下列数值：

——导体屏蔽：1 000 Ω·m；

——绝缘屏蔽：500 Ω·m。

注：挤包在导体上和绝缘上的半导电屏蔽的电阻率，应在取自电缆绝缘线芯上的试样上进行测量，绝缘线芯应分别取自制造好的电缆样品和进行过按18.5规定的材料相容性试验老化处理后的电缆样品。

17.3　额定电压为3.6/6(7.2)kV无绝缘屏蔽的电缆

17.3.1　概述

在长度为10 m～15 m成品电缆试样的每一绝缘线芯上依次进行下列试验：

a)　环境温度下的绝缘电阻(见17.3.2)；

b)　电缆正常运行时导体最高温度下的绝缘电阻(见17.3.3)；

c)　4 h电压试验(见17.3.4)；

d)　从成品电缆上另取一段10 m～15 m试样进行冲击电压试验(见17.3.5)。

17.3.2　环境温度下的绝缘电阻测量

17.3.2.1　步骤

该试验可在任何其他电气试验之前的试验样品上进行。

所有外护层应去掉，测试前绝缘线芯应在环境温度下的水中浸泡至少1 h。

直流测试电压应为80 V～500 V并施加足够长的时间，以达到合理稳定的测量，但不小于1 min，不超过5 min。

测量在每相导体与水之间进行。

若有要求，测量可在(20±1)℃下进一步证实。

17.3.2.2　计算

体积电阻率由所测得的绝缘电阻通过式(3)求得：

$$\rho=\frac{2\times\pi\times L\times R}{\ln(D/d)} \qquad (3)$$

式中：

ρ——体积电阻率，单位为欧姆厘米(Ω·cm)；

R——测量得到的绝缘电阻，单位为欧姆（Ω）；

L——电缆长度，单位为厘米（cm）；

D——绝缘外径，单位为毫米（mm）；

d——绝缘内径，单位为毫米（mm）。

“绝缘电阻常数 K_i”可按式(4)计算，以 MΩ · km 表示：

$$K_i = \frac{L \times R \times 10^{-11}}{\lg(D/d)} = 10^{-11} \times 0.367\rho \qquad \cdots\cdots(4)$$

注：对于成型导体的绝缘线芯，比值 D/d 是绝缘表面周长与导体表面周长之比。

17.3.2.3 要求

从测量值计算出的数值应不小于表 17 的规定值。

17.3.3 导体最高温度下绝缘电阻测量

17.3.3.1 步骤

电缆试样的绝缘线芯在试验前应浸在电缆正常运行时导体最高温度±2 ℃的水中至少 1 h。

直流测试电压应为 80 V～500 V，应施加足够长的时间，以达到合理稳定的测量，但不少于 1 min，也不能超过 5 min。

测量应在每一根导体与水之间进行。

17.3.3.2 计算

体积电阻率和(或)绝缘电阻常数，由绝缘电阻通过 17.3.2.2 所给公式计算求得。

17.3.3.3 要求

由测量值计算出的数值应不小于表 17 的规定值。

17.3.4 4 h 电压试验

17.3.4.1 步骤

电缆试样的各个绝缘线芯应浸入室温水中至少 1 h 后进行试验。

在导体与水之间施加 $4U_0$ 的工频电压，试验电压值见表 15。电压应逐渐升高并持续 4 h。

17.3.4.2 要求

绝缘应不发生击穿。

17.3.5 冲击电压试验

17.3.5.1 步骤

试验应在导体温度高于正常运行时导体最高温度 5 ℃～10 ℃下的电缆上进行。

应按 GB/T 3048.13 规定的步骤施加冲击电压，其电压峰值应为 60 kV。

冲击试验应依次在每相导体与其他各相导体与地连接之间施加电压。

17.3.5.2 要求

每根电缆绝缘线芯应承受正负各 10 次冲击电压后不击穿。

18 非电气型式试验

18.1 绝缘厚度测量

18.1.1 取样

应从每根绝缘线芯上各取一个试样。

18.1.2 步骤

按 GB/T 2951.11—2008 中 8.1 规定进行。

18.1.3 要求

见 16.5.2。

18.2 非金属护套厚度测量(包括挤包隔离套但不包括内衬层)

18.2.1 取样

应取一个电缆试样。

18.2.2 步骤

应按 GB/T 2951.11—2008 中 8.2 规定进行测量。

18.2.3 要求

见 16.5.3 规定。

18.3 绝缘老化前后的机械性能试验

18.3.1 取样

应按 GB/T 2951.11—2008 中 9.1 规定进行取样和制备试片。

18.3.2 老化处理

应在表 20 规定的条件下按 GB/T 2951.12—2008 中 8.1 的规定进行老化处理。

18.3.3 预处理和机械试验

应按 GB/T 2951.11—2008 中 9.1 进行试片的预处理和机械性能试验。

18.3.4 要求

试片老化前和老化后的试验结果均应符合表 20 要求。

18.4 非金属护套老化前后的机械性能试验

18.4.1 取样

应按 GB/T 2951.11—2008 中 9.2 规定进行取样及制备试片。

18.4.2 老化处理

应在表23规定的条件下按GB/T 2951.12—2008中8.1的规定进行老化处理。

18.4.3 预处理和机械性能试验

应按GB/T 2951.11—2008中9.2规定进行预处理和机械性能试验。

18.4.4 要求

试片老化前和老化后的试验结果均应符合表23要求。

18.5 成品电缆段的附加老化试验

18.5.1 概述

本试验旨在检验电缆绝缘和非金属护套与电缆中的其他材料接触有无造成运行中劣化倾向。
本试验适用于任何类型的电缆。

18.5.2 取样

应按GB/T 2951.12—2008中8.1.4规定从成品电缆上截取试样。

18.5.3 老化处理

老化处理应按GB/T 2951.12—2008中8.1.4规定在空气烘箱中进行电缆样品的老化处理。老化条件如下：

——温度：高于电缆正常运行时导体最高温度(见表20)(10 ℃±2 ℃)；
——周期：168 h。

18.5.4 机械性能试验

取自老化后电缆段试样的绝缘和护套试片，应按GB/T 2951.12—2008的8.1.4进行机械性能试验。

18.5.5 要求

老化前和老化后抗张强度和断裂伸长率中间值的变化率(见18.3和18.4)应不超过空气烘箱老化后的规定值。绝缘的规定值见表20，非金属护套的规定值见表23。

18.6 ST_2 型PVC护套失重试验

18.6.1 步骤

应按GB/T 2951.32—2008中8.2规定取样和进行试验。

18.6.2 要求

试验结果应符合表24的要求。

18.7 绝缘和非金属护套的高温压力试验

18.7.1 步骤

应按GB/T 2951.31—2008第8章的试验方法和表21、表24和表25给出的试验条件进行。

18.7.2 要求

试验结果应符合 GB/T 2951.31—2008 第 8 章要求。

18.8 PVC 绝缘和护套的低温性能试验

18.8.1 步骤

应按 GB/T 2951.14—2008 第 8 章规定取样和进行试验，试验温度见表 21 和表 24。

18.8.2 要求

试验结果应符合 GB/T 2951.14—2008 第 8 章的要求。

18.9 PVC 绝缘和护套抗开裂试验（热冲击试验）

18.9.1 步骤

应按 GB/T 2951.31—2008 第 9 章规定取样和进行试验，试验温度和加热持续时间见表 21 和表 24。

18.9.2 要求

试验结果应符合 GB/T 2951.31—2008 第 9 章要求。

18.10 EPR 和 HEPR 绝缘耐臭氧试验

18.10.1 步骤

应按 GB/T 2951.21—2008 第 8 章规定取样和进行试验，臭氧浓度和试验时间应符合表 22 规定。

18.10.2 要求

试验结果应符合 GB/T 2951.21—2008 第 8 章的要求。

18.11 EPR、HEPR 和 XLPE 绝缘和弹性体护套的热延伸试验

应按 16.9 规定取样和进行试验，并符合其要求。

18.12 弹性体护套的浸油试验

18.12.1 步骤

应按 GB/T 2951.21—2008 第 10 章规定取样和进行试验，试验条件应符合表 26 规定。

18.12.2 要求

试验结果应符合表 26 要求。

18.13 绝缘吸水试验

18.13.1 步骤

应按 GB/T 2951.13—2008 中 9.1 和 9.2 规定取样和进行试验。试验条件应分别符合表 21 和表 22 规定。

18.13.2 要求

试验结果应分别符合符合表 21 和表 22 要求。

18.14 单根电缆的不延燃试验

该试验仅适用于 ST_1、ST_2 或 SE_1 材料护套电缆，且仅有特别要求时才进行。

应按 GB/T 18380.12 规定的方法进行试验并符合其要求。

18.15 黑色聚乙烯护套碳黑含量测定

18.15.1 步骤

应按 GB/T 2951.41—2008 第 11 章规定取样和进行试验。

18.15.2 要求

试验结果应符合表 25 要求。

18.16 XLPE 绝缘的收缩试验

18.16.1 步骤

应按 GB/T 2951.13—2008 第 10 章规定取样和进行试验，试验条件应符合表 22。

18.16.2 要求

试验结果应符合表 22 要求。

18.17 PVC 绝缘热稳定性试验

18.17.1 步骤

应按 GB/T 2951.32—2008 第 10 章规定取样和进行试验，试验条件应符合表 21 规定。

18.17.2 要求

试验结果应符合表 21 要求。

18.18 HEPR 绝缘的硬度测量

18.18.1 步骤

应按 GB/T 12706.2—2008 附录 E 规定取样和进行测量。

18.18.2 要求

试验结果应符合表 22 规定。

18.19 HEPR 绝缘弹性模量测定

18.19.1 步骤

应按 GB/T 2951.11—2008 第 9 章规定取样、制备试片和进行测定。应测量伸长率为 150% 时所需的负荷。相应的应力可用测得的负荷除以未伸长前的截面积得到。确定应力与应变的比值就可得到伸长率为150%时的弹性模量,弹性模量应取全部试验结果的中间值。

18.19.2 要求

试验结果应符合表22规定。

18.20 PE外护套收缩试验

18.20.1 步骤

应按GB/T 2951.13—2008第11章规定取样和进行试验。试验条件见表25。

18.20.2 要求

试验结果应符合表25规定。

18.21 绝缘屏蔽的可剥离性试验

18.21.1 步骤

试验应在老化前和老化后的样品上各进行三次,可在三个单独的电缆试样上进行试验,也可在同一个电缆试样上沿圆周方向彼此间隔120°的三个不同位置上进行试验。

应从老化前和按18.5.3老化后的被试电缆上取下长度至少250 mm的绝缘线芯。

在每一个试样的挤包绝缘屏蔽表面上从试样的一端到另一端向绝缘纵向切割成两道彼此相隔宽(10±1)mm相互平行的深入绝缘的切口。

沿平行于绝缘线芯方向(也就是剥切角近似于180°)拉开长50 mm、宽10 mm的条形带后,将绝缘线芯垂直地装在拉力机上,用一个夹头夹住绝缘线芯的一端,而10 mm条形带,夹在另一个夹头上。

施加使10 mm条形带从绝缘分离的拉力,拉开至少100 mm长的距离。应在剥离角近似180°和速度为(250±50)mm/min条件下测量拉力。

试验应在(20±5)℃温度下进行。

对未老化和老化后的试样应连续地记录其剥离力的数值。

18.21.2 要求

从老化前后的试样绝缘上剥下挤包半导电屏蔽的剥离力应不小于4 N和不大于45 N。

绝缘表面应无损伤及残留的半导电屏蔽痕迹。

注:当制造方声明采用的挤包半导电绝缘屏蔽为可剥离型时,应进行本试验。

18.22 透水试验

当制造方声称采用了纵向阻水屏障电缆的设计时,应进行透水试验。本试验的目的是满足地下埋设电缆的要求,而不适用于水底电缆。

本试验用于下列电缆设计:

a) 在金属层附近具有纵向阻水屏障;

b) 沿着导体具有纵向阻水屏障。

试验装置、取样和试验步骤应按GB/T 12706.2—2008附录F规定。

18.23 铝合金单线的抗拉强度和断裂伸长率试验

应按16.10规定取样和进行试验,并符合其要求。

18.24 铝合金单线的反复弯曲性能试验

应按16.11规定取样和进行试验，并符合其要求。

18.25 铝合金导体化学成分

18.25.1 步骤

化学成分按GB/T 20975或GB/T 7999的规定进行；仲裁分析方法按GB/T 20975的规定进行。

18.25.2 要求

试验结果符合5.1要求。

18.26 铝合金单线的抗压蠕变试验

应按GB/T 30552—2014附录B规定取样和进行试验。该试验仅在客户要求时进行。

18.27 铝合金带联锁铠装的特殊性能试验

18.27.1 柔韧性试验

18.27.1.1 步骤

应按附录F.1规定取样和进行试验。

18.27.1.2 要求

试验结果符合附录F.1.4要求。

18.27.2 抗张性试验

18.27.2.1 步骤

应按附录F.2规定取样和进行试验。

18.27.2.2 要求

试验结果符合附录F.2.4要求。

注：铝合金带联锁铠装的特殊性能试验适用于具有铝合金带联锁铠装结构的电缆。

18.28 铝合金导体与金具的连接性能试验

试验步骤和要求应符合GB/T 9327中A类连接金具的规定。与铝合金导体相连的金具，宜采用与铝合金导体相同的材料制造。

注1：通过连接性能试验之后不需要再进行抗压蠕变试验。

注2：本部分非电气常规型式试验项目见表18；非电气特殊型式试验项目见表19。

19 安装后电气试验

19.1 概述

试验应在电缆及其附件安装完成后进行。

推荐按照19.2进行外护套的直流电压试验，并在有要求时按照19.3进行绝缘试验。对于只进行外护套的直流电压试验的情况，可以用买方和供方认可的质量保证程序代替绝缘试验。

19.2 外护套的直流电压试验

应在电缆的每相金属套或金属屏蔽与接地之间施加IEC 60229:2007第5章规定的直流电压及持续时间。

为了有效试验，有必要使外护套的全部外表面接地良好。外护套上的导电层能够帮助达到此目的。

19.3 绝缘试验

19.3.1 交流电压试验

按供方与买方协议，可以采用下列a)项或b)项工频电压试验：

a) 在导体与金属屏蔽间施加系统的相间电压，持续5 min；

b) 施加正常系统电压，持续24 h。

19.3.2 直流电压试验

作为交流电压试验的替代，可以采用直流电压 $4U_0$，持续15 min。

注1：直流电压试验可能对被试绝缘系统造成危险。其他试验方法在考虑中。

注2：对已运行的电缆线路，可采用较低的电压和/或较短的时间进行试验。试验的电压和时间应考虑已运行的时间、环境条件、击穿历史以及试验的目的，经协商确定。

20 电缆产品的补充条款

电缆产品的补充条款包括电缆型号和产品表示方法、产品验收规则、成品电缆标志、电缆包装、运输贮存，以及安装条件，详见附录G。

表17 绝缘混合料的电气型式试验要求

序号	试验项目和试验条件 (混合料代号见4.2)	单位	性能要求		
			PVC/B	EPR/HEPR	XLPE
0	正常运行时导体最高温度(见4.2)	℃	70	70	90
1	体积电阻率 ρ[a]				
1.1	——20 ℃(见17.3.2)	Ω·cm	10^{14}	—	—
1.2	——正常运行时导体最高温度(见17.3.3)	Ω·cm	10^{11}	10^{12}	—
2	绝缘电阻常数 K_i[a]				
2.1	——20 ℃(见17.3.2)	MΩ·km	367	—	—
2.2	——正常运行时导体最高温度(见17.3.3)	MΩ·km	0.37	3.67	—
3	tanδ(见17.2.5)				
	——超过正常运行导体最高温度5 ℃～10 ℃，tanδ最大值		—	400×10^{-4}	80×10^{-4}

[a] 用于按第7章a)项和b)项额定电压3.6/6(7.2)kV PVC、EPR和HEPR绝缘无屏蔽电缆。

表 18　非电气常规型式试验

序号	试验项目(混合料代号见 4.2 和 4.3)	绝缘				护套				
		PVC/B	EPR	HEPR	XLPE	PVC		PE		SE$_1$
						ST$_1$	ST$_2$	ST$_3$	ST$_7$	
1	尺寸									
1.1	厚度测量	×	×	×	×	×	×	×	×	×
2	机械性能(抗张强度和断裂伸长率)									
2.1	老化前	×	×	×	×	×	×	×	×	×
2.2	空气烘箱老化后	×	×	×	×	×	×	×	×	×
2.3	成品电缆段老化	×	×	×	×	×	×	×	×	×
2.4	浸入热油后	—	—	—	—	—	—	—	—	×
3	热塑性能									
3.1	高温压力试验(凹痕)	×	—	—	—	×	×	—	×	—
3.2	低温性能	×	—	—	—	×	×	—	—	—
4	其他各类试验									
4.1	空气烘箱内的失重试验	—	—	—	—	—	×	—	—	—
4.2	热冲击试验(开裂)	×	—	—	—	×	×	—	—	—
4.3	耐臭氧试验	—	×	×	—	—	—	—	—	—
4.4	热延伸试验	—	×	×	×	—	—	—	—	×
4.5	不延燃试验(若需要)	—	—	—	—	×	×	—	—	×
4.6	吸水试验	×	×	×	×	—	—	—	—	—
4.7	热稳定试验	×	—	—	—	—	—	—	—	—
4.8	收缩试验	—	—	—	×	—	—	×	×	—
4.9	炭黑含量[a]	—	—	—	—	—	—	×	×	—
4.10	硬度试验	—	—	×	—	—	—	—	—	—
4.11	弹性模量试验	—	—	×	—	—	—	—	—	—
4.12	可剥离试验[b]									
4.13	透水试验[c]									

注：×表示型式试验项目。

[a] 仅对黑色外护套适用。

[b] 用于制造方拟采用可剥离绝缘屏蔽电缆的设计中。

[c] 用于制造方拟采用纵向阻水屏障电缆的设计中。

表 19　非电气特殊型式试验

序号	试验项目
1	铝合金单线的抗拉强度和断裂伸长率
2	铝合金单线的反复弯曲性能试验
3	铝合金导体化学成分测定
4	铝合金单线的抗压蠕变试验(要求时进行)
5	铝合金带联锁铠装的特殊性能试验
5.1	柔韧性试验
5.2	抗张性试验
6	铝合金导体与金具的连接性能试验

表 20 绝缘混合料机械性能试验要求(老化前后)

序号	试验项目 (混合料代号见 4.2)	单位	PVC/B	EPR	HEPR	XLPE
0	电缆正常运行时导体最高温度(见 4.2)	℃	70	90	90	90
1	老化前(GB/T 2951.11—2008 中 9.1)					
1.1	抗张强度,最小	N/mm^2	12.5	4.2	8.5	12.5
1.2	断裂伸长率,最小	%	125	200	200	200
2	空气烘箱老化后(GB/T 2951.12—2008 中 8.1)					
2.1	无导体老化后					
2.1.1	处理条件					
	——温度	℃	100	135	135	135
	——温度偏差	℃	±2	±3	±3	±3
	——持续时间	h	168	168	168	168
2.1.2	抗张强度					
	a) 老化后数值,最小	N/mm^2	12.5	—	—	—
	b) 变化率[a],最大	%	±25	±30	±30	±25
2.1.3	断裂伸长率					
	a) 老化后数值,最小	%	125	—	—	—
	b) 变化率[a],最大	%	±25	±30	±30	±25

[a] 变化率:老化前后得出的中间值之差值除以老化前中间值,以百分数表示。

表 21 PVC 绝缘混合料特殊性能试验要求

序号	试验项目 (混合料代号见 4.2)	单位	绝缘 PVC/B
1	高温压力试验(GB/T 2951.31—2008 中第 8 章)		
1.1	温度(偏差±2 ℃)	℃	80
2	低温性能试验[a](GB/T 2951.14—2008 中第 8 章)		
2.1	未经老化前进行试验		
	——直径<12.5 mm 的冷弯曲试验		
	——温度(偏差±2 ℃)	℃	−5
2.2	哑铃片的低温拉伸试验		
	——温度(偏差±2 ℃)	℃	−5
3	热冲击试验(GB/T 2951.31—2008 中第 9 章)		
3.1	——温度(偏差±3 ℃)	℃	150
3.2	持续时间	h	1
4	热稳定试验(GB/T 2951.32—2008 中第 9 章)		
4.1	——温度(偏差±0.5 ℃)	℃	200
4.2	最短时间	min	100
5	吸水试验(GB/T 2951.13—2008 中 9.1) 电气法:		
5.1	温度(偏差±2 ℃)	℃	70
5.2	持续时间	h	240

[a] 因气候条件,购买方可以要求采用更低的温度。

表 22 各种热固性绝缘混合料的特殊性能试验要求

序号	试验项目(混合料代号见 4.2)	单位	EPR	XLPE	XLPE
1	耐臭氧试验(GB/T 2951.21—2008 中第 8 章)				
1.1	臭氧浓度(按体积)	%	0.025～0.030	0.025～0.030	—
1.2	无开裂持续试验时间	h	24	24	—
2	热延伸试验(GB/T 2951.21—2008 中第 9 章)				
2.1	处理条件				
	——空气温度(偏差±3 ℃)	℃	250	250	200
	——负荷时间	min	15	15	15
	——机械应力	N/cm^2	20	20	20
2.2	载荷下最大伸长率	%	175	175	175
2.3	冷却后最大永久伸长率	%	15	15	15
3	吸水试验(GB/T 2951.13—2008 中 9.2)				
	重量分析方法:				
3.1	温度(偏差±2 ℃)	℃	85	85	85
3.2	持续时间	h	336	336	336
3.3	重量最大增量	mg/cm^2	5	5	1[a]
4	收缩试验(GB/T 2951.13—2008 中第 10 章)				
4.1	标志间长度 L	mm	—	—	200
4.2	处理温度(偏差±3 ℃)	℃	—	—	130
4.3	持续时间	h	—	—	1
4.4	最大允许收缩率	%	—	—	4
5	硬度测定				
5.1	IRHD[b],最小		—	80	—
6	弹性模量测定(见 18.19)				
6.1	150%伸长率下的弹性模量,最小	N/mm^2	—	4.5	—

[a] 对于密度大于 1 g/cm^3 的 XLPE 要考虑吸水量增加大于 1 mg/cm^2。

[b] IRHD[b] 国际橡胶硬度级。

表 23 护套混合料机械性能试验要求(老化前后)

序号	试验项目(混合料代号见 4.3)	单位	ST_1	ST_2	ST_3	ST_7	SE_1
0	正常运行时导体最高温度(见 4.3)	℃	80	90	80	90	85
1	老化前(GB/T 2951.12—2008 中 9.2)						
1.1	抗张强度,最小	N/mm^2	12.5	12.5	10.0	12.5	10.0
1.2	断裂伸长率,最小	%	150	150	300	300	300
2	空气烘箱老化后(GB/T 2951.12—2008 中 8.1)						
2.1	处理条件						
	——温度(偏差±2 ℃)	℃	100	100	100	110	100
	——持续时间	h	168	168	240	240	168
2.2	抗张强度						
	a) 老化后数值	N/mm^2	12.5	12.5	—	—	—
	b) 变化率[a],最大	%	±25	±25	—	—	±30
2.3	断裂伸长率						
	a) 老化后数值	%	150	150	300	300	250
	b) 变化率[a],最大	%	±25	±25	—	—	±40

[a] 变化率:老化前后得出的中间值之差值除以老化前中间值,以百分数表示。

表 24 PVC 护套混合料特殊性能试验要求

序号	试验项目 (混合料代号见 4.3)	单位	护套	
			ST_1	ST_2
1	空气烘箱中失重试验(GB/T 2951.32—2008 中 8.2)			
1.1	处理条件			
	——温度(偏差±2 ℃)	℃	—	100
	——持续时间	h	—	168
1.2	最大允许失重量	mg/cm^2	—	1.5
2	高温压力试验(GB/T 2951.32—2008 中第 8 章)			
2.1	温度(偏差±2 ℃)	℃	80	90
3	低温性能试验[a](GB/T 2951.14—2008 中第 8 章)			
3.1	未经老化前进行试验			
	——直径<12.5 mm 的冷弯曲试验			
	——温度(偏差±2 ℃)	℃	−15	−15
3.2	哑铃片的低温拉伸试验			
	温度(偏差±2 ℃)	℃	−15	−15
3.3	冷冲击试验			
	温度(偏差±2 ℃)	℃	−15	−15
4	热冲击试验(GB/T 2951.31—2008 中第 9 章)			
4.1	温度(偏差±3 ℃)	℃	150	150
4.2	持续时间	h	1	1

[a] 因气候条件,购买方可以要求采用更低的温度。

表 25 PE(热塑性聚乙烯)护套混合料的特殊性能试验要求

序号	试验项目 (混合料代号见 4.3)	单位	ST_3	ST_7
1	密度[a](GB/T 2951.13—2008 中第 8 章)			
2	炭黑含量(仅适于黑色护套)(GB/T 2951.41—2008 中第 11 章)			
2.1	标准值	%	2.5	2.5
2.2	偏差	%	±0.5	±0.5
3	收缩试验(GB/T 2951.13—2008 中第 11 章)			
3.1	温度(偏差+2 ℃)	℃	80	80
3.2	加热持续时间	h	5	5
3.3	加热周期		5	5
3.4	最大允许收缩	%	3	3
4	高温压力试验(GB/T 2951.31—2008 中 8.2)			
4.1	温差(±2 ℃)	℃	—	110

[a] 密度的测定仅在其他试验需要时才做。

表 26 弹性体护套混合料特殊性能试验要求

序号	试验项目 (混合料代号见 4.3)	单位	SE_1
1	浸油后机械性能测试 (GB/T 2951.21—2008 中第 10 章和 GB/T 2951.11—2008 中第 9 章)		
1.1	处理		
	——油温(偏差±2 ℃)	℃	180
	——持续时间	h	24
	最大允许变化率[a]		
	a) 抗张强度	%	±40
	b) 断裂伸长率	%	±40
2	热延伸(GB/T 2951.21—2008 中第 9 章)		
2.1	处理		
	——温度(偏差±3 ℃)	℃	200
	——载荷时间	min	15
	——机械应力	N/cm^2	20
2.2	负载下允许最大伸长率	%	175
2.3	冷却后最大永久伸长率	%	15

[a] 变化率:处理前后得出的中间值之差值与处理前中间值之比,以百分数表示。

附 录 A
（规范性附录）
铝合金导体成分

电缆导体用铝合金材料应符合表 A.1 和表 A.2 中任一成分代号对应的化学成分。

表 A.1 铝合金导体成分

序号	化学成分(质量分数)/%								
	Si	Fe	Cu	Mg	Zn	B	其他		Al
							单个	合计	
1	≤0.10	0.55～0.80	0.10～0.20	0.01～0.05	≤0.05	≤0.04	≤0.03[a]	≤0.10	余量
2	≤0.10	0.30～0.80	0.15～0.30	≤0.05	≤0.05	0.001～0.04	≤0.03	≤0.10	余量
3	≤0.10	0.60～0.90	≤0.40	0.08～0.22	≤0.05	≤0.04	≤0.03	≤0.10	余量
4	≤0.15[b]	0.40～1.00	0.05～0.15	—	≤0.10	—	≤0.03	≤0.10	余量
5	0.03～0.15	0.40～1.00	—	—	≤0.10	—	≤0.05[c]	≤0.15	余量
6	≤0.10	0.25～0.45	≤0.40	0.04～0.12	≤0.05	≤0.04	≤0.03	≤0.10	余量

注：对于脚注中特定元素，仅在有需要时测量。

[a] 该成分的铝合金中 Li 元素的质量分数应不大于 0.003%。

[b] 该成分的铝合金应同时满足(Si+Fe)元素的质量分数应不大于 1.0%。

[c] 该成分的铝合金中 Ga 元素的质量分数应不大于 0.03%。

表 A.2 稀土高铁铝合金导体成分

序号	化学成分(质量分数)/%							
	Fe	Si	Cu	Be	RE	其他		Al
						单个	总和	
1	0.40～1.20	≤0.10	—	—	0.01～0.30	≤0.03	≤0.30	余量
2	0.30～1.50	≤0.08	0.005～0.30	0.001～0.30	0.10～0.80	≤0.03	≤0.15	余量

注：稀土(RE)主要以铈(Ce)和镧(La)为主。

附　录　B
（规范性附录）
金属屏蔽用铝合金带技术要求

B.1　范围

本附录规定了金属屏蔽用铝合金带的技术要求。

B.2　性能

B.2.1　概述

铝合金带应成圈交货。

铝合金带的质量和韧度应均匀一致。铝合金带应干燥、清洁、光滑，无开裂、毛刺等外观缺陷，表面处理后形成具有防腐蚀及导电功能的薄膜，金属屏蔽绕包时铝合金带应不缠结、不刮损。

B.2.2　标称厚度和宽度

铝合金带的标称厚度和宽度见表B.1。

表B.1　铝合金带的标称厚度和宽度

标称厚度/mm	宽度/mm
0.15	10～50
0.18	

B.2.3　机械性能

铝合金带的机械性能见表B.2。

表B.2　铝合金带的机械性能

厚度/mm	抗拉强度/MPa(20 ℃)	屈服强度/MPa(20 ℃)	伸长率
0.15	175	130	15%
0.18	175	130	15%

B.2.4　电气性能

铝合金带的电气性能见表B.3。

表 B.3 铝合金带的电气性能

电缆类型	厚度/mm	导电率 %IACS (20 ℃)	通过电缆金属屏蔽层的短路电流容量		
			起始温度/℃	终止温度/℃	短路电流 A
多芯电缆	0.15	≥57.5	90	160	需要满足 IEC 60949 考虑非绝热升温效应的热允许短路电流的计算
单芯电缆	0.18	≥57.5	65	160	

B.2.5 防腐蚀性能

铝合金带的防腐蚀性能见表 B.4。

表 B.4 铝合金带的防腐蚀性能

材料	防腐等级	表面平均腐蚀速率(480 h)	
铝合金带	很耐腐蚀材料	盐雾试验(中性)mm/a	全浸试验(中性)g/(m² · h)
		≤0.004	≤0.004
		表面光滑、颜色不发生改变	

附　录　C
（规范性附录）
联锁铠装用铝合金带技术要求

C.1　范围

本附录规定了联锁铠装用铝合金带的技术要求。

C.2　性能

C.2.1　概述

铝合金带应成圈交货。

铝合金带的质量和韧度应均匀一致。铝带应干燥、清洁、光滑，无开裂、毛刺等表观缺陷，并确保铠装时铝合金带不缠结。

C.2.2　标称厚度和宽度

铝合金带的标称厚度见表 C.1。

表 C.1　铝合金带的标称厚度和公差

序号	厚度/mm
1	0.5
2	0.6
3	0.7

C.2.3　机械性能

铝合金带的抗张强度为 276 MPa～303 MPa。

铝合金带的断裂伸长率（标志间距离为 250 mm）应不小于 5％。

C.2.4　电气性能

铝合金带的导电率应不小于 30％IACS（20 ℃）。

附 录 D
（规范性附录）
确定护层尺寸的假设计算方法

D.1 概述

电缆护层，诸如护套和铠装，其厚度通常与电缆标称直径有一个“阶梯表”的关系。

有时候会产生一些问题，计算出的标称直径不一定与生产出的电缆实际尺寸相同。如果计算直径稍有偏差，护层厚度与实际直径不相符合，就会产生疑问。不同制造方的成型导体尺寸变化、计算方法不同会引起标称直径不同和由此导致使用在基本设计相同的电缆上的护层厚度不同。

为了简便而采取假设计算方法。这种计算方法忽略形状和导体的紧压程度而根据导体标称截面积，绝缘标称厚度和电缆芯数，利用公式来计算假设直径。这样护套厚度和其他护层厚度都可以通过公式或表格而与假设直径有了相应的关系。假设直径计算的方法明确规定，使用的护层厚度是唯一的，它与实际制造中的细微差别无关。这就使电缆设计标准化，对于每一个导体截面的护层厚度尺寸可以被预先计算和规定。

假设直径仅用来确定护套和电缆护层的尺寸，不是代替精确计算标称直径所需的实际过程，实际标称直径计算应分开计算。

采用下述规定的电缆各种护层厚度的假设计算方法，是为了保证消除在单独计算中引起的任何差异，例如由于导体尺寸的假设以及标称直径和实际直径之间不可避免的差异。

所有厚度值和直径都应按附录 E 中的规则修约到 1 位小数。

扎带，例如反向螺旋绕包在铠装外的扎带，如果不厚于 0.3 mm，在此方法中忽略。

D.2 方法

D.2.1 导体

不考虑形状和紧压程度，每一标称截面积导体的假设直径 d_L 由表 D.1 给出。

表 D.1 导体的假设直径

导体标称截面积 mm^2	d_L mm	导体标称截面积 mm^2	d_L mm
10	3.6	240	17.5
16	4.5	300	19.5
25	5.6	400	22.6
35	6.7	500	25.2
50	8.0	630	28.3
70	9.4	800	31.9
95	11.0	1 000	35.7
120	12.4	1 200	39.1
150	13.8	1 400	42.2
185	15.3	1 600	45.1

D.2.2 绝缘线芯

任何绝缘线芯的假设直径 D_c 按式(D.1)或式(D.2)计算：

a) 无半导电屏蔽电缆的绝缘线芯：

$$D_c = d_L + 2t_i \quad \cdots\cdots(D.1)$$

b) 有半导电屏蔽电缆的绝缘线芯：

$$D_c = d_L + 2t_i + 3.0 \quad \cdots\cdots(D.2)$$

式中：

t_i——绝缘的标称厚度，单位为毫米(mm)(见表 6～表 8)。

如果采用金属屏蔽或同心导体，则应参考 D.2.5 考虑增大绝缘线芯的标称直径。

D.2.3 缆芯直径

缆芯的假设直径 D_f 按式(D.3)计算：

$$D_f = K \cdot D_c \quad \cdots\cdots(D.3)$$

式中：

K——三芯电缆的成缆系数，数值为 2.16。

D.2.4 内衬层

内衬层的直径 D_B 应按式(D.4)计算：

$$D_B = D_f + 2t_B \quad \cdots\cdots(D.4)$$

式中：

缆的假设直径 D_f 为 40 mm 及以下，t_B=0.4 mm；

缆芯的假设直径 D_f 大于 40 mm，t_B=0.6 mm。

t_B 的假设值应用于：

a) 三芯电缆：

——无论有无内衬层；

——无论内衬层为挤包、绕包还是纵包。

当有一个符合 12.3.3 规定的隔离套代替或附加在内衬层上时，应按 D.2.6 中公式计算。

b) 单芯电缆：

——无论有挤包、绕包还是纵包的内衬层。

D.2.5 同心导体和金属屏蔽

由于同心导体和金属屏蔽使直径增加的数值由表 D.2 给出。

表 D.2 金属屏蔽使直径的增加值

同心导体或金属屏蔽的标称截面积 mm^2	直径的增加值 mm	同心导体或金属屏蔽的标称截面积 mm^2	直径的增加值 mm
1.5	0.5	50	1.7
2.5	0.5	70	2.0
4	0.5	95	2.4
6	0.6	120	2.7
10	0.8	150	3.0
16	1.1	185	4.0
25	1.2	240	5.0
35	1.4	300	6.0

如果同心导体或金属屏蔽的标称截面积介于上表所列数据的两数之间，那么取这两个标称值中较大数值所对应的直径增加值。

如果有金属屏蔽层，表(D.2)中规定的屏蔽层截面积应按式(D.5)或式(D.6)计算：

a) 金属带屏蔽：

$$S = n_t \times t_t \times w_t \qquad \cdots\cdots(D.5)$$

式中：

S ——金属带截面积，单位为平方毫米(mm^2)；

n_t ——金属带根数；

t_t ——单根金属带的标称厚度，单位为毫米(mm)；

w_t ——单根金属带的标称宽度，单位为毫米(mm)。

当屏蔽总厚度小于 0.15 mm 时，直径增加值为零：

——一层金属带重叠绕包屏蔽或两层金属带搭盖绕包屏蔽，屏蔽总厚度为金属带厚度的两倍；

——金属带纵包屏蔽：

- 如果搭盖率小于 30%，屏蔽总厚度为金属带的厚度；
- 如果搭盖率达到或超过 30%，屏蔽总厚度为金属带厚度的两倍。

b) 金属丝屏蔽(包括一反向扎线，若有)：

$$S = \frac{n_w \times d_w^2 \times \pi}{4} + n_h \times t_h \times W_h \qquad \cdots\cdots(D.6)$$

式中：

S ——金属丝截面积，单位为平方毫米(mm^2)；

n_w ——金属丝根数；

d_w ——单根金属丝直径，单位为毫米(mm)；

n_h ——反向扎带根数；

t_h ——厚度大于 0.3 mm 的反向扎带的厚度，单位为毫米(mm)；

W_h ——反向扎带的宽度，单位为毫米(mm)。

D.2.6 隔离套

隔离套的假设直径 D_s 应按式(D.7)计算：

$$D_s = D_u + 2t_s \qquad \cdots\cdots(D.7)$$

式中：

D_u ——隔离套下的假设直径，单位为毫米(mm)；

t_s ——按 12.3.3 的计算厚度，单位为毫米(mm)。

D.2.7 金属带铠装电缆的附加垫层(加在内衬层外)

因附加垫层引起的直径增加量见表 D.3。

表 D.3 因附加垫层引起的直径增加量

附加垫层下的假设直径/mm	因附加垫层引起的直径增加/mm
≤29	1.0
>29	1.6

D.2.8 铠装

铠装外的假设直径 D_x应按式(D.8)或式(D.9)或式(D.10)计算：

a) 扁或圆金属丝铠装：

$$D_x = D_A + 2t_A + 2t_w \quad \cdots\cdots\cdots\cdots\cdots\cdots\cdots\cdots\cdots\cdots\cdots\cdots\cdots\cdots (D.8)$$

式中：

D_A——铠装前直径，单位为毫米(mm)；

t_A——铠装金属丝的直径或厚度，单位为毫米(mm)；

t_w——如果有反向螺旋扎带时厚度大于 0.3 mm 的反向螺旋扎带时厚度，单位为毫米(mm)。

b) 双金属带铠装：

$$D_x = D_A + 4t_A \quad \cdots\cdots\cdots\cdots\cdots\cdots\cdots\cdots\cdots\cdots\cdots\cdots\cdots\cdots (D.9)$$

式中：

D_A——铠装前直径，单位为毫米(mm)；

t_A——铠装带厚度，单位为毫米(mm)。

c) 联锁铠装：

$$D_x = D_A + 2t_A \quad \cdots\cdots\cdots\cdots\cdots\cdots\cdots\cdots\cdots\cdots\cdots\cdots\cdots\cdots (D.10)$$

式中：

D_A——铠装前直径，单位为毫米(mm)；

t_A——铠装带压型后的弓形高度，mm。

假设直径 D_A为 38 mm 及以下时，弓形高度为 2.5 mm；

假设直径 D_A为 38 mm～76 mm 时，弓形高度为 3.5 mm；

假设直径 D_A大于 76 mm 时，弓形高度为 4.3 mm。

附 录 E
（规范性附录）
数 值 修 约

E.1 假设计算法的数值修约

在按附录D计算假设直径和确定单元尺寸而对数值进行修约时，采用下述规则。

当任何阶段的计算值小数点后多于1位数时，数值应修约到1位小数，即精确到0.1 mm。每一阶段的假设直径数值应修约到0.1 mm，当用来确定包覆层厚度和直径时，在用到相应的公式或表格中去之前应先进行修约，按附录D要求从修约后的假设直径计算出的厚度应依次修约到0.1 mm。

用下述实例来说明这些规则：

a） 修约前数据的第二位小数为0、1、2、3或4时则小数点后第1位小数保持不变(舍弃)。

例如：

2.12　　≈2.1；
2.449　　≈2.4；
25.047 8≈25.0。

b） 修约前数据的第二位小数为9、8、7、6或5时则小数点后第1位小数应增加1(进一)。

例如：

2.17　≈2.2；
2.453　≈2.5；
30.050≈30.1。

E.2 用作其他目的的数值修约

除E.1考虑的用途外，有可能有些数值要修约到多于1位小数，例如计算几次测量的平均值，或标称值加上一个百分率偏差以后的最小值。在这些情况下，应按有关条文修约到小数点后面的规定位数。

这时修约的方法为：

a） 如果修约前应保留的最后数值后1位数为0、1、2、3或4时，则最后数值应保持不变(舍弃)。

b） 如果修约前应保留的最后数值后1位数为9、8、7、6或5时，则最后数值加1(进一)。

例如：

2.449　　≈2.45修约到2位小数；
2.449　　≈2.4修约到1位小数；
25.047 8≈25.048修约到3位小数；
25.047 8≈25.05修约到2位小数；
25.047 8≈25.0修约到1位小数。

附 录 F
（规范性附录）
联锁铠装特殊性能试验

F.1 柔韧性试验

F.1.1 试样制备

在成品电缆试验长度内，取三段试样，去除铠装层外的任何护层（铠层焊接过或无焊接）。

F.1.2 试验装置

一个半径为 $7D$ 的圆轴（D 为电缆试样的直径）。

F.1.3 试验

测试三个试样。将试样绕在圆轴上 180°，以必要的拉力但不要过重，将电缆铠装层保持与圆轴接触。如果铠装层焊接过，第一根试样上有焊接线的地方应放在弯曲的内侧；第二根试样上有焊接线的地方应放在弯曲线的外侧；第三根试样上有焊接线的地方应放在弯曲的内侧和外侧之间。

F.1.4 要求

当每一试样弯曲在圆轴上时，观察以确定铠装层下的护层和成缆线芯不能有损坏，并检查铠装层也不能损坏。焊接过的铠装层上焊缝不能有开口、裂纹、开裂、撕开，或其他开口。联锁式铠装层邻近的搭扣处可以不相连，但不可以看见铠装层内的电缆部分。

F.2 抗张性能试验

F.2.1 试样制备

在成品电缆试验长度内取三段长 1 220 mm 的试样，剥去铠装层外护套，试样的一端用一副尺寸合适的电缆夹具夹紧，另一端的铠装层夹在第二副夹具上，紧固夹具以防试样滑脱，但不要过紧。

F.2.2 试样装置

该试验装置由一对夹具、一个施加 667 N 拉力的砝码和一个从支架悬挂砝码的可靠工具组成。

夹具由硬木制成，每两片夹具用两枚螺栓紧固，夹住铠装层的夹具宽度不小于 50 mm；砝码用可靠的方法缚到其中的一个夹具上；用滑轮、滑车或差动滑轮来提升试样、夹具和砝码。

F.2.3 试验

夹铠装层的夹具置于最上面，试样由上夹具用绳圈悬挂在滑轮组或差动滑轮的吊钩上，吊具挂在一个可靠的支架下。砝码缚到下夹具上——该夹具夹电缆接头。整个试样段垂直悬挂并且与夹具的面成直角，然后缓慢提升试样、夹具和砝码，使拉力以不大于 890 N/min 的速率施加在试样上，直到砝码刚好离开地面并自由悬挂在空中，用手阻止砝码旋转，试样承受砝码悬挂 5 min，然后放到地面上，除去砝码和夹具。

F.2.4 要求

观察并确定铠装层邻近搭扣的边缘是否分离而使内部的电缆暴露，如果三个试样中的任何一个，由于铠装层开口或其他变形使电缆内部暴露或电缆被拉出接头，则该电缆被判为不合格。由于接头损坏而引起的拉出可不计，但应备新试样再做一次试验。

附 录 G
（规范性附录）
电缆产品的补充条款

G.1 电缆型号和产品表示方法

G.1.1 型号

铝合金电缆常用型号列于表G.1中。

表G.1 铝合金电缆常用型号

型号	名称
VLHV	铝合金芯聚氯乙烯绝缘聚氯乙烯护套电力电缆
VLHY	铝合金芯聚氯乙烯绝缘聚乙烯护套电力电缆
VLHV22	铝合金芯聚氯乙烯绝缘钢带铠装聚氯乙烯护套电力电缆
VLHV23	铝合金芯聚氯乙烯绝缘钢带铠装聚乙烯护套电力电缆
VLHV32	铝合金芯聚氯乙烯绝缘细钢丝铠装聚氯乙烯护套电力电缆
VLHV33	铝合金芯聚氯乙烯绝缘细钢丝铠装聚乙烯护套电力电缆
VLHVS2	铝合金芯聚氯乙烯绝缘铝合金带联锁铠装聚氯乙烯护套电力电缆
VLHVS3	铝合金芯聚氯乙烯绝缘铝合金带联锁铠装聚乙烯护套电力电缆
YJLHV	铝合金芯交联聚乙烯绝缘聚氯乙烯护套电力电缆
YJLHY	铝合金芯交联聚乙烯绝缘聚乙烯护套电力电缆
YJLHV22	铝合金芯交联聚乙烯绝缘钢带铠装聚氯乙烯护套电力电缆
YJLHY23	铝合金芯交联聚乙烯绝缘钢带铠装聚乙烯护套电力电缆
YJLHV32	铝合金芯交联聚乙烯绝缘细钢丝铠装聚氯乙烯护套电力电缆
YJLHY33	铝合金芯交联聚乙烯绝缘细钢丝铠装聚乙烯护套电力电缆
YJLHVS2	铝合金芯交联聚乙烯绝缘铝合金带联锁铠装聚氯乙烯护套电力电缆
YJLHYS3	铝合金芯交联聚乙烯绝缘铝合金带联锁铠装聚乙烯护套电力电缆
注1：铝合金带铠装电力电缆可根据使用的场合或敷设方式的要求选择有无内护套或外护层。 注2：本表中未列出的电缆型号可按G.1.2的规定组成。 注3：导体材料为稀土高铁铝合金时，应在名称上注明稀土高铁铝合金。	

G.1.2 代号和产品表示方法

G.1.2.1 代号

G.1.2.1.1 导体代号

铝合金导体 ………………………………………………………………………… LH

G.1.2.1.2 绝缘代号

聚氯乙烯绝缘 ……………………………………………………………………… V

交联聚乙烯绝缘 …………………………………………………………………… YJ

乙丙橡胶绝缘 …… E
硬乙丙橡胶绝缘 …… EY

G.1.2.1.3 金属屏蔽代号

铜带屏蔽 …… (D)省略
铜丝屏蔽 …… S
铝合金带屏蔽 …… HL

G.1.2.1.4 护套代号[2)]

聚氯乙烯护套 …… V
聚乙烯护套 …… Y
弹性体[3)]护套 …… F

G.1.2.1.5 铠装代号

双钢带铠装 …… 2
细圆钢丝铠装 …… 3
粗圆钢丝铠装 …… 4
(双)非磁性金属带[4)]铠装 …… 6
非磁性金属丝[5)]铠装 …… 7
铝合金带联锁铠装 …… S

G.1.2.1.6 外护套代号

聚氯乙烯外护套 …… 2
聚乙烯外护套 …… 3
弹性体[6)]外护套 …… 4

G.1.2.2 产品表示方法

G.1.2.2.1 概述

产品用型号(型号中有数字代号的电缆外护层,数字前的文字代号表示内护层)、规格(额定电压、芯数、标称截面积)及本部分标准编号表示。

阻燃电缆产品的表示方法,应符合 GB/T 19666 的规定表示。

G.1.2.2.2 产品型号组成

产品型号组成和排列顺序如图 G.1。

---

2) 护套代号包括挤包的内衬层和隔离套等。

3) 弹性体护套包括氯丁橡胶、氯磺化聚乙烯或类似聚合物为基的护套混合料。若订货合同中未注明,则采用何种弹性体由制造方确定。

4) 非磁性金属带包括非磁性不锈钢带、铝或铝合金带等。若订货合同中未注明,则采用何种非磁性金属带由制造方确定。

5) 非磁性金属丝包括非磁性不锈钢丝、铜丝或镀锡铜丝、铜合金丝或镀锡铜合金丝、铝或铝合金丝等。若订货合同中未注明,则采用何种非磁性金属丝由制造方确定。

6) 弹性体外护套包括氯丁橡胶、氯磺化聚乙烯或类似聚合物为基的护套混合料。若订货合同中未注明,则采用何种弹性体由制造方确定。

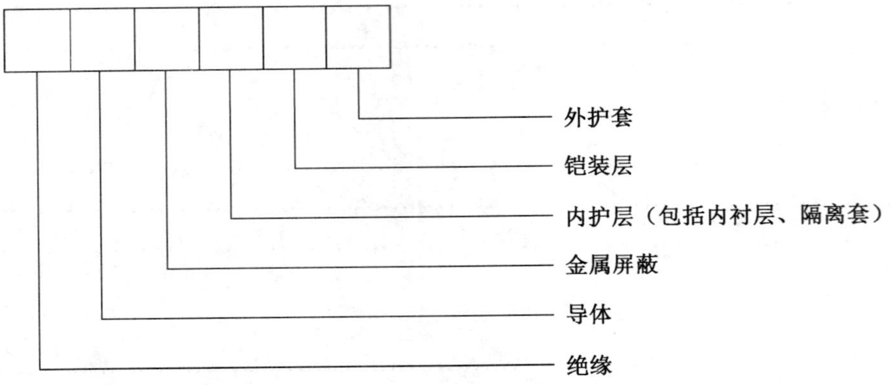

图 G.1　产品型号的组成和排列顺序图

G.1.2.2.3　产品表示示例

例如：

示例 1：铝合金芯交联聚乙烯绝缘铜带屏蔽钢带铠装聚氯乙烯护套电力电缆，额定电压为 8.7/10 kV，3 芯，标称截面积 120 mm^2，表示为：

YJLHV22-8.7/10　3×120

示例 2：稀土高铁铝合金芯交联聚乙烯绝缘铜丝屏蔽钢带铠装聚氯乙烯护套电力电缆，额定电压 8.7/10 kV，3 芯，标称截面积 240 mm^2，表示为：

YJLHSV22-8.7/10　3×240

G.2　选用原则

本部分电力电缆选用应符合相应的设计规程。

G.3　产品验收规则、成品电缆标志及电缆包装、运输和贮存

G.3.1　验收规则

产品应由制造方的质量检验部门检验合格方可出厂。每个出厂的包装件上应附有产品质量检验合格证。

产品应按本部分规定的试验项目进行试验验收。

G.3.2　成品电缆标志

成品电缆的护套表面应有制造厂名称、产品型号及额定电压的连续标志，标志应字迹清楚、容易辨认、耐擦。

成品电缆标志应符合 GB/T 6995.3 规定。

G.3.3　电缆包装、运输和贮存

G.3.3.1　电缆应妥善包装在符合 JB/T 8137 规定要求的电缆盘上交货。

电缆端头应可靠密封，伸出盘外的电缆端头应加保护罩，伸出的长度应不小于 300 mm。

重量不超过 80 kg 的短段电缆，可以成圈包装。

G.3.3.2　成盘电缆的电缆盘外侧及成圈电缆的附加标签应标明：

a) 制造厂名称或商标；

b) 电缆型号和规格；

c) 长度，m；

d) 毛重，kg；

e) 制造日期： 年 月；

f) 表示电缆盘正确滚动方向的符号；

g) 本部分标准编号。

G.3.3.3 运输和贮存应符合下列要求：

a) 电缆应避免在露天存放，电缆盘不允许平放；

b) 运输中严禁从高处扔下装有电缆的电缆盘，严禁机械损伤电缆；

c) 吊装包装件时，严禁几盘同时吊装。在车辆、船舶等运输工具上，电缆盘应放稳，并用合适方法固定，防止互撞或翻倒。

G.4 电缆安装条件

G.4.1 电缆安装时的环境温度

具有聚氯乙烯绝缘或聚氯乙烯护套的电缆，安装时的环境温度不宜低于 0 ℃。

G.4.2 电缆的最小弯曲半径

电缆的最小弯曲半径应符合 GB/T 12706.2—2008 的规定。

ICS 29.060.20
K 13

中华人民共和国国家标准

GB/T 31840.3—2015

额定电压 1 kV(U_m＝1.2 kV)到 35 kV(U_m＝40.5 kV)铝合金芯挤包绝缘电力电缆 第 3 部分：额定电压 35 kV(U_m＝40.5 kV)电缆

Aluminum alloys power cables with extruded insulation for rated voltages from 1 kV(U_m＝1.2 kV) up to 35 kV(U_m＝40.5 kV)—Part 3：Cables for rated voltage of 35 kV(U_m＝40.5 kV)

2015-07-03 发布　　2016-02-01 实施

中华人民共和国国家质量监督检验检疫总局
中国国家标准化管理委员会　发布

前　言

GB/T 31840《额定电压 1 kV(U_m=1.2 kV)到 35 kV(U_m=40.5 kV)铝合金芯挤包绝缘电力电缆》分为 3 个部分：

——第 1 部分：额定电压 1 kV(U_m=1.2 kV)和 3 kV(U_m=3.6 kV)电缆；

——第 2 部分：额定电压 6 kV(U_m=7.2 kV)到 30 kV(U_m=36 kV)电缆；

——第 3 部分：额定电压 35 kV(U_m=40.5 kV)电缆。

本部分为 GB/T 31840 的第 3 部分。

本部分按照 GB/T 1.1—2009 给出的规则起草。

请注意本文件的某些内容可能涉及专利。本文件的发布机构不承担识别这些专利的责任。

本部分由中国电力企业联合会提出并归口。

本部分主要起草单位：中国电力科学研究院。

本部分参加编写单位：安徽欣意电缆有限公司、国网北京市电力公司检修公司、国网江苏省电力公司南京供电公司、国网浙江省电力公司电力科学研究院、河北德昊电缆有限公司、江苏亨通电力电缆有限公司、金杯电工股份有限公司、安徽太平洋电缆集团有限公司、崇德电缆有限公司、河北新宝丰电线电缆有限公司、中冠电缆有限公司、广东欣意铝合金电缆有限公司。

本部分主要起草人：欧阳本红、万有梅、黄鹤鸣、王光明、吴明祥、樊友兵、武建省、钱子明、杨志强、吕发忠、江建秋、朱朋飞、周俊民。

额定电压 1 kV(U_m=1.2 kV)到 35 kV(U_m=40.5 kV)铝合金芯挤包绝缘电力电缆 第3部分:额定电压 35 kV(U_m=40.5 kV)电缆

1 范围

GB/T 31840 的本部分规定了用于配电网或工业装置中,固定安装的额定电压 35 kV(U_m=40.5 kV)铝合金芯挤包绝缘电力电缆的材料、结构、尺寸和试验要求。

本部分适用于额定电压 35 kV(U_m=40.5 kV)铝合金芯挤包绝缘电力电缆。

在决定电缆应用时,建议考虑径向进水的可能风险。本部分包括了所谓纵向阻水结构电缆及其试验。

本部分不适用于特殊安装和运行条件的电缆,例如用于架空电缆、采矿工业、核电厂(安全壳内及其附近),以及用于水下或船舶的电缆。

2 规范性引用文件

下列文件对于本文件的应用是必不可少的。凡是注日期的引用文件,仅注日期的版本适用于本文件。凡是不注日期的引用文件,其最新版本(包括所有的修改单)适用于本文件。

GB/T 156 标准电压

GB/T 2951.11—2008 电缆和光缆绝缘和护套材料通用试验方法 第11部分:通用试验方法 厚度和外形尺寸测量 机械性能试验

GB/T 2951.12—2008 电缆和光缆绝缘和护套材料通用试验方法 第12部分:通用试验方法 热老化试验方法

GB/T 2951.13—2008 电缆和光缆绝缘和护套材料通用试验方法 第13部分:通用试验方法 密度测定方法 吸水试验 收缩试验

GB/T 2951.14—2008 电缆和光缆绝缘和护套材料通用试验方法 第14部分:通用试验方法 低温试验

GB/T 2951.21—2008 电缆和光缆绝缘和护套材料通用试验方法 第21部分:弹性体混合料专用试验方法 耐臭氧试验 热延伸试验 浸矿物油试验

GB/T 2951.31—2008 电缆和光缆绝缘和护套材料通用试验方法 第31部分:聚氯乙烯混合料专用试验方法 高温压力试验 抗开裂试验

GB/T 2951.32—2008 电缆和光缆绝缘和护套材料通用试验方法 第32部分:聚氯乙烯混合料专用试验方法 失重试验 热稳定性试验

GB/T 2951.41—2008 电缆和光缆绝缘和护套材料通用试验方法 第41部分:聚乙烯和聚丙烯混合料专用试验方法 耐环境应力开裂试验 熔体指数测量方法 直接燃烧法测量聚乙烯中碳黑和(或)矿物质填料含量 热重分析法(TGA)测量碳黑含量 显微镜法评估聚乙烯中碳黑分散度

GB/T 3048.10 电线电缆电性能试验方法 第10部分:挤出护套火花试验

GB/T 3048.12 电线电缆电性能试验方法 第12部分:局部放电试验

GB/T 3048.13 电线电缆电性能试验方法 第13部分:冲击电压试验

GB/T 3956—2008 电缆的导体

GB/T 4909.2—2009 裸电线试验方法 第2部分:尺寸测量

GB/T 4909.3 裸电线试验方法 第3部分:拉力试验

GB/T 4909.5 裸电线试验方法 第5部分:弯曲试验 反复弯曲

GB/T 6995.3 电线电缆识别标志方法 第3部分:电线电缆识别标志

GB/T 7999 铝及铝合金光电直读发射光谱分析方法

GB/T 9327 额定电压35 kV(U_m=40.5 kV)及以下电力电缆导体用压接式和机械式连接金具试验方法和要求

GB/T 11091 电缆用铜带

GB/T 12706.3—2008 额定电压1 kV(U_m=1.2 kV)到35 kV(U_m=40.5 kV)挤包绝缘电力电缆及附件 第3部分:额定电压35 kV(U_m=40.5 kV)电缆

GB/T 16927.1 高电压试验技术 第1部分:一般定义及试验要求

GB/T 18380.12 电缆和光缆在火焰条件下的燃烧试验 第12部分:单根绝缘电线电缆火焰垂直蔓延试验 1 kW预混合型火焰试验方法

GB/T 20975(所有部分) 铝及铝合金化学分析方法

GB/T 30552—2014 电缆导体用铝合金线

GB/T 31840.1—2015 额定电压1 kV(U_m=1.2 kV)到35 kV(U_m=40.5 kV)铝合金芯挤包绝缘电力电缆 第1部分:额定电压1 kV(U_m=1.2 kV)和3 kV(U_m=3.6 kV)电缆

JB/T 8137(所有部分) 电线电缆交货盘

JB/T 8996 高压电缆选择导则

JB/T 10181(所有部分) 电缆载流量计算

JB/T 10696.6 电线电缆机械和理化性能试验方法 第6部分:挤出外套刮磨试验

YB/T 024 铠装电缆用钢带

ISO 48 硫化型或热塑型橡胶硬度测定(硬度在10 IRHD和100 IRHD之间)[Rubber,vulcanized or thermoplastic.Determination of hardness (hardness between 10 IRHD and 100 IRHD)]

IEC 60229:2007 具有特殊保护作用的挤包电缆外护套的试验(Electric cables.Tests on extruded oversheaths with a special protective function)

IEC 61443 额定电压30 kV(U_m=36 kV)以上电缆的短路温度限值[Short-circuit temperature limits of electric cables with rated voltages above 30 kV(U_m=36 kV)]

3 术语和定义

GB/T 31840.1—2015界定的术语和定义适用于本文件。

4 电压标示和材料

4.1 额定电压

本部分中的电缆的额定电压$U_0/U(U_m)$表示方法如下:

$U_0/U(U_m)$=21/35(40.5)kV和26/35(40.5)kV。

在电缆的电压标示$U_0/U(U_m)$中:

U_0 ——电缆设计用的导体对地或金属屏蔽之间的额定工频电压；

U ——电缆设计用的导体之间的额定工频电压；

U_m ——设备可使用的"最高系统电压"的最大值(见 GB/T 156)。

对于一种给定应用的电缆的额定电压应适合电缆所在系统的运行条件。为了便于选择电缆，将系统划分为下列 3 类：

——A 类：该类系统任一相导体与地或接地导体接触时，能在 1 min 内与系统分离。

——B 类：该类系统可在单相接地故障时作短时运行，接地故障时间按照 JB/T 8996 应不超过 1 h。对于本部分包括的电缆，在任何情况下允许不超过 8 h 的更长的带故障运行时间。任何一年接地故障的总持续时间应不超过 125 h。

——C 类：包括不属于 A 类、B 类的所有系统。

注：应该认识到，在系统接地故障不能立即自动解除时，故障期间加在电缆绝缘上过高的电场强度，会在一定程度上缩短电缆寿命。如系统预期会经常地运行在持久的接地故障状态下，该系统可建议划为 C 类。

用于三相系统的电缆，U_0 的推荐值列于表 1。

表 1 额定电压 U_0 推荐值

系统最高电压 U_m/kV	额定电压 U_0/kV	
	A 类、B 类	C 类
40.5	21	26

4.2 绝缘混合料

本部分所涉及绝缘混合料及其代号列于表 2。

表 2 绝缘混合料

绝缘混合料	代号
交联聚乙烯	XLPE
乙丙橡胶或类似材料(EPR 或 EPDM)	EPR
高弹性模量或高硬度乙丙橡胶	HEPR

本部分所包括的各种绝缘混合料的导体最高温度列于表 3。

表 3 各种绝缘混合料的导体最高温度

绝缘混合料	导体最高温度/℃	
	正常运行	短路(最长持续 5 s)
交联聚乙烯(XLPE)	90	250
乙丙橡胶(EPR 和 HEPR)	90	250

表 3 中的温度由绝缘混合料的固有特性决定，在使用这些数据计算额定电流时其他因素的考虑也是重要的。

例如正常运行时，如果直接埋入地下的电缆按表 3 所示导体最高温度在连续负荷(100%负荷因数)下运行，电缆周围土壤的热阻系数经过一定时间后，会因土壤干燥而超过原始值。因此导体温度可能大大地超过最高温度。如果能预料这类运行条件，应当采取足够的预防措施。

关于连续负荷载流量的导则，参见 JB/T 10181。

关于短路温度的导则，参见 IEC 61443。

4.3 护套混合料

本部分中不同类型护套混合料电缆的导体最高温度列于表 4 中。

表 4 不同类型护套混合料电缆的导体最高温度

护套混合料	代号	正在运行时导体最高温度/℃
a) 热塑性的		
聚氯乙烯(PVC)	ST_1	80
	ST_2	90
聚乙烯	ST_3	80
	ST_7	90
b) 弹性体		
氯丁橡胶、氯磺化聚乙烯或类似聚合物	SE_1	85

5 导体

5.1 导体应是符合 GB/T 3956—2008 的第 2 种铝合金导体，其具体化学成分见附录 A，导体的各项性能应符合 5.3 和 5.4 的规定。

5.2 导体应采用圆形紧压或型线紧压绞合结构。

5.3 导体绞合后的单线性能要求应符合表 5 的规定。

表 5 导体绞合后的单线性能

项目	要求
抗拉强度/(N/mm²)	98～159
断裂伸长率/%	≥10
反复弯曲次数/次	≥25

5.4 导体 20 ℃直流电阻应符合 GB/T 3956—2008 的第 2 种铝合金导体的规定值。导体最大和最小外径应符合 GB/T 3956—2008 表 C.2 的规定，800 mm^2 截面导体最小直径为 32.4 mm，最大直径为 36.8 mm，800 mm^2 以上截面导体的最小最大直径由制造方和买方协商确定。

6 绝缘

6.1 材料

绝缘应为表 2 所列的一种挤包成型的介质。

6.2 绝缘厚度

标称绝缘厚度在表 6 中规定。

导体或绝缘外面的任何隔离层或半导电屏蔽层的厚度应不包括在绝缘厚度之中。

表 6 标称绝缘厚度

绝缘混合料	导体标称截面/mm^2	额定电压 $U_0/U(U_m)$ 下的绝缘标称厚度/mm	
		21/35(40.5)kV	26/35(40.5)kV
交联聚乙烯(XLPE)	50～1 600	9.3	10.5
乙丙橡胶(EPR)		9.3	10.5
硬乙丙橡胶(HEPR)		9.3	10.5
注1：不推荐任何小于本表给出的导体截面积。如果需要更小截面积，可用导体屏蔽来增加导体的直径(见7.2)或增加绝缘厚度，以限制在试验电压下加于绝缘的最大电场强度不超过按本表中给出的最小导体尺寸计算得出的场强值。 注2：对大于 1 000 mm^2 导体，可以增加绝缘厚度以避免安装和运行时的机械伤害。			

7 屏蔽

7.1 概述

所有电缆的绝缘线芯上应有分相的金属屏蔽层。

单芯或三芯电缆绝缘线芯的屏蔽，应由导体屏蔽和绝缘屏蔽组成。

7.2 导体屏蔽

导体屏蔽应为挤包的半导电层。挤包的半导电层应和绝缘紧密结合，其与绝缘层的界面应光滑、无明显绞线凸纹，不应有尖角、颗粒、烧焦或擦伤的痕迹。

标称截面积 500 mm^2 及以上电缆导体屏蔽应由半导电带和挤包半导电层复合组成。

7.3 绝缘屏蔽

绝缘屏蔽应由非金属半导电层与金属层组合而成。

每根绝缘线芯上应直接挤包与绝缘线芯紧密结合的非金属半导电层，其与绝缘层的界面应光滑，不应有尖角、颗粒、烧焦或擦伤的痕迹。

然后也可在每根绝缘线芯上包覆一层半导电带。

金属屏蔽层应包覆在每根绝缘线芯的外面，并应符合第 10 章要求。

8 三芯电缆的缆芯、内衬层和填充物

8.1 内衬层和填充物

8.1.1 结构

内衬层可以挤包或绕包。

圆形绝缘线芯电缆只有在绝缘线芯间的间隙被密实填充时，才可采用绕包内衬层。

挤包内衬层前允许用合适的带子扎紧。

8.1.2 材料

用于内衬层和填充物的材料应适合电缆的运行温度与电缆绝缘材料相兼容。

8.1.3 挤包内衬层厚度

挤包内衬层的近似厚度应从表 7 中选取。

表 7 挤包内衬层厚度

缆芯假设直径 d/mm		挤包内衬层厚度近似值/mm
>60	≤80	1.8
>80	—	2.0

8.1.4 绕包内衬层厚度

绕包内衬层的近似厚度取 0.6 mm。

8.2 具有分相金属层的电缆(见第 10 章)

各个绝缘线芯的金属层应相互接触。

若电缆的分相金属屏蔽缆芯外具有另外的同样金属材料的统包金属层(见第 9 章),电缆的缆芯外应包覆内衬层。内衬层和填充物应符合 8.1 要求。除纵向阻水型电缆外,内衬层和填充物应采用非吸湿材料。内衬层和填充物也可采用半导电材料。

当分相与统包金属层采用的金属材料不同时,应采用符合 13.2 中规定的任一种材料挤包隔离套将其隔开。

若电缆没有统包金属层(见第 9 章),只要电缆外形保持圆整,可以省略内衬层。

注:8.1 和 8.2 不适用于由有护套单芯电缆成缆的缆芯。

9 单芯或三芯电缆的金属层

本部分包括以下类型的金属层:

a) 金属屏蔽(见第 10 章);

b) 同心导体(见第 11 章);

c) 金属铠装(见第 12 章)。

金属层应为上述的一种或几种型式,包覆在三芯电缆的每个绝缘线芯或单芯电缆上时应采用非磁性材料。

可以采取某些措施使金属层周围具有纵向阻水性能。

10 金属屏蔽

10.1 结构

金属屏蔽应由一根或多根金属带,金属编织,金属丝的同心层或金属丝与金属带的组合结构组成。

金属屏蔽也可以是符合 10.2 要求的金属铠装层。

选择金属屏蔽材料时,应特别考虑存在腐蚀的可能性,这不仅为了机械安全,而且也为了电气安全。

金属屏蔽绕包的搭盖和间隙应符合 10.2 要求。

10.2 要求

10.2.1 铜丝屏蔽的标称截面积应根据故障电流容量确定。

10.2.2 铜带或铝合金带屏蔽应由一层重叠绕包的软铜带或铝合金带组成，也可采用双层铜带或铝合金带间隙绕包。铜带或铝合金带间的搭盖率为铜带宽度的15%（标称值），最小搭盖率应不小于5%。

铜带应符合GB/T 11091的规定。

铜带标称厚度为：

——单芯电缆：≥0.12 mm；

——三芯电缆：≥0.10 mm。

铜带的最小厚度应不小于标称值的90%。

铝合金带应符合附录B的规定。

铝合金带标称厚度为：

——单芯电缆：≥0.18 mm；

——三芯电缆：≥0.15 mm。

铝合金带的最小厚度应不小于标称值的90%。

10.2.3 标称截面积为500 mm^2及以上电缆的金属屏蔽应采用铜丝屏蔽结构。铜丝屏蔽应由疏绕的软铜丝组成，其表面采用反向绕包的铜丝或铜带扎紧。相邻铜丝的平均间隙应不大于4 mm。

金属屏蔽中铜丝的电阻，适用时应符合GB/T 3956—2008要求。

11 同心导体

11.1 结构

同心导体的间隙应符合10.2.3要求。

选用同心导体结构和材料时，应特别考虑腐蚀的可能性，这不仅为了机械安全，也为了电气安全。

11.2 要求

同心导体的尺寸、物理及其电阻值要求，应符合10.2要求。

11.3 使用

如采用同心导体结构，应在多芯电缆的内衬层外包覆同心导体层，对单芯电缆应直接在绝缘外或适当的内衬层外包覆同心导体层。

12 金属铠装

12.1 金属铠装类型

本部分包括铠装类型如下：

a) 扁金属丝铠装；

b) 圆金属丝铠装；

c) 双金属带铠装。

12.2 材料

圆金属丝或扁金属丝应是镀锌钢丝，铜丝或镀锡铜丝，铝或铝合金丝。

金属带为涂漆钢带、镀锌钢带、铝或铝合金带。钢带应符合YB/T 024规定。

在要求铠装钢丝满足最小导电性的情况下，允许在铠装层中嵌入足够的铜丝或镀锡铜丝，并应确保达到这项要求。

选择铠装材料时，尤其是铠装作为屏蔽层使用时，应特别考虑存在腐蚀的可能性，这不仅是为了机械安全，而且也为了电气安全。

除非采用特殊结构，用于交流系统的单芯电缆的铠装应采用非磁性材料。

注：用于交流系统的单芯电缆以磁性材料为主的铠装即使采用特殊结构，电缆载流量仍将大为降低，应慎重选用。

12.3 铠装的使用

12.3.1 单芯电缆

单芯电缆的铠装层下应有挤包或绕包的内衬层，其厚度应符合 8.1.3 或 8.1.4 要求。

12.3.2 三芯电缆

三芯电缆需要铠装时，铠装应包覆在符合 8.1 规定的内衬层上。

12.3.3 隔离套

当铠装下的金属层与铠装材料不同时，应用 13.2 规定的一种材料，挤包一层隔离套将其隔开。

隔离套应经受 GB/T 3048.10 规定的火花试验。

如果在铠装层下采用隔离套，可以由其代替内衬层或附加在内衬层上。

隔离套的标称厚度 T_s(以 mm 计)应按式(1)计算：

$$T_s = 0.02D_u + 0.6 \qquad \cdots\cdots(1)$$

式中：

D_u——挤包该隔离套前的假设直径，单位为毫米(mm)。

计算按附录 C 所述进行，计算结果修约到 0.1 mm(见附录 D)。

电缆的隔离套标称厚度应不小于 1.2 mm。

12.4 铠装金属丝和铠装金属带的尺寸

铠装金属丝和铠装金属带应优先采用下列标称尺寸：

——圆金属丝：直径 2.0 mm、2.5 mm、3.15 mm；

——扁金属丝：厚度 0.8 mm；

——钢带厚度：0.5 mm、0.8 mm；

——铝或铝合金带：厚度 0.5 mm、0.8 mm。

12.5 电缆直径与铠装层尺寸的关系

铠装圆金属丝的标称直径和铠装金属带的标称厚度应分别不小于表 8 和表 9 的规定的数值。

扁金属丝的标称厚度应取 0.8 mm。

表 8 铠装圆金属丝标称直径

铠装前假设直径 d/mm		铠装金属丝标称直径/mm
>25	≤35	2.0
>35	≤60	2.5
>60	—	3.15

表 9 铠装金属带标称厚度

铠装前假设直径 d/mm		金属带标称厚度/mm	
		钢带或镀锌钢带	铝或铝合金带
>30	≤70	0.5	0.5
>70	—	0.8	0.8

12.6 圆金属丝或扁金属丝铠装

金属丝铠装要紧密，即使相邻金属丝间的间隙最小。必要时，可在扁金属丝铠装和圆金属丝铠装外疏绕一条最小标称厚度为 0.3 mm 的镀锌钢带，钢带厚度的偏差应符合 16.6.3 规定。

12.7 双金属带铠装

采用金属带铠装时和符合 8.1 规定的内衬层时，其内衬层应采用包带垫层加强。内衬层和附加包带垫层的总厚度应按 8.1 的规定值再加 0.8 mm。

内衬层和附加包带垫层的总厚度不得小于规定值的 80%再减 0.2 mm。

如果有隔离套或挤包的内衬层并且满足 12.3.3 的规定时，则不要求加包带垫层。

金属带铠装应螺旋绕包两层，使外层金属带的中线大致在内层金属带的间隙上方，包带间隙应不大于金属带宽带的 50%。

13 外护套

13.1 概述

所有电缆都应有外护套。

外护套通常为黑色，但也可以按照制造方和买方协议采用黑色以外的其他颜色，以适应电缆使用的特定环境。

外护套应经受 GB/T 3048.10 规定的火花试验。

13.2 材料

外护套应为热塑性材料(聚氯乙烯或聚乙烯)或弹性体材料(聚氯丁烯，氯磺化聚乙烯或类似聚合物)。

外护套材料应与表 4 中规定的电缆运行温度相适应。

在特殊条件下(例如为了防白蚁)使用的外护套，可能有必要使用化学添加剂，但这些添加剂不应包括对人类及环境有害的材料。

注：例如不希望采用的材料包括[1)]：

——氯甲桥萘(艾氏剂)：1、2、3、4、10、10-六氯代-1、4、4a、5、8、8a-六氢化-1、4、5、8-二甲桥萘；

——氧桥氯甲桥萘(狄氏剂)：1、2、3、4、10、10-六氯代-6、7-环氧-1、4、4a、5、6、7、8、8a-八氢-1、4、5、8-二甲桥萘；

——六氯化苯(高丙体六六六)：1、2、3、4、5、6-六氯代-环乙烷 γ 异构体。

13.3 厚度

若无其他规定，挤包护套标称厚度值 T_s(以 mm 计算)应按式(2)计算：

$$T_s = 0.035D + 1.0 \qquad (2)$$

式中：

D——挤包护套前电缆的假设直径，单位为毫米(mm)(见附录 C)。

按式(2)计算出的数值应修约到 0.1 mm(见附录 D)。

无铠装的电缆和护套不直接包覆在铠装、金属屏蔽或同心导体上的电缆，其单芯电缆护套的标称厚度应不小于 1.4 mm，多芯电缆护套的标称厚度应不小于 1.8 mm。

护套直接包覆在铠装、金属屏蔽或同心导体上的电缆，护套的标称厚度应不小于 1.8 mm。

---

1) 来源：《工业材料中的危险品》N.I.Sax，第五版，Van Nostrand Reinhold，ISBN 0-442-27373-8。

14 试验条件

14.1 环境温度

除非另有规定，试验应在环境温度(20±15)℃下进行。

14.2 工频试验电压的频率和波形

工频试验电压的频率应在 49 Hz～61 Hz；波形基本上为正弦波，引用值为有效值。

14.3 冲击试验电压的波形

按照 GB/T 3048.13，冲击波形应具有有效波前时间 1 μs～5 μs，标称半峰值时间 40 μs～60 μs。其他方面应符合 GB/T 16927.1。

15 例行试验

15.1 概述

例行试验通常应在每一个电缆制造长度上进行(见 3.1)。根据购买方和制造方达成的质量控制协议，可以减少试验电缆的根数或采用其他方法。

本部分要求的例行试验：

a) 导体电阻测量(见 15.2)；

b) 在带有符合 7.2 和 7.3 规定的导体屏蔽和绝缘屏蔽的电缆绝缘线芯上进行的局部放电试验(见 15.3)；

c) 电压试验(见 15.4)。

15.2 导体电阻

应对例行试验中的每一根电缆长度所有导体进行测量，如果有同心导体的话也包括在内。

成品电缆或从成品电缆上取下的试样，应在保持适当温度的试验室内至少存放 12 h。若怀疑导体温度是否与室温一致，电缆应在试验室内存放 24 h 后测量。也可选取另一种方法，即将导体试样浸在温度可以控制的液体槽内，至少浸入 1 h 后测量电阻。

电阻测量值应按 GB/T 3956—2008 规定的公式和系数校正到 20 ℃下 1 km 长度的数值。

每一根导体 20 ℃时的直流电阻应不超过 GB/T 3956—2008 规定的相应的最大值。标称截面积适用时，同心导体的电阻也应符合 GB/T 3956—2008 规定。

15.3 局部放电试验

应按 GB/T 3048.12 进行局部放电试验，试验灵敏度应为 10 pC 或更优。

三芯电缆的所有绝缘线芯都应试验，电压施加于每一根导体和金属屏蔽之间。

试验电压应逐渐升高到 $2U_0$ 并保持 10 s，然后缓慢降到 $1.73U_0$。

在 $1.73U_0$ 下，应无任何由被试电缆产生的超过声明试验灵敏度的可检测到的放电。

注：被试电缆的任何放电都可能有害。

15.4 电压试验

15.4.1 概述

电压试验应在环境温度下进行。采用工频交流电压进行。

除非购买方另有要求，制造方可任选以下程序进行例行电压试验：

a） $3.5U_0$，5 min；

b） $2.5U_0$，30 min。

15.4.2 单芯电缆试验步骤

单芯屏蔽电缆的试验电压应施加在导体与金属屏蔽之间。

15.4.3 三芯电缆试验步骤

应在三芯电缆，在每一相导体与金属层间施加试验电压。

三芯电缆也可采用三相变压器，一次完成试验。

15.4.4 试验电压

对应额定电压的单相试验电压值见表10。

表10 例行试验电压

额定电压 U_0/kV	21	26
试验电压 $3.5U_0$/kV	73.5	91
试验电压 $2.5U_0$/kV	53	65

若用三相变压器同时对三芯电缆进行电压试验，相间试验电压应取表10所列数据的1.73倍。

在任何情况下，电压都应逐渐升高到规定值。

15.4.5 要求

绝缘应无击穿。

16 抽样试验

16.1 概述

本部分要求的抽样试验包括：

a） 导体检查（见16.4）；

b） 尺寸检验（见16.5～16.7）；

c） 4 h 电压试验（见16.8）；

d） EPR、HEPR和XLPE绝缘及弹性体护套的热延伸试验（见16.9）；

e） 铝合金单线的抗拉强度和断裂伸长率试验（见16.10）；

f） 铝合金单线的反复弯曲性能试验（见16.11）。

16.2 抽样试验频率度

16.2.1 导体检查和尺寸检查

导体检查，绝缘和护套厚度的测量以及电缆外径的测量应在每批同一型号和规格电缆中的一根制造长度的电缆上进行，但应限制不超过合同长度数量的10%。

16.2.2 电气和物理试验

电气和物理应按商定的质量控制协议，在制造长度电缆上取样。若无协议，对于三芯电缆总长度大于 2 km 或单芯电缆总长度大于 4 km 时，应按表 11 数量进行试验。

表 11　抽样试验样品数量

电缆长度/km				样品数
三芯电缆		单芯电缆		
>2	≤10	>4	≤20	1
>10	≤20	>20	≤40	2
>20	≤30	>40	≤60	3
……		……		……
注：……表示其余类推。				

16.3　复试

如果任一试样没有通过第 16 章的任一项试验，应从同一批中再取两个附加试样就不合格项目重新试验，如果两个附加试样都合格，样品所去批次的电缆应认为符合本部分要求。如果加试样中有一个试样不合格，则认为抽样去该试样的这批电缆不符合本部分要求。

16.4　导体检查

应采用检查或可行的测量方法检验导体结构是否符合 GB/T 3956—2008 要求。

16.5　绝缘和非金属护套厚度的测量（包括挤包隔离套但不包括挤包内衬层）

16.5.1　概述

试验方法应符合 GB/T 2951.11—2008 第 8 章规定。

为试验而选取的每根电缆长度应从电缆的一段截取一段电缆来代表，如果必要，应将可能损伤的部分电缆先从该端截除。

16.5.2　对绝缘的要求

每一段绝缘线芯，最小测量值应不低于规定标称值的 90%再减 0.1 mm，即：

$$t_{min} \geqslant 0.9t_n - 0.1$$

同时：

$$(t_{max} - t_{min})/t_{max} \leqslant 0.15$$

式中：

t_{max}——最大厚度，单位为毫米(mm)；

t_{min}——最小厚度，单位为毫米(mm)；

t_n——标称厚度，单位为毫米(mm)。

注：t_{max}和 t_{min}为同一截面上的测量值。

16.5.3　对非金属护套要求

护套应符合下列要求：

a)　对于非铠装电缆和护套不直接包覆在铠装、金属屏蔽上的电缆外护套，其厚度的最小测量值应不低于规定标称值的 85%再减 0.1 mm。即：

$$t_{min} \geqslant 0.85t_n - 0.1$$

b） 直接包覆在铠装、金属屏蔽上的电缆外护套，其厚度最小测力值不应低于规定标称值的80%再减0.2 mm。即：

$$t_{min} \geqslant 0.8t_n - 0.2$$

16.6 铠装金属丝和金属带的测量

16.6.1 金属丝的测量

应使用具有两个平侧头精度为±0.01 mm的千分尺来测量圆金属丝的直径和扁金属丝的厚度。对圆金属丝应在同一截面上两个互成直角的位置上各测量一次，取两次测量的平均值作为金属丝的直径。

16.6.2 金属带的测量

应使用具有两个直径为5 mm平测头、精度为±0.01 mm的千分尺进行测量。对带宽为40 mm及以下的金属带应在宽度中央测其厚度；对更宽的带子应在距其每一边缘20 mm处测量，取其平均值作为金属带厚度。

16.6.3 要求

铠装金属丝和金属带的尺寸低于12.5中规定的标称尺寸的量值应不超过：

——圆金属丝：5%；

——扁金属丝：8%；

——金属带：10%。

16.7 外径测量

如果抽样试验中要求测量电缆外径，应按GB/T 2951.11—2008进行。

16.8 4 h电压试验

16.8.1 取样

试验终端之间的一根成品电缆长度应至少为5 m。

16.8.2 步骤

在环境温度下，每一导体与金属层间应施加工频电压4 h。

16.8.3 试验电压

试验电压应为$4U_0$。对应于标准额定电压的试验电压值列于表12。

表12 抽样试验电压

额定电压U_0/kV	21	26
试验电压/kV	84	104

试验电压应逐渐升高到规定值，并持续4 h。

16.8.4 要求

绝缘应不发生击穿。

16.9 EPR、HEPR 和 XLPE 绝缘和弹性体护套的热延伸试验

16.9.1 步骤

取样和试验步骤按 GB/T 2951.21—2008 第 9 章规定进行。

试验条件列于表 20 和表 21 中。

16.9.2 要求

EPR、HEPR 和 XLPE 绝缘的试验结果应符合表 20 要求，SE_1 护套应符合表 21 要求。

16.10 铝合金单线的抗拉强度和断裂伸长率试验

16.10.1 取样

从成品电缆铝合金绞合导体中取出单线进行试验。中心线取 1 根，最外层取 3 根，其他每层各取 1 根。

16.10.2 试验

按照 GB/T 4909.3 中所述的试验设备和方法进行试验。单线的横截面积通过称量长度为 1 m 的单线的重量，并按照 GB/T 4909.2—2009 中 5.4.2 的规定求得，铝合金的密度取为 2.71 g/cm^3。

16.10.3 要求

试验结果取所有试件数据的最小值。抗拉强度和断裂伸长率应符合表 5 的要求。

16.11 铝合金单线的反复弯曲性能试验

16.11.1 步骤

抽样和试验步骤按 GB/T 4909.5 规定进行。

16.11.2 要求

试验的最小弯曲断裂次数应符合表 5 要求。

17 电气型式试验

17.1 概述

具有特定电压和导体截面的一种型式的电缆通过了本部分的型式试验后，对于具有其他导体截面和/或额定电压的电缆型式批准仍然有效，只要满足下列 3 个条件：

a) 绝缘和半导电屏蔽材料以及所采用的制造工艺相同；

b) 导体截面积不大于已试电缆，但是如果已试电缆的导体截面积在 95 mm^2～630 mm^2（含）之间，那么 630 mm^2 及以下的所有电缆也有效；

c) 额定电压不高于已试电缆。

型式认可与导体材料无关。

17.2 具有导体屏蔽和绝缘屏蔽的电缆

17.2.1 概述

应从成品电缆中取 10 m～15 m 长的电缆试样按 17.2.2 进行试验。

除 17.2.3 的例外，所有 17.2.2 所列的试验应依次在同一试样上进行。

三芯电缆的每项试验或测量应在所有绝缘线芯上进行。

17.2.10 规定的半导电屏蔽电阻率测量，应在另外的试样上进行。

17.2.2 试验顺序

正常试验的顺序应如下：

a) 弯曲试验及随后的局部放电试验(见 17.2.4 和 17.2.5)；

b) tanδ 测量(见 17.2.3 和 17.2.6)；

c) 热循环试验及随后的局部放电试验(见 17.2.7)；

d) 冲击电压试验及随后的工频电压试验(见 17.2.8)；

e) 4 h 电压试验(见 17.2.9)。

17.2.3 特殊条款

tanδ 测量可以在没有按 17.2.2 正常试验顺序做过试验的另一个试样进行。

17.2.2 中的 e)项试验可取一个新的试样进行，但该试样应预先进行过 17.2.2 中的 a)项和 c)项试验。

17.2.4 弯曲试验

在室温下试样应围绕试验圆柱体(例如线盘的筒体)至少绕一整圈，然后松开展直，再在相反方向上重复此过程。

此操作循环应进行 3 次。

试验圆柱体的直径应为：

$$20(d+D)\pm 5\%\text{(单芯电缆)}$$

$$15(d+D)\pm 5\%\text{(三芯电缆)}$$

式中：

D ——电缆试样实测外径，单位为毫米(mm)，按 16.7 测量；

d ——导体的实测直径，单位为毫米(mm)。

本试验完成后，试样应即进行局部放电试验，并应符合 17.2.5 要求。

17.2.5 局部放电试验

应按 GB/T 3048.12 进行局部放电试验，试验灵敏度应为 5 pC 或更优。

三芯电缆的所有绝缘线芯都应试验，电压施加于每一根导体和金属屏蔽之间。

试验电压逐渐升高到 $2U_0$ 并保持 10 s，然后缓慢降到 $1.73U_0$。

在 $1.73U_0$ 下，应无任何由被试电缆产生的超过声明试验灵敏度的可检测到的放电。

注：被试电缆的任何放电都可能有害。

17.2.6 tanδ 测量

成品电缆试样应采用下述方法之一加热：试样应放置在液体槽或烘箱中，或者在试样的金属屏蔽层或导体或两者都通电流加热。

试样应加热至导体温度超过电缆正常运行时导体最高温度 5 ℃～10 ℃。

每一方法中，导体的温度应通过测量导体电阻确定，或者用放在液体槽、烘箱内或放在屏蔽层表面上，或放在与被测电缆相同的另一根同样加热的参照电缆上的测温装置进行测量。

在额定电压 U_0 和上述规定温度下进行 tanδ 测量。

测量值应不高于表 13 规定。

表 13　绝缘的电气型式试验要求规定

序号	试验项目和试验条件（混合料代号见 4.2）	单位	性能要求	
			EPR/HEPR	XLPE
0	正常运行时导体最高温度(见 4.2)	℃	90	90
1	tanδ(见 17.2.6) ——超过电缆正常运行导体在高温度 5 ℃～10 ℃的 tanδ 最大值		50×10^{-4}	10×10^{-4}

17.2.7　热循环试验

经过上述各项试验后的试样应在试验室的地面上展开，并在试样导体上通以电流加热，直至导体达到稳定温度，此温度应超过电缆正常运行时导体最高温度 5 ℃～10 ℃。

三芯电缆的加热电流应通过所有导体。

加热循环应持续至少 8 h，在每一加热过程中，导体应在达到规定温度后至少维持 2 h。随后应在空气中自然冷却至少 16 h。

此循环应重复 20 次。

第 20 个循环后，试样应进行局部放电试验并应符合 17.2.5 要求。

17.2.8　冲击电压试验及随后的工频电压试验

试验应在超过电缆正常运行时导体最高温度 5 ℃～10 ℃的温度下进行。

应按照 GB/T 3048.13 规定的步骤施加冲击电压，其电压峰值应为 200 kV。

电缆的每一个绝缘线芯应耐受 10 次正极性和 10 次负极性冲击电压而不击穿。

在冲击电压试验后，电缆试样的每一绝缘线芯应在室温下进行工频电压试验 15 min。试验电压应按表 10 规定。绝缘应不发生击穿。

17.2.9　4 h 电压试验

本试验应在室温下进行。应在试样的导体和屏蔽之间施加工频交流电压 4 h。

试验电压应为 $4U_0$，试验电压值见表 12。电压应逐渐升高至规定值。绝缘应不发生击穿。

17.2.10　半导电屏蔽电阻率

17.2.10.1　步骤

试验步骤应按 GB/T 12706.3—2008 附录 C 规定。

应在电缆正常运行时导体最高温度±2 ℃的温度下进行。

17.2.10.2　要求

在老化前和老化后，电阻率应不超过下列数值：

——导体屏蔽：1 000 Ω · m；

——绝缘屏蔽：500 Ω · m。

注：挤包在导体上的和绝缘上的半导电屏蔽的电阻率，应在取自电缆绝缘线芯上的试样上进行测量，绝缘线芯应分别取自制造好的电缆样品和进行过按 18.5 规定的材料相容性试验老化处理后的电缆样品。

18 非电气型式试验

18.1 绝缘厚度测量

18.1.1 取样

应从每根绝缘线芯上各取一个试样。

18.1.2 步骤

按 GB/T 2951.11—2008 中 8.1 规定进行。

18.1.3 要求

见 16.5.2。

18.2 非金属护套厚度测量(包括挤包隔离套但不包括内衬层)

18.2.1 取样

应取一个电缆样品。

18.2.2 步骤

应按 GB/T 2951.11—2008 中 8.2 规定进行测量。

18.2.3 要求

见 16.5.3。

18.3 绝缘老化前后的机械性能试验

18.3.1 取样

应按 GB/T 2951.11—2008 中 9.1 规定进行取样和制备试片。

18.3.2 老化处理

应在表 16 规定的条件下按 GB/T 2951.12—2008 中 8.1 的规定进行老化处理。

18.3.3 预处理和机械试验

应按 GB/T 2951.11—2008 中 9.1 规定进行试片的预处理和机械性能试验。

18.3.4 要求

试片老化前和老化后的试验结果均应符合表 16 要求。

18.4 非金属护套老化前后的机械性能试验

18.4.1 取样

应按 GB/T 2951.11—2008 中 9.2 规定进行取样及制备试片。

18.4.2 老化处理

应在表17规定的条件下，按GB/T 2951.12—2008中8.1的规定进行老化处理。

18.4.3 预处理和机械性能试验

应按GB/T 2951.11—2008中9.2规定进行预处理和机械性能试验。

18.4.4 要求

试片老化前和老化后的试验结果均应符合表17要求。

18.5 成品电缆段的附加老化试验

18.5.1 概述

本试验旨在检验运行中电缆绝缘和非金属护套与电缆中其他电缆部件接触时有无劣化倾向。

本试验适用于任何类型的电缆。

18.5.2 取样

应按GB/T 2951.12—2008中8.1.4规定从成品电缆上截取样品。

18.5.3 老化处理

应按GB/T 2951.12—2008中8.1.4规定，在空气烘箱中进行电缆样品的老化处理。老化条件如下：

——温度：高于电缆正常运行时导体最高温度(见表13)(10±2 ℃)；

——周期：7×24 h。

18.5.4 机械性能试验

取自老化后电缆段试样的绝缘和护套试片，应按GB/T 2951.12—2008中8.1.4进行机械性能试验。

18.5.5 要求

老化前和老化后抗张强度与断裂伸长率中间值的变化率(见18.3和18.4)应不超过空气烘箱老化后的规定值。绝缘的规定值见表16，非金属护套的规定值见表17。

18.6 ST_2型PVC护套失重试验

18.6.1 步骤

应按GB/T 2951.32—2008中8.2规定取样和进行试验。

18.6.2 要求

试验结果应符合表18的要求。

18.7 非金属护套的高温压力试验

18.7.1 步骤

应按GB/T 2951.31—2008第8章规定进行高温压力试验，试验条件和试验方法见表18和表19。

18.7.2 要求

试验结果应符合 GB/T 2951.31—2008 第 8 章要求。

18.8 PVC 护套的低温性能试验

18.8.1 步骤

应按 GB/T 2951.14—2008 第 8 章规定取样和进行试验,试验温度见表 18。

18.8.2 要求

试验结果应符合 GB/T 2951.14—2008 第 8 章的要求。

18.9 PVC 护套的抗开裂试验(热冲击试验)

18.9.1 步骤

应按 GB/T 2951.31—2008 第 9 章规定取样和进行试验,试验温度和加热持续时间见表 18。

18.9.2 要求

试验结果应符合 GB/T 2951.31—2008 第 9 章要求。

18.10 EPR 和 HEPR 绝缘臭氧试验

18.10.1 步骤

应按 GB/T 2951.21—2008 中第 8 章取样和进行试验。臭氧浓度和试验持续时间应符合表 20 规定。

18.10.2 要求

试验结果应符合 GB/T 2951.21—2008 第 8 章要求。

18.11 EPR、HEPR 和 XLPE 绝缘与弹性体护套的热延伸试验

应按 16.9 规定取样和进行试验,并符合其要求。

18.12 弹性体护套的浸油试验

18.12.1 步骤

应按 GB/T 2951.21—2008 第 10 章取样和进行试验,试验条件应符合表 21。

18.12.2 要求

试验结果应符合表 21 要求。

18.13 绝缘吸水试验

18.13.1 步骤

应按 GB/T 2951.13—2008 中 9.1 或 9.2 规定取样和进行试验。试验条件应分别符合表 20 规定。

18.13.2 要求

试验结果应符合表 20 要求。

18.14 单根电缆的不延燃试验

该试验适用于 ST_1、ST_2 或 SE_1 护套的电缆。且仅有特别要求时才在这些电缆上进行。

试验要求和方法应符合 GB/T 18380.12 规定。

18.15 黑色 PE 护套碳黑含量测定

18.15.1 步骤

应按 GB/T 2951.41—2008 第 11 章规定取样和进行试验。

18.15.2 要求

试验结果应符合表 19 要求。

18.16 XLPE 绝缘的收缩试验

18.16.1 步骤

应按 GB/T 2951.13—2008 第 10 章规定取样和进行试验，试验条件应符合表 20 规定。

18.16.2 要求

试验结果应符合表 20 要求。

18.17 挤包外护套刮磨试验

试样经 17.2.4 规定的弯曲试验后，应按 JB/T 10696.6 进行刮磨试验。

把经过刮磨试验的试样，在室温下浸入 0.5%(重量比)氯化钠和大约 0.1%(重量比)非离子型表面活性剂水溶液中至少 24 h。

将金属屏蔽和铠装作为负极，在负极和盐溶液之间施加直流电压 20 kV，历时 1 min。然后施加雷电冲击电压 20 kV，正负极性各 10 次。试样应不击穿。

把试样从溶液中取出，剥下包含刮磨部位的 1 m 长护套，用肉眼观察护套内外表面，应无裂缝和开裂。

18.18 HEPR 绝缘硬度测量

18.18.1 步骤

应按照 GB/T 12706.3—2008 附录 E 取样和进行测量。

18.18.2 要求

试验结果应符合表 20 要求。

18.19 HEPR 绝缘弹性模量测定

18.19.1 步骤

应按照 GB/T 2951.11—2008 第 9 章取样、制备试片和进行测定。

应测量伸长为 150%时所需的负荷。相应的应力应用测得的负荷除以试片未拉伸前的截面积计算得到。应确定应力与应变的比值，以得到伸长率为 150%时的弹性模量。

弹性模量应取全部测量结果的中间值。

18.19.2 要求

试验结果应符合表 20 要求。

18.20 PE 外护套收缩试验

18.20.1 步骤

应按 GB/T 2951.13—2008 第 11 章规定取样和进行试验。

试验条件见表 19。

18.20.2 要求

试验结果应符合表 19 规定。

18.21 绝缘屏蔽的可剥离性试验

18.21.1 步骤

试验应在老化前和老化后的样品上各进行三次，可在三个单独的电缆试样上进行试验，也可在同一个电缆试样上沿圆周方向彼此间隔约 120°的三个不同位置上进行试验。

应从老化前和按 18.5.3 老化后的被试电缆上取下长度至少 250 mm 的绝缘线芯。

在每一个试样的挤包绝缘屏蔽表面上从试样的一端到另一端向绝缘纵向切割成两道彼此相隔宽(10±1)mm 相互平行的深入绝缘的切口。

沿平行于绝缘线芯方向（也就是剥切角近似于 180°）拉开长 50 mm、宽 10 mm 的条形带后，将绝缘线芯垂直地装在拉力机上，用一个夹头夹住绝缘线芯的一端，而 10 mm 条形带，夹在另一个夹头上。

施加使 10 mm 条形带从绝缘分离的拉力，拉开至少 100 mm 长的距离。应在剥离角近似 180°和速度为(250±50)mm/min 条件下测量拉力。

试验应在(20±5)℃温度下进行。

对未老化和老化后的试样应连续地记录其剥离力的数值。

18.21.2 要求

从老化前后的试样绝缘上剥下挤包半导电屏蔽的剥离力应不小于 8 N 和不大于 45 N。

绝缘表面应无损伤及残留的半导电屏蔽痕迹。

注：当制造方声明采用的挤包半导电绝缘屏蔽为可剥离型时，应进行本试验。

18.22 透水试验

当制造方声称采用了纵向阻水屏障电缆的设计时，应进行透水试验。本试验的目的是满足地下埋设电缆的要求，而不适用于水底电缆。

本试验用于下列电缆设计：

a) 在金属层附近具有纵向阻水屏障；

b) 沿着导体具有纵向阻水屏障。

试验装置、取样和试验步骤应按 GB/T 12706.3—2008 附录 D 规定。

当电缆具有径向阻水的金属箔复合护层时，应进行 GB/T 12706.3—2008 附录 F 的试验。

18.23 铝合金单线的抗拉强度和断裂伸长率试验

应按 16.10 规定取样和进行试验，并符合其要求。

18.24 铝合金单线的反复弯曲性能试验

应按16.11规定取样和进行试验，并符合其要求。

18.25 铝合金导体化学成分测定

18.25.1 步骤

化学成分按GB/T 20975或GB/T 7999的规定进行；仲裁分析方法按GB/T 20975的规定进行。

18.25.2 要求

试验结果符合5.1要求。

18.26 铝合金单线的抗压蠕变试验

应按GB/T 30552—2014规定取样和进行试验。该试验仅在客户要求时进行。

18.27 铝合金导体与金具的连接性能试验

试验步骤和要求应符合GB/T 9327中A类连接金具的规定。与铝合金导体相连的金具，宜采用与铝合金导体相同的材料制造。

注1：通过连接性能试验之后不需要再进行抗压蠕变试验。

注2：本部分要求的非电气常规型式试验项目见表14；非电气特殊型式试验项目见表15。

19 安装后电气试验[2)]

19.1 概述

试验应在电缆及其附件安装完成后进行。

推荐按照19.2进行外护套的直流电压试验，并在有要求时按照19.3进行绝缘试验。对于只进行外护套的直流电压试验的情况，可以用买方和供方认可的质量保证程序代替绝缘试验。

19.2 外护套的直流电压试验

应在电缆的每相金属套或金属屏蔽与接地之间施加IEC 60229:2007第5章规定的直流电压及持续时间。

为了有效试验，有必要使外护套的全部外表面接地良好。

注：外护套上的导电层能够帮助达到此目的。

19.3 交流电压试验

按供方与买方协议，可以采用下列a)项或b)项工频电压试验：

a) 交流电压试验应经买方和供方协商同意后进行。电压的波形应基本是正弦波，频率应为20 Hz～300 Hz。试验电压为$2U_0$，持续60 min；

b) 作为替代，可以施加系统额定电压U_0，持续24 h。

注：对已运行的电缆线路，可采用较低的电压和/或较短的时间进行试验。试验的电压和时间应考虑已运行的时间、环境条件、击穿历史以及试验的目的，经协商确定。

---

2) 安装后绝缘的电气试验与IEC 60840:2004《额定电压大于30 kV(U_m=36 kV)至150 kV(U_m=170 kV)挤包绝缘电力电缆及附件　试验方法和要求》一致。

20 电缆产品的补充条款

电缆产品的补充条款包括电缆型号和产品表示方法、产品验收规则、成品电缆标志、电缆包装、运输和贮存以及安装条件，详见附录 E。

表 14 非电气常规型式试验

序号	试验项目 （混合料代号见 4.2 和 4.3）	绝缘			护套				
		EPR	HEPR	XLPE	PVC		PE		SE$_1$
					ST$_1$	ST$_2$	ST$_3$	ST$_7$	
1	尺寸								
1.1	厚度测量	×	×	×	×	×	×	×	×
2	机械性能（抗张强度和断裂伸长率）								
2.1	老化前	×	×	×	×	×	×	×	×
2.2	空气烘箱老化后	×	×	×	×	×	×	×	×
2.3	成品电缆段老化	×	×	×	×	×	×	×	×
2.4	浸入热油后	—	—	—	—	—	—	—	×
3	热塑性能								
3.1	高温压力试验（凹痕）	—	—	—	×	×	—	×	—
3.2	低温性能	—	—	—	×	×	—	—	—
4	其他各类试验								
4.1	空气烘箱内的失重试验	—	—	—	—	×	—	—	—
4.2	热冲击试验（开裂）	—	—	—	×	×	—	—	—
4.3	抗臭氧试验	×	×	—	—	—	—	—	—
4.4	热延伸试验	×	×	×	—	—	—	—	×
4.5	不延燃试验（若需要）	—	—	—	×	×	—	—	×
4.6	吸水试验	×	×	×	—	—	—	—	—
4.7	收缩试验	—	—	×	—	—	×	×	—
4.8	外护套刮磨试验	—	—	—	×	×	×	×	×
4.9	炭黑含量[a]	—	—	—	—	—	×	×	—
4.10	硬度试验	—	×	—	—	—	—	—	—
4.11	弹性模量试验	—	×	—	—	—	—	—	—
4.12	可剥离性试验[b]								
4.13	透水试验[c]								
4.14	金属箔粘结强度								

注：×表示型式试验项目。

[a] 仅对黑色外护套适用。

[b] 适用于制造方声明具有可剥离绝缘屏蔽电缆。

[c] 适用于制造方声明具有阻水屏障结构电缆。

表 15 非电气特殊型式试验

序号	试验项目
1	铝合金单线的抗拉强度和断裂伸长率
2	铝合金单线的弯曲性能试验
3	铝合金导体化学成分
4	铝合金单线的抗压蠕变试验(要求时进行)
5	铝合金导体与金具的连接性能试验

表 16 绝缘混合料机械性能试验要求(老化前后)

序号	试验项目 (混合料代号见 4.2)	单位	EPR	HEPR	XLPE
0	正常运行导体最高温度(见 4.2)	℃	90	90	90
1	老化前(GB/T 2951.11—2008 中 9.1)				
1.1	抗张强度,最小	N/mm^2	4.2	8.5	12.5
1.2	断裂伸长率,最小	%	200	200	200
2	空气烘箱老化后(GB/T 2951.12—2008 中 8.1)				
2.1	无导体老化后				
2.1.1	处理条件				
	——温度	℃	135	135	135
	——温度偏差	℃	±3	±3	±3
	——持续时间	h	7	7	7
2.1.2	抗张强度变化率[a],最大	%	±30	±30	±25
2.1.3	断裂伸长率变化率,最大	%	±30	±30	±25

[a] 变化率:老化前后得出的中间值之差值除以老化前中间值,以百分数表示。

表 17 护套混合料机械性能试验要求(老化前后)

序号	试验项目(混合料代号见 4.3)	单位	ST_1	ST_2	ST_3	ST_7	SE_1
0	正常运行时导体最高温度(见 4.3)	℃	80	90	80	90	85
1	老化前(GB/T 2951.12—2008 中 9.2)						
1.1	抗张强度,最小	N/mm^2	12.5	12.5	10.0	12.5	10.0
1.2	断裂伸长率,最小	%	150	150	300	300	300
2	空气烘箱老化后(GB/T 2951.12—2008 中 8.1)						
2.1	处理条件						
	——温度(偏差±2 ℃)	℃	100	100	100	110	100
	——持续时间	h	168	168	240	240	7
2.2	抗张强度						
	a) 老化后数值	N/mm^2	12.5	12.5	—	—	—
	b) 变化率[a],最大	%	±25	±25	—	—	±30
2.3	断裂伸长率						
	a) 老化后数值	%	150	150	300	300	250
	b) 变化率[a],最大	%	±25	±25	—	—	±40

[a] 变化率:老化前后得出的中间值之差值除以老化前中间值,以百分数表示。

表 18　护套混合料特殊性能试验要求

序号	试验项目 (混合料代号见 4.3)	单位	ST_1	ST_2
1	空气烘箱中失重试验(GB/T 2951.32—2008 中 8.2)			
1.1	处理条件			
	——温度(偏差±2 ℃);	℃	—	100
	——持续时间。	h	—	7
1.2	最大允许失重量	mg/cm^2	—	1.5
2	高温压力试验(GB/T 2951.32—2008 第 8 章)			
2.1	温度(偏差±2 ℃)	℃	80	90
3	低温性能试验[a](GB/T 2951.14—2008 第 8 章)			
3.1	未经老化前进行试验			
	——直径<12.5 mm 的冷弯曲试验;			
	——温度(偏差±2 ℃)。	℃	−15	−15
3.2	哑铃片的低温拉伸试验			
	温度(偏差±2 ℃)	℃	−15	−15
3.3	冷冲击试验			
	温度(偏差±2 ℃)	℃	−15	−15
4	抗开裂试验(GB/T 2951.31—2008 中第 9 章)			
4.1	温度(偏差±3 ℃)	℃	150	150
4.2	持续时间	h	1	1

[a] 因气候条件,购买方可以要求采用更低的温度。

表 19　PE(热塑性聚乙烯)护套混合料的特殊性能试验要求

序号	试验项目(混合料代号 4.3)	单位	ST_3	ST_7
1	密度[a](GB/T 2951.13—2008 第 8 章)			
2	炭黑含量(仅适于黑色护套)(GB/T 2951.41—2008 第 11 章)			
2.1	标准值	%	2.5	2.5
2.2	偏差	%	±0.5	±0.5
3	收缩试验(GB/T 2951.13—2008 第 11 章)			
3.1	温度(偏差+2 ℃)	℃	80	80
3.2	加热持续时间	h	5	5
3.3	加热周期		5	5
3.4	最大允许收缩	%	3	3
4	高温压力试验(GB/T 2951.31—2008 中 8.2)			
4.1	温差(±2 ℃)	℃	—	110

[a] 密度的测定仅在其他试验需要时才做。

表 20 各种热固性绝缘混合料的特殊性能试验要求

序号	试验项目 (混合料代号见 4.2)	单位	EPR	HEPR	XLPE
1	耐臭氧试验(GB/T 2951.21—2008 第 8 章)				
1.1	臭氧浓度(按体积)	%	0.025～0.030	0.025～0.030	—
1.2	无开裂持续试验时间	h	24	24	—
2	热延伸试验(GB/T 2951.21—2008 第 9 章)				
2.1	处理条件				
	——空气温度(偏差±3 ℃)	℃	250	250	200
	——负荷时间	min	15	15	15
	——机械应力	N/cm^2	20	20	20
2.2	载荷下最大伸长率	%	175	175	175
2.3	冷却后最大永久伸长率	%	15	15	15
3	吸水试验(GB/T 2951.13—2008 中 9.2)重量分析方法				
3.1	温度(偏差+2 ℃)	℃	85	85	85
3.2	持续时间	h	5	14	14
3.3	重量最大增量	mg/cm^2		5	1[a]
4	收缩试验(GB/T 2951.13—2008 第 10 章)				
4.1	标志间长度 L	mm	—	—	200
4.2	温度(偏差+3 ℃)	℃	—	—	130
4.3	持续时间	h	—	—	1
4.4	最大允许收缩率	%	—	—	4
5	硬度测定				
5.1	IRHD[b],最小		—	80	—
6	弹性模量测定(见 18.19)				
6.1	150%伸长率下的弹性模量,最小	N/mm^2	—	4.5	—

[a] 对于密度大于 1 g/cm^3 的 XLPE 要考虑吸水量增加大于 1 mg/cm^2。

[b] IRHD 国际橡胶硬度等级。

表 21 弹性体护套混合料特殊性能试验要求

序号	试验项目 (混合料代号见 4.2)	单位	EPR
1	浸油后机械性能测试(GB/T 2951.21—2008 中第 10 章和 GB/T 2951.11—2008 中第 9 章)		
1.1	处理条件		
	——油温(偏差±2 ℃)	℃	100
	——持续时间	H	24
	最大允许变化率[a]		
	抗张强度	%	±40
	断裂伸长率	%	±40
2	热延伸(GB/T 2951.21—2008 中第 9 章)		
2.1	处理条件		
	——油温(偏差±3 ℃)	℃	200
	——载荷时间	min	15
	——机械应力	N/cm^2	20
2.2	负载下允许最大伸长率	%	175
2.3	冷却后最大永久伸长率	%	15

[a] 变化率:处理前后得出的中间值之差值与处理前中间值之比,以百分数表示。

附　录　A
（规范性附录）
铝合金导体成分

电缆导体用铝合金材料应符合表 A.1 和表 A.2 中任一成分代号对应的化学成分。

表 A.1　铝合金导体成分

序号	化学成分(质量分数)/%								
	Si	Fe	Cu	Mg	Zn	B	其他		Al
							单个	合计	
1	≤0.10	0.55～0.80	0.10～0.20	0.01～0.05	≤0.05	≤0.04	≤0.03[a]	≤0.10	余量
2	≤0.10	0.30～0.80	0.15～0.30	≤0.05	≤0.05	0.001～0.04	≤0.03	≤0.10	余量
3	≤0.10	0.60～0.90	≤0.40	0.08～0.22	≤0.05	≤0.04	≤0.03	≤0.10	余量
4	≤0.15[b]	0.40～1.00	0.05～0.15	—	≤0.10	—	≤0.03	≤0.10	余量
5	0.03～0.15	0.40～1.00	—	—	≤0.10	—	≤0.05[c]	≤0.15	余量
6	≤0.10	0.25～0.45	≤0.40	0.04～0.12	≤0.05	≤0.04	≤0.03	≤0.10	余量

注：对于脚注中特定元素，仅在有需要时测量。

[a] 该成分的铝合金中 Li 元素的质量分数应不大于 0.003%。

[b] 该成分的铝合金应同时满足(Si+Fe)元素的质量分数应不大于 1.0%。

[c] 该成分的铝合金中 Ga 元素的质量分数应不大于 0.03%。

表 A.2　稀土高铁铝合金导体成分

序号	化学成分(质量分数)/%							
	Fe	Si	Cu	Be	RE	其他		Al
						单个	总和	
1	0.40～1.2	≤0.10	—	—	0.01～0.3	≤0.03	≤0.30	余量
2	0.30～1.5	≤0.08	0.005～0.30	0.001～0.30	0.10～0.8	≤0.03	≤0.15	余量

注：稀土(RE)主要以铈(Ce)和镧(La)为主。

附 录 B
（规范性附录）
金属屏蔽用铝合金带技术要求

B.1 范围

本附录规定了金属屏蔽用铝合金带的技术要求。

B.2 性能

B.2.1 概述

铝合金带应成圈交货。

铝合金带的质量和韧度应均匀一致。铝合金带应干燥、清洁、光滑，无开裂、毛刺等表观缺陷，表面处理后形成具有防腐蚀及导电功能的薄膜，金属屏蔽绕包时铝合金带应不缠结、不刮损。

B.2.2 标称厚度和宽度

铝合金带的标称厚度和宽度见表 B.1。

表 B.1 铝合金带的标称厚度和宽度

标称厚度/mm	宽度/mm
0.15	10～50
0.18	

B.2.3 机械性能

铝合金带的机械性能见表 B.2。

表 B.2 铝合金带的机械性能

厚度/mm	抗拉强度 MPa(20 ℃)	屈服强度 MPa(20 ℃)	伸长率
0.15	175	130	15%
0.18	175	130	15%

B.2.4 电气性能

铝合金带的电气性能见表 B.3。

表 B.3 铝合金带的电气性能

电缆类型	厚度/mm	导电率 %IACS (20 ℃)	通过电缆金属屏蔽层的短路电流容量		
			起始温度/℃	终止温度/℃	短路电流 A
多芯电缆	0.15	≥57.5	90	160	需要满足 IEC 60949 考虑非绝热升温效应的热允许短路电流的计算
单芯电缆	0.18	≥57.5	65	160	

B.2.5 防腐蚀性能

铝合金带的防腐蚀性能见表 B.4。

表 B.4 铝合金带的防腐蚀性能

材料	防腐等级	表面平均腐蚀速率(480 h)	
铝合金带	很耐腐蚀材料	盐雾试验(中性)/(mm/a)	全浸试验(中性)/[g/(m^2·h)]
		≤0.004	≤0.004
		表面光滑、颜色不发生改变	

附 录 C
（规范性附录）
确定护层尺寸的假设计算方法

C.1 概述

电缆护层，诸如护套和铠装，其厚度通常与电缆标称直径有一个"阶梯表"的关系。

有时候会产生一些问题，计算出的标称直径不一定与生产出的电缆实际尺寸相同。如果计算直径稍有偏差，护层厚度与实际直径不相符合，就会产生疑问。不同制造方的成型导体尺寸变化、计算方法不同会引起标称直径不同和由此导致使用在基本设计相同的电缆上的护层厚度不同。

为了简便而采取假设计算方法。这种计算方法忽略形状和导体的紧压程度而根据导体标称截面积，绝缘标称厚度和电缆芯数，利用公式来计算假设直径。这样护套厚度和其他护层厚度都可以通过公式或表格而与假设直径有了相应的关系。假设直径计算的方法明确规定，使用的护层厚度是唯一的，它与实际制造中的细微差别无关。这就使电缆设计标准化，对于每一个导体截面的护层厚度尺寸可以被预先计算和规定。

假设直径仅用来确定护套和电缆护层的尺寸，不是代替精确计算标称直径所需的实际过程，实际标称直径计算应分开计算。

采用下述规定的电缆各种护层厚度的假设计算方法，是为了保证消除在单独计算中引起的任何差异，例如由于导体尺寸的假设以及标称直径和实际直径之间不可避免的差异。

所有厚度值和直径都应按附录 D 中的规则修约到 1 位小数。

扎带，例如反向螺旋绕包在铠装外的扎带，如果不厚于 0.3 mm，在此方法中忽略。

C.2 方法

C.2.1 导体

不考虑形状和紧压程度如何，每一标称截面积导体的假设直径 d_L 由表 C.1 给出。

表 C.1 导体的假设直径

导体标称截面积/mm²	d_L/mm	导体标称截面积/mm²	d_L/mm
50	8.0	400	22.6
70	9.4	500	25.2
95	11.0	630	28.3
120	12.4	800	31.9
150	13.8	1 000	35.7
185	15.3	1 200	39.1
240	17.5	1 400	42.2
300	19.5	1 600	45.1

C.2.2 绝缘线芯

任何绝缘线芯的假设直径 D_c 如式(C.1)和式(C.2)：

a） 无半导电屏蔽电缆的绝缘线芯：

$$D_c = d_L + 2t_i \qquad \cdots\cdots(C.1)$$

b） 有半导电屏蔽电缆的绝缘线芯：

$$D_c = d_L + 2t_i + 3.0 \qquad \cdots\cdots(C.2)$$

式中：

t_i——绝缘的标称厚度，单位为毫米(mm)(见表6～表8)。

如果采用金属屏蔽或同心导体，则应参考C.2.5考虑增大绝缘线芯的标称直径。

C.2.3 缆芯直径

缆芯的假设直径 D_f 如式(C.3)：

$$D_f = KD_c \qquad \cdots\cdots(C.3)$$

式中：

K——三芯电缆的成缆系数，数值为2.16。

C.2.4 内衬层

内衬层的直径 D_B 应按式(C.4)计算：

$$D_B = D_f + 2t_B \qquad \cdots\cdots(C.4)$$

式中：

缆芯的假设直径 D_f 为40 mm及以下，$t_B = 0.4$ mm；

缆芯的假设直径 D_f 大于40 mm，$t_B = 0.6$ mm。

t_B 的假设直径应用于：

a） 三芯电缆：

——无论有无内衬层；

——无论内衬层为挤包、绕包还是纵包。

当有一个符合12.3.3规定的隔离套代替或附加在内衬层上时，应按C.2.6中式(C.7)计算。

b） 单芯电缆：

——无论有挤包、绕包还是纵包的内衬层。

C.2.5 同心导体和金属屏蔽

由于同心导体和金属屏蔽使直径增加的数值由表C.2给出。

表C.2 同心导体和金属屏蔽使直径的增加值

同心导体或金属屏蔽的标称截面积/mm^2	直径的增加值/mm	同心导体或金属屏蔽的标称截面积/mm^2	直径的增加值/mm
1.5	0.5	50	1.7
2.5	0.5	70	2.0
4	0.5	95	2.4
6	0.6	120	2.7
10	0.8	150	3.0
16	1.1	185	4.0
25	1.2	240	5.0
35	1.4	300	6.0

如果同心导体或金属屏蔽的标称截面积介于上表所列数据的两数之间，那么取这两个标称值中较大数值所对应的直径增加值。

如果有金属屏蔽层，表C.2中规定的屏蔽层截面积应按式(C.5)和式(C.6)计算：

a) 金属带屏蔽：

$$S = n_t \times t_t \times w_t \qquad \cdots\cdots\cdots\cdots (C.5)$$

式中：

S ——金属带截面积，单位为平方毫米(mm^2)；

n_t ——金属带根数；

t_t ——单根金属带的标称厚度，单位为毫米(mm)；

w_t ——单根金属带的标称宽度，单位为毫米(mm)。

当屏蔽总厚度小于0.15 mm时，直径增加值为零：

——一层金属带重叠绕包屏蔽或两层金属带搭盖绕包屏蔽，屏蔽总厚度为金属带厚度的两倍；

——金属带纵包屏蔽：

如果搭盖率小于30%，屏蔽总厚度为金属带的厚度；

如果搭盖率达到或超过30%，屏蔽总厚度为金属带厚度的两倍。

b) 金属丝屏蔽(包括一反向扎线，若有)：

$$S = \frac{n_w \times d_w^2 \times \pi}{4} + n_h \times t_h \times W_h \qquad \cdots\cdots\cdots\cdots (C.6)$$

式中：

S ——金属丝截面积，单位为平方毫米(mm^2)；

n_w ——金属丝根数；

d_w ——单根金属丝直径，单位为毫米(mm)；

n_h ——反向扎带根数；

t_h ——厚度大于0.3 mm的反向扎带的厚度，单位为毫米(mm)；

W_h ——反向扎带的宽度，单位为毫米(mm)。

C.2.6 隔离套

隔离套的假设直径 D_s 应按式(C.7)计算：

$$D_s = D_u + 2t_s \qquad \cdots\cdots\cdots\cdots (C.7)$$

式中：

D_u ——隔离套下的假设直径，单位为毫米(mm)；

t_s ——按12.3.3的计算厚度，单位为毫米(mm)。

C.2.7 金属带铠装电缆的附加垫层(加在内衬层外)

因附加垫层引起的直径增加量见表C.3。

表C.3 因附加垫层引起的直径增加量

附加垫层下的假设直径/mm	因附加垫层引起的直径增加/mm
>29	1.6

C.2.8 铠装

铠装外的假设直径 D_x 应按式(C.8)和式(C.9)计算：

a) 扁或圆金属丝铠装：

$$D_x = D_A + 2t_A + 2t_w \quad \cdots\cdots\cdots\cdots (C.8)$$

式中：

D_A——铠装前直径，单位为毫米(mm)；

t_A——铠装金属丝的直径或厚度，单位为毫米(mm)；

t_w——如果有反向螺旋扎带时厚度大于 0.3 mm 的反向螺旋扎带厚度，单位为毫米(mm)。

b) 双金属带铠装：

$$D_x = D_A + 4t_A \quad \cdots\cdots\cdots\cdots (C.9)$$

式中：

D_A——铠装前直径，单位为毫米(mm)；

t_A——铠装带厚度，单位为毫米(mm)。

附　录　D
（规范性附录）
数 值 修 约

D.1　假设计算法的数值修约

在按附录C计算假设直径和确定单元尺寸而对数值进行修约时，采用下述规则。

当任何阶段的计算值小数点后多于一位数时，数值应修约到一位小数，即精确到 0.1 mm。每一阶段的假设直径数值应修约到 0.1 mm，当用来确定包覆层厚度和直径时，在用到相应的公式或表格中去之前应先进行修约，按附录C要求从修约后的假设直径计算出的厚度应依次修约到 0.1 mm。

用下述实例来说明这些规则：

a)　修约前数据的第二位小数为 0、1、2、3 或 4 时则小数点后第 1 位小数保持不变(舍弃)。

例如：

2.12≈2.1；

2.449≈2.4；

25.047 8≈25.0。

b)　修约前数据的第二位小数为 9、8、7、6 或 5 时则小数点后第 1 位小数应增加 1(进一)。

例如：

2.17≈2.2；

2.453≈2.5；

30.050≈30.1。

D.2　用作其他目的的数值修约

除 D.1 考虑的用途外，有可能有些数值要修约到多于 1 位小数，例如计算几次测量的平均值，或标称值加上一个百分率偏差以后的最小值。在这些情况下，应按有关条文修约到小数点后面的规定位数。这时修约的方法为：

a)　如果修约前应保留的最后数值后 1 位数为 0、1、2、3 或 4 时，则最后数值应保持不变(舍弃)。

b)　如果修约前应保留的最后数值后 1 位数为 9、8、7、6 或 5 时，则最后数值加 1(进一)。

例如：

2.449　　≈2.45 修约到 2 位小数；

2.449　　≈2.4 修约到 1 位小数；

25.047 8≈25.048 修约到 3 位小数；

25.047 8≈25.05 修约到 2 位小数；

25.047 8≈25.0 修约到 1 位小数。

附 录 E
（规范性附录）
电缆产品的补充条款

E.1 电缆型号和产品表示方法

E.1.1 型号

铝合金电缆常用型号列于表 E.1 中。

表 E.1 铝合金电缆常用型号

型号	名称
YJLHV	铝合金芯交联聚乙烯绝缘聚氯乙烯护套电力电缆
YJLHY	铝合金芯交联聚乙烯绝缘聚乙烯护套电力电缆
YJLHV22	铝合金芯交联聚乙烯绝缘钢带铠装聚氯乙烯护套电力电缆
YJLHY23	铝合金芯交联聚乙烯绝缘钢带铠装聚乙烯护套电力电缆
YJLHV32	铝合金芯交联聚乙烯绝缘细钢丝铠装聚氯乙烯护套电力电缆
YJLHY33	铝合金芯交联聚乙烯绝缘细钢丝铠装聚乙烯护套电力电缆
YJLHV42	铝合金芯交联聚乙烯绝缘粗钢丝铠装聚氯乙烯护套电力电缆
YJLHY43	铝合金芯交联聚乙烯绝缘粗钢丝铠装聚乙烯护套电力电缆
注 1：本表中未列出的电缆型号可按附录 E.1.2 的规定组成。 注 2：导体材料为稀土高铁铝合金时，应在名称上注明稀土高铁铝合金。	

E.1.2 代号和产品表示方法

E.1.2.1 代号

E.1.2.1.1 导体代号

铝合金导体 …………………………………………………………………………………… LH

E.1.2.1.2 绝缘代号

交联聚乙烯绝缘 ……………………………………………………………………………… YJ
乙丙橡胶绝缘 ………………………………………………………………………………… E
硬乙丙橡胶绝缘 ……………………………………………………………………………… EY

E.1.2.1.3 金属屏蔽代号

铜带屏蔽 ……………………………………………………………………………… (D)省略
铜丝屏蔽 ……………………………………………………………………………………… S
铝合金带屏蔽 ………………………………………………………………………………… HL

E.1.2.1.4 护套代号[3)]

聚氯乙烯护套 …………………………………………………………………… V
聚乙烯或聚烯烃护套 ……………………………………………………………… Y
弹性体[4)]护套 ……………………………………………………………………… F

E.1.2.1.5 铠装代号

双钢带铠装……………………………………………………………………… 2
细圆钢丝铠装…………………………………………………………………… 3
粗圆钢丝铠装…………………………………………………………………… 4
(双)非磁性金属带[5)]铠装 ………………………………………………………… 6
非磁性金属丝[6)]铠装 …………………………………………………………… 7

E.1.2.1.6 外护套代号

聚氯乙烯外护套………………………………………………………………… 2
聚乙烯或聚烯烃外护套………………………………………………………… 3
弹性体[7)]外护套 ………………………………………………………………… 4

E.1.2.2 产品表示方法

E.1.2.2.1 概述

产品用型号(型号中有数字代号的电缆外护层,数字前的文字代号表示内护层)、规格(额定电压、芯数、标称截面积)及本部分标准编号表示。

阻燃电缆产品的表示方法,应符合 GB/T 19666 的规定表示。

E.1.2.2.2 产品型号组成

产品型号组成和排列顺序如图 E.1。

---

3) 护套代号包括挤包的内衬层和隔离套等。

4) 弹性体护套包括氯丁橡胶、氯磺化聚乙烯或类似聚合物为基的护套混合料。若订货合同中未注明,则采用何种弹性体由制造方确定。

5) 非磁性金属带包括非磁性不锈钢带、铝或铝合金带等。若订货合同中未注明,则采用何种非磁性金属带由制造方确定。

6) 非磁性金属丝包括非磁性不锈钢丝、铜丝或镀锡铜丝、铜合金丝或镀锡铜合金丝、铝或铝合金丝等。若订货合同中未注明,则采用何种非磁性金属丝由制造方确定。

7) 弹性体外护套包括氯丁橡胶、氯磺化聚乙烯或类似聚合物为基的护套混合料。若订货合同中未注明,则采用何种弹性体由制造方确定。

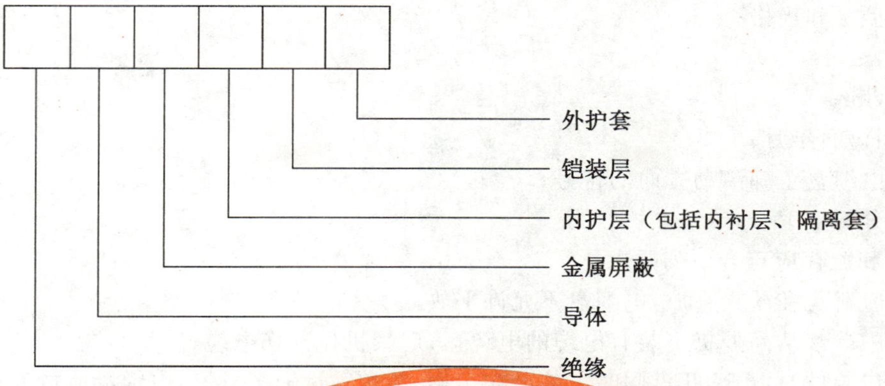

图 E.1　产品型号的组成和排列顺序图

E.1.2.2.3　产品表示示例

示例 1：铝合金芯交联聚乙烯绝缘铜带屏蔽聚氯乙烯内护套钢带铠装聚氯乙烯护套电力电缆，额定电压为 26/35 kV，3 芯，标称截面积 240 mm^2，表示为：

YJLHV22-26/35 3×240

示例 2：稀土高铁铝合金芯交联聚乙烯绝缘铜丝屏蔽聚氯乙烯内护套钢带铠装聚乙烯护套电力电缆，额定电压 26/35 kV，单芯，标称截面积 240 mm^2，铜丝屏蔽标称截面 25 mm^2，表示为：

YJLHSY23-26/353×240/25

E.2　选用原则

本部分电力电缆选用应符合相应的设计规程。

E.3　产品验收规则、成品电缆标志及电缆包装、运输和贮存

E.3.1　验收规则

产品应由制造方的质量检验部门检验合格方可出厂。每个出厂的包装件上应附有产品质量检验合格证。

产品应按本部分规定的试验项目进行试验验收。

E.3.2　成品电缆标志

成品电缆的护套表面应有制造厂名称、产品型号及额定电压的连续标志，标志应字迹清楚、容易辨认、耐擦。

成品电缆标志应符合 GB/T 6995.3 规定。

E.3.3　电缆包装、运输和贮存

E.3.3.1　电缆应妥善包装在符合 JB/T 8137 规定要求的电缆盘上交货。

电缆端头应可靠密封，伸出盘外的电缆端头应加保护罩，伸出的长度应不小于 300 mm。

重量不超过 80 kg 的短段电缆，可以成圈包装。

E.3.3.2　成盘电缆的电缆盘外侧及成圈电缆的附加标签应标明：

a)　制造厂名称或商标；

b) 电缆型号和规格；

c) 长度，m；

d) 毛重，kg；

e) 制造日期：年月；

f) 表示电缆盘正确滚动方向的符号；

g) 本部分标准编号。

E.3.3.3 运输和贮存应符合下列要求：

a) 电缆应避免在露天存放，电缆盘不允许平放；

b) 运输中严禁从高处扔下装有电缆的电缆盘，严禁机械损伤电缆；

c) 吊装包装件时，严禁几盘同时吊装。在车辆、船舶等运输工具上，电缆盘应放稳，并用合适方法固定，防止互撞或翻倒。

E.4 产品安装条件

E.4.1 电缆安装时的环境温度

具有聚氯乙烯绝缘或聚氯乙烯护套的电缆，安装时的环境温度不宜低于 0 ℃。

E.4.2 电缆的最小弯曲半径

电缆的最小弯曲半径应符合 GB/T 12706.3—2008 的规定。

ICS 31.240
K 05

中华人民共和国国家标准

GB/T 31841—2015

电工电子设备机械结构 电磁屏蔽和静电放电防护设计指南

Mechanical structures for electrotechnical and electronic equipment—Design guide for electromagnetic shielding and ESD protection

2015-07-03 发布　　2016-02-01 实施

中华人民共和国国家质量监督检验检疫总局
中国国家标准化管理委员会　发布

前　言

本标准按照 GB/T 1.1—2009 给出的规则起草。

请注意本文件的某些内容可能涉及专利。本文件的发布机构不承担识别这些专利的责任。

本标准由全国电工电子设备结构综合标准化技术委员会(SAC/TC 34)提出并归口。

本标准由北京四方继保自动化股份有限公司负责起草，国网电力科学研究院、国电南京自动化股份有限公司、华为技术有限公司、中兴通讯股份有限公司、南京南瑞继保电气有限公司、许继电气股份有限公司、中国船舶重工集团公司第七一五研究所、烽火通信科技股份有限公司、江苏天港箱柜有限公司、慈溪奇国电器有限公司、万控集团有限公司、天津正本电气股份有限公司参加起草。

本标准主要起草人：张开国、田蘅、张钰、吴蓓、张实、王蔚、尹东海、宋建峰、庞海鸥、袁丰华、游汉涛、巫珏、江国庆、马桂昌、申随章。

电工电子设备机械结构
电磁屏蔽和静电放电防护设计指南

1 范围

本标准规定了电工电子设备机械结构电磁屏蔽和静电放电防护的术语和定义、对机械结构的电磁兼容性要求、电磁屏蔽设计指南和静电放电防护设计指南。

本标准适用于电工电子设备机械结构。

2 规范性引用文件

下列文件对于本文件的应用是必不可少的。凡是注日期的引用文件，仅注日期的版本适用于本文件。凡是不注日期的引用文件，其最新版本(包括所有的修改单)适用于本文件。

GB/T 4365—2003 电工术语 电磁兼容

GB/T 8894—2014 铜及铜合金波导管

GB 9254—2008 信息技术设备的无线电骚扰限值和测量方法

GB/T 14598.9—2010 量度继电器和保护装置 第22-3部分:电气骚扰试验 辐射电磁场抗扰度

GB/T 14598.14—2010 量度继电器和保护装置 第22-2部分:电气骚扰试验 静电放电试验

GB/T 14598.16—2002 电气继电器 第25部分:量度继电器和保护装置的电磁发射试验

GB/T 14598.20—2007 电气继电器 第26部分:量度继电器和保护装置的电磁兼容要求

GB/T 14733.2—2008 电信术语 传输线和波导

GB/T 17626.2—2006 电磁兼容 试验和测量技术 静电放电抗扰度试验

GB/T 17626.3—2006 电磁兼容 试验和测量技术 射频电磁场辐射抗扰度试验

GB/T 18663.3—2007 电子设备机械结构 公制系列和英制系列的试验 第3部分 机柜、机架和插箱的电磁屏蔽性能试验

GB/T 19520.12—2009 电子设备机械结构 482.6 mm(19 in)系列机械结构尺寸 第3-101部分:插箱及其插件

3 术语和定义

GB/T 4365—2003、GB/T 14598.20—2007 和 GB/T 14733.2—2008 界定的以及下列术语和定义适用于本文件。为了便于使用，以下重复列出了 GB/T 4365—2003、GB/T 14598.20—2007 和 GB/T 14733.2—2008 中的一些术语和定义。

3.1

电磁环境 electromagnetic environment

存在于给定场所的所有电磁现象的总和。

[GB/T 4365—2003，定义 161-01-01]

3.2

电磁骚扰 electromagnetic disturbance

任何可能引起装置、设备或系统性能降低或者对生物或非生物产生不良影响的电磁现象。

[GB/T 4365—2003,定义 161-01-05]

3.3

电磁干扰　electromagnetic interference; EMI

电磁骚扰引起的设备、传输通道或系统的性能下降。

注 1：术语“电磁骚扰”和“电磁干扰”分别表示“起因”和“后果”。

注 2：过去,“电磁骚扰”和“电磁干扰”经常混用。

[GB/T 4365—2003,定义 161-01-06]

3.4

电磁兼容性　electromagnetic compatibility; EMC

设备或系统在其电磁环境中能正常工作且不对该环境中的任何事物构成不能承受的电磁骚扰的能力。

[GB/T 4365—2003,定义 161-01-07]

3.5

[电磁]发射　(electromagnetic) emmision

从源向外发出电磁能的现象。

[GB/T 4365—2003,定义 161-01-08]

3.6

[电磁]辐射　(electromagnetic) radiation

a)　能量以电磁波形式由源发射到空间的现象。

b)　能量以电磁波形式在空间传播。

[GB/T 4365—2003,定义 161-01-10]

3.7

(对骚扰的)抗扰度　immunity(to a disturbance)

装置、设备或系统面临电磁骚扰不降低运行性能的能力。

[GB/T 4365—2003,定义 161-01-20]

3.8

静电放电　electrostatic discharge; ESD

具有不同静电电位的物体相互靠近或直接接触引起的电荷转移。

[GB/T 4365—2003,定义 161-01-22]

3.9

屏蔽　screen

用来减少场向指定区域穿透的措施。

[GB/T 4365—2003,定义 161-03-25]

3.10

电磁屏蔽　electromagnetic screen

用导电材料减少电磁场向指定区域穿透的屏蔽。

[GB/T 4365—2003,定义 161-01-22]

3.11

端口　port

被试装置与外部电磁环境的特定接口(实例见图 1)。

[GB/T 14598.20—2007,定义 3.8]

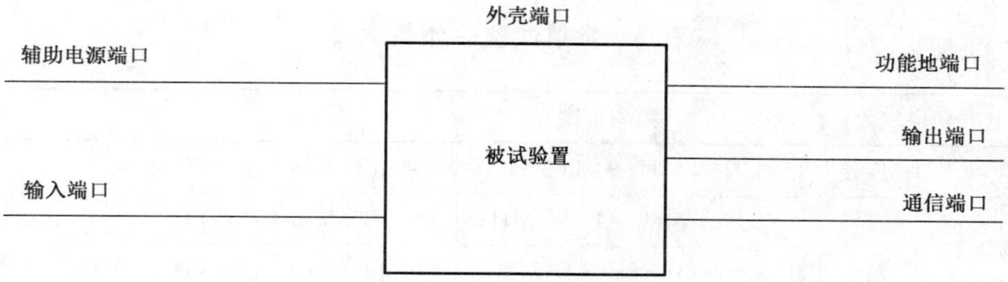

图 1 设备的电磁环境端口实例

3.12

外壳端口 encloure port

电磁场可能辐射或冲击通过的被试装置的物理边界。

[GB/T 14598.20—2007,定义 3.3]

3.13

趋肤深度 skin depth

对于给定频率,导电材料中的电流密度下降到 $1/e$ 表面电流密度时的深度。

[GB/T 14733.2—2008,定义 726-07-06]

3.14

波导 waveguide

由引导电磁波沿一定方向传输的系统性物质边界或结构组成的一种传输线。

[GB/T 14733.2—2008,定义 726-01-02]

3.15

截止波导 waveguide cut-off

在低于其波导截止频率(情况下)使用的波导。

[GB/T 14733.2—2008,定义 726-03-19]

4 对机械结构的电磁兼容性要求

4.1 电工电子设备电磁兼容性的一般要求

电工电子设备的电磁兼容性要求包括:

a) 对来自外部环境电磁骚扰的承受能力——抗扰度要求;

b) 不对周围的其他设备产生电磁干扰——对外电磁发射不能超过限值的要求。

4.2 机械结构的电磁兼容性要求

根据 GB/T 14598.20—2007、GB 9254—2008 以及其他产品的电磁兼容标准,涉及机械结构(即外壳)端口的电磁兼容性要求参见表 1 和表 2。

表 1 发射试验—外壳端口

项目	电磁环境现象		频率范围	限 值	相关标准
1.1	电磁场辐射	传导发射	30 MHz～230 MHz	40 dB(μV/m) 准峰值	GB 9254—2008 GB/T 14598.16—2002
1.2		辐射发射	230 MHz～1 000 MHz	47 dB(μV/m) 准峰值	
			1 GHz～3 GHz	76 dB(μV/m) 准峰值	
			3 GHz～6 GHz	80 dB(μV/m) 准峰值	

注 1：表中所列限值相对于 GB 9254—2008 中最高的 A 级，测量距离均为 10 m。

注 2：表中最高频率范围的限值与 GB/T 14598.16 对应的 IEC 60255-26 最新版本的规定相同。

表 2 抗扰度试验—外壳端口

项目	电磁环境现象	试验规格	单位	相关标准
1.1	辐射射频电磁场 调幅	80～1 000 10 80	MHz V/m 未调制，有效值 % AM(1 kHz)	GB/T 14598.9—2010 GB/T 17626.3—2006 GB/T 18663.3—2007
1.2	静电放电： 接触放电 空气放电	 6 8	 kV(充电电压) kV(充电电压)	GB/T 14598.14—2010 GB/T 17626.2—2006

在 GB/T 18663.3—2007 中，对机械结构的电磁屏蔽要求见表 3。

表 3 电场衰减等级

屏蔽性能等级	最小屏蔽性能		
	频率范围 30 MHz～230 MHz	频率范围 230 MHz～1 000 MHz	频率范围 1 000 MHz～2 000 MHz
1	20 dB	10 dB	0 dB
2	40 dB	30 dB	20 dB
3	60 dB	50 dB	40 dB

在电磁兼容性要求中，外壳端口或机械结构的作用：

a) 对外部的电磁辐射骚扰起到屏蔽作用；

b) 对设备内部向外部空间的电磁辐射起到屏蔽作用；

c) 对外来的静电放电起到快速释放作用。

对于诸如脉冲波骚扰、电快速瞬变骚扰、浪涌骚扰、射频场感应的传导骚扰、工频骚扰（仅对于直流电源电路）等具有传导性的各类骚扰，机械结构不能起到阻止作用，因而对外壳端口没有提出这一类的抗扰度要求。

4.3 电磁屏蔽原理

4.3.1 一般概念

电磁屏蔽一般分为两类：一类是静电屏蔽，主要防止静电场和恒定磁场的影响；另一类是电磁屏蔽，主要用于防止交变电场、交变磁场以及交变电磁场的影响。通常,电磁屏蔽主要是指用屏蔽体阻止交变电磁场在空间传播的措施。

屏蔽体的屏蔽效果,即屏蔽体对电磁信号的衰减程度,通常用屏蔽效能 S_E 来表示,其定义为:"对给定外来源进行屏蔽时,在某一点上屏蔽体安装前后的电磁场强度之比",可表示为式(1)和式(2):

$$S_E = 20\lg(E_0/E_1) \quad (\text{dB}) \tag{1}$$

$$\text{或 } S_E = 20\lg(H_0/H_1) \quad (\text{dB}) \tag{2}$$

式中:

E_0——没有屏蔽时测得的电场强度;

E_1——屏蔽后测得的电场强度;

H_0——没有屏蔽时测得的磁场强度;

H_1——屏蔽后测得的磁场强度。

当交变电磁场通过金属材料表面或由金属材料所包围的孔眼时,因电磁感应形成的涡流所产生的电磁场方向与原来的电磁场方向相反,抵消了一部分原来的电磁场,从而起到屏蔽作用。产生的涡流越大,屏蔽效果就越好;金属材料的电导率越高,屏蔽效能越好。同时,由于涡流产生的焦耳热消耗了入射电磁场的能量,同样可起到屏蔽作用。

4.3.2 金属的趋肤效应

当电磁场传播时,在金属内会因所产生感应电流的热效应以及反方向电磁场,使其能量损耗而衰减。当电磁场在金属内传播的深度为 δ 时,其衰减的倍数为 e(2.718 倍)。δ 是描述金属对电磁波吸收能力的一个值,即金属的"趋肤效应"。δ 值越小的金属,吸收电磁场的能量就越大,屏蔽效果就越好。在电磁场理论中把 δ 称为"趋肤深度"或"透入深度"。表 4 列出了几种金属的在某些频率下的趋肤深度。

表 4 金属在某些频率下的趋肤深度

金属	电阻率 10^{-3} Ω·mm	相对磁导率 μ_s/μ_0	频率 Hz	趋肤深度 mm
铜	0.017 2	1	10^5 10^6 10^7 10^8	0.21 0.067 0.021 0.006 7
黄铜	0.06	1	10^5 10^6 10^7 10^8	0.39 0.124 0.039 0.012 4
铝	0.03	1	10^5 10^6 10^7 10^8	0.275 0.088 0.027 5 0.008 8
钢	0.1	50	10^5 10^6 10^7 10^8	— 0.023 0.007 0.002 3

表 4（续）

金属	电阻率 10^{-3} Ω · mm	相对磁导率 μ_s/μ_o	频率 Hz	趋肤深度 mm
钢	0.1	200	10^5 10^6 10^7 10^8	1.1 0.35 0.11 0.035
铁镍合金	0.65	12 000[a]	10^5 10^6 10^7 10^8	0.38 0.12 0.038 0.012
[a] 该数据为低频下的数据，高频下会有所下降。				

由表 4 可以看出，当电磁场频率为 1 MHz 时，铜板的趋肤深度为 0.067 mm，采用大于此厚度铜板制成的封闭壳体就可以达到良好的屏蔽效果。

4.4 静电放电防护原理

静电是物体表面的静止电荷。物体在接触、摩擦、分离、电解等过程中，发生电子或离子的转移，正电荷和负电荷在局部范围内失去平衡，就形成了静电。当物体表面的静电场梯度达到一定的程度时，由于正电荷和负电荷的中和，就会发生静电放电（ESD）。静电放电可以出现在两个物体之间，也可由物体表面直接向空气放电。

静电放电耦合到电工电子设备主要有两种方式：直接传导和空间耦合（电感或电容耦合）。

静电放电的特点是：

——静电放电是一个高电位、强电场、瞬时大电流的释放过程；

——静电放电还会产生强烈的电磁辐射而形成电磁脉冲。

静电放电的类型如下：

a） 电晕放电　电晕放电是一种高电位、小电流、空气被局部电离的放电过程；

b） 刷形放电　刷形放电是一种发生在导体与电绝缘体之间，放电通道成分散的树枝形状的放电过程；

c） 火花放电　火花放电是一个瞬变的过程，放电时两放电体之间的空气被击穿，形成“快如闪电”的火花通道，使静电能量在瞬时集中释放。

5 电磁屏蔽设计指南

5.1 电磁屏蔽设计基本原则

电磁屏蔽设计应考虑：

a） 采用金属材料作为屏蔽体可以获得对电磁场的有效屏蔽。此时宜考虑屏蔽体的刚性、工艺性及表面涂覆层的选择等；

b） 采用工程塑料作为机械结构外壳，可以考虑再电镀上金属镀层（例如铜、镍、银）以获得较好的屏蔽效果；

c） 屏蔽体结构应尽量简洁，尽可能减少不必要的孔洞和缝隙，以防电磁泄漏；

d） 搭接面应具有良好的导电性，并尽量提高零件的刚性、表面精度、增加缝隙的深度，以及控制好紧固点的配合公差；

e） 由于电磁场的孔隙泄漏现象，电磁屏蔽体上的开孔、缝隙等宜谨慎处理。通风孔尽量采用列阵排列的圆孔或正六边形孔；当屏蔽与散热有冲突时，尽量开小孔、增加孔的数量，避免开大孔；

f） 有相对运动的零部件不应依靠导轨、销轴等活动连接方式进行搭接，必要时可以通过电缆实现搭接；

g） 透明观察窗宜采用电磁屏蔽玻璃或聚酯导电薄膜并可靠接地；

h） 通风窗宜采用波导式通风窗，以达到满意的屏蔽效能。

5.2 电磁屏蔽设计基本方法

5.2.1 屏蔽体缝隙电磁泄漏的抑制

对于屏蔽体缝隙的电磁泄漏，可采用以下方法抑制：

a） 增加屏蔽体接合面的深度（例如连接处折弯），使缝隙结合处的接触面积增大，以减小接触面电阻、增加波导截止效应；

b） 在屏蔽体连接处形成迷宫型结构，或者采用屏蔽盒盖嵌入盒体的结构也是常用的增加缝隙深度的方法；

c） 减小屏蔽体缝隙的长度，使得缝隙长度远小于所要抑制的电磁波波长，一般宜小于 1/100 波长，至少不大于 1/20 波长；

d） 尽量减小紧固螺钉之间的间距或采用连续焊，以减小缝隙长度；

e） 在屏蔽体接合面上冲制间隔的凸起，以增加接触点；

f） 保持接触面较好的平整度、保持接触面清洁，必要时涂覆导电涂料，以减小接触电阻；

g） 在屏蔽体缝隙的结合面添加导电衬垫，以增加屏蔽效果。

5.2.2 屏蔽体孔洞泄漏的抑制

对于机械结构屏蔽体孔洞的电磁泄漏，可采用以下方法抑制：

a） 金属丝网：将金属丝网覆盖在大面积的通风孔上，能显著地防止电磁泄漏。金属丝网的屏蔽性能与网丝直径、网孔疏密程度、网丝交点处的焊接质量及网丝材料的导电率有关；

b） 穿孔金属板：鉴于孔洞尺寸与电磁泄露成正比，可在满足屏蔽体通风量要求的前提下，以多个小孔代替一个大孔；

c） 截止波导通风孔：利用波导对于在其内部传播的电磁波起着高通滤波器的作用，可阻止高于截止频率的电磁波通过。截止波导通风孔阵显著的特性有：

——工作频段宽，即使在微波波段也有较高的屏效；

——对空气的阻力小，风压损失小；

——机械强度高，工作稳定可靠。

5.2.3 屏蔽体上观察窗口泄漏的抑制

观察窗口包括指示灯、表计面板、数字显示器及 CRT（阴极射线管）等，泄漏拟制可供选择的方案包括：

a） 使用波导衰减器；

b） 使用金属丝网或带有金属丝网的玻璃（或聚酯导电薄膜）夹层板；

c） 对重要的器件进行屏蔽，对进入器件的所有导线滤波；

d） 使用屏蔽玻璃或屏蔽聚酯导电薄膜。

其中b)、c)、d)适用于对仪表、CRT等大孔洞元件进行电磁泄漏控制。甚高频和微波段宜选用金属丝网，并应注意金属丝网和屏蔽网对设备操作、观察可能造成的不良影响，以及导电玻璃、导电薄膜使光射的射投所造成的损失。

5.2.4 操作器件开孔泄漏的抑制

需要调控的元器件(例如可变电容器、可变电感器、电位器等)，常将其调整轴伸出面板之外。

抑制此类调整孔电磁泄漏的措施有：

a) 采用圆形截止波导结构，此时调整轴应用绝缘材料制成；

b) 对于无法换成非金属的金属操作杆穿过的小孔或波导管，可用指形弹簧将金属杆的四周与屏蔽体搭接；

c) 设置隔离舱，将设备中的主电路与操作器件(设备外部)隔离。

5.2.5 贯通导体的处理

降低或减小穿过屏蔽体的导体对屏蔽效能的破坏方法有：

a) 将导体屏蔽，这相当于将屏蔽体延伸到导体的端部；

b) 对导体的传输信号进行滤波处理。

5.3 电磁屏蔽的密封结构设计

电磁屏蔽的密封结构设计参见附录B。

6 静电放电防护设计指南

6.1 静电放电防护设计基本原则

静电放电防护设计的基本原则：

a) 静电源控制，绝缘材料的静电通过接地和等电位连接无法消除，因此应对敏感器件周边进行静电源控制；

b) 等电位连接，与敏感器件接触的导体实现等电位连接(接地)，避免敏感器件因静电放电损坏；

c) 防静电包装，ESD防护区的器件应使用防静电包装，以防外界静电源的影响；

d) 优先考虑安全，ESD防护措施不能降低安全水准，如果与安全之间发生冲突，则优先考虑安全。

6.2 机械结构的静电放电防护设计

6.2.1 一般方法

包括但不限于：

a) 金属外壳的各部件之间应实现良好的接地连续性以及低的接触电阻，各搭接处宜采用面接触，避免点接触；

b) 相互搭接的金属之间的电化学电位差不大于0.5 V，超过时可以选择过渡金属(或镀层)，以降低原来两种金属接触的电化学腐蚀(参见附录A)；

c) 可触及的键盘、控制面板、手动控制器、钥匙锁等金属部件，应直接通过金属外壳接地。如果不能接地，与内部电路走线的绝缘距离宜满足以下要求：

——空气间隙不小于4 mm；

——爬电距离不小于6 mm。

d) 各接地点在外壳(机柜)接地点汇接或在外部接地网上汇接,以形成良好的静电泄放通路;

e) 小型低速(频率小于 10 MHz)设备可以采用工作地浮地(浮空地),或工作地单点接金属外壳、金属外壳单点接地,使静电通过机壳泄放到大地时对内部电路无影响;

f) 小型高速(频率大于 10 MHz)设备的功能地应就近与其金属机壳实现多点接地,且金属外壳单点接大地;

g) 机柜的接地点与外部接地点之间保持可靠的电气连接,联接铜导线的截面不应小于表 5 的规定;

表 5　接地导体的面积

单位为平方毫米

被保护电路的导体截面积 S	保护导体的最小截面积
<16	S
>16～35	16
>35～400	$S/2$
>400～800	200
>800	$S/4$

h) 金属外壳与电子器件的间距最少保持 2 mm;

i) 增加外壳到电路板之间的距离,如 8 kV 的 ESD 在经过 4 mm 的距离后能量一般可衰减为零;

j) 可用导电油漆,如 EMI 油漆,涂在壳体内侧,形成一个金属的覆盖层,并通过这个屏蔽层将静电泄放;

k) 设置静电放电插孔,以便把静电泄放。

6.2.2 缝隙的处理措施

外壳上缝隙和孔洞的电磁屏蔽处理方法对静电放电防护同样有效,见 5.2.1 和 5.2.2。

6.3 静电放电防护设计的基本手段和 ESD 防护实例

静电放电防护设计的基本手段和 ESD 防护实例参见附录 C。

附 录 A
（资料性附录）
防止电化学的金属（或镀层）的组合

在导电连续性设计中，宜参照表 A.1 选择保护联结的金属组合，以避免在接合面产生电化学腐蚀。

表 A.1 防止电化学腐蚀的金属（或镀层）的组合（电化学电位） 单位为伏

锰及其合金	锌及其合金	钢镀锡锌	铝	钢镀铬	铝锰合金	低碳钢	硬铝	铅	钢镀铬，软焊料	钢镀镍镀铬，钢镀锡	低铬不锈钢	铜及其合金	奥氏体高铬不锈钢	钢镀镍	银	铜镀银铑金合金	碳	金，铂	
0	0.05	0.55	0.7	0.8	0.85	0.9	1.0	1.05	1.1	1.15	1.25	1.35	1.4	1.45	1.6	1.65	1.7	1.75	锰及其合金
—	0	0.05	0.2	0.3	0.35	0.4	0.5	0.55	0.6	0.65	0.75	0.85	0.9	0.95	1.1	1.15	1.2	1.25	锌及其合金
—	—	0	0.15	0.25	0.3	0.35	0.45	0.5	0.55	0.6	0.7	0.8	0.85	0.9	1.05	1.1	1.15	1.2	钢镀锡锌
—	—	—	0	0.1	0.15	0.2	0.3	0.35	0.4	0.45	0.55	0.65	0.7	0.75	0.9	0.95	1.0	1.05	铝
—	—	—	—	0	0.05	0.1	0.2	0.25	0.3	0.35	0.45	0.55	0.6	0.65	0.8	0.85	0.9	0.95	钢镀铬
—	—	—	—	—	0	0.05	0.15	0.2	0.25	0.3	0.4	0.5	0.55	0.6	0.75	0.8	0.85	0.9	铝锰合金
—	—	—	—	—	—	0	0.05	0.1	0.15	0.25	0.35	0.45	0.5	0.55	0.7	0.75	0.8	0.85	低碳钢
—	—	—	—	—	—	—	0	0.05	0.1	0.15	0.25	0.35	0.4	0.45	0.6	0.65	0.7	0.75	硬铝
—	—	—	—	—	—	—	—	0	0.05	0.1	0.2	0.3	0.35	0.4	0.55	0.6	0.66	0.7	铅
—	—	—	—	—	—	—	—	—	0	0.05	0.15	0.25	0.3	0.35	0.5	0.55	0.6	0.65	钢镀铬，软焊料
—	—	—	—	—	—	—	—		—	0	0.1	0.2	0.25	0.3	0.45	0.5	0.55	0.6	钢镀镍镀铬，钢镀锡
—	—	—	—	—	—	—	—	—	—	—	0	0.1	0.15	0.2	0.35	0.4	0.45	0.5	低铬不锈钢
—	—	—	—	—	—	—	—	—	—	—	—	0	0.05	0.1	0.25	0.3	0.35	0.4	铜及其合金
—	—	—	—	—	—	—	—	—	—	—	—	—	0	0.05	0.2	0.25	0.3	0.35	奥氏体高铬不锈钢
—	—	—	—	—	—	—	—	—	—	—	—	—	—	0	0.15	0.2	0.25	0.3	钢镀镍
—	—	—	—	—	—	—	—	—	—	—	—	—	—	—	0	0.05	0.1	0.15	银
—	—	—	—	—	—	—	—	—	—	—	—	—	—	—	—	0	0.05	0.1	铜镀银铑金合金
—	—	—	—	—	—	—	—	—	—	—	—	—	—	—	—	—	0	0.05	碳
—	—	—	—	—	—	—	—	—	—	—	—	—	—	—	—	—	—	0	金，铂

注：黑框中的组合应避免采用。

附 录 B
（资料性附录）
电磁屏蔽的密封结构设计

B.1 导电衬垫

B.1.1 导电衬垫种类

EMI 衬垫是导电材料，填充在机械结构缝隙中以提供一个连续的、低阻抗的连接。导电衬垫的主要结构型式见图 B.1。

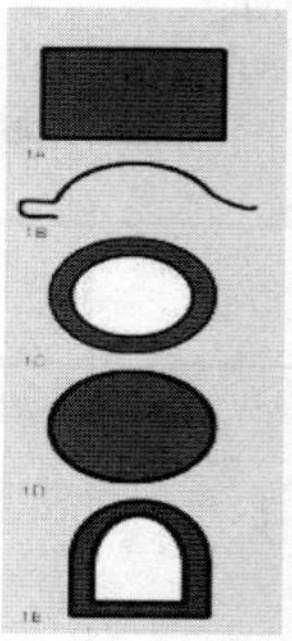

图 B.1 导电衬垫的几种结构型式

常用导电衬垫的比较见表 B.1。

表 B.1 常用的导电衬垫

序号	名称	适用场合	材料及结构	特点
1	金属丝网衬垫	最常用的电磁密封材料，一般用在 1 GHz以下的场合	从结构上分，有全金属丝、空心和橡胶芯等三种。常用的金属丝材料为蒙乃尔合金、铍铜、镀锡钢丝等	低频时的屏蔽效能较高； 过量压缩时不易损坏；当压力为 1.4 kg/cm时，电磁波衰减达 54 dB； 高频时屏蔽效能较低
2	导电橡胶	通常用在有环境密封要求的场合	从结构上分，有条材和板材两种，条形材又分为空心和实心两种。板材则有不同的厚度。材料为：硅橡胶中掺入铜粉、铝粉、银粉、镀铜银粉、镀铝铝粉、镀银玻璃粉等	高频时屏蔽效能较高；同时提供电磁密封和环境密封；适用于密封连接和少量螺钉的连接，经 48 h 老化处理后，体电阻率可达 10 mΩ/cm～20 mΩ/cm，变形度限制在 25%，频率较高时电磁场衰减最大； 低频时的屏蔽效能较低；质地较硬，有时不能刺透金属表面的氧化层，导致屏蔽效能很低
3	指形簧片	通常用在滑动接触面的场合	形状繁多适用于各种屏蔽结构；材料为铍铜，表面覆盖不同的电镀层	高频、低频时的屏蔽效能都好；形变量大，允许滑动接触；电磁波衰减达 100 dB

表 B.1（续）

序号	名称	适用场合	材料及结构	特点
4	螺旋管衬垫	用在压缩量较小的场合	由铍铜或不锈钢带材卷成的螺旋管	在所有电磁密封衬垫中屏蔽效能最好的； 受到过量压缩时，容易损坏
5	导电布	用在不经常拆卸的场合	带有背胶的导电布包裹上发泡橡胶芯构成，一般为矩形	安装非常方便；高低频的屏蔽效能均较好；柔软，过量压缩时不易损坏，具有一定的环境密封作用； 频繁摩擦会损坏导电表层

表 B.2 列出了几种常用的导电衬垫的压缩比及其压力。

表 B.2　常用导电衬垫的压缩比及其压力

序号	类　型	压缩比 %	压力 kg/m
1	导电-开孔脲烷泡沫芯(UFC)	30	6.28
2	铍铜指形簧片（BCF)	30	32.5
3	蒙乃尔金属丝网(硅橡胶管状芯)（SET)	30	54.6
4	蒙乃尔金属丝网(氯丁发泡芯)(NSP)	30	64.35
5	D形橡胶条(内部填充镍/石墨材料)(DET)	30	9.75

B.1.2　指形簧片

指形簧片是电磁泄漏有效的抑制方法之一，常用于机柜门、机箱结构的电磁密封。指形弹簧的特点如下：

a）高屏蔽效能；

b）良好的机械性能；

c）良好的设计适应性；

d）优异的高温性能；

e）极好的重复使用性能；

f）多种结构形式及尺寸可供选择。

指形簧片的性能参数见表 B.3。

表 B.3　指形簧片的性能

项目	特性	
屏蔽效能	传输阻抗（500 MHz)	80 dB ～100 dB
	H 场(200 kHz)	60 dB～70 dB
	平面波(2 GHz)	75 dB～120 dB
尺寸范围	多种尺寸和外形可选，可配合使用间隙 0.25 mm ～10.2 mm	
可压缩范围	20%～80%	

表 B.3（续）

项目	特性
残余变形	工作压力范围内无残余变形
可填充间隙	0.003 in～0.350 in(1 in＝25.4 mm)
材料	多半由铍青铜制成，也可采用磷青铜和不锈钢
适用温度	长期工作温度可达 120℃(250°F)
外形	可选择制造厂的标准外形，也可另行设计其他形式的外形
安装方法	卡接粘接，铆接，焊接以及开槽固定
电化学兼容性	需考虑电镀层与基材的电化学兼容性(参见附录 A)
典型应用	● 可重复使用； ● 适用于滑动摩擦较大的场合； ● 种类繁多、安装方式多样，适用于从小型到大型屏蔽体的各种场合

常见的指形簧片的结构型式见图 B.2。

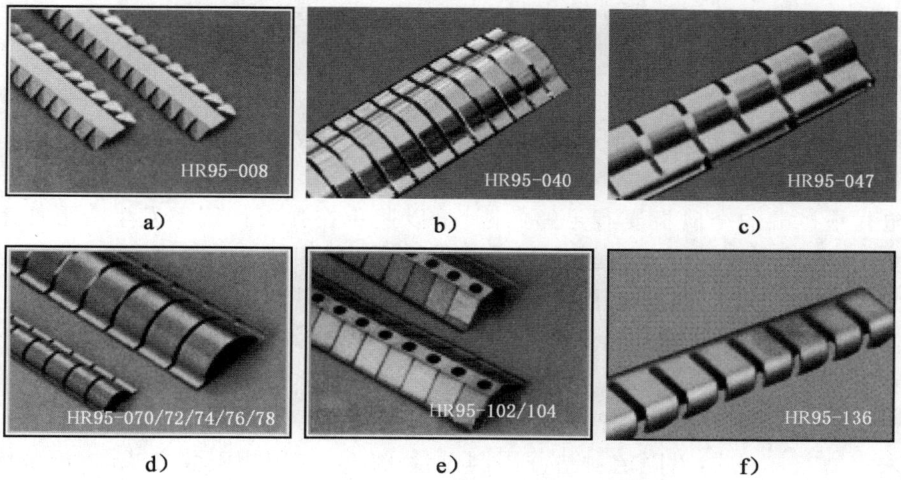

图 B.2　指形簧片的结构型式

常见的指形簧片的安装方式见图 B.3。

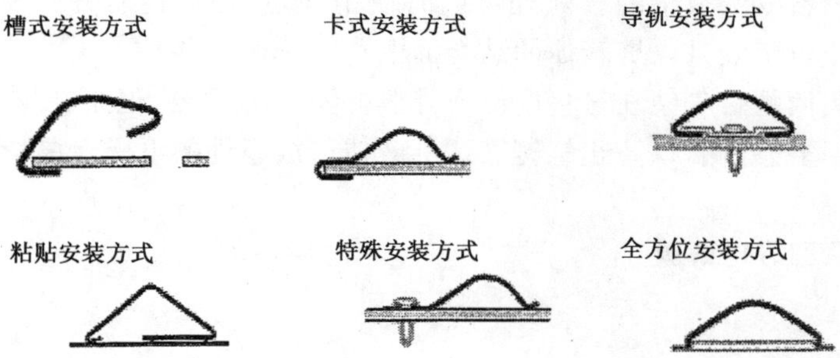

图 B.3　指形簧片的安装方式

B.1.3 导电衬垫安装方式的设计

导电衬垫安装方式的设计方法如下：

a) 尽量采用槽安装形式固定衬垫并保持合理的压缩量，以达到较高的屏蔽效能；

b) 安装槽的形状包括直槽和燕尾槽，槽的高度一般为衬垫高度的75%左右；

c) 如果采用法兰安装方式，需要设置限位机构，这样在安装时不会因发生过量压缩而导致衬垫的永久性损坏；

d) 防止电化学腐蚀：在接触外部环境的一侧用非导电物质密封，以防止电解液进入到导电衬垫与屏蔽体接触的结合面上；

e) 滑动接触方式不宜用于导电衬垫，只限于指形簧片的安装；

f) 螺钉的位置和间距：螺钉一般安装在衬垫的外侧，间距适当。

B.1.4 选用导电衬垫的注意事项

在使用导电衬垫时，为确保预想的电磁屏蔽效能宜注意以下事项：

a) 在所有种类的电磁密封衬垫中，只有指形簧片和极少部分导电布衬垫允许滑动接触，其他种类的衬垫不允许滑动接触，否则会造成衬垫的损坏以及屏蔽效能的下降；

b) 所有种类的衬垫材料受到过量压缩时都会发生不可恢复的损坏，因此在设计时需设置确保一定压缩量的结构；

c) 只有导电橡胶的屏蔽效能随着压缩量的增加而增加，而其他导电衬垫与屏蔽体基体的电气接触良好时，衬垫的屏蔽效能与压缩量没有正比关系。增加压缩量并不一定能提高屏蔽效能，反而可能损坏屏蔽结构；

d) 与导电衬垫接触的金属板要有足够的刚度，以避免在弹力作用下发生变形产生新的不连续点，而导致射频泄漏。对于正面压缩的结构，适当的紧固螺钉间距可以防止面板变形；

e) 在尺寸允许的情况下，尽量使用较厚的衬垫，这样可以使衬垫足以填充最大的缝隙、允许金属结构件具有较大的加工误差。另外，较厚的衬垫一般较柔软一些，对金属板的刚性要求较小；

f) 衬垫宜安装在不易损坏的位置，例如对于大型的屏蔽门，衬垫宜安装在门框内；

g) 安装衬垫的金属表面应保持清洁、导电，以保证可靠的导电性；

h) 尽量采用槽安装方式，以固定衬垫并限制过量压缩。使用槽安装方式时，屏蔽体的两部分之间接触不仅通过衬垫实现完全接触，而且还有金属之间的直接接触而具有最高的屏蔽效能；

i) 安装指形弹簧时，应注意簧片的方向以保证施加的压缩力能够使簧片自由伸展；

j) 根据屏蔽体的基体材料选择适当的衬垫材料，以使接触面达到电化学兼容状态；

k) 如果空间允许，在安装衬垫的缝隙处可同时使用环境密封衬垫，并且使环境密封衬垫面对外部环境，以防止电解液进入屏蔽体的结合面上；

l) 一般情况下，紧固螺钉安装在衬垫内侧或外侧并不十分重要，但是在屏蔽要求很高的场合，螺钉宜安装在衬垫的外侧，以防止螺钉穿透屏蔽体造成意外的电磁泄漏。

B.2 屏蔽玻璃及屏蔽聚酯导电薄膜

B.2.1 屏蔽玻璃

屏蔽玻璃用于透明观察窗及门。屏蔽玻璃的种类及其特性见表B.4。

表 B.4 屏蔽玻璃的种类及特性

序号	屏蔽玻璃类别	目数或网线	透光率	屏蔽效果 (30 MHz～1 GHz) dB	耐温 ℃
1	铜网屏蔽玻璃	网线密度:250 μm 45°倾斜	75%	50	−40～+90
2	镀膜屏蔽玻璃	—	75%～85%	30～35	−40～+90
3	不锈钢网屏蔽玻璃	100 目 165 目 250 目	70% 50% 45%	52 60 70	−40～+90
4	钢网屏蔽玻璃	130 目 200 目	>50 >54	65 40	−40～+90
5	镍网屏蔽玻璃	130 目 200 目	>50 >54	55～70	−40～+90
6	电加热屏蔽玻璃	在镀膜屏蔽玻璃中加入 24 V 电阻丝,具有除霜功能,其他指标同序号 2。			

B.2.2 屏蔽聚酯导电薄膜

屏蔽聚酯导电薄膜用于透明观察窗。常见的透光导电聚酯薄膜的典型性能如表 B.5 所示。

表 B.5 常见的透光导电聚酯薄膜典型性能

表面电阻率 Ω/m²	透光率 %	屏蔽效能 dB					耐温范围 ℃	薄膜厚度 mm
		1 MHz	10 MHz	100 MHz	1 GHz	10 GHz		
8～12	70～80	100	60	54	24	19	−60～+150	0.133～0.200

B.3 导电涂料

导电涂料是由银、铜、镍或其他复合粒子制成的用于电磁屏蔽的油漆,其特点是:施工便捷,附着力好,漆膜平整、无疏松粒子、内聚力强、性能稳定,导电性能优良。可用作金属、复合材料为基材的机械结构壳体内壁的喷涂材料。目前主要的导电涂料有:

a) 银系导电涂料:表面电阻率低于 0.010 Ω/cm,可在高达 10 GHz 的范围内达 75 dB 以上。但银作为导电填料的价格昂贵,只在屏蔽要求极其严格的环境下使用;

b) 镍系导电涂料:镍系导电涂料在低频区(低于 30 MHz)的屏蔽效果不如铜导电涂料。但镍导电漆导磁率高,磁矢量的衰减幅度大,吸收电磁干扰能力强。镍还具有优良的抗氧化性、抗化学腐蚀性,可满足恶劣的环境条件下的应用要求;

c) 碳系导电涂料:碳类导电填料主要是炭黑和石墨,以粉状、纤维状单独或混合添加到涂料中,以满足不同的使用要求。由于碳类导电填料属于半导体,所形成的涂料的导电率远小于金属类填料形成的导电涂料,其表面电阻率为 30 Ω/cm～50 Ω/cm,在 50 MHz～450 MHz 范围内屏蔽效果最高可达 30 dB～50 dB,仅用于屏蔽要求较低的电磁环境下使用以节省成本;

d) 复合导电填料：为了降低导电填料的成本，并保证一定的导电性能，常采用复合导电填料。复合导电填料按形状可分为复合粉末和复合纤维两种。金属包敷型复合粉末可分为金属-金属(例如Ag/Cu)、金属-非金属(例如Cu/石墨)和金属-陶瓷(例如Ag/SiO_2)等三 种类型。此外，还有金属氧化物包敷型复合粉末。复合纤维包括尼龙、玻璃丝、碳纤维等镀敷金属或金属氧化物等。此类导电填料一般作为上述几种导电涂料的添加成分使用，以对导电涂料的屏蔽性能进行微调而适用于不同的电磁环境需要。

B.4 屏蔽通风板

波导型结构的屏蔽蜂窝通风板由装配在挤压成型的铝框中的铝蜂窝构成，标准蜂窝孔径为3.2 mm，厚度有6.3 mm、12.7 mm(常用)、25.4 mm三种规格，镀锡或镀镍可以提高屏蔽效能及对环境的防护效果。

双层铝制蜂窝通风板是两层平行铝蜂窝装配 ，每一层蜂窝互成90°取向，每层的蜂窝孔径和厚度分别为2 mm和6.35 mm，总厚度为12.7 mm，表面进行铬酸盐氧化处理可用于环境防护，故双层铝制蜂窝板不需要镀锡或镍来提高防护效果。

表B.6～表B.9给出的几种屏蔽通风板的屏蔽参数仅供参考，实际的屏蔽效果可能偏低。

表B.6 铝制蜂窝屏蔽通风板屏蔽参数

单位为分贝

<table>
<tr><th colspan="2" rowspan="2">单层铝通风板</th><th>磁场</th><th>电场</th><th colspan="2">平面波</th><th rowspan="2">双层铝通风板</th><th>磁场</th><th>电场</th><th colspan="2">平面波</th></tr>
<tr><th>100 kHz</th><th>10 MHz</th><th>1 GHz</th><th>10 GHz</th><th>100 kHz</th><th>10 MHz</th><th>1 GHz</th><th>10 GHz</th></tr>
<tr><td rowspan="4">镀层</td><td>铬酸盐</td><td>40</td><td>80</td><td>60</td><td>40</td><td rowspan="4">铬酸盐氧化层</td><td rowspan="4">65</td><td rowspan="4">110</td><td rowspan="4">95</td><td rowspan="4">85</td></tr>
<tr><td>镉</td><td>75</td><td>125</td><td>105</td><td>85</td></tr>
<tr><td>锡</td><td>70</td><td>125</td><td>105</td><td>85</td></tr>
<tr><td>镍</td><td>80</td><td>135</td><td>115</td><td>95</td></tr>
</table>

表B.7 钢制和铜制通风板屏蔽参数

单位为分贝

钢制、铜制蜂窝式通风板	磁场	电场	平面波	
	100 kHz	10 MHz	1 GHz	10 GHz
表面镀锡层	85	135	115	110

注：孔径3.2 mm，深度12.7 mm。

表B.8 防尘屏蔽通风板屏蔽参数

单位为分贝

防尘屏蔽通风板	磁场	电场	平面波	
	100 kHz	10 MHz	1 GHz	10 GHz
表面铬酸盐氧化层	70	120	80	60

注：防尘屏蔽通风板是由三层铝制金属丝网屏蔽层夹入拉制的金属框架中。

表 B.9 超薄型防尘屏蔽通风板屏蔽参数

单位为分贝

超薄型防尘屏蔽通风板	磁场	电场	平面波	
	100 kHz	10 MHz	1 GHz	10 GHz
表面铬酸盐氧化层	60	125	75	55

注 1：超薄型防尘屏蔽通风板是一种在铝制框架内夹有可过滤空气中微小颗粒的介质组成。

注 2：厚度约 5 mm，最大尺寸为(305×610)mm^2。

B.5 截止波导管

B.5.1 截止波导管的原理及选用流程

波导管是简单的管状金属结构并呈现高通滤波器的特性。波导管允许截止频率以上的信号通过，而截止频率以下的信号则被阻止或衰减，这与高通滤波器的频率特性相似(见图 B.4)。利用这个特性，可以使干扰信号的频率落在波导的截止区内，而起到了电磁屏蔽的作用。这种波导称为截止波导。

波导管选用的流程见图 B.5。

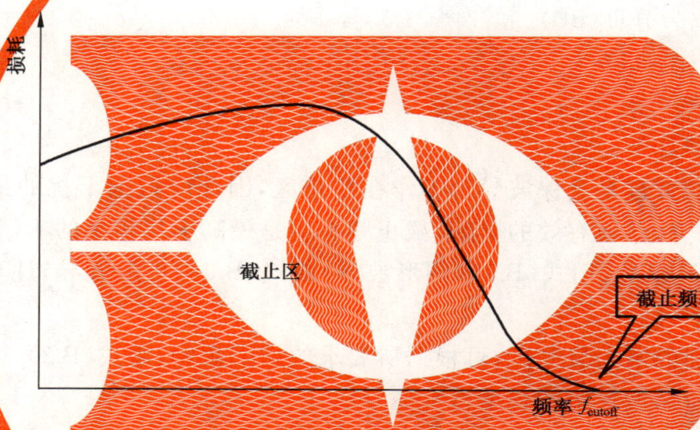

图 B.4 截止波导的原理

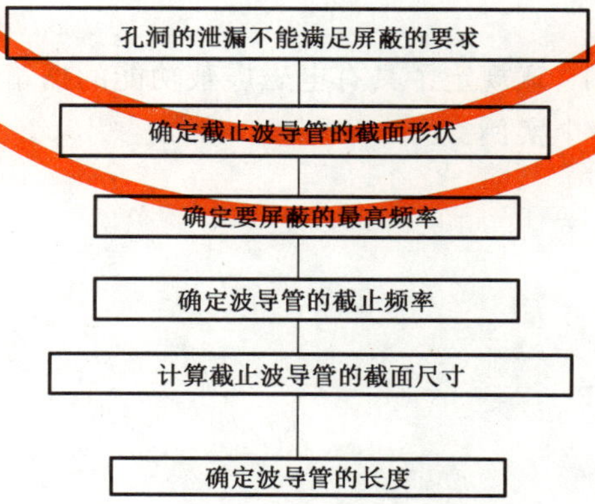

图 B.5 截止波导的设计流程

B.5.2 波导管选用的计算公式

波导管选用的计算式如下：

a） 圆形截面的波导

$$F = 6\,900/D(\text{MHz}) \quad \cdots\cdots (B.1)$$

$$S_E = 32T/D(\text{dB}) \quad \cdots\cdots (B.2)$$

式中：

D ——圆形波导直径，单位为英寸(in)，(1 in=25.4 mm)；

F ——截止频率，单位为兆赫(MHz)；

T ——波导长度，单位为英寸(in)；

S_E——屏蔽效能，单位为分贝(dB)。

b） 矩形截面的波导

$$F = 5\,900/L \quad \cdots\cdots (B.3)$$

$$S_E = 21T/L(\text{dB}) \quad \cdots\cdots (B.4)$$

式中：

L ——矩形截面的对角线长度，单位为英寸(in)；

F ——截止频率，单位为兆赫(MHz)；

T ——波导长度，单位为英寸(in)；

S_E——屏蔽效能，单位为分贝(dB)。

B.5.3 计算步骤

波导管选用的计算步骤如下：

a） 使用截止波导管的关键是确保波导管工作在截止区，因此应根据干扰的最高频率确定截止波导管的截止频率。为保证有效的屏蔽，截止频率应是最高干扰频率的5倍以上；

b） 在确定截止频率 F 以后，用式(B.1)(圆形波导)或式(B.3)(矩形波导)计算截止波导管的截面尺寸；

c） 在确定波导管截面的最大尺寸后，可根据所要求的屏蔽效能，用式(B.2)(圆形波导)或式(B.4)(矩形波导)计算所需波导管的长度。

铜及铜合金波导管的详细情况见 GB/T 8894—2014。

B.6 插箱电磁屏蔽设计实例

GB/T 19520.12—2009 的第10章规定了具有电磁屏蔽功能的插箱及其插件的设计总则、接口尺寸等，是具有电磁屏蔽功能插箱的一个实例。

附　录　C
（资料性附录）
静电放电防护设计的基本手段和 ESD 防护实例

C.1　静电放电防护设计的基本手段

C.1.1　等电位

基本原理：在等电位状态下不发生放电。

具体做法：

——所有可能接触器件的物体使用并联连接（共地）；

——接地系统间进行跨接并避免电势差。

C.1.2　接地

基本原理：将静电通过接地线或接地装置传导、泄放到大地。

具体做法：

——建立静电接地系统；

——使用静电导电材料；

——两种方式：硬接地（将物体直接或通过一个低阻抗同大地相连接）和软接地（将物体通过一个足够高的阻抗接往大地，以便在发生电击事故时把电流限制在人身安全电流之下）。

C.1.3　阻值控制

基本原理：通过电阻控制过强的表面电流泄放或放电，以确保人身和设备安全。

具体做法：

——使用静电耗散材料；

——静电敏感设备与安全限流电阻器连接。

C.1.4　静电放电屏蔽

基本原理：屏蔽静电场，阻隔静电放电电流通过敏感器件。

具体做法：

——使用静电屏蔽材料和屏蔽容器；

——选用绝缘材料和阻隔结构屏蔽静电。

C.1.5　材料选择和工艺控制避免产生静电

基本原理：通过使用不产生或少产生静电的材料减少静电；材料表面光洁，可减少静电；静电序列的应用。

具体做法：

——使用抗静电材料；

——使用抗静电剂；

——对接触起电的物体，应尽量选用在带电序列中位置相邻近的，宜减少静电荷的产生。

以下是某些材料的静电序列的排列：（＋）玻璃、有机玻璃、尼龙、羊毛、丝绸、赛璐珞、棉织品、纸、金属、黑橡胶、涤纶、维尼纶、聚苯乙烯、聚丙烯、聚乙烯、聚氯乙烯、聚四氟乙烯（一）。

C.1.6 标识和标注

防静电的标识和标注一般采用如下方法：
——对敏感器件进行标识以避免当作非敏感器件操作、存放和运输；
——对 ESD 防护用品和材料进行标识，以表明其功能，防止超出有效期使用；
——对 EPA(ESD 保护工作区、工作站)进行标识，对 EPA 中的设备进行标识，对 EPA 中可能存在的风险进行警示；
——对接地点进行标识；
——在设计文件和图样中对涉及到的敏感器件和电路进行标注和说明。

静电放电防护标志见图 C.1 和图 C.2。

图 C.1 静电敏感器件和电路的防静电标志

图 C.2 防静电工作区(EPA)及包装的标志

C.1.7 采用保护电路和结构(外壳)设计

防静电的保护电路和结构设计采用如下方法：
——采用静电放电保护电路或保护器件以提高抗静电能力；
——采用合理的结构设计有效泄放静电(见 6.2)。

C.2 ESD 防护设计实例

C.2.1 插箱及其插件 ESD 防护设计实例

GB/T 19520.12—2009 的第 11 章规定了具有 ESD 防护功能的插箱及其插件的设计总则、接口尺寸等，是 ESD 防护插箱的一个实例。

C.2.2 ESD 接口设计实例

在机械结构的插箱或机柜中，为了在操作之前把静电释放，或连接 ESD 防护腕带，一般设置 ESD

接口。图 C.3 给出了一种典型的 ESD 接口设计实例。

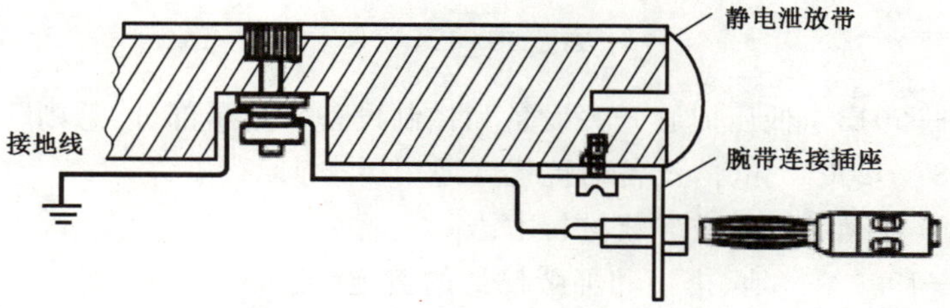

图 C.3　ESD 接口设计实例

参 考 文 献

[1] GB 7251.1—2013 低压成套开关设备和控制设备 第1部分:总则

[2] GB/T 19287—2003 电信设备的抗扰度通用要求

[3] GB/T 26667—2011 电磁屏蔽材料术语

[4] GJB 1210—1991 接地、搭接和屏蔽设计的实施

[5] GJB/Z 25—1991 电子设备和设施的接地、搭接和屏蔽设计指南

[6] GJB 2713—1996 军用屏蔽玻璃通用规范

[7] SJ 20597A—2005 金属丝网屏蔽衬垫通用规范

[8] SJ 20673—1998 军用电磁屏蔽橡胶衬垫材料通用规范

[9] SJ 20755A—2005 军用电磁屏蔽通风窗通用规范

[10] SJ 20814—2002 军用电磁屏蔽箔片通用规范

[11] IEC 61000-5-2:1997 电磁兼容(EMC) 第5-2部分:安装和调整指南 接地和布线(ELECTROMAGNETIC COMPATIBILlTY (EMC)—Part 5:Installation and mitigation guidelines—Section 2: Earthing and cabling)

[12] IEC 61000-5-7:2001 电磁兼容(EMC) 第5-7部分:安装和调整指南 由外壳提供电磁骚扰防护的等级(EM 编码)[ELECTROMAGNETIC COMPATIBILITY (EMC)—Part 5-7: Installation and mitigation guidelines—Degrees of protection provided by enclosures against electromagnetic disturbances (EM code)]

[13] IEC 61340-5-1:1998 静电 第5-1部分:电子设备对静电放电的防护 通用要求(Electrostatic—Part 5-1: Protection of electronic devices from electrostatic phenomena—General requirements)

ICS 31.240
K 05

中华人民共和国国家标准

GB/T 31842—2015

电工电子设备机械结构环境防护设计指南

Mechanical structures for electrotechnical and electronic equipment—Guide for design of environmental protection

2015-07-03 发布　　　　2016-02-01 实施

中华人民共和国国家质量监督检验检疫总局
中国国家标准化管理委员会　发布

前言

本标准按照 GB/T 1.1—2009 给出的规则起草。

请注意本文件的某些内容可能涉及专利。本文件的发布机构不承担识别这些专利的责任。

本标准由全国电工电子设备结构综合标准化技术委员会(SAC/TC 34)提出并归口。

本标准由北京四方继保自动化股份有限公司负责起草,国网电力科学研究院、国电南京自动化股份有限公司、华为技术有限公司、中兴通讯股份有限公司、南京南瑞继保电气有限公司、许继电气股份有限公司、中国船舶重工集团公司第七一五研究所、烽火通信科技股份有限公司、江苏天港箱柜有限公司、慈溪奇国电器有限公司、万控集团有限公司、天津正本电气股份有限公司参加起草。

本标准主要起草人:张开国、田蘅、张钰、吴蓓、张实、王蔚、尹东海、郭胜军、庞海鸥、袁丰华、游汉涛、巫珏、江国庆、马桂昌、申随章。

电工电子设备机械结构
环境防护设计指南

1 范围

本标准规定了与电工电子设备机械结构环境防护设计有关的术语和定义、环境条件类别、环境参数组分类及其严酷程度分级、环境条件在产品中的应用、环境设计指南通则、化学处理层和电镀层的选择及设计、涂覆层的选择和设计以及其他方面的环境防护设计指南。

本标准适用于电工电子设备机械结构(以下简称机械结构),也可供其他电工电子技术领域的机械结构的环境设计参考。

本标准不涉及有关环境意识及环境保护方面的内容,因而不适用于环境意识和环境保护方面的设计。

2 规范性引用文件

下列文件对于本文件的应用是必不可少的。凡是注日期的引用文件,仅注日期的版本适用于本文件。凡是不注日期的引用文件,其最新版本(包括所有的修改单)适用于本文件。

GB 3836 爆炸性气体环境用电气设备

GB 4208—2008 外壳防护等级(IP 代码)

GB/T 4796—2008 电工产品环境参数分类及其严酷程度分级

GB/T 4797(所有部分) 电工电子产品自然环境条件

GB/T 4798(所有部分) 电工电子产品应用环境条件

GB/T 11804—2005 电工电子产品环境条件术语

GB 12476(所有部分) 可燃性粉尘环境用电气设备

GB/T 18663.1—2008 电子设备机械结构 公制系列和英制系列的试验 第1部分:机柜、机架、插箱和机箱的气候、机械试验及安全要求

GB/T 18663.2—2007 电子设备机械结构 公制系列和英制系列的试验 第2部分:机柜和机架的地震试验

GB/T 18663.3—2007 电子设备机械结构 公制系列和英制系列的试验 第3部分:机柜、机架和插箱的电磁屏蔽性能试验

GB/T 19183.5—2003 电子设备机械结构 户外机壳 第3部分:机柜和箱体的气候、机械试验和安全要求

GB/T 19608(所有部分) 特殊环境条件分级

GB/T 20138—2006 电器设备外壳对外界机械碰撞的防护等级(IK 代码)

GB/T 31841—2015 电工电子设备机械结构 电磁屏蔽和静电放电防护设计指南

3 术语和定义

GB/T 4796—2008 和 GB/T 11804—2005 界定的以及下列术语和定义适用于本文件。为了便于使用,以下重复列出了 GB/T 4796—2008 和 GB/T 11804—2005 中的一些术语和定义。

3.1

环境 environment

在任何地点、任何时间都存在的或遇到的自然条件、诱发条件或二者的总和。

[GB/T 11804—2005,定义 2.1.1]

3.2

环境条件 environmental condition

在特定的时间内,产品所经受的外部的物理、化学和生物条件。

[GB/T 11804—2005,定义 2.1.6]

3.3

环境防护 environmental protection

为保证产品在各种环境应力下有效地履行功能而进行的研究和采取的各种防护措施。

[GB/T 11804—2005,定义 2.1.3]

3.4

环境因素 environmental factor

单独或组合地形成一种环境条件(例如热、振动)的一种物理、化学或生物的影响。

[GB/T 11804—2005,定义 2.1.7]

3.5

环境参数 environmental parameter

描述环境因素的一个或多个物理、化学或生物的特征(例如温度、加速度)。

示例:环境因素振动,是由振动的类型(正弦、随机)、加速度和频率等参数来表征的。

[GB/T 11804—2005,定义 2.1.8]

3.6

环境参数的严酷等级 severity of environmental parameter

表征每个环境参数的量值。

示例:正弦振动的严酷等级用加速度(m/s^2)和频率(Hz)来表征。

[GB/T 11804—2005,定义 2.1.9]

3.7

产品应用条件 product application

产品所遇到的条件或场所。

示例:办公场所、工业场所、地面运输。

注:应用条件与产品的种类没有关系,例如计算机。

[GB/T 4796—2008,定义 3.5]

3.8

自然环境条件 environmental conditions appearing nature

由大自然决定的环境条件。

3.9

应用环境条件 environmental conditions in the application

由产品使用场所的自然环境和外界诱发的条件决定的环境条件。

注:外界诱发的条件可能包括生物、化学、机械、电磁等环境因素。

3.10

应用环境条件类型 type of environmental conditions in the application

按照产品的应用环境或场所区分的环境条件。

注:应用环境条件的类型见表 9。

3.11

环境条件类别　category of environmental conditions

按照环境因素类型所区分的环境条件。

注：环境条件类别见表10。

3.12

环境参数及严酷程度组　group of environmental parameters and their severities

描述某种特定用途或目的的一组环境条件。

[GB/T 4796—2008，定义3.6]

注1：完整地描述某一"环境参数及严酷程度组"的要素包括：

——应用环境条件类型的数字代码；

——环境条件类别的字母代码；

——环境因素严酷等级的数字代码。

注2：环境参数及严酷程度的组合规则见图1。

4　环境条件类别

4.1　气候环境

气候环境及其环境因素见表1。

表1　气候环境及其环境因素

序号	环境因素/参数	单位	条件代码				备注
			A	W	S	E	
1	温度(冷和热)						
1.1	温度	℃	√	√	√	√	
1.2	温度变化率	K/min K/s					
2	湿度						
2.1	相对湿度	%	√				一般是与其他环境参数(主要是温度和温度变化)的组合影响
2.2	绝对湿度(含水量)	g/m^3	√				从特定的露天气候类型的相应气象图中导出
3	压力						
3.1	空气压力	kPa	√				
3.2	水压力	kPa		√			
3.3	压力变化率	kPa/s	√	√			
4	周围介质运动						
4.1	速度	m/s	√	√			
5	降水						
5.1	雨(强度)	mm/min				√	
5.2	雪(强度)	$kg/(m^2 \cdot s)$				√	

表 1（续）

序号	环境因素/参数	单位	条件代码				备注
			A	W	S	E	
5.3	冰雹(冲击能)	J				√	
6	辐射(强度)						
6.1	太阳辐射(强度)	W/m²				√	仅考虑太阳辐射的热效应;波长辐射(例如紫外线)则以其他方式影响产品
6.2	热辐射(强度)	W/m²				√	太阳辐射除外
6.3	离子辐射(强度)					√	暂无严酷等级
7	雨水之外的水						
7.1	滴水(强度)					√	暂无严酷等级
7.2	溅水、喷水、射水和水浪(速度)	m/s				√	
7.3	浸水或半浸水(水深)	m		√			暂无严酷等级
8	湿润				√		有关墙壁及其表面润湿,暂无严酷等级
9	冷凝		√			√	暂无严酷等级
10	冰和霜的形成(强度)	mm/h	√			√	

注 1：条件代码的符号含义如下：

A ——周围介质条件,空气；

W——周围介质条件,水；

S ——与产品相连的结构条件；

E ——外界影响条件。

注 2：条件代码符号引自 GB/T 4796—2008。

4.2 生物环境

生物环境及其环境因素见表 2。

表 2 生物环境及其环境因素

序号	环境因素/参数	单位	条件代码				备注
			A	W	S	E	
1	生物环境						
1.1	植物群		√	√			存在的霉菌、真菌等,暂无严酷等级
1.2	动物群		√	√			啮齿动物或白蚁,暂无严酷等级

注：条件代码的含义见表 1。

4.3 化学活性物质环境

化学活性物质环境及其环境因素见表3。

表3 化学活性物质环境及其环境因素

序号	环境因素/参数	单位	条件代码				备注
			A	W	S	E	
1	海盐(浓度)	g/m³ kg/m³		√	 √		
2	路盐(浓度)	g/m³ kg/m³	√	√			暂无严酷等级
3	二氧化硫(浓度)	mg/m³	√				
4	硫化氢(浓度)	mg/m³					
5	氮氧化物	mg/m³	√				以二氧化氮的当量表示
6	臭氧(浓度)	mg/m³	√				
7	氨(浓度)	mg/m³	√				
8	氯(浓度)	mg/m³	√				
9	氯化氢(浓度)	mg/m³	√				
10	氟化氢(浓度)	mg/m³	√				
11	有机碳氢化合物(浓度)	mg/m³	√				暂无严酷等级
注：条件代码的含义见表1。							

4.4 机械活性物质环境

机械活性物质环境及其环境因素见表4。

表4 机械活性物质环境及其环境因素

序号	环境因素/参数	单位	条件代码				备注
			A	W	S	E	
1	沙(包括沙砾)(单位体积的质量)	g/m³	√				尚无严酷等级
2	尘		√				暂无分级要求
2.1	悬浮尘埃(单位体积的质量)	g/m³	√				
2.2	尘埃沉积(沉积率)	mg/(m²·h)	√				
3	泥浆(浓度)	kg/m³	√				暂无严酷等级
4	烟苔(沉积率)		√				暂无严酷等级
注：条件代码的含义见表1。							

4.5 污染性液体环境

污染性液体环境及其环境因素见表5。

表5 污染性液体环境及其环境因素

序号	环境因素/参数	单位	条件代码				备注
			A	W	S	E	
1	发动机油					√	1)暂无严酷等级； 2)所列液体尚不详尽； 3)各种液体可能有不同的特性
2	齿轮箱油					√	
3	液压油					√	
4	变压器油					√	
5	刹车液					√	
6	冷却液					√	
7	润滑脂						
8	燃油					√	
9	电池电解液					√	
注：条件代码的含义见表1。							

4.6 机械环境

机械环境及其环境因素见表6。

表6 机械环境及其环境因素

序号	环境因素/参数	单位	条件代码				备注
			A	W	S	E	
1	振动						
1.1	稳态振动:正弦	(从略)			√	√	又分为A/B/C/D型频谱
1.2	稳态振动:随机	(从略)			√	√	又分为G/H型频谱
1.3	非稳态振动	(从略)			√	√	又分为Ⅰ/Ⅱ/Ⅲ型频谱
2	自由跌落(跌落高度)	m				√	
3	外界碰撞(碰撞能量)	J				√	
4	摇摆与倾斜,动态(角度/频率)	±(°)/Hz			√		
5	摇摆与倾斜,静态(角度)	(°)			√		
6	稳态加速度(加速度)	m/s^2			√		
7	静负载(负载压力)	kPa					
8	倾跌与翻倒				√	√	暂无参数及严酷等级
注：条件代码的含义见表1。							

4.7 电和电磁干扰环境

电和电磁干扰环境及其环境因素见表7。

表7 电和电磁干扰环境及其环境因素

序号	环境因素/参数	单位	条件代码				备注
			A	W	S	E	
1	磁场(场强)	A/m				√	
2	电场						
2.1	场强	V/m kV/M				√	
2.2	场变率	V/(m·ns)				√	脉冲干扰
3	谐波(失真度)	%			√		
4	信号电压(幅度,U_n 的百分比)	% 或 mV			√		
5	电压和频率变化						
5.1	电压波动幅度(标称电压的百分比)	%			√		
5.2	电压下降或中断(百分比和持续时间)	% s			√		
5.3	电压不平衡(百分比)	%			√		
5.4	频率变化(百分比)	%			√		
6	感应电压(幅度)	V			√		
7	瞬变						
7.1	上升时间	ns μs			√		
7.2	持续时间	ns μs ms			√		
7.3	幅度(峰值)	kV			√		
7.4	电流变化率	A/ns			√		
注:条件代码的含义见表1。							

4.8 爆炸性和易燃环境

含有易燃易爆物质的环境也属于环境条件的范畴,此类环境条件的分类及要求参见GB 3836和GB 12476。

5 环境参数组分类及其严酷程度分级

5.1 一般原则

对产品的环境条件的分级一般按照以下原则：

a) 产品在每一使用场所都会暴露于多种不同的单一环境因素中；

b) 产品暴露于使用场所时，各种环境因素的组合对产品的影响尤为重要；

c) 从标准化的目的出发，按照不同的使用场所及其环境因素（参数）组的构成情况，规定出不同的严酷程度，作为产品环境条件及其严酷程度选择的基础；

d) 按照产品的使用场所的环境条件，选择合适的、规范化了的环境因素及其严酷程度，并通过具有可比性的试验以进行产品的环境适应性评估。

5.2 环境参数的严酷程度分级

由于产品使用环境存在很大差异，对环境条件及其环境参数的严酷程度进行分级，方便了对环境条件的选择以及试验，相关的环境条件分类标准见表8。

表8 环境条件分类标准

序号	环境类别	国家标准	国际标准
1	产品环境参数及其严酷程度的分级	GB/T 4796	IEC 60721-1
2	产品自然环境条件的分类	GB/T 4797	IEC 60721-2
3	产品应用环境条件的分类	GB/T 4798	IEC 60721-3
4	产品特殊环境条件的分类	GB/T 19608	

6 环境条件在产品中的应用

6.1 产品应用环境条件的分类及其代码

按照环境条件标准，选择产品的应用环境条件是确定产品环境适应性的一个捷径。产品的应用环境条件的分类及其代码见表9。

表9 产品应用环境条件类型

序号	应用环境条件类型	数字代码	国家标准	备注
1	运输	1	GB/T 4798.1—2005	
2	贮存	2	GB/T 4798.2—2008	
3	有气候防护场所固定使用	3	GB/T 4798.3—2007	条件如下： 1) 正常使用的产品； 2) 封闭或有遮蔽的产品； 3) 临时或永久性使用的产品
4	无气候防护场所固定使用	4	GB/T 4798.4—2007	户外无遮蔽的产品
5	地面车辆使用	5	GB/T 4798.5—2007	

表 9（续）

序号	应用环境条件类型	数字代码	国家标准	备注
6	船舶环境	6	GB/T 4798.6—2012	
7	携带和非固定环境使用	7	GB/T 4798.7—2007	
8	产品内部的微环境	8	GB/T 4798.9—2012	
注：GB/T 4798.10—2006 不属于应用环境条件的类型。				

6.2 环境条件的类别代码

环境条件类别的代码见表 10。

表 10 环境条件类别的代码

序号	环境条件类别	代码	备注
1	气候条件	K	
2	特殊气候条件	Z	
3	生物条件	B	
4	化学活性物质条件	C	
5	机械活性物质条件	S	
6	机械条件	M	
7	着火初始条件	T P F V H	闪络时间 闪络前的热条件 闪络后的热条件 穿过烟雾的可见度条件 化学活性条件
注：环境条件分类代码源自 GB/T 4796—2008。			

6.3 环境条件及其严酷等级的组合代码

环境条件及其严酷等级的组合代码及其排列顺序见图 1。

注 1：严酷等级的数字所表示的可能是一组若干个环境参数的组合，参见相应的环境条件标准。

注 2：某一严酷等级可能还会进一步分为高（H）或低（L）。

图 1 环境条件及其严酷等级的组合代码构成

示例 1：3K5——有气候防护场所固定使用，气候条件，严酷等级 5。

示例 2：环境条件组合代号 IE31(3K2/3B1/3C1/3S1/3M1)——有气候防护场所的固定使用；气候条件 2 级；生物条件 1 级；化学条件 1 级；机械活性条件 1 级；机械条件 1 级。

6.4 产品应用环境条件的选用

6.4.1 产品应用环境条件选用应考虑的因素

包括但不限于：

a) 产品能够在其寿命期间内承受所预期的环境条件的严酷等级并正常工作。

b) 环境因素对产品的影响：

——受长期的环境应力影响，慢慢导致产品劣化，工作不正常或失效；

——受短时极端环境影响，使产品不能正常工作或失效。

c) 极端环境条件的出现可能对产品产生的影响：

——可能出现在产品的任何寿命时间内；

——由于产品使用中的老化，虽然在寿命期间内，产品也可能在极端环境条件下失效。

d) 极端环境条件可能出现的情况：

——产品在运行状态下；

——产品在非运行状态下，例如在运输或贮存期间。

e) 环境参数发生的时间和频率可能对某一参数产生影响：

——单次环境参数发生的最长持续时间；

——事件的次数即频率。

f) 通过适当的防护措施降低严酷环境对产品的损害：

——分析未加防护措施时产品的防护能力；

——增加防护措施后的防护能力及其经济性；

——产品在使用、运输和贮存中附加的限制条件。

g) 产品对环境适应性的试验及其合格评定时：

——环境参数的选择；

——合适的试验方法或组合的试验方法(参见 GB/T 2423)；

——试验的严酷等级；

——试验程序；

——合格评定的判据以及可以接受的降级。

h) 选用方法：

——参照表 9 的序号 3～7，依据相应的标准确定产品使用的环境类型，并确定其严酷程度；

——参照表 9 的序号 1、2、8，依据相应的标准考虑产品在运输、贮存中影响及其严酷程度，以及产品微观环境的影响情况，确定相应的严酷程度；

——综合上述条件，最终确定产品的环境条件及其严酷程度；

——在某些技术领域，已经按照预期的使用条件在产品标准中确定了相应的环境代码及其严酷程度，此时可直接采用该等级，并以此进行环境防护设计。

6.4.2 产品应用环境条件的典型实例

示例 1：电力系统继电保护装置(参见 GB/T 14598.2—2011)

气候条件—— −10 ℃～+50 ℃，相对湿度 5%～95%(近似于 3K5)；

化学活性物质——3C1；

机械活性物质——3S1；

机械环境——0 级或 1 级(参见 IEC 60255-21，未用环境代码)；

电磁环境——5 级，重工业环境(参见 GB/Z 18039.1—2000，未用环境代码)。

示例 2：低压开关设备和控制设备(参见 GB 14048.1—2013)

气候条件——−5 ℃～+40 ℃；相对湿度 50%（+40 ℃时），或 90%（20 ℃时）；
机械环境——振动、冲击、碰撞在考虑中；
污染等级——3 级。

示例 3：微型计算机（参见 GB/T 9813）
气候条件——10 ℃～35 ℃，0 ℃～40 ℃，−10 ℃～+55 ℃（可选择）；相对湿度 20%～90%；
机械环境——振动、冲击、碰撞均为 1～3 级（可选择）；
电磁环境——有抗扰度和电磁发射要求。

示例 4：工业控制屏（参见 UL 508）
气候条件——0 ℃～40 ℃；
其他条件——未规定。

示例 5：电气设备外壳（参见 UL 50，UL 50E）
气候条件——1，2，5，12，12K，和 13（户内）；3，3R，3S，4，4X，6，和 6P（户外）；
机械条件——未规定；
电磁环境——未规定。

示例 6：以太网交换机（参见 YD/T 1099）
气候条件——15 ℃～30 ℃，相对湿度 30%～65%；
机械条件——未规定；
电磁环境——有电磁发射及抗扰度要求。

示例 7：通信系统户外机柜（参见 YD/T 1537）
气候条件——−40 ℃～+55 ℃，相对湿度 5%～100%；
机械条件——按照 GB/T 19183.5—2003 的规定；
电磁环境——分为 3 个可选择的等级；
太阳辐射——1 120(1±10%) W/m^2。

示例 8：铁道客车电气控制柜（参见 TB/T 2557）
气候条件——0 ℃～50 ℃，−25 ℃～45 ℃，−40 ℃～+50 ℃（可选择），相对湿度 90%；
机械条件——1 级振动和冲击；
电磁环境——有要求。

7 环境防护设计指南

7.1 环境条件对机械结构的影响

环境条件对机械结构可能产生的影响：

a) 外部的固体异物或液体进入内部，或对机械结构产生腐蚀，或影响电气绝缘，或影响设备运行；
b) 外部的能量冲击对机械结构造成损坏；
c) 外部环境造成机械结构的应力破坏；
d) 外部环境造成机械结构的腐蚀性破坏。

环境因素对机械结构的腐蚀及破坏影响见表 11。

表 11 环境因素对机械结构的腐蚀及破坏影响

序号	环境因素	腐蚀及破坏效应
1	海洋大气及盐雾	降低非金属材料的绝缘电阻甚至产生导电层，引起电化学腐蚀，加速金属及非金腐材料的腐蚀；机械活动部分阻塞或卡死，电解作用会造成漆膜起泡
2	高温	电阻、电感、电容、功率因数、介电常数将发生变化，绝缘性可能降低，运动件因膨胀而卡死，涂层可能起皮，加速金属的氧化与非金属的老化，润滑剂蒸发；膨胀会使结构过载

表 11（续）

序号	环境因素	腐蚀及破坏效应
3	低温	塑料、橡胶变脆；绝缘材料介电常数等多数发生变化；相对湿度提高，产生凝露；润滑剂粘度增加，表面涂层可能开裂，构件可能因收缩而过载
4	潮湿	金属电化学腐蚀加速；绝缘材料电性能和热性能降低；元器件、印制板、连接件等可因密封破坏而产生电泄露或短路；力学强度降低进而失去形状稳定性；为微生物繁殖提供条件，使玻璃、金属、有机材料产生霉菌腐蚀
5	风	风力增加了机械负荷，引起结构变形，影响整机功能或发生机械阻塞，加速磨损
6	沉降物：雨、雪、雹、露、霜、雨夹雪	影响热传递；加速锈蚀，引起表面伤蚀；损坏保险罩，导致电气故障；增加表面之间的摩擦；污染润滑剂；堵塞小孔；破坏防腐涂层
7	微生物、昆虫	微生物引起非金属霉变、腐蚀，金属材料腐蚀，降低结构的综合性能；其代谢产物引起玻璃刻蚀，破坏或削弱绝缘，阻塞机械和导管，污染润滑剂。昆虫污染、毁坏结构
8	振动、冲击、加速度	振动引起机械疲劳，导致元器件引线断裂、构件变形或断裂、结构失效，电器触点断开，电气连接失效，造成接触件磨损，黏接层开脱，瞬间电气短路或断路；冲击引起构件超载，强度降低或损坏，结构失效，电气瞬间短路；加速度产生机械应力，导致结构变形或失效，液压泄漏；上述三者均会造成应力腐蚀
9	大气压力	低气压加速结构件应力腐蚀，产生放电、电晕等，产生臭氧，降低绝缘，元器件性能变化，引发电气故障；低气压下冷却性能下降，温度升高、缩短寿命；气压变化会引起泄漏，产生凝露和腐蚀，力学强度下降
10	太阳辐射	产生的热效应和化学效应使非金属材料、涂层性能下降，密封完整性降低，焊接接口强度降低，色标褪色，整机耐腐蚀性下降，增加热负荷
11	电磁干扰	电子元器件性能下降、失效、故障，造成误动作、发出错误指令
12	沙尘	表面磨蚀，机械卡死、轴承损坏；砂尘渗入密封结构中，吸收水分，降低绝缘性能，电路劣化，静电电压增高，产生电噪声，机电功能转化部件功能降低或受损；高温砂粒的热效应会加速腐蚀

7.2 应用环境条件及其严酷等级的确定

机械结构作为电工电子设备的基本防护，其应用环境条件可按照以下原则确定：

a) 按照机械结构应用领域的产品标准确定机械结构的应用环境条件（参见 6.4）；

b) 按照 GB/T 18663.1—2008 的第 4 章确定户内机械结构的气候环境和工业大气环境等级；

c) 按照 GB/T 18663.2—2007 选择机械结构的地震环境；

d) 按照 GB/T 18663.3—2007 选择机械结构的电磁环境；

e) 按照 GB 4208—2008 确定机械结构对外来固体异物及液体的防护等级；

f) 按照 GB/T 20138—2006 确定机械结构对外来冲击能量的防护等级；

g) 按照 GB/T 19183.5—2003 确定户外机械结构的应用环境条件；

h) 机械结构的应用环境条件不应低于产品标准中规定的环境条件。

7.3 环境防护设计基本原则

7.3.1 腐蚀防护设计的一般原则

防腐蚀设计的一般原则：

a) 结构外形及其零部件设计宜尽量简单、光滑，便于防腐蚀施工和检修；

b) 结构设计应避免渗漏水、冷凝水、各种残液滞留及沉积物富集而造成腐蚀的发生，并能使这些物质自然通畅地排出；
c) 选择既经济又合理的耐腐蚀性材料；
d) 选择合适的防腐蚀表面防护措施，例如电镀层或涂覆层；
e) 避免结构组合和连接方法不当而加剧腐蚀，特别应考虑连接处的不同金属电极电位造成的电化学腐蚀的影响，必要时可采取阴极保护措施；
f) 设计有效的密封结构对内部进行防护；
g) 设计并采取适当的工艺方法，有针对性地防止或减缓腐蚀；
h) 选择恰当的零件表面强化技术和热处理状态，降低结构材料对腐蚀的敏感性；
i) 采用缓蚀剂或隔离保护膜等改善局部腐蚀环境条件的措施；
j) 减小或消除应力集中和残余应力，以减缓应力腐蚀的危险；
k) 采用无余量装配设计，避免装配过程修锉造成的结构表面破坏；
l) 设计良好的通风，缓解腐蚀的进程。

7.3.2 机械结构材料的选择

材料的选择原则：
a) 全面考虑材料的综合性能和经济性。除考虑材料的力学性能(强度、硬度、弹性)、物理性能(导电性、导热性、磁性、光学性能、密度等)，冷、热加工性能和性价比等因素外，还要考虑材料的耐蚀性能和可涂镀、防护特性。在允许范围内，优先考虑材料的耐蚀性能和可涂镀性要求；
b) 容易产生腐蚀而不容易维修的部位，选择高耐蚀性的材料或特殊的防腐处理。组合件宜使用相同寿命的材料；
c) 选择腐蚀倾向小的材料和热处理状态。如优先选用防锈铝；
d) 钢材中应优选氮、磷、硫、硅等有害杂质含量低的牌号；在满足强度设计要求的情况下，宜选用含碳量低的钢材。铝材中应优选铁、镁、硅等杂质含量低的合金材料；在青铜中铅的含量应低于 0.02%；
e) 选择可涂镀、防护性能好、工艺性好的材料。铝合金材料尽量避免使用 H112 CR 状态 2A12 硬铝合金；铸造铝合金宜选用针孔级别为 1 级、2 级的可进行镀液处理的最高级别铸造铝合金。需要注意的是同一牌号、不同批次的金属材料，其镀覆性能和转化膜的外观与质量可能有所不同，必要时还要检测材料的可镀涂性能；
f) 选择应与其邻近的元器件或设备的材料具有相容性的材料，如电偶腐蚀的相容性、非金属材料与金属材料的环境气氛或接触腐蚀的相容性等；
g) 所选材料应在热膨胀系数、受外热或自发热时的补偿反应以及化学性质等方面与被密封零件互不抵触；
h) 非金属材料除和金属材料一样，除具有所需的功能特性之外，也应具有所需的环境适应性，例如耐霉性、耐高低温、耐光老化、耐水、耐油性等；
i) 避免选择易产生应力腐蚀开裂的金属材料；
j) 包括防护材料在内的选择，应由设备体系→整机→分机→部件→零件的方式系统地进行，应考虑材料之间的相容性。在设计中，应处理好元器件材料、装联材料、结构材料和防护材料等各类材料之间的相容性及彼此间的组合匹配关系，并结合可维修性，寿命周期综合成本等因素进行系统优化选择。

7.3.3 化学处理层和电镀层的选择及设计

化学处理层和电镀层的选择及设计可参见附录 A。

7.3.4 涂覆层的选择和设计

涂覆层的选择和设计可参见附录B。

7.3.5 IP防护设计

机械结构的外壳防护(IP)设计见GB 4208—2008。

7.3.6 能量冲击防护设计

机械结构的能量冲击防护设计见GB/T 20138—2006。

7.3.7 电磁防护设计

机械结构的电磁环境防护设计见GB/T 31841—2015。

附 录 A
（资料性附录）
化学处理层和电镀层的选择及设计

A.1 化学处理层和电镀层的选择

化学处理层和金属镀层的选择取决于零件的基体材料、使用环境和工作条件、防护要求、金属电化偶、零件结构、镀覆工艺性等因素，参见图 A.1。

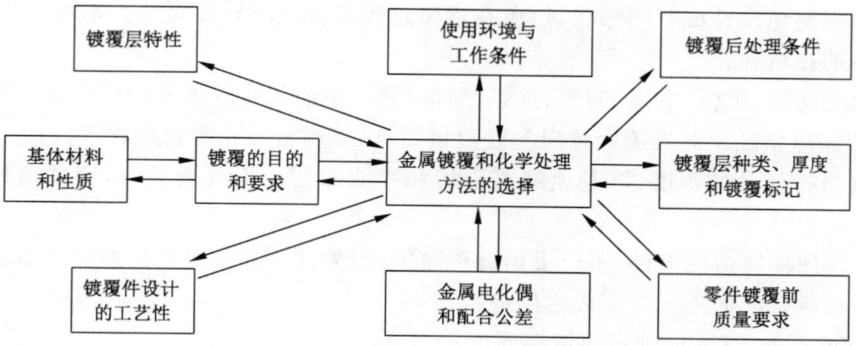

图 A.1 化学处理层和电镀层的选择

A.2 电镀层的使用条件

按照零部件的使用、运输和贮存条件，化学处理层和电镀层的使用条件分类见表 A.1。

表 A.1 电镀层的使用条件分类

使用条件		使用条件特征	示例
代号	严酷等级		
1	良好	相对湿度≤80%，没有工业、锅炉及其他有害气体污染	有空气调节装置的实验室、控制室或密封装置的内部
2	一般	相对湿度≤95%，有少量工业、锅炉和其他有害气体污染	不受太阳、雨、雪、海雾及饱和水分等直接影响的室外，或无空气调节装置的室内及车厢内部
3	恶劣	相对湿度达98%，有较多的工业、锅炉及其他有害气体污染	受太阳、雪、雨等直接影响及距离有害气体污染源较近的室外
4	海上	直接受到海水的周期影响或处于海雾饱和的大气环境中工作的仪器和设备	船舶设备或海岸设备
5	特殊	由各种特殊情况所决定的条件	需要良好导电的情况或经常受压受磨损的情况

A.3　化学处理层和电镀层的工艺性设计

化学处理层和电镀层的工艺性设计一般按照以下原则进行：

a)　镀覆层的局限性——在同一零件上，镀覆层是不均匀的：边缘比中间厚，深孔、小盲孔、内壁、缝隙、毛细孔等不易镀到。镀覆件的结构设计和镀覆层选择时应充分考虑镀覆层的这些局限性；

b)　镀覆件的边缘宜采用圆角，最小半径为 0.8 mm；

c)　平底槽的内、外角均宜采用圆角，深度不宜超过宽度的 50%。推荐采用 U 形槽，不宜采用 V 形槽；

d)　宜减少盲孔，盲孔的深度宜控制在孔径的 50%之内；

e)　镀覆件应避免设计成封闭形状，以免在镀覆过程滞留残液导致腐蚀。不可避免时，应预留镀液和气体的排放孔；

f)　带有螺纹连接、压合、搭接、铆接、点焊、局部钎焊、单面焊接等形式的组合件，镀覆过程的；

g)　残液会加速腐蚀。此类组合件应先镀覆再组合，或用密封胶密封后再镀覆；

h)　镀覆件宜控制孔的深度，以避免镀覆不均和残液滞留。不可避免时，应预留残液和气体的排放孔；

i)　用型砂或硬模铸造的零件，不应采用镀覆防护，因为这种方法对于防腐蚀是不可靠的；

j)　镀覆应在所有的加工工序完成之后进行；

k)　有配合要求的零件，应预留出镀层厚度；

l)　在镀覆之后，外螺纹的中径会比其他部位镀层厚度增大 3 倍。因此，螺纹配合的镀层不宜太厚，一般控制在 4 μm～7 μm；

m)　镀覆后的表面粗糙度会降低 1 倍～2 倍，设计时应考虑这一效果。

镀覆前的粗糙度宜按以下原则确定：

a)　一般的保护镀层，表面粗糙度 $Ra \leqslant 12.5$ μm；

b)　一般的装饰性镀层，表面粗糙度 $Ra \leqslant 1.6$ μm；

c)　有精度要求的镀层，表面粗糙度 $Ra \leqslant 0.8$ μm；

d)　精密的镀金、镀银、镀钯、镀铑和瓷质氧化的镀覆层，$Ra \leqslant 0.2$ μm；

e)　螺纹及 3 级以上精度的零件，表面粗糙度 $Ra \leqslant 3.2$ μm。

A.4　金属镀层和化学覆盖层的适用范围

金属镀层和化学覆盖层的适用范围见表 A.2。

表 A.2　金属镀层和化学覆盖层的适用温度范围

序号	镀层类别	环境温度适用范围
1	铝及铝合金化学氧化膜	＜60 ℃
2	铝及铝合金硫酸阳极氧化膜	＜150 ℃。若超过此温度，氧化膜出现微裂纹，影响外观。涂漆后不影响基体金属的耐腐蚀性
3	镀锌层	＜250 ℃。若超过此温度，会出现锌裂
4	镀锌钝化层	＜71 ℃。若超过此温度，钝化膜失去结晶水、开裂，耐腐蚀性下降
5	锡锌合金铬酸钝化层	－55 ℃～＋71 ℃

表 A.2（续）

序号	镀层类别	环境温度适用范围
6	银镀层	＜649 ℃（Ni 底层）；＜148 ℃（铜基镀银，无 Ni 底层）
7	铜镀层	＜300 ℃
8	镍镀层	＜600 ℃
9	磷化层	＜150 ℃。超出此温度，耐腐蚀性下降
10	金镀层	纯度 99.99%：＜500 ℃；纯度 99.9%：＜350 ℃；纯度 99.8%：180 ℃～225 ℃
11	塑料件的电镀层	－40 ℃～＋75 ℃
12	镀锡层	熔点 232 ℃。应在高于－10 ℃～＋100 ℃的环境下使用
13	镀铅(Pb40)合金层	熔点 183 ℃。使用温度不应超过 100 ℃
注：其他镀层参见 SJ 20818—2002。		

A.5 钢铁材料常用的镀层

机械结构中钢铁材料常用的镀层见表 A.3。

表 A.3 钢铁零件的镀覆和化学处理要求

材料	用途	种类	粗糙度 Ra μm		镀覆标记	镀层厚度及要求	应用范围
			镀前	镀后			
钢铁	防护	镀锌	≤6.3	—	Fe/Ep・Zn10・c2C	电镀锌 10 μm～15 μm，彩虹铬酸盐处理(2 级 c 型)	一般结构的防护
					Fe/Ep・Zn4・c2C	电镀锌 4 μm～7 μm，彩虹铬酸盐处理	螺距小于 0.8 mm、M5 以上的紧固件，有 IT6、IT7 要求的零件
					Fe/Ep・Zn7・c2C	电镀锌 7 μm～10 μm，彩虹铬酸盐处理	螺距大于 0.8 mm 的紧固件，有 IT6、IT7 要求的零件
	防护装饰	镀铜镍铬	≤1.6		Fe/Ep・Cu6bNi12b Cr0.3r	电镀光亮铜 6 μm，光亮镍 12 μm，普通装饰铬 0.3 μm	仪器面板、把手等一般装饰及防护件
	防护	镀镍	≤3.2	—	Fe/Ep・Cu5Ni10	电镀铜 5 μm，半光亮镍或暗镍 10 μm	室内防护并经受清度摩擦的零件
	防护可焊	镀锡铅合金	—	—	Fe/Ep・Sn(60)Pb8	电镀 Sn-Pb(60%～40%)光亮合金 8 μm	用于防护、可焊及导电要求的零件

A.6 铜及铜合金的常用镀层

铜及铜合金的常用镀层见表 A.4。

表 A.4 铜及铜合金的常用镀层

材料	用途	种类	粗糙度 Ra μm		镀覆标记	镀层厚度及要求	应用范围
			镀前	镀后			
铜及其合金	防护装饰	镀镍	≤1.6		Cu/Ep・Ni12m	电镀暗镍 12 μm	一般防护及装饰
		镀锌	—		Cu/Ep・Zn12・c2C	电镀锌 12 μm，铬酸盐处理彩虹色	与铝合金接触的铜合金零件的防护
		镀镍铬	≤1.6		Cu/Ep・Ni12dCr0.3r	电镀双层镍 12 μm，普通装饰铬 0.3 mm	面板等装饰件
					Cu/Ep・Ni5dCr0.3r	电镀双层镍 5 μm，普通装饰铬 0.3 μm	螺距小于 0.8 mm 的螺纹零件
					Cu/Ep・Ni8dCr0.3r	电镀双层镍 8 μm，普通装饰镍 0.3 μm	螺距大于 0.8 mm 的螺纹零件
		化学镀镍	≤1.6		Cu/Ap・Ni-P13	化学镀磷镍 13 μm	用于形状复杂的零件防护及装饰，镀层均匀，可提高表面硬度和耐磨性
	导电	镀银	≤1.6		Cu/Ep・Ni25Ag8b/At・DJB-823	电镀镍 25 μm，光亮银 8 μm，涂 DJB-823 防护	提高导电性，稳定接触电阻
		镀金	≤1.6		Cu/Ep・Ni15Au1.3	电镀镍 15 μm，电镀金 1.3 μm	高稳定性的导电、电接触部件
	可焊	镀锡铅合金	—		Cu/Ep・Sn(60)Pb8	电镀锡-铅（60%～40%）合金 8 μm	PCB 及其他可焊件及防护性镀层

A.7 铝及铝合金的常用镀层

铝及铝合金的常用镀层见表 A.5。

表 A.5 铝及铝合金的常用化学处理层和镀层

材料	用途	种类	粗糙度 Ra μm		镀覆标记	镀层厚度及要求	应用范围
			镀前	镀后			
铝及其合金	防护装饰	缎面阳极氧化	≤1.6	按要求	Al/Et・A(S)10st・S	装饰性砂面处理，硫酸阳极氧化，封孔处理，氧化膜厚度 10 μm～15 μm	面板、立柱等防护及装饰性处理，色调柔和、悦目，呈漫反射银白色
		瓷质阳极氧化	≤0.2	按要求	Al/CHP・Et・A10ps・S	化学抛光，瓷质阳极氧化，封孔处理，氧化膜厚度 10 μm～15 μm	装饰及防护
		阳极氧化染色或电解着色	≤3.2	按要求	Al/Et・A(S)10・Es・S	硫酸阳极氧化，电解着色，封孔处理，氧化膜厚度 10 μm～15 μm	防护及装饰

表 A.5（续）

材料	用途	种类	粗糙度 *Ra* μm		镀覆标记	镀层厚度及要求	应用范围
			镀前	镀后			
铝及其合金	防护导电	导电氧化或铝钝化	—	—	Al/Ct・Ocd	化学处理，生成铬酸盐转化膜	防护，转化膜可导电，不耐磨，适用温度60 ℃以下的大型及复杂零件。转化膜可作油漆、喷塑的底层
	防护装饰耐磨可焊	化学镀镍	≤1.6	按要求	Al/Ap・Ni-P15	化学镀镍磷（磷含量 8%或 10%）合金 15 μm	形状复杂并要求均匀镀层的零件，防护、耐磨、导电、可焊，适用于电子机壳及连接件的镀覆

A.8 非金属材料的镀层

非金属材料（工程塑料）的常用镀层见表 A.6。

表 A.6 非金属材料的常用镀层

材料	种类	粗糙度 *Ra* μm		镀覆标记	镀层厚度及要求	应用范围
		镀前	镀后			
工程塑料	化学镀铜镍	≤1.6	按要求	PL/Ap・Cu0.75～0.375Ni-P(6～8)0.75～2.5	塑料，化学镀铜 0.75 μm～3.75 μm，化学镀镍磷（P8%～10%）0.75 μm～2.5 μm	塑料机壳，塑料上镀电磁屏蔽层
	镀铜、镍、铬	≤1.6	按要求	PL/Ap・Ni1・Ep・Cu20bNi10bCr	塑料，化学镀镍 1 μm，电镀光亮铜 20 μm，电镀光亮镍 10 μm，普通装饰铬 0.3 μm	塑料多层装饰铬

附　录　B
（资料性附录）
涂覆层的选择和设计

B.1　涂覆层使用条件的分类

涂覆层使用条件的分类及其特征见表 B.1。

表 B.1　涂覆层使用条件及其特征

序号	代号	外观等级	外观特征
1	Ⅰ	一级	不受雨、雪、海水等直接影响，没有或少有工业气体、海雾及阳光影响。相对湿度不超过 90%，温度为－40 ℃～＋55 ℃
2	Ⅱ	二级	受雨、雪、风沙、阳光、工业气体等影响。相对湿度≥90%，温度为 55 ℃～90 ℃，或－40 ℃～50 ℃
3	Ⅲ	三级	受海水的直接影响或在海雾环境下工作
4	Ⅳ	四级	直接受水（不包括海水）的连续性或周期性影响；有液态或气态油类介质的直接影响；90 ℃～150 ℃的高温影响或 150 ℃以上高温的周期性影响；或－50 ℃以下低温周期性影响；有电弧或放电的短期影响

B.2　涂覆的工艺性设计

涂覆件的工艺性设计与电镀件类似，参见 A.3。

B.3　油漆涂层

B.3.1　各种油漆涂料的比较

各种常用油漆材料的比较见表 B.2，特种涂层见表 B.3。

表 B.2　常用油漆材料的比较

序号	油漆种类	优点	缺点
1	油脂漆	耐大气性较好，适用于室内、室外、底漆、面漆，涂刷性好，价格低廉	干燥慢，漆膜软，力学性能差，水膨胀性大，不能打磨抛光，不耐碱
2	天然树脂漆	干燥较慢，短油度者坚硬，长油度者柔韧，耐大气性较好	力学性能差，不能打磨，短油度者耐气候性差
3	酚醛树脂漆	干燥快，涂膜坚硬，耐水、耐化学腐蚀，有一定的电气绝缘性，附着力好	涂膜较脆，颜色易泛黄变深，耐气候性较差
4	沥青漆	耐水、耐酸碱腐蚀，有一定的电气绝缘性，黑度好，价格低廉	色黑不易作浅色漆，对日光不稳定，耐溶剂性差，易互粘

表 B.2(续)

序号	油漆种类	优点	缺点
5	醇酸树脂漆	耐气候性优良,光泽度较高,施工性好,附着力较好	漆膜较软,耐碱、耐水性差,干燥慢,不易打磨
6	氨基树脂漆	漆膜坚硬可打磨抛光,光泽度高而丰满,不宜泛黄,耐热、耐水、耐气候性好,附着力较好	需加热固化,烘烤过渡则漆膜变脆
7	硝基纤维漆	干燥迅速,耐油,漆膜坚韧,可打磨抛光,耐气候性良好	易燃,清漆不耐紫外光,固体组分低,不能在 60 ℃以上使用
8	纤维素漆	耐气候性好,色浅,可打磨抛光,个别品种有耐热、耐碱性,电气绝缘性较好	附着力较差,耐湿性差,价格高
9	过氯乙烯漆	耐气候性优良,耐化学腐蚀、耐水、耐油,阻燃性好,三防性能好	附着力较差,打磨抛光性差,不能在 70 ℃以上使用,固体组分低
10	烯类树脂漆	有一定柔韧性,色泽浅淡,耐水性好,耐化学腐蚀性较好	耐溶剂性差,固体组份低,高温时炭化,清漆不耐紫外光
11	丙烯酸树脂漆	漆膜色浅,保色性好,耐气候性优良,耐热性较好,有一定的耐化学腐蚀性	热塑性的树脂固体组份低,耐溶剂性差
12	聚酯树脂漆	固体组份高,耐热、耐磨,能抛光,电气绝缘性较好	干燥性不易掌握,涂装较复杂,光滑金属的表面附着力差
13	环氧树脂漆	附着力强,耐化学腐蚀,电气绝缘性较好,漆膜坚硬	耐气候性较差,漆膜颜色较深,外观较差
14	聚氨酯漆	耐磨性强,附着力好,耐湿、耐水、耐热、耐化学腐蚀,电气绝缘性良好	施工要求高,有一定毒性
15	有机硅漆	耐高温,耐气候性极优,耐湿、耐水性好,电气绝缘性良好	耐汽油性差,个别品种较脆
16	橡胶漆	耐水、耐化学腐蚀、耐磨	易变色,耐溶剂性差,清漆不耐紫外光

表 B.3 特种涂层

序号	特种涂层需求	涂料种类(品种)
1	耐酸涂层	氯丁橡胶漆,氯化橡胶漆,环氧树脂漆,沥青漆,过氯乙烯漆,乙烯类树脂漆,酚醛树脂漆等
2	耐碱涂层	过氯乙烯漆,乙烯类树脂漆,沥青漆,氯化橡胶漆,环氧树脂漆等
3	耐油涂层	氨基漆,硝基漆,缩丁醛漆,过氯乙烯漆,醇溶酚醛漆,环氧树脂漆等
4	耐热涂层	有机硅漆,有机钛漆等
5	耐水涂层	氯化橡胶漆,氯丁橡胶漆,聚氨酯漆,过氯乙烯漆,乙烯类树脂漆,环氧树脂漆,酚醛漆,沥青漆等
6	防潮涂层	乙烯类树脂漆,过氯乙烯漆,聚氨酯漆,氯化橡胶漆,氯丁橡胶漆,沥青漆,酚醛漆,环氧树脂漆等
7	耐磨涂层	聚氨酯漆,环氧树脂漆,不饱和树脂漆,酚醛漆等
8	保色涂层	丙烯酸树脂漆,脂族聚氨酯漆等

表 B.3（续）

序号	特种涂层需求	涂料种类（品种）
9	保光涂层	聚氨酯漆，丙烯酸树脂漆等
10	耐大气涂层	氨基漆，丙烯酸树脂漆，有机硅改性醇酸漆，聚氨酯漆等
11	耐溶剂涂层	聚氨酯漆，乙烯类树脂漆，环氧树脂漆等
12	绝缘涂层	油性绝缘漆，酚醛绝缘漆，醇酸绝缘漆，环氧绝缘漆，聚酰亚胺绝缘漆，聚氨酯漆，有机硅绝缘漆，沥青绝缘漆等

B.4 油漆涂层的选用指南

油漆涂覆的选用指南参见表 B.4。

表 B.4 油漆涂覆的选用指南

<table>
<tr><th>序号</th><th colspan="2">选择条件</th><th>底漆</th><th>中间漆</th><th>面漆</th><th>备注</th></tr>
<tr><td>1</td><td rowspan="2">黑色金属</td><td>户外</td><td rowspan="2">环氧脂底漆、环氧聚酰胺防锈底漆或聚氨酯防锈底漆</td><td>含有云母氧化铁、锌鳞片等片状填料的底漆，或无溶剂环氧漆</td><td>丙烯酸聚氨酯磁漆，氨基树脂漆，丙烯酸漆，或过氯乙烯漆</td><td>需考虑油漆之间的配套性</td></tr>
<tr><td>2</td><td>户内</td><td>无需</td><td>丙烯酸聚氨酯磁漆，氨基树脂漆，或醇酸磁漆</td><td>需考虑油漆之间的配套性</td></tr>
<tr><td>3</td><td rowspan="2">有色金属</td><td>户外</td><td rowspan="2">环氧锌黄底漆、环氧聚酰胺防锈底漆或丙烯酸聚酰胺防锈底漆</td><td>含有云母氧化铁、锌鳞片等片状填料的底漆，或无溶剂环氧漆</td><td>丙烯酸聚氨酯磁漆，氨基树脂漆，丙烯酸漆，或过氯乙烯漆</td><td>需考虑油漆之间的配套性</td></tr>
<tr><td>4</td><td>户内</td><td>无需</td><td>丙烯酸聚氨酯磁漆，氨基树脂漆，或醇酸磁漆</td><td>需考虑油漆之间的配套性</td></tr>
<tr><td>5</td><td>高分子材料（工程塑料）</td><td></td><td>一般不需要底漆，也可根据需要使用过度底漆</td><td>无需</td><td>丙烯酸聚氨酯磁漆，氨基树脂漆，或醇酸磁漆</td><td>涂装前应充分打磨或使用可剥布；允许刮腻子，厚度≤0.5 mm</td></tr>
</table>

B.5 油漆涂层厚度的选择

油漆涂层的厚度一般按照表 B.5 进行选择。

表 B.5 油漆涂层的厚度的选择

序号	涂层性质	涂层总厚度 μm
1	一般涂层	80～100
2	装饰性涂层	100～150
3	保护性涂层	150～200

表 B.5（续）

序号	涂层性质	涂层总厚度 μm
4	海洋环境涂层	200～250
5	腐蚀性液体冲击涂层	250～350
6	耐磨性涂层	250～350

B.6 静电粉末喷涂

B.6.1 特点

静电粉末喷涂是利用电晕放电原理，使雾化的涂料在高压直流电场作用下带负电，并吸附于带正电的基体表面的涂装方法。

静电粉末喷涂具有以下特点：

a) 不含毒性、不含溶剂和不含挥发有毒性的物质，故无中毒、无火灾、无废物的排放等公害的问题，符合环保要求；

b) 原材料利用率高，喷过的粉末可回收利用，最高的利用率可达99%以上；

c) 涂覆件经前处理后一次性施工，无需底涂层即可得到足够厚度的涂层，易实现自动化操作，生产效率高；

d) 涂层致密，附着力、抗冲击强度和韧性好，边角覆盖率高，具有优良的耐化学药品腐蚀性能和电气绝缘性能；

e) 粉末涂料存贮、运输安全方便。

B.6.2 静电粉末喷涂与油漆涂层的比较

静电粉末涂层与普通油漆涂层的比较见表B.6。

表 B.6 静电粉末涂层与普通油漆涂层的比较

序号	对比项目	涂层种类		
		环氧硝基磁漆涂层	氨基烘漆涂层	环氧粉末静电涂层
1	耐碱性	16 h后涂层起泡、脱落		
2	耐酸性	64 h可擦掉	180 h后涂层发粘、起泡	300 h涂层完整如初
3	耐盐水性	138 h后涂层可擦掉	260 h后涂层有锈点析出	
4	耐冲击性	400 N·cm合格 450 N·cm不合格	450 N·cm合格 500 N·cm不合格	500 N·cm合格
5	柔韧度	1 mm合格	1 mm合格	1 mm合格
6	硬度	0.5	0.5	0.87

表 B.6（续）

序号	对比项目	涂层种类		
		环氧硝基磁漆涂层	氨基烘漆涂层	环氧粉末静电涂层
7	冲 切（附着力）	切口边缘涂层与金属基体脱离		切口边缘涂层与金属基体附着良好
8	抗 磨 性	10 s 露底	26 s 露底	146 s 露底
9	耐 湿 性	7 d 出现小麻点，冲击强度小于 200 N·cm	7 d 出现小麻点，冲击强度小于 300 N·cm	7 d 表面完整如初，冲击强度为 500 N·cm

B.7 电泳涂装

B.7.1 基本原理

电泳涂装（electro-coating）是利用外加电场使悬浮于电泳液中的颜料和树脂等微粒定向迁移并沉积于电极之一的基底表面的涂装方法。电泳涂装的一般原理如下：

a） 电泳：在直流电场的作用下，电泳漆分散介质中的带电粒子向与其所带电荷相反的电极移动，不带电的填料粒子吸附在带电电荷的树脂粒子上随其定向移动；

b） 电沉积：带有电荷的粒子到达具有相反极性的电极后逐渐沉积、放电，形成不溶于水的漆膜。一旦发生电沉积，涂覆的工件就会具有一定的绝缘性，电沉积会向电力线密度较低的部位转移，直到涂层达到均匀；

c） 电渗：电渗是电沉积的逆过程。在电沉积的初始阶段，沉积在工件表面的漆膜中的水份从漆膜中渗析出来进入漆液中。电渗的作用是将沉积的漆膜脱水，以获得致密的漆膜；

d） 电解：当电流通过电泳漆时，水发生电解，阴极和阳极分别释放出氢气和氧气。电解现象会导致电耗增加、漆膜质量下降，应尽量避免之。

B.7.2 电泳涂装的特点

电泳涂装具有涂层丰满、均匀、平整、光滑的优点，电泳漆膜的硬度、附着力、耐腐、冲击性能、渗透性能明显优于其他涂装工艺。

电泳涂装具有以下特点：

a） 良好的渗透性：电泳涂料在水中完全溶解或乳化，配制成的槽液黏度很低，很容易浸透到被涂物的袋状构造部位及缝隙中，特别适合于异型导电材料的表面涂装；

b） 涂膜的防腐蚀能力强：由于电泳涂装是在电场作用下均匀成膜，因此采用电泳涂装法能使工件的内腔、焊缝、边缘耐腐蚀性显著提高；

c） 安全、环保：采用水溶性涂料，以水为溶解介质，节省了大量有机溶剂，大大降低了大气污染和环境危害，安全卫生，同时避免了火灾的隐患；

d） 涂装效率高：由于槽液的固体含量低、黏度小，被涂覆件带出的涂料少，尤其是超滤技术的应用，实施涂装过程封闭循环，涂料回收率高、涂料损失小，涂料的利用率可达 90%～95%；

e） 涂膜质量好：涂层厚度均匀，附着力强，工件各个部位如内层、凹陷、焊缝等处都能获得均匀、平滑的漆膜，解决了其他涂装方法对复杂形状工件的涂装难题；

f） 生产效率高：施工可实现自动化连续生产，大大提高劳动效率。

B.8 无铬锌铝涂层

B.8.1 一般概况

为保护环境以及资源的再利用，与传统的达克罗（Dacromet）相比较，金属防腐蚀涂层中不再含有金属铅和铬，成为现代涂装防护技术的发展趋势。无铬锌铝（无铬达克罗）涂层是一种无废气排放、不添加重金属铬和铅的耐蚀性涂层。与传统油漆涂层相比具有以下特点：

a） 外观：锌铬涂层外观银白色，有金属感；无铬锌铝涂层外观偏灰；有机系列的无铬涂层外观银白色，有金属感；

b） 厚度：无铬锌铝涂层总厚度约 25 μm，比锌铬涂层厚度约大 12 μm；涂层中没有金属铬和铅，不污染环境；

c） 具有良好的耐腐蚀性、耐热性、深涂性能和再涂装性能；

d） 适用于钢、铸铁、铝及其合金、铁基粉末冶金等多种基体材料的腐蚀防护；

e） 由于该涂层为高温烘烤成型工艺，施工过程中没有产生氨脆的问题；

f） 无铬锌铝涂层固化温度一般比锌铬涂层固化温度低，相对节省能源；

g） 由于技术上和质量要求等原因，无铬锌铝涂层需要加覆封闭层，而锌铬涂层多为单层结构；

h） 无铬锌铝涂层由于厚度与层次结构原因，一般要涂 3 遍～4 遍，锌铬涂层一般为 2 遍～3 遍；

i） 涂覆在铝及其合金上也不会产生电偶腐蚀；

j） 无铬锌铝涂层可替代锌铬涂层，也可替代部分电镀锌、电镀镉、热浸镀锌等镀覆层。

B.8.2 无铬锌铝涂层的特性

无铬锌铝涂层具有如下特性：

a） 耐蚀性：对于螺纹零件来说，8 μm～10 μm 的无铬锌铝涂层可以耐 720 h 盐雾试验不出现红锈；而对于非螺纹紧固件则可以达 1 000 h。单纯的无铬锌铝涂层的耐盐雾腐蚀性能稍逊于锌铬涂层，但在模拟真实自然环境的循环腐蚀试验中的表现与锌铬涂层相当；

b） 导电性：涂层中叠合在一起金属锌、铝薄片允许电流通过并传导到基体；

c） 耐热性：涂层即使经 3 h、300 ℃高温热处理后，也保持优异耐蚀性；

d） 耐有机溶剂：作为一种无机涂层，能够耐受有机溶剂；

e） 抗双金属腐蚀：大多数锌层与铝或钢紧密配合时会产生典型的双金属微电池腐蚀，而无铬锌铝涂层中的铝鳞片能够消除上述现象的发生；

f） 无氢脆：涂覆过程不采用酸洗，避免了氢脆的产生。

无铬锌铝涂层与锌铬涂层的对比见表 B.7。

表 B.7 无铬锌铝涂层与锌铬涂层对比

项目	外观	厚度 μm	层次结构	涂覆次数	固化温度 ℃	最小涂覆量 mg/dm^2	盐雾试验 h	涂料价格 元/kg
锌铬涂层	银白色亮白	2～9	单层	2～3	300	200	120～1 000	38
无铬锌铝涂层	水溶系列：银白色偏灰	4～10	有封闭层，两层	3～4	250～316	银色 280 封闭层 320	120～960	120
	有机系列：银白色亮白	10～15		3～4	180～220		120～960	120

B.8.3 无铬锌铝涂层的表示符号

涂层用元素符号“Zn”(锌)加前缀“fl”(薄片)、后缀“nc”(无铬)表示。如果需要详细标明技术要求，应将涂层的厚度标注于“fl Zn”的后面。

示例 1：最低盐雾试验时间为 480 h 的涂层，标记为“flZn 480 nc”。

示例 2：最低盐雾试验时间为 720 h，最小厚度为 8 μm 的涂层，标记为“flZn 720 8 μm nc”。

B.8.4 涂层的等级及厚度

无铬锌铝涂层的等级及其厚度见表 B.8。

表 B.8 无铬锌铝涂层的等级及其厚度

涂层等级	涂覆量 mg/dm^2	涂层厚度 μm	不出现红锈的盐雾试验时间 h
1	<130	≤4.1	120
2	130～190	4.1～8.1	240
3	190～260	5.9～8.1	480
4	260～320	8.1～10.0	720
5	320～380	10.0～11.9	960
注：涂层的厚度是按照 32 mg/dm^2＝1 μm 换算得来的。由于涂覆材料中加入铝的量可以调整会影响涂层的密度，故该厚度仅为参考值。			

参 考 文 献

[1] GB/T 2423(所有部分) 电工电子产品环境试验

[2] GB/T 4798.10—2006 电工电子产品应用环境条件 导言

[3] GB 14048.1—2012 低压开关设备和控制设备 第1部分:总则(IEC 60947-1:2011,MOD)

[4] GB/T 14598.2—2011 量度继电器和保护装置 第1部分:通用要求

[5] GB/T 15153.2—2000 远动设备及系统 第2部分:工作条件 第2篇:环境条件(气候、机械和其他非电影响因素)(IEC 60870-2-2:1996,IDT)

[6] GB/Z 18039.1—2000 电磁兼容 环境 电磁环境的分类(IEC 61000-2-5:1996,IDT)

[7] GB/T 18684—2002 锌铬涂层技术条件

[8] GJB/Z 594A—2000 金属镀覆层和化学覆盖层选用原则与厚度系列

[9] GJB 2635A—2008 军用飞机腐蚀防护设计和控制要求

[10] CB/T 3764—1996 金属镀层和化学覆盖层厚度系列及质量要求

[11] DL/T 578—2008 水电厂计算机监控系统基本技术条件

[12] DL/T 1083—2008 火力发电分散控制系统技术条件

[13] DL/T 1092—2008 电力系统安全稳定控制系统通用技术条件

[14] DL/T 5226—2005 火力发电厂电力网络计算机监控系统设计技术规定

[15] HB 5033—1977 镀层和化学覆盖层的选择原则与厚度系列

[16] HB 7671—2000 飞机结构防腐蚀设计要求

[17] JB/T 10242—2001 阴极电泳涂装 通用技术规范

[18] JB/T 10619—2006 无铬锌铝涂层 技术条件

[19] JB/T 10847—2008 可燃性粉尘环境用电气设备 用外壳和限制表面温度保护的设备粉尘防爆插接装置

[20] SJ/T 10674—1995 涂料涂覆通用技术条件

[21] SJ 20817—2002 电子设备的涂饰

[22] SJ 20818—2002 电子设备的金属镀覆与化学处理

[23] SJ 20890—2003 电子装备处理与涂装

[24] SJ 20910—2004 粉末静电喷涂通用规范

[25] SJ 20985—2008 军用电子整机腐蚀防护工艺设计与控制指南

[26] IEC 60255-21 Electrical relays—Part 21: Vibration, shock, bump and seismic tests on measuring relays and protection equipment

[27] 孟庆龙.电器制造技术手册.北京:机械工业出版社,2000.

ICS 47.020.70
U 65

GB

中华人民共和国国家标准

GB/T 31843.3—2015/IEC 61162-3:2008

海上导航和无线电通讯设备及系统 数字接口 第3部分:串行数据设备网络

Maritime navigation and radiocommunication equipment and systems—Digital interfaces—Part 3:Serial data instrument network

(IEC 61162-3:2008,IDT)

2015-07-03 发布　　2016-02-01 实施

中华人民共和国国家质量监督检验检疫总局
中国国家标准化管理委员会　发布

前　言

GB/T 31843《海上导航和无线电通讯设备及系统　数字接口》拟分以下部分：

——第1部分：单通话器和多受话器；

——第2部分：单通话器和多受话器　高速传输；

——第3部分：串行数据设备网络；

……

本部分为GB/T 31843的第3部分。

本部分按照GB/T 1.1—2009给出的规则起草。

本部分使用翻译法等同采用IEC 61162-3:2008《海上导航和无线电通讯设备及系统　数字接口 第3部分：串行数据设备网络》。

与本标准中规范性引用的国际文件有一致性对应关系的我国文件如下：

——GB/T 15868—1995　全球海上遇险与安全系统(CMDSS)船用无线电设备和海上导航设备通用要求测试方法和要求的测试结果(idt IEC 60945:1994)

本部分做了下列编辑性修改：

——删去国际标准前言。

本部分由中国船舶重工集团公司提出。

本部分由全国船舶电气及电子设备标准化技术委员会(SAC/TC 531)归口。

本部分起草单位：中国船舶重工集团公司第七〇四研究所、中国船舶重工集团公司第七〇七研究所、上海熔圣船舶海洋工程技术有限公司。

本部分主要起草人：邓丽娟、郑荣才、浦骏业、陆巧云、滕国栋、张文杰、辛玉龙、张晶晶、周长江。

海上导航和无线电通讯设备及系统　数字接口　第3部分:串行数据设备网络

1　范围

GB/T 31843 的本部分依据美国国家海洋电子协会 2000(NMEA 2000)标准制定。NMEA 2000 标准包含了关于串行数据通讯网络与实船安装的船用电子设备相互连接的最小应用要求。依据本部分设计的设备应具备在单一信号传输通道中与兼容设备共享数据(包括指令和状态)的能力。

数据报文通过一系列数据帧进行传递,每个数据报文都包含错误及完整性检查,确保帧的传递和时延。一个数据帧的实际数据内容至多占传递数据的一半,本部分主要适用于相对简短数据报文周期性传递,报文按要求或请求指令传递。典型的数据包含离散的参数(如位置的纬度和经度),全球定位系统(GPS)状态值,自动驾驶操舵指令,有限参数列表(如航路点),和中等大小的数据块数据(如电子海图数据库更新数据)。本部分不适用于如雷达、电子海图、视频数据或其他完整数据库或者文件传输应用的高带宽应用。

本部分定义国际标准化组织开放系统互联模型(ISO/OSI)所有从应用层至物理层相关的层,需要执行本部分的网络功能性要求。

本部分定义了数据格式、网络协议和设备到接口所需的最小物理层。国际海上生命安全公约(SOLAS)的应用应包含冗余设备(如双重网络、冗余网络接口电路)以降低单点故障所带来的影响。NMEA 2000 标准提供支持冗余设备、总线和信息传递的基本工具和方法。一些特定的船载设备的安装设计不在本部分的范围内,但本部分提供一些指导性文件参见附录 A。

2　规范性引用文件

下列文件对于本文件的应用是必不可少的。凡是注日期的引用文件,仅注日期的版本适用于本文件。凡是不注日期的引用文件,其最新版本(包括所有的修改单)适用于本文件。

ISO 11783(所有部分)　农林用拖拉机和机械　串行控制和通信数据网络(Tractors and machinery for agriculture and forestry—Serial control and communications data network)

ISO 11783-3　农林用拖拉机和机械　串行控制和通信数据网　第3部分:数据链路层(Tractors and machinery for agriculture and forestry—Serial control and communications data network—Part 3: Data link layer)

ISO 11783-5:2001　农林用拖拉机和机械　串行控制和通信数据网　第5部分:网络管理[包括勘误表 1(2002)][Tractors and machinery for agriculture and forestry—Serial control and communications data network—Part 5:Network management (including its corrigendum 1 (2002)]

IEC 60945　海上导航和无线电通讯设备及系统　一般要求　测试方法和要求的测试结果(Maritime navigation and radiocommunication equipment and systems—General requirements—Methods of testing and required test results)

NMEA 2000　主文件,第 1.200,2004 年 10 月版,船舶电子设备的串行数据网络(Main document, Version 1.200:October 2004,Serial-Data Networking Of Marine Electronic Devices)

NMEA 2000　附件 A,第 1.200,2004 年 10 月版,船舶电子设备的串行数据网络　应用层(参数组定义)[Appendix A, Version 1.200: October 2004, Serial-Data Networking Of Marine Electronic Devices—Application Layer (Parameter Group Definitions)]

NMEA 2000　附件 B,第 1.210,2006 年 9 月版,船舶电子设备的串行数据网络(数据基础)[Appendix B,Version 1.210:September 2006 Serial-Data Networking Of Marine Electronic Devices(Data Base)]

NMEA 2000　附件 C,第 1.200,2004 年 10 月版,船舶电子设备的串行数据网络(认证标准和测试方法)[Appendix C, Version 1.200: October 2004, Serial-Data Networking Of Marine Electronic Devices(Certification Criteria and Test Methods)]

NMEA 2000　附件 D,第 1.200,2004 年 10 月版,船舶电子设备的串行数据网络(应用说明)[Appendix D,Version 1.200:October 2004,Serial-Data Networking Of Marine Electronic Devices(Application Notes)]

IMO 1974　国际海上生命安全公约(SOLAS),修订版　第五章　航行安全性(International Convention for the Safety of Life at Sea (SOLAS),as amended—Chapter V—Safety of navigation)

3　术语、定义和惯用语

3.1　术语和定义

下列术语和定义适用于本部分。

3.1.1

位　bit

通讯通道中最小的信息单元。

注:位以成组的状态(一个或几个位)分布于位域。本部分规定的位是由信号率定义的持续时间常数,并且位是显性或隐性两个逻辑值中的一个。当显性和隐性电平同时被加到通讯通道上时,则结果为显性电平。

3.1.2

网桥　bridge

连接两个网络段的设备,被连接的两个网络段使用相同的网络协议并在同一地址空间。

注:网桥两端的数据率和物理媒介可能存在偏差。网桥可能会进行信息过滤。

3.1.3

字节　byte

代表 8 个位。

3.1.4

控制器局域网络(CAN)帧　controller area network (CAN)frame

在通讯通道中传送的位列序。

注:CAN 帧传递如下信息类型:

- 数据帧:将数据从发送器传输至接收器;
- 错误帧:通过检测总线错误的一个单元发送;
- 过载帧:在前一数据帧与后一数据帧之间提供附加延时;
- CAN 数据帧定义了开始帧和结束帧的位域,CAN 数据帧与前一帧之间以帧间间隔分离。当使用 CAN 错误帧和过载帧时,无须使用帧间间隔,直接附加在前一帧中。

3.1.5

1 类设备　class 1 devices

仅具备单个 A 级别或 B 级别网络连接接口的设备。

3.1.6

2 类设备　class 2 devices

具备两个 A 级别或两个 B 级别网络连接接口的设备。

注：2 类设备适用于双重冗余总线系统，除了具备提供 A 级别(或 B 级别)能力，2 类设备也需具备辨别从冗余网络接收的信息是否相同的能力。

3.1.7

默认操作　default operation

标准设备第一次装船时的标准操作或设置。

3.1.8

设备　device

通过一个节点，与一个本部分定义的网络相连的产品或设备。

3.1.9

网关　gateway

连接一个网络与另一个网络或者系统的设备。

3.1.10

帧间间隔　interframe space

将数据帧与前一帧数据隔离的位域。

3.1.11

A 级别设备　level A devices

支持 ISO 传输层和全部网络参数组管理的设备。

3.1.12

B 级别设备　level B devices

支持地址声明、ISO 请求参数组编号和产品信息参数组的设备。

3.1.13

监听设备　listen only device

网络上仅接受报文但不参与总线活动的设备。

注：此设备不能向网络发送任何数据、错误或应答等。

3.1.14

负载当量数　load equivalency number

以网络负载为单位表示节点额定功率。

3.1.15

报文　message

如本部分所定义的由一个或多个数据帧组成，这些帧包含与某一网络地址通信的参数组信息。

注：一个报文包含报文优先编码、参数组编号、目的网络地址、源网络地址和数据域。目的网络地址可以是一个待定地址或全局地址。

3.1.16

网络地址　network address

网络上一个功能体的标识符。

3.1.17

网络负载　network load

将一个网络负载定义为一个 50 mA 的度量单位。

注：这是用来确定网络负载量的。

3.1.18

节点 node

网络的一个物理连接。

注：一个节点可能有多于一个的网络地址，见虚拟节点情况。

3.1.19

节点功率 node power

由网络提供的功率。

3.1.20

参数组 parameter group;PG

在网络上传递的一组相关联的变量、命令、状态和其他信息。

3.1.21

参数组编号 parameter group number;PGN

用来标识每个参数组的一个8位或16位的数字。

注：在标准IEC 61162-1中，参数组编号(PGN)与三字符语句标示符相类似。从本质上来说，可向网络上所有的地址传输以16位参数组编号标识的参数组。以8位参数组编号标识的参数组只可用于向特定地址传输数据。

3.1.22

接收器 receiver

在总线被占用/繁忙且设备不是一个发送器时，作为报文的接受者。

3.1.23

路由器 router

使用相同网络协议将两个网络段连接的设备。

注：连接路由器两端的地址空间，数据速率和物理媒介可以不同。

3.1.24

发送器 transmitter

报文提供者。

注：一个单元作为发送器应保持直到其失去仲裁或总线进入空闲状态。

3.1.25

虚拟节点 virtual nodes

在一个设备内共享一个物理连接到网络的功能体。

注：设备内的每个虚拟节点在网络中均有其唯一的地址。

3.2 惯用语

3.2.1

可 may

本部分中，当与网络要求有关时，“可”表示在网络中承认的供选方案和任选项。如果一项应用不包含任何供选方案，应与另一个包含可选项的应用兼容。

3.2.2

应 shall

本部分中，当与网络要求表示某个项目有关时，“应”表示网络要求中必须满足的项目。

3.2.3

不应 shall not

本部分中，当与网络要求表示某个项目有关时，“不应”表示网络要求中禁止的项目。

3.2.4

宜 should

本部分中，当与网络要求表示某个建议有关时，如果遵从建议，“宜”表示以某种方式便于网络开发或改进网络操作。

4 物理层

本部分的物理层由 NMEA 2000 的主文件规定。

4.1 CAN 收发器

所有应用 CAN 收发器的设备应包含一个“发送支配超时”定时器电路(混串音保护)。

4.2 环境

元件和电路的设计应满足 IEC 60945 第 8 章的环境条件中耐久性和抵抗力的标准，其中 8.8(雨水和喷雾)的要求仅仅适用于暴露在雨水和/或喷雾的网络元件。

4.3 无线电射频干扰

4.3.1 有害的电磁发射

元件和电路的设计应满足 IEC 60945 第 9 章中关于有害电磁发射的标准要求。

4.3.2 对电磁环境的抗干扰性

元件和电路的设计应满足 IEC 60945 第 10 章中关于电磁环境抗干扰性条件的标准要求。

4.4 电缆

网络电缆应满足 NMEA 2000 主文件中所规定的电气和最小物理特性要求。

4.5 接口功率

一个 2 类 IEC 设备的负载当量数应为两个网络连接中较大的额定功率(如有不同时)。

4.6 网络电源

网络中的每个总线应有一个独立的电源。

5 数据链路层

本部分的数据链路层由 ISO 11783-3 规定，附加的详细要求在 NMEA 2000 主文件 3.0 章中规定。

6 网络层

网络层定义由 NMEA 2000 主文件 4.0 章规定。

7 网络管理

网络管理由 ISO 11783-5 规定，附加的详细要求在 NMEA 2000 主文件 8.0 章中规定。

7.1 地址配置方法

设备应提供一种(在本部分中未规定)配置一个优先选择的地址的方法。设备在使用此方法来配置时,不应在总线上传输数据直到完成地址配置过程。只可在船舶的初始安装和配置阶段提供此功能,而不能在正常的网络操作中使用。重新配置的首选地址应能跃控保留的地址。

7.2 地址保留

设备应保留其最后一次成功配置地址以便下一次启动首选地址时使用。

8 应用层

本部分的应用层(报文发送)由参数组结构和参数组编号内容组成。参数组结构的定义见 NMEA 2000 附件 A,参数组编号内容的定义见 NMEA 2000 附件 B。

8.1 参数组

参数组包含报文优先级和传播率的预定默认值。预定默认值提供了操作的预期性和连续性指标。尽管设定预定值可以满足船舶网络配置的大多数需求,但为了达到最佳性能,某些装置或者设备标准可能需要不同的值。为了适应特定的安装值,应使用特定方法对这些值进行调整。

8.1.1 参数组优先权

应保留默认参数组优先权值的任何变化,如采用非易失性存储器等措施。

8.1.2 参数组传播率

应保留默认参数组传播速率的任何变化,如采用非易失性存储器等措施。

9 试验判据

本部分的试验判据在 NMEA 2000 的附件 C 鉴定和试验判据中有详细说明。

没有依照本部分进行试验的设备(例如仅依据 ISO 11783、NMEA 2000 或 SAE J1939 设计的设备)在正常操作中不应连接到网络。

10 操作说明书

本部分的操作说明书在 NMEA 2000 的附件 D 中有详细说明。

11 生产商文件

符合本部分要求的设备操作指南或其他适当的文献应包含下列信息:

——厂商代码;

——产品代码;

——接口连接定义表(图);

——设备每一个接口(如多于一个)的负载当量数;

——列出经核准的参数组编号和名称，标注未使用域、专用参数组编号和名称的清单；
——列出设备输入所需的参数组编号和名称以及关联数据域的清单；
——与接口有关的软件和硬件的最新修订版；
——标准版本号和与之一致的更新日期。

附 录 A
（资料性附录）
系统集成

A.1 安装文件

特定船只安装的系统配置文件应包含下列信息：

A.1.1 设备详细信息

——型号名称；
——功能；
——序列号；
——生产商；
——安装场所；
——设备类型(1 或 2)；
——设备级别(A、B,监听)；
——设定的首选网络地址；
——设定的 PGN 播放率；
——设定的 PGN 优先权；
——负载当量数；
——每个节点连接的网络分支电缆长度；
——提供网络电源(是或否)；
——网络电源输出电流量。

A.1.2 网络特定信息

——整体总线负载；
——设备数；
——网络主干电缆长度；
——主干电缆规格；
——网络终端位置；
——所有 T 型连接器和阻挡带的位置；
——网络电源数；
——网络电源位置；
——网络主干电缆测试结果；
——网络布线图。

A.2 安装确认

A.2.1 初始安装观测

确保终端完好地安装在网络主干电缆的两端。

A.2.2 网络主干电缆试验

在主干电缆连接到任何设备之前对其进行试验。这些试验应在任何本部分设备与主干电缆连接之前进行。唯一与主干电缆相连接的应是网络电源。应确保主线电源通电。按照表 A.1 中所规定的试验特性进行试验。宜在主干电缆每个终端的最后一段连接处且在终端电阻之前进行测量。如果最后一段连接为电源连接,则在终端的倒数第二段连接处测量试验特性。

表 A.1 试验特性

试验序号	Pin/信号	测量内容	标准值	公差
1	(1) 防护物	防护物和 pin (3)NET-C (Gnd)之间的电阻	0 Ω	≤15 Ω
2	(2) NET-S	NET-S 和 pin (3) NET-C (Gnd)之间的电压	12 V	≥9 V ≤16 V
3	(4) NET-H (5) NET-L	NET-H 和 NET-L 之间的电阻	60 Ω	≥57 Ω ≤68 Ω

在接近完成时,断开网络电源并连接本部分设备。查阅设备生产厂商文件中的特定设备安装信息。确保所有连接到同一条主干电缆上的节点配置说明书中相同的系统实例值。

A.2.3 操作测试

确认所有设备操作与生产商的用法说明一致。

启动所有设备,监控每条网络主线的总线错误率(错误帧数/s),每一个总线错误率不能超过每秒一帧。

A.3 冗余度

SOLAS 第五章包含了综合船桥系统的要求:“局部的一个故障不应影响到其他部分的功能,除了直接由故障部分信息影响的功能。”本部分应采用冗余网络总线,以满足这些要求并提供安全系统。虽然具有代表性的两个冗余总线数将满足上述的要求,但是可采用任何数量的冗余总线。

本部分指定了一个接口(1 类)和两个接口(2 类)这两种类型的设备。冗余度可通过两套总线完成,每套总线上都重复相同的功能,从而在系统等级上提供功能和总线冗余度。一套单一总线功能冗余只在总线等级上提供功能冗余度。系统冗余度应有两套总线。通过在每套总线上连接多个 1 类设备或者在两套总线上连接 2 类设备实现功能冗余度。功能冗余度也可通过与冗余总线组合连接的 1 类设备和 2 类设备的合并达到。图 A.1 和图 A.2 举例说明了两种可能配置。

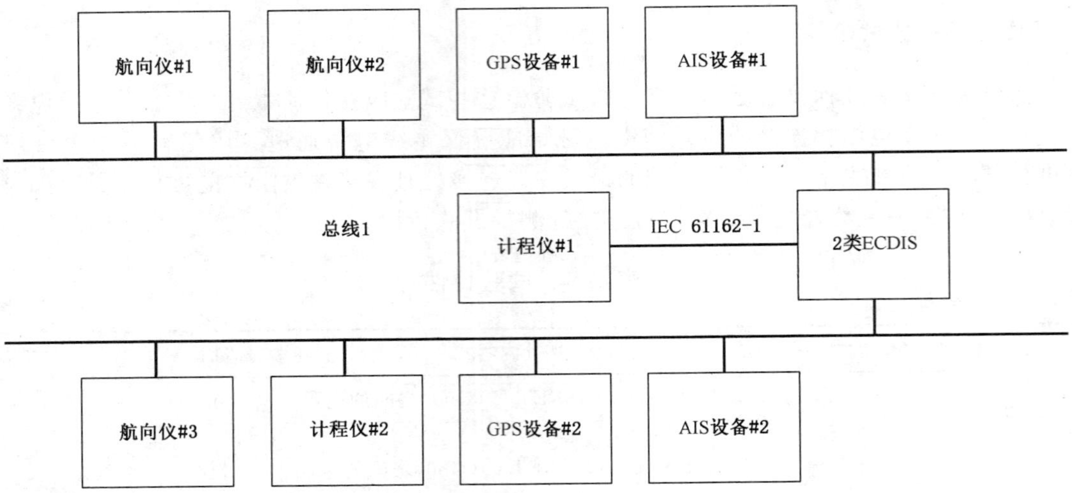

图 A.1 结构范例

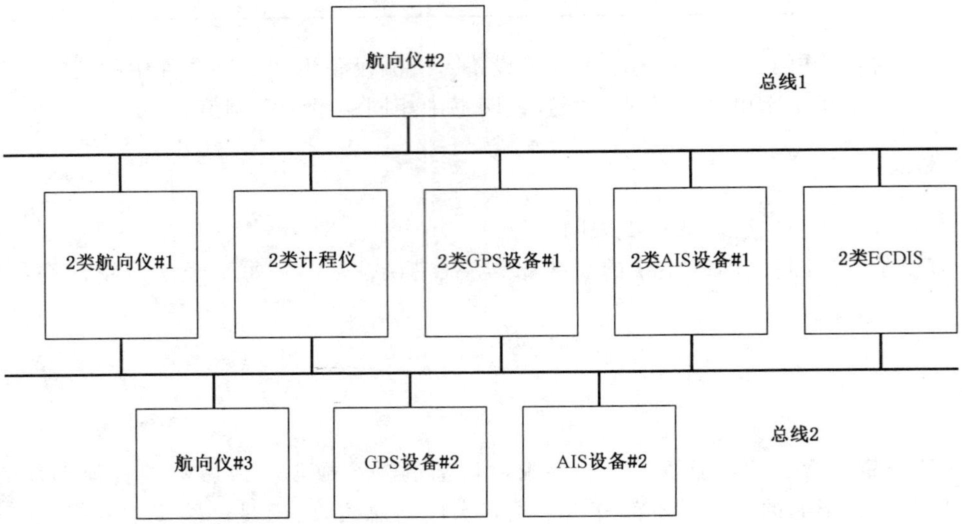

图 A.2 结构范例

A.4 实施建议

A.4.1 信息重组和副本过滤

恰当的信息碎片收集依靠恰当的使用序列、帧数和 DLC。

——对比用于副本过滤的 DLC 数之前,在每段主线上独立进行信息收集。

——如果帧数或序列中有任何不一致之处,应立即停止收集信息。不管序号是多少,只有当帧数计数器为零时,才可以再次开始收集信息。

——应监控并/或记录上述定义的收集错误信息。

A.4.2 ISO 传输协议的用法

——当采用 ISO 传输协议传输 PGN 时,PGN 的快速信息包序列计数器将不会增加。

——采用 ISO 传输协议的 2 类设备需考虑:

- 传输发送请求(RTS)、广播通知消息(BAM)和数据传送(DT)帧数时使用同一种改进的 DLC;
- 改进的 DLC 是依据其中包含的 PGN 的 DLC 系列;
- ABORT、清除发送(CTS)值和报文结束(EOM)帧中的 DLC 数值都设置为 8。

A.4.3 2 类设备跟踪

2 类设备维护的每个连接中用于寻址关联信息的说明书项应包括设备类型(1 或 2)。这有益于在接收到一份 ISO 请求 PGN 059904 时决定适当的行为。

ICS 31.240
K 05

中华人民共和国国家标准

GB/T 31844—2015

电工电子设备机柜　铰链

Cabinets for electrotechnical and electronic equipment—Hinge

2015-07-03 发布　　2016-02-01 实施

中华人民共和国国家质量监督检验检疫总局
中国国家标准化管理委员会　发布

前　言

本标准按照 GB/T 1.1—2009 给出的规则起草。

请注意本文件的某些内容可能涉及专利。本文件的发布机构不承担识别这些专利的责任。

本标准由全国电工电子设备结构综合标准化技术委员会(SAC/TC 34)提出并归口。

本标准起草单位:宁波生久柜锁有限公司、江西恒珠电气柜锁有限公司、浙江飞雷电气有限公司、广东优科检测技术服务有限公司、慈溪奇国电器有限公司、温州市中意锁具电器有限公司、温州市国通电器有限公司、温州德源电器有限公司、苏州电器科学研究院股份有限公司。

本标准主要起草人:姚春良、孟中明、梁恒珠、徐飞阳、张玉、江国庆、潘正东、张建国、周金隆、项雅丽。

电工电子设备机柜　铰链

1　范围

本标准规定了电工电子设备机柜铰链产品的安装与使用说明、使用条件、气候划分、一般要求、机械性能要求、试验方法、检测规则、抽样、标志、包装、运输与贮存。

本标准适用于电工电子设备机柜铰链(以下简称铰链)产品的设计、制造、试验与验收。

2　规范性引用文件

下列文件对于本文件的应用是必不可少的。凡是注日期的引用文件，仅注日期的版本适用于本文件。凡是不注日期的引用文件，其最新版本(包括所有的修改单)适用于本文件。

GB/T 2828.1—2012　计数抽样检验程序　第1部分：按接收质量限(AQL)检索的逐批检验抽样计划

GB/T 2829—2002　周期检验计数抽样程序及表(适用于对过程稳定性的检验)

GB/T 6461—2002　金属基体上金属和其他无机覆盖层 经腐蚀试验后的试样和试件的评级

GB/T 10125—2012　人造气氛腐蚀试验　盐雾试验

GB/T 13384—2008　机电产品包装通用技术条件

3　术语和定义

下列术语和定义适用于本文件。

3.1

柜门铰链　cabinet door hinge

可装在设备框架与柜门间用转轴连接起来的结构件。

3.2

动铰链　dynamic hinge

铰链的一部分，该部分固定在设备柜门上。

3.3

静铰链　static hinge

铰链的一部分，该部分固定在设备框架上。

3.4

内铰链　internal hinge

动铰链、静铰链全部隐藏(安装)在箱体内的铰链。

3.5

外铰链　external hinge

动铰链、静铰链全部显露在箱体外的铰链。

3.6

卡式铰链　cassette hinge

动铰链部分卡露在箱体外的铰链。

3.7

左铰链 left-hand hinge

用于左开门使用的铰链。

3.8

右铰链 right-hand hinge

用于右开门使用的铰链。

3.9

旋转角 rotation angle

动铰链可转动的最大角度值。

4 产品的安装与使用说明

制造商在其文件或样本中(如有的话)中应规定产品的安装、使用条件。

如有需要,产品的使用说明书中应指明产品进行适当的和正确的安装、运输和使用的方法。

5 使用条件

5.1 正常使用条件

5.1.1 周围空气温度

周围空气温度上限值不超过+55 ℃,且其24 h内的平均温度值不超过+35 ℃。

周围空气温度下限为-15 ℃。

5.1.2 海拔

安装(使用)地点的海拔不超过2 000 m。

5.1.3 湿度

最高温度为+55 ℃时,空气的相对湿度不超过50%,在较低的温度下可以允许有较高的相对湿度,例如20 ℃时达90%。

5.2 特殊使用条件

不同于5.1中的规定的条件为特殊使用条件,制造厂和用户应达成专门协议。

6 气候划分

如果产品的应用有更细致的气候要求,制造商应与用户协议。

7 一般要求

7.1 外观

7.1.1 产品的表面应有良好的防锈保护层,镀覆层不得有裂痕、露底、发黑和脱落等现象。

7.1.2 外观表面应光洁均匀,不得有划伤、缩痕、凹凸不平、修正痕迹及机械杂质等缺陷。

7.2 安装配合性

7.2.1 铰链与设备安装配合、定位连接的基本偏差由制造商根据产品结构不同向用户提供。

7.2.2 产品旋转角的基本偏差不低于±3°。

7.2.3 产品旋转方向应与开门方向保持协调。

7.3 灵活性

铰链转动应灵活、无卡滞现象。

7.4 稳定性

铰链在正常使用和运输过程中，不应产生零件失效、损坏和松脱现象。

7.5 镀涂层

7.5.1 铰链的镀涂层经中性盐雾试验后，其表面应达到表1中的规定。

表1 盐雾试验后的表观状态

镀涂层	中性盐雾试验时间 h	表观状态
电镀	48	主要表面允许略有泛色，但不应有红色、白色、或黑色腐蚀点。内部允许有轻微腐蚀现象。应符合GB/T 6461—2002规定的9/OsB性能评级标准
喷涂	200	

7.5.2 电镀层经100 ℃高温30 min、喷涂层经150 ℃高温30 min后；以及−40 ℃低温存30 min后其镀涂层不应有起皮、脱落现象。

8 机械性能要求

8.1 承载能力

铰链在正常使用情况下，应能承受技术设计要求中规定的载向负荷，不得产生变形、扭曲、开裂等现象。

8.2 抗冲击性能、承受跌落性能、承受碰撞特性和耐受振动特性

如果需要，按制造商与用户协议。

8.3 操作寿命

柜门开启、关闭为一次操作过程(开启至最大旋转角)，在正常工作条件下，操作寿命不少于10 000次，零件应无损坏现象。

9 试验方法

9.1 外观检验

开启包装后，在自然光线下(40 W)，距离产品30 cm，目测产品表面外观和保护层，应符合7.1的

规定。

9.2 安装配合性检验

9.2.1 安装配合、定位等尺寸用通用量具方法检测，应符合 7.2.1 的规定。

9.2.2 旋转角度可用专用角度量具方法检测，应符合 7.2.2 的规定。

9.2.3 以转动目测方法检查产品旋转方向，应符合 7.2.3 的规定。

9.3 灵活性检验

用手扳动旋转铰链，凭手感及察听声响方法进行检测，应符合 7.3 的规定。

9.4 稳定性试验

将铰链安装在模拟机柜上并处于关闭位置，模拟机安放在振动试验机上。经 10 Hz～58 Hz、0.15 mm位移幅值，58 Hz～150 Hz、20 m/s^2 加速度幅值，每轴线扫频 20 次，三轴线依次扫频振动试验后、应符合 7.4 的规定。

9.5 镀涂层试验

9.5.1 盐雾试验按 GB/T 10125—2012、GB/T 6461—2002 的要求进行试验，应符合 7.5.1 的规定。

9.5.2 用高低温交变试验箱对镀涂层进行高低温试验，应符合 7.5.2 的规定。

9.6 承载能力试验

将铰链安装在模拟机柜上，再将技术要求中规定的载荷作用于动铰链上，转动铰链 50 次，应符合 8.1的规定。

9.7 操作寿命试验

将铰链安装在模拟机柜上，开启柜门旋转至最大角度再关闭柜门为一次操作。实际按连续操作达 5 000 次来检验，即为符合 8.3 的规定。

10 检验规则

10.1 检验分类

铰链检验包括出厂检验和型式试验。

10.2 型式试验

10.2.1 提供型式试验的产品，应是出厂检验合格后的产品。

10.2.2 有下列情况之一的产品，需进行型式试验：

a) 新产品或老产品转厂生产的定型鉴定时；
b) 定型生产后，如结构、材料或工艺有较大改变，可能影响产品性能时；
c) 长期停产后(一年以上)，再恢复生产时；
d) 国家质量监督部门指定进行的检验时。

10.3 检验项目

出厂检验和型式试验的项目见表 2。

表 2　检验项目

序号	项目名称	出厂检验	型式试验	技术要求章条号	检测方法章条号
1	外观	△	△	7.1	9.1
2	安装配合性	△	△	7.2	9.2
3	灵活性	△	△	7.3	9.3
4	稳定性		△	7.4	9.4
5	镀涂层		△	7.5	9.5
6	承载能力		△	8.1	9.6
7	操作寿命		△	8.3	9.7
注：表中△表示需要进行检验的项目。					

11　抽样

11.1　出厂检验抽样

出厂检验抽样按 GB/T 2828.1—2012 规定的正常检验一次抽样方案，样本大小字码按 GB/T 2828.1—2012规定，检验水平为Ⅱ，接收质量限(AQL)值取 2.5。

11.2　型式试验抽样

型式试验抽样按 GB/T 2829—2002 规定的一次抽样方案，判别水平 DL 为Ⅲ，不合格质量水平 RQL 为 40。

12　标志、包装、运输与贮存

12.1　标志

产品上或最小包装上应有下列标志：

a)　制造厂名；

b)　产品型号或规格；

c)　制造日期；

d)　商标。

包装箱外壁应有下列标志：

a)　产品名称、型号、规格、数量、制造厂名、厂址、邮编；

b)　产品标准编号；

c)　每箱的净重和毛重；

d)　标明防潮、不准倒置、轻放等字样。

特殊要求由制造商和用户协商确定。

12.2　包装

产品的包装应符合 GB/T 13384—2008 的要求。

包装箱内应装入随同产品提供的文件：

a） 装箱单（指多组包装）；

b） 产品合格证；

c） 产品使用说明书。

12.3 运输

运输和装卸过程中应满足：

a） 在运输过程中，产品不得受到剧烈机械冲撞、曝晒、雨淋；

b） 在装卸过程中，产品应轻搬轻放，严防摔掷、翻滚、重压。

12.4 贮存

贮存条件应满足：

a） 产品应贮存在温度为－5 ℃～35 ℃的干燥、清洁及通风良好的地方；

b） 应不受阳光直射，避免与任何有害气体和液体接触；

c） 不得受任何机械冲击或重压。

ICS 31.240
K 05

中华人民共和国国家标准

GB/T 31845—2015

电工电子设备机械结构 热设计规范

Mechanical structures for electrotechnical and electronic equipment—Thermal design specification

2015-07-03 发布 2016-02-01 实施

中华人民共和国国家质量监督检验检疫总局
中国国家标准化管理委员会 发布

前　言

本标准按照 GB/T 1.1—2009 给出的规则起草。

请注意本文件的某些内容可能涉及专利。本文件的发布机构不承担识别这些专利的责任。

本标准由全国电工电子设备结构综合标准化技术委员会(SAC/TC 34)提出并归口。

本标准起草单位:中兴通讯股份有限公司、北京四方继保自动化股份有限公司、华为技术有限公司、国网电力科学研究院、南京南瑞继保电气有限公司、许继电气股份有限公司、国电南京自动化股份有限公司、中国船舶重工集团公司第七一五研究所、烽火通信科技股份有限公司、江苏天港箱柜有限公司、慈溪奇国电器有限公司、万控集团有限公司、天津正本电气股份有限公司。

本标准主要起草人:薛松、景佰亨、张开国、田蘅、张实、张钰、尹东海、郭雨龙、王蔚、宋小军、陈爱军、朱云霄、吴蓓、庞海鸥、袁丰华、游汉涛、巫珏、江国庆、马桂昌、申随章。

电工电子设备机械结构
热设计规范

1 范围

本标准规定了电工电子设备机械结构热设计的基本原则、热设计要求、常用散热技术、关键散热部件、导热界面材料以及热测试的相关要求,同时在附录中介绍了热设计算法和常用材料的物理参数。

本标准适用于除手持终端以外所有电工电子设备机械结构的热设计。以下电工电子设备简称"设备",电工电子设备机械结构简称"机械结构"。

2 规范性引用文件

下列文件对于本文件的应用是必不可少的。凡是注日期的引用文件,仅注日期的版本适用于本文件。凡是不注日期的引用文件,其最新版本(包括所有的修改单)适用于本文件。

GB 3095 环境空气质量标准

GB 3096 声环境质量标准

GB 4943.1—2011 信息技术设备安全 第1部分:通用要求

GB/T 14295—2008 空气过滤器

YD/T 1821—2008 通信中心机房环境条件要求

ETS 300 119-5 设备工程;对于设备实际应用的欧洲通信标准;第五部分:热管理(Environmental Engineering(EE); European Telecommunication Standard for Equipment Practice; Part 5: Thermal Management)

GR-63 网络设备 构建系统的要求:物理保护(Network Equipment-Building System Requirement:Physical Protection)

ASTM D5470[1)] 热导性电绝缘材料的热传输特性的标准试验方法(Standard Test Method for Thermal Transmission Properties of Thermally Conductive Electrical Insulation Materials)

3 术语和定义

下列术语和定义适用于本文件。

3.1

温度梯度 temperature gradient

等温面法线方向上,单位长度的温度变化量。

3.2

热流量 heat transfer rate

单位时间内热路上传递的热量。

3.3

热阻 thermal resistance

热路上的温差除以热流量。

---

1) ASTM:American Society for Testing and Materials,美国材料和试验协会。

3.4

接触热阻　contact resistance

接触界面间所产生的热阻。

3.5

导热　heat conduction

不同温度的物体或物体内不同温度的各部分之间，分子动能和自由电子运动所引起的一种热量传递过程。

3.6

导热系数　thermal conductivity

表征物质导热能力的参数，它等于热流密度除以温度梯度。

3.7

对流换热　heat convection

流体流过物体表面时所发生的一种热量传递过程。

3.8

自然对流　natural convection

由流体各部分温度不均匀造成的浮升力所引起的流体运动。

3.9

强迫对流　forced convection

由外力迫使流体流动的一种运动。

3.10

层流　laminar flow

流体流动时，相邻两层之间质点互不混杂，层次分明的一种流动状态。

3.11

紊流　turbulent flow

流体流动时，质点相互混杂，而无层次的一种流动状态。

3.12

当量直径　equivalent diameter

非圆截面槽道等效之圆管直径，等于4倍的流体流动的槽道的截面积与湿润周边长度之比。

3.13

对流换热系数　coefficient of convective heat transfer

表示流体与物体表面之间换热能力的参数。

3.14

传热系数　overall coefficient of heat transfer

表示流体在传热过程中换热能力的一个参数，它等于热流密度除以温度差。

3.15

辐射换热　radiation heat transfer

物体间以电磁波的形式辐射和吸收热量所形成热量传递过程。

3.16

黑度　emissivity

实际物体的辐射力与同温度下黑体的辐射力之比值。

3.17

热环境　thermal environment

影响设备或元器件热特性的各种环境因素之总称。

3.18

传热路径 heat transfer path

热量传递的路径。

3.19

热流密度 heat flux

单位面积的热流量。

3.20

体积功率密度 volumetric power density

单位体积内的热流量。

3.21

自然冷却 natural cooling

利用导热、自然对流和辐射换热三种方式之一或其组合进行的冷却。

3.22

强迫冷却 forced cooling

利用通风机、泵或其他压力源迫使冷却介质流经发热元器件或设备的冷却。

3.23

强迫空气冷却 forced air cooling

利用通风机或其他压力源驱动冷却空气流经发热元器件或设备进行的冷却。

3.24

射流冷却 impingement air cooling

利用高压气流对发热表面进行喷射的冷却。

3.25

液体冷却 liquid cooling(or fluid cooling)

利用液体对发热元器件或设备进行的冷却。

3.26

直接液体冷却 direct liquid cooling

将电子元器件直接置于冷却液体中进行的冷却。利用液体汽化时吸收汽化热进行的冷却。

3.27

散热器 heat sink

具有扩展表面以增强电子元器件或设备散热的器件。

3.28

型材散热器 shape heat sink

用扩展表面为连续肋片的型材加工而成的散热器。

3.29

换热器 heat exchanger

用来把热量从热流体传至冷流体的一种换热装置。

3.30

冷板 cold plate

利用单种流体进行热交换的一种换热装置。

3.31

热管 heat pipe

一种靠工质相变时吸收和释放汽化潜热，并由蒸汽流动传输热量的真空密封高效传热器件。

3.32

热特性 thermal characteristic

设备或元器件的温度、压力和流量(或流速)分布随热环境及功耗而变化的特性。

3.33

静压 static pressure

静压是由于分子运动力而产生的对壁面的压力。

3.34

动压 velocity pressure

由流体运动速度引起的压力。

3.35

全压 total pressure

静压和动压之和。

3.36

体积流量 volume flow rate

单位时间内流过某指定截面的流体的体积。

3.37

质量流量 mass flow rate

单位时间内流过某指定截面的流体的质量。

3.38

热应力 thermal stress

电子元器件材料因温度引起热胀冷缩所产生的应力。

3.39

系统阻力特性 system impedance characteristic

流道系统(或机柜)中压力损失与流量的函数关系。

3.40

通风机工作点 operational point of fan

风道阻力特性曲线与风机的静压(或全压)特性曲线在同一坐标系上的交点。

3.41

热通道/冷通道 hot aisle/cold aisle

数据中心的服务器机架和其他计算设备的布局设计。热通道/冷通道构造旨在通过管理气流来节约能源和降低冷却成本。最简单的数据中心热通道/冷通道设计是在交叉行排列服务器机架,让冷空气的进口朝一边,热空气的出口朝另一边。机架前端组成的行称为冷通道,通常情况下,冷通道面向空调的输出管道。热空气输出的那一行称为热通道,通常情况下,热通道面向空调的回风管道。

4 热设计概述

4.1 热设计的基本原则

热设计应保证设备在规定的环境条件下长期正常运行,辅助散热所需能耗力求最低,并在短期严酷的环境条件下具有必要的安全冗余。

4.2 热设计的相关影响因素

热设计的影响因素包括:

a) 环境温度和大气压力(或海拔高度);

b) 环境温度和大气压力(或海拔高度)的变化率;

c) 太阳或周围物体的辐射热;

d) 设备的热耗大小及分布情况;

e) 冷却介质的物理特性、温度、压力和允许的压降;

f) 机械结构的热特性等。

4.3 热量传递的基本方式

不同设备热量传递的基本方式:

a) 自然冷却系统,一般需要同时考虑传导、对流和辐射三种传热方式;

b) 强迫对流冷却系统,只需考虑传导和对流,辐射散热可以忽略;

c) 对于直接受太阳辐射的室外设备,应考虑太阳辐射。

4.4 冷却方法的选择

在选择冷却方法时,应考虑设备的热流密度、体积功率密度和温升等相关因素。

假设设备内产生的热量均匀分布在其有效空间中,同时充分地传递到设备表面。如设备表面热流密度小于 0.08 W/cm^2 时,建议采用自然冷却方式;如热流密度超过 0.08 W/cm^2 或体积功率密度超过 0.18 W/cm^3 时,建议采用强迫风冷或液冷等方式。在温升为 40 K 时,各种冷却方法适用的热流密度和体积功率密度值的范围如图 1 所示。

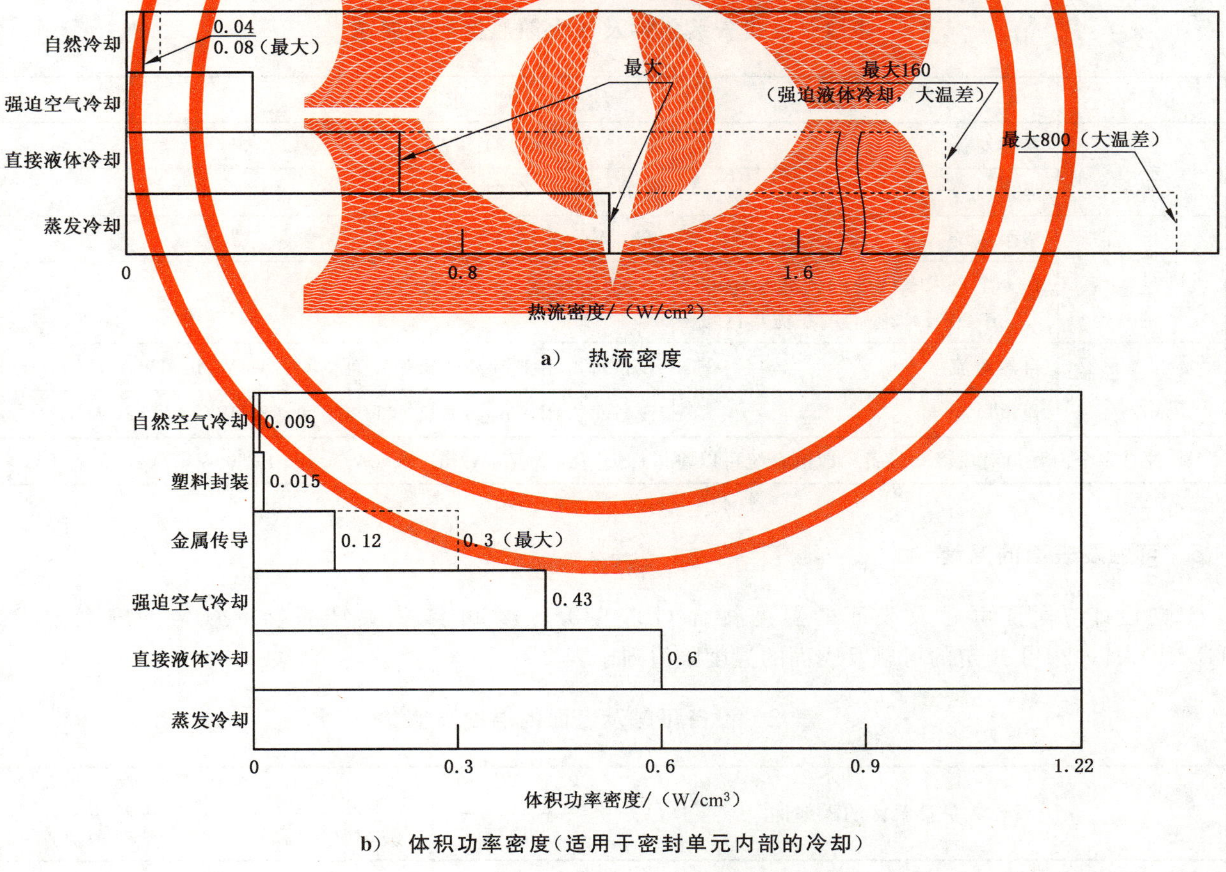

图 1 温升为 40 K 时,各种冷却方法适用的热流密度和体积功率范围

针对温升要求不同的设备,也可以根据热流密度和温升关系选择适用的冷却方法,如图2所示。

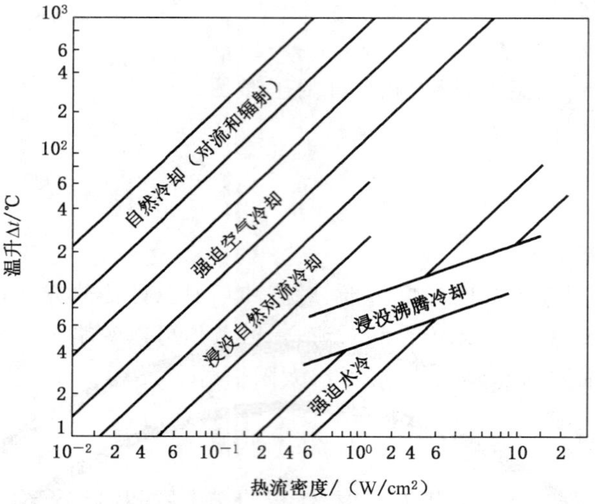

图2 热流密度与温升关系图

对于室内设备,建议按照GR-63标准中的推荐值,对其最大散热量进行约束。表1为设备安装条件及最大散热量约束要求。

表1 设备安装条件及最大散热量约束要求

设 备	约 束 要 求	
单机架	自然对流	1 450 W/m²(134.7 W/ft²)
	强迫风冷	1 950 W/m²(181.2 W/ft²)
多机架	整个系统	860 W/m²(79.9 W/ft²)
	在一个更大系统内的任意6.1 m×6.1 m(20 ft×20 ft)的正方形区域	1 075 W/m²(99.9 W/ft²)
子架(含插箱和机箱)	自然对流	设备每占用1 m高的机架垂直空间:740 W/m²(20.9 W/ft²/ft)
	强迫风冷	设备每占用1 m高的机架垂直空间:985 W/m²(27.9 W/ft²/ft)
注:完全由强迫对流冷却设备构成的系统可以将指标提高到1 075 W/m²(99.9 W/ft²)和1 290 W/m²(119.8 W/ft²)。		

4.5 可触及表面的温度

热设计应保证可触及表面的温度符合GB 4943.1—2011或相关产品标准规定的安全要求。GB 4943.1—2011规定的可触及表面的温度限值列于表2。

表2 设备可触及表面的温度限值

操作人员接触区的零部件	最高温度/℃		
	金属	玻璃、瓷料和釉料	塑料和橡胶[a]
仅短时间被握持或被接触的把手、旋钮、提手等	60	70	85
正常使用时被连续握持的把手、旋钮、提手等	55	65	75
可能会被接触到的设备外表面[b]	70	80	95

表 2（续）

操作人员接触区的零部件	最高温度/℃		
	金属	玻璃、瓷料和釉料	塑料和橡胶[a]
可能会被接触到的设备内表面[c]	70	80	95

[a] 对每一种材料，应当考虑该种材料的参数特性，以便确定适宜的最高温度。

[b] 下述零部件的温度不超过 100 ℃是允许的：

——在正常使用时不可能被触及到的、尺寸不超过 50 mm 的设备外表面上的某一部位；和

——如果操作人员很清楚地知道设备的某个零部件需要热量来完成预定功能。在设备的临近发热零部件的显著位置应当有警告标识。

[c] 允许温度超过限值的零部件应满足如下条件：

——不可能无意间接触这样的零部件；和

——有警告标识的零部件，该标记指明此零部件是发热的。

4.6 设备的温度

设备的温度与设备温升和局部环境温度有关。设备温升为设备出风口平均温度与设备入风口平均温度的差值。局部环境温度为设备内部一定空间区域中的空气平均温度。一般应满足以下要求：

a) 在最高极限环境温度下工作时，设备内部的局部环境温度不宜超过 70 ℃；

b) 对于出风口温度高于 70 ℃的设备，需要增加高温警示标识；

c) 对户内直通风道设备，设备温升范围一般为 8 ℃～15 ℃；其他独立风道的设备，设备温升范围一般为 5 ℃～10 ℃。当设备内部热耗分布均匀时，设备温升取上限值；当设备热耗分布不均匀时，设备温升取下限值，以保证局部环境温度满足使用要求；

d) 对户外设备，如果具备对太阳直射和其他热源辐射等的防护措施，设备温升范围一般为 15 ℃～20 ℃；如果无相应的防护措施，其外表面温度将会相对较高，设备温升范围一般为 5 ℃～10 ℃。

4.7 器件的温度

设备内部器件的工作温度满足其耐温规格是热设计的基本要求。在通常情况下，器件的耐温规格由设备可靠性预计所分解给器件的失效率确定。

在设备开发过程中，为降低器件的失效率、提高设备可靠性，在器件选择时应采取一定的降额措施；具体的降额要求参见 GJBZ 27—1992。

4.8 设备的噪声

在实际使用环境中，设备的散热装置所产生的噪声对周围环境造成的影响，应满足 GB 3096 的相关规定。

4.9 冗余设计

考虑到器件个体差异导致的性能离散、热设计符合度和散热部件失效等因素导致的相对严酷环境，热设计应考虑一定的冗余度，以提高设备的环境适应能力，保证满足可靠性要求。

4.10 其他

包括：

a) 热设计应与硬件、软件、结构、安全、电磁兼容和环境等相关系统设计并行开展；

b） 冷却系统力求结构简单、工作可靠；

c） 设备内部单板或热源应尽量均匀分布；

d） 冷却系统应具有可维修性。易损活动部件应便于快速拆卸、清洗和更换。应设置提醒用户维护的标志，减少维护对设备系统运行的影响；

e） 强迫风冷设备的风机选型及配置数量应考虑风机工作点和噪声指标，根据工作环境采用转速控制等降噪措施，满足相应标准的要求；

f） 对散热部件的失效应有实时检测和告警措施，并具有过热保护装置规避安全风险；

g） 应考虑材料老化等原因导致的散热条件恶化的影响，进行适当的冗余设计；

h） 户外设备应考虑低温启动要求；

i） 元器件应当按其耐温规格分类布局，耐温规格较高的元器件布置在气流下游；热敏感器件应布置在气流上游，必要时采取热隔离措施。

热设计常用计算参见附录A。

材料的热物理性质参见附录B。

5 常用散热技术

5.1 自然散热

5.1.1 自然散热中的传导

一般情况下，器件的热量主要利用接触面以热传导的形式散发。

应通过导热界面材料（例如导热胶、导热陶瓷和导热衬垫等）减小器件与机壳间的界面热阻。

界面热阻的理论计算公式如下：

$$\theta_{\mathrm{TIM}}=\frac{T}{k_{\mathrm{TIM}}}+R_{\mathrm{c}}$$

式中：

θ_{TIM}——热界面材料有效综合热阻；

k_{TIM}——热界面材料的导热系数；

T ——热界面材料的厚度；

R_{c} ——热界面材料与接触表面的接触热阻。

设计中应遵循以下基本原则：

a） 尽量减少传热路径上的分界面，缩短传热路径；

b） 增大热传导面积，增加与发热器件的接触面积，保证接触面光滑平整；

c） 使用合适的导热界面材料，保证足够的接触压力，减少接触热阻。

5.1.2 自然散热中的对流

5.1.2.1 计算公式

当环境风速低于0.2 m/s时，可认为是自然对流。

对流换热的热量按照牛顿冷却定律计算：

$$Q=hA(T_{\mathrm{W}}-T_{\mathrm{A}})$$

式中：

Q ——对流换热的热流量，单位为瓦（W）；

A ——与热量传递方向垂直的面积，单位为平方米（m^2）；

T_{W}——固体壁面温度，单位为开尔文（K）；

T_A ——流体的温度,单位为开尔文(K);

h ——对流换热系数,自然对流时换热系数在 1 W/(m^2·K)~10 W/(m^2·K)量级,一般不会超过 3 W/(m^2·K)~5 W/(m^2·K)。

5.1.2.2 自然对流散热设计的基本原则

自然对流散热设计的基本原则如下:

a) 确保自然散热设备、单板、散热器之间的空间距离,以减少对流热阻;
b) 采用肋片等表面扩展技术增加对流换热表面积;
c) 增加散热物体与外界环境之间的温度差;
d) 增加通风孔(通常在顶部开出风孔,底部或侧面开进风孔,形成气流合理风道);
e) 有通风孔的自然对流设备,出风面积应大于进风面积;

在一定功率和温升限制条件下,自然散热设备的强化散热措施主要是通过有效扩展散热表面积。常用的方式有:

a) 散热器齿厚和齿数优选;
b) 增加表面波纹、凹槽或突起等结构,扩展表面积;
c) 采用高效散热器;
d) 表面喷涂高效散热涂料。

5.1.2.3 通风孔设计的基本原则

通风孔设计的基本原则如下:

a) 通风孔的开设要形成有效的自然对流气流通道,进风孔与出风孔应远离,以避免气流短路;
b) 进风孔尽量对准发热元器件;
c) 进出风孔设计要满足电磁兼容要求;
d) 开孔率和当量直径尽可能大,常用开孔形式有:圆孔、方孔、长条孔、十字条孔和异形孔等;
e) 出风口面积与进风口面积的比值大于 1.1~1.2。

5.1.3 自然散热中的辐射

5.1.3.1 辐射散热

高温器件可以通过热辐射将部分热量传递给机壳,机壳对辐射热的吸收强度和表面的辐射率成正比。同样,机壳可以通过热辐射将设备的部分热量传递到外界低温环境中。

辐射换热理论公式:

$$Q = 5.67 \times 10^{-8} \varepsilon A T^4$$

式中:

Q ——辐射换热的热流量,单位为瓦(W);

T ——物体的绝对温度值,单位为开尔文(K);

A ——辐射表面积,单位为平方米(m^2);

ε ——表面的黑度或发射率(这里主要指红外波段的发射率),其值总小于 1。该值取决于材料热物理性质相关参数、表面温度和表面状况,与颜色无关。

辐射散热设计的基本原则如下:

a) 选用辐射率高的表面,保持光亮,减少吸收其他物体的辐射热量;
b) 增加需散热的物体散热表面积;
c) 增加需散热的物体与外界环境之间的温度差。

5.1.3.2 太阳辐射对户外自然散热的影响

对于户外设备，太阳辐射是热设计中首要考虑的因素。与物体本身的长波热辐射不同，太阳辐射的能量主要集中在可见光（0.4 μm～0.76 μm）、红外线（>0.76 μm）和紫外线（<0.4 μm）等短波波段。

户外自然散热设备主要散热方式是依靠设备表面与外界环境的对流与辐射换热，设备表面特性对太阳辐射能量的吸收程度对其自然散热影响相对较大。

对于户外自然散热设备，可采取措施降低设备表面对太阳能的吸收率，减少对室外环境中太阳辐射能量吸收，保证足够高的表面发射率以增强辐射散热。不同表面太阳辐射吸收率及红外发射率见表3。

表3 不同表面太阳辐射吸收率以及红外发射率

表面	太阳辐射吸收率	红外发射率
抛光铝	0.03	0.05
表面氧化的铝	0.40	0.30
黑色漆	0.92	0.90
棕色漆	0.88	0.90
浅棕色漆	0.80	0.90
红油漆	0.74	0.90
浅色涂料	0.50	0.90
银色漆	0.25	0.90

减少户外设备受太阳辐射影响的方法有：

a) 阻挡阳光的直射和反射，如遮阳篷、遮阳罩等；

b) 避免阳光的直射和反射：自然散热设备尽量安装于建筑物的背阴面；

c) 表面使用对太阳辐射中可见光部分吸收比低的涂料。

5.1.4 自然散热传热路径控制

自然散热时，设备内部的主要传热方式宜采用传导，并尽量减小发热器件到机壳的传导热阻，不宜采用辐射作为主要传热方式。

注：对封闭式设备的自然散热，内部可考虑采用风机以强化内部空气对流，防止出现局部热点。

5.2 强迫风冷

5.2.1 风道设计

5.2.1.1 风道设计的基本原则

根据散热方式的不同，风道可以分为自然散热风道和强迫散热风道；对于使用空调/热交换器的系统，可分为内风道和外风道。

风道设计的基本原则是：

a) 降低压力损失，保证有足够的空气流量通过发热源；

b) 保证流过关键热源的风速；

c) 防止风道中产生空气回流；

d) 防止空气短路；

e) 防止设备中发热部件的相互影响。

风道设计应注意的基本要求：

a） 应尽可能减少压力损失；

b） 应避免风道的骤然扩展和骤然收缩；

c） 风道应尽可能简洁通直，避免过多弯转，在气流急剧转弯的地方，应采用导风板或者导流插箱使气流逐渐转向，以实现流场的均匀分配；

d） 风道中下游的过流截面积应大于上游的过流截面积；

e） PCB 插板的导轨和加强筋尺寸应尽可能小；底板、屏蔽板、隔热板、PCB 板和电缆的位置应使气流畅通，避免阻断或妨碍空气流动；

f） 当大功耗器件位于单板进风口位置时，在布局上应避开导轨或加强筋的流场影响区域；风机附近不应存在大尺寸障碍物，例如 PCB 板导轨和支撑横梁设计要减小噪声和风阻；不能避免障碍物时，应尽可能增大障碍物与风机的距离；

g） 对于进出风口的通风网孔，在满足电磁兼容和强度等其他要求的前提下，开孔率应尽可能大。在开孔率相同的情况下，应尽可能选当量直径大的孔，推荐采用六边形蜂窝孔；

h） 对于上下风道，风道的进风口尽可能靠下，同时应适当距离地面一定的高度，一般距离地面应不低于 20 cm；

i） 应尽可能使风量在系统中均匀分布。对于有集中热耗的设备，可根据具体情况，集中冷却发热区域。在局部低速区或回流区，应避免发热量大的器件布放。对于风道不均匀的地方，需要采用导流板、阻尼网孔或者其他匀流结构以改善风量的分配；

j） 当设备热耗大时，应避免风道出风口正对设备正面人员操作的高度位置；

k） 合理利用走线空间，在允许的情况下走线架应考虑作为进风空间。

5.2.1.2 风道形式

5.2.1.2.1 插箱系统的风道形式

插箱系统的典型风道形式如图 3 所示。推荐采用“前进-后出”、“前下进-后上出”和“前下进-顶出”三种风道形式。

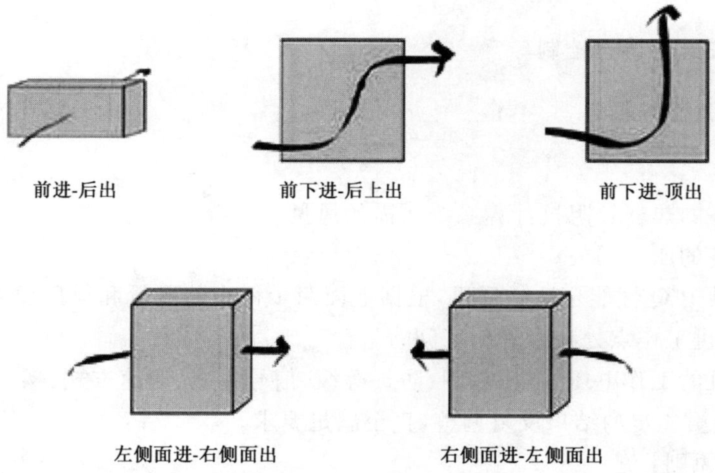

图 3 插箱系统的风道形式

5.2.1.2.2 机柜系统的风道形式

针对机柜，其风道形式宜符合 ETS 300 119-5 的相关规定。常用的风道形式主要有以下几种，见

图 4。推荐采用前进-后出及前进-顶出的风道形式。

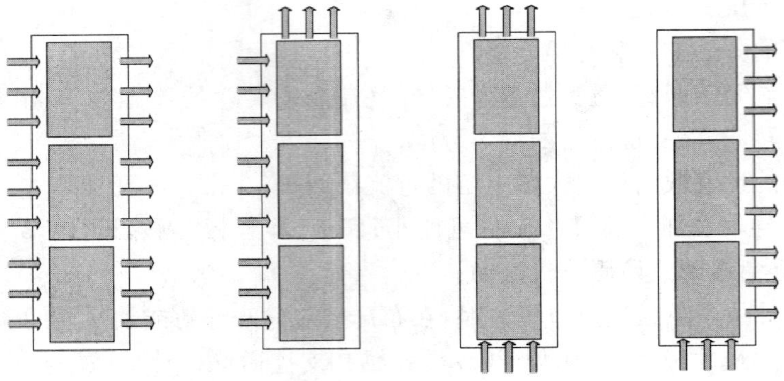

注：如机柜前门为玻璃门，允许机柜后门进风。

图 4　机柜系统的风道形式

5.2.1.3　风道的选择

当插箱热耗在 300 W 以下时，可以由多个插箱组成一个风道，热耗小的插箱位于机柜底部；对于插箱热耗大于 500 W 时，优先采用独立的风道。如果可行，也可以两个插箱组成一个风道；对于热耗大于 1 000 W 的插箱，建议采用独立的散热风道。

5.2.1.4　风道的密封与隔离

风道应有明确的进、出风口，其余部分应密封，风道各部分应实现无缝连接；对于不同的风道，例如自然散热的风道与强迫风冷的风道、自带冷却的模块与其他的风道等应相互隔离；不同的风道之间，还应防止气流短路，避免一个风道的出风成为另一个风道的进风。

在插箱(子架)中，当有空槽位时，应安装假面板；假面板上应装挡风板来模拟单板流阻以防止流体的短路，且对插箱(子架)中挡风板下游其他部分单板(模块)的散热影响最小。

5.2.2　风机的选型、安装与调速控制

5.2.2.1　风机选型的流程与原则

风机选型的流程：

第 1 步：根据设备的热耗及阻抗计算系统所需的风量；

第 2 步：计算设备的压力损失；

第 3 步：选择一款 P-Q 性能合适的风机，根据上面两步得出的风量和风压要求，确定其应用数量及串、并联形式，确保风机工作点处在合理的区间；

第 4 步：确定风机的工作电压、电压范围、防护等级、信号方式、调速方式、噪声等。

应根据上述第 3、第 4 步的结果反复调整，直至满足要求。

风机选型的基本原则：

a)　选择最佳工作点

风机的总压力用以克服设备(或通风管道)的阻力，并在出口处形成一定的速度。图 5 中Ⅰ、Ⅱ、Ⅲ三条曲线分别代表不同设备(风道)的阻力特性曲线。设备(风道)的阻力特性曲线与风机的特性曲线交点即为风机的工作点。如果风机安装在系统Ⅱ中，其工作点为 B，风量为 Q_{vB}(m^3/s)，风压为 P_B(Pa)。

为了使风机的效率最高、噪声最低，轴流风机的最佳工作点在风机特性曲线的后 1/3 部分，即风量

大、风压低的区间(见图5)。如果风量足够的话,也可以在前面的1/3部分,即风量小、风压高的区间;但是要避免在中间的不稳定区。离心风机的最佳工作点在风机特性曲线的中间偏前1/3部分。

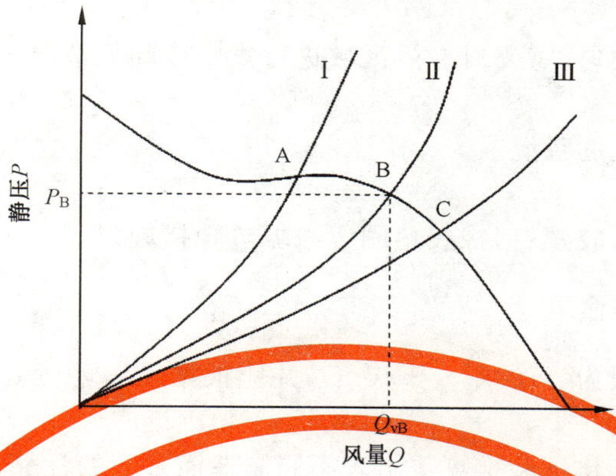

图5 风机的特性曲线与工作点

b) 合理运用风机的串联和并联

当所选风机的风量或风压不能满足要求时,可采用串联或并联的工作方式。串联或并联的合理使用,还可提升风机设备的冗余性能。

当风机的风量能满足要求,而风压不足时,可采用风机串联的工作方式,以提高其工作压力。风机串联时,其风机特性曲线发生变化:风量基本上是单台风机的风量,而风压理论上则为相同风量下两台风机风压之和,但实际往往会略小,如图6a)所示。

当风机并联使用时,其风压比单个风机的风压稍有提高,而总的风量理论上是各风机风量之和,但实际往往会略小,如图6b)所示。当风道特性曲线比较平坦,需增大风量时,可采用并联系统。并联系统的优点是气流路径短,阻力损失小,气流分布比较均匀,但效率低。

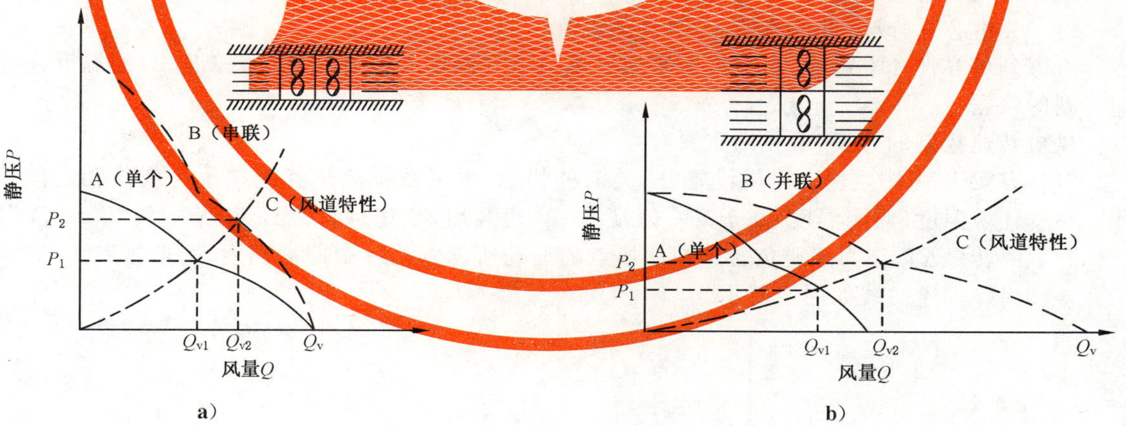

图6 风机的串联和并联

5.2.2.2 风机的安装

设备中风机的位置会影响到系统内部的流场等,设计时应关注以下几点:

a) 风机与被冷却单板的距离

强迫风冷中,风机出口的增压均流空间要大于1/4风机直径。同时,风机距离被冷却单板至少要大于0.5倍的风机厚度。对于吹风,风机与被冷却单板的距离建议大于1U,推荐为2U;对于抽风,该距离建议为1U;风机的进风空间(吹风)和出风空间(抽风)要求不小于1U。

b) 风机与防尘网的距离

风机与防尘网之间的距离应保持在 10 mm 以上。

c) 吹风

吹风适用于热量分布不均匀,需要对专门区域进行集中冷却的情况。

d) 抽风

抽风方式适用于阻力较大的系统。

e) 降噪

风机的固定安装应采用橡胶螺钉、橡胶垫圈等减振降噪措施。

5.2.2.3 风机的工作环境和寿命

风机的工作环境温度一般为－20 ℃～＋70 ℃,并应根据工作环境规定相应的防水、防尘和防盐雾等要求。

风机的寿命一般由加速老化试验推算得出。不同制造商采用的计算方法、测试温度可能各有不同。在比较不同制造商风机寿命时,应采用相同的计算方法,并推算到相同工作温度下进行比较。一般来说,通信机柜所用风机要求工作温度为 40 ℃时,寿命应大于 7 万小时(采用工作温度每升高 10 ℃,寿命下降一半的计算方法)。

判断风机失效的常用依据:

a) 风机停转或风机的实际转速小于目标转速的 20%;

b) 风机的噪声突然增大。

5.2.2.4 风机转速控制

对于强迫风冷的设备,一般要求对风机进行转速控制,实现环境温度与风量良好匹配,降低系统噪声。风机转速控制的依据可以分为:

a) 进风口的空气温度(一般为环境温度);

b) 出风口的空气温度;

c) 关键芯片(或附近的监控芯片)检测温度。

考虑到可靠性和准确性,一般推荐采用进风口空气温度和关键芯片(监控芯片)的温度作为风机转速控制的依据。

风机转速控制的方案,常见的主要有:

a) 方案 1:启停控速。风机设置开、关两种状态,根据系统散热状况在全速或停转之间切换。当环境温度(监测温度)高于某一值 T 时,风机开启,全速运行;当低于某一值"$T-\Delta T$"时,风机停转。ΔT 是为了避免转速在切换点的波动所设置的一个回滞温度,一般推荐为 2 ℃～5 ℃。启停控速曲线如图 7 所示。

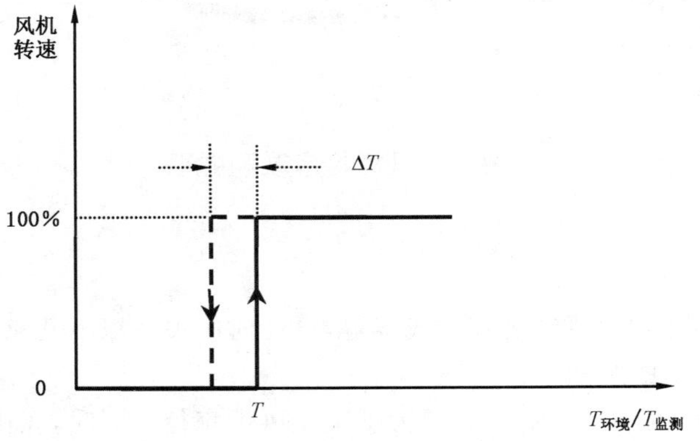

图 7 启停控速曲线

b) 方案 2:两段控速。风机设置全速、半速(或为根据需要确定的固定转速)两种状态。当环境温度(监测温度)高于某一值 T 时,风机全速运行;当低于某一值"$T-\Delta T$"时,风机半速运行。两段控速曲线如图 8 所示。

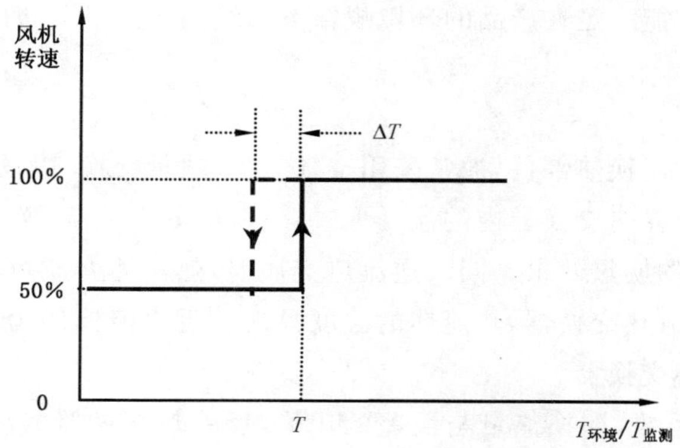

图 8 两段控速曲线

c) 方案 3:多段控速。风机设置多种转速状态,对应多个温度切换点。方案 3 可视为方案 2 的扩展,适用于比较复杂的系统。其控速曲线如图 9 所示。

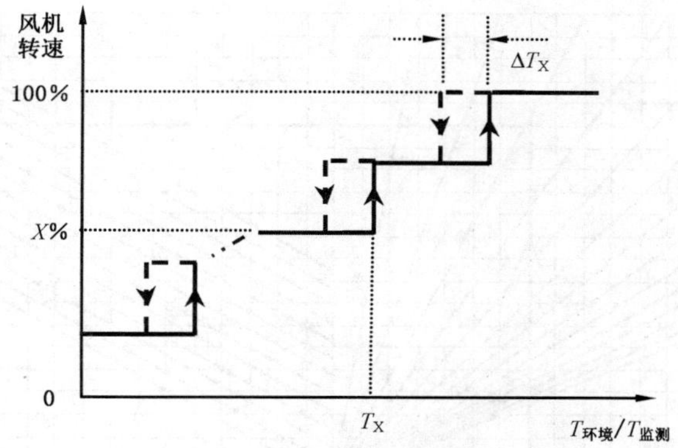

图 9 多段控速曲线

d) 方案 4:线性控速。根据温度变化线性地控制风机转速。其控速曲线如图 10 所示。

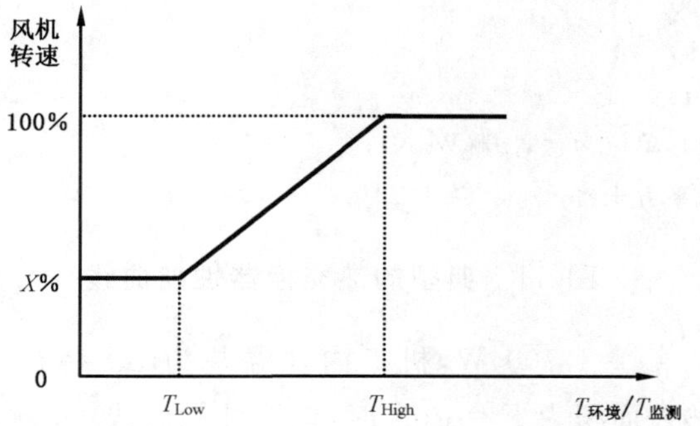

图 10 线性控速曲线

对监控点是环境温度的情况，T_{Low}一般取常温，如 25 ℃，而 T_{High}一般可取产品长期工作温度的上限。$X\%$则根据设备常温情况下的散热及噪声测试的情况综合确定。

在制定转速控制策略时，设定的每个转速区间应为产品最常见的工作温度区间，以避免风机频繁变速。温度传感器测温范围应能满足在产品的环境规格下系统内部温度分布的情况，以 2 ℃较为合适。

5.2.3 热交换器选型

热交换器是户外设备常用换热部件，通常采用空气/空气热量交换，以及空/液、液/液热交换。

根据冷热空气(或液体)在热交换器内的流动形式，一般可分为顺流、逆流和交叉流等类型。不同的介质流动形式，热交换器内的换热效果不同。逆流热交换器，热流体介质可以达到更低的温度，甚至低于冷流体的出口温度；而顺流热交换器，热流体的温度只能接近冷流体的出口温度，无法得到更低的出口温度。应优先选用逆流热交换器。

热交换器的综合换热系数，即换热量与温差的比值，反映热交换器的综合换热能力，单位为 W/K 或 W/℃。

通常取内循环的回风温度同环境温度的差值标定热交换器的换热系数。对特定的热交换器，设计不同的温差对应不同的换热量，描述温差与换热关系的曲线为热交换器的性能曲线。典型热交换器的性能曲线如下图 11 所示。

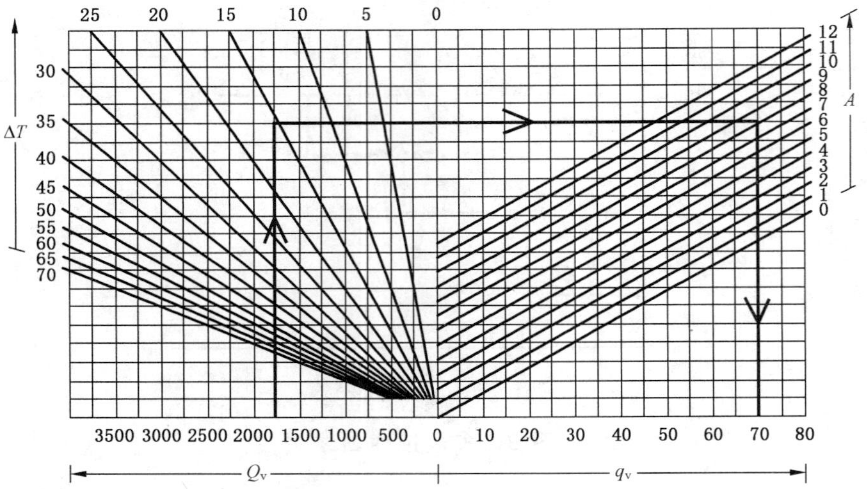

说明：

ΔT ——温差，单位为开(K)；

Q_v ——热耗，单位为瓦(W)；

q_v ——热容(又称换热系数)，单位为瓦每开(W/K)；

A ——芯体表面积，单位为平方米(m^2)。

图 11 典型的热交换器性能曲线

在已知设备的热负荷为 $Q=1\ 700$ W，机柜内外温差为 $\Delta T=15$ ℃，机柜的传热系数为 $K=5.5$ W/($m^2 \cdot K$)，机柜的传热表面积为 $F=8$ m^2 时，根据性能曲线可以确定需要的热交换器换热系数为 70 W/K。

热交换器在机柜上的典型安装方式有温控设备顶置、侧装以及门装三种，如图 12 所示。

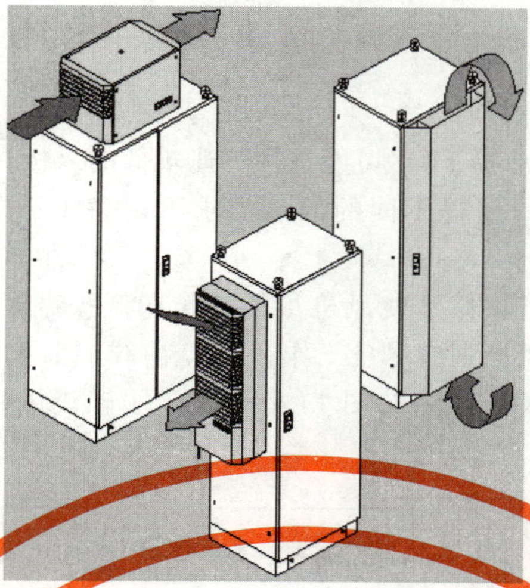

图 12 热交换器典型安装形式

5.2.4 防尘网选型

5.2.4.1 防尘网的性能参数

一般可以用过滤效率、阻力、容尘量三个指标反映评价防尘网的性能。

过滤效率是指在特定流速下，过滤介质可以阻止灰尘微粒的百分比。不同标准所规定的过滤效率测试方法有很大的差异。对同一种过滤介质用不同的方法进行测试，测得的效率值就会不同。

阻力是指气流经过防尘网时，在防尘网前后所形成的压降大小。防尘网的压降、流速与过滤介质的材料紧密相关。每种过滤介质在特定速度下的压降不同，应参照过滤介质的风速——压降曲线（风阻曲线）进行设计。当阻力增大到某一规定值时，防尘网失效，应更换或清洗防尘网。新防尘网的阻力为“初阻力”；对应防尘网失效时的阻力为“终阻力”。终阻力影响防尘网的使用寿命、系统风量变化范围、系统能耗。大多数情况下，终阻力应是初阻力的 2 倍～4 倍。

容尘量指防尘网达到终阻力时，容纳粉尘的多少，一般以重量表示。容尘量直接影响到防尘网的使用寿命。一般来说，具有立体网格结构的过滤介质的容尘量高于平面结构的过滤介质。

5.2.4.2 防尘网的选择

选择防尘网应考虑的因素：

a） 与产品应用环境有关的防尘网性能；

b） 匹配防尘网通风量与系统风量要求；

c） 防尘网的大小（长、宽、厚度）；

d） 防尘网应满足的标准。

5.2.4.3 防尘网的一般要求

防尘网的一般要求如下：

a） 防尘网应有效降低灰尘和昆虫进入的可能；

b） 防尘网至少应具有 UL94 HF-2 的可燃性等级；

c） 室内设备防尘网应至少可抑止 65％的尘埃（高度在 2U 以上的设备，其防尘网抑尘率应在 80％以上）；

d） 防尘网应定期维护和清洗，维护间隔取决于用于的设备和其工作环境；

e） 防尘网的设计应做到在不影响设备运行的情况下便于更换和清洗。

5.2.5　强迫风冷设备的噪声控制

强迫风冷设备噪声控制的原则是：

a)　在满足系统散热要求的前提下，尽可能选用转速较低的风机；

b)　采用风机转速控制策略，使得不同的散热需求下配备不同的风机转速，实现风机噪声的最小化；

c)　配合风机选型的合理风道设计，使风机尽量工作在低噪声区域(轴流风机应尽量工作在 P-Q 曲线的后 1/3 段，离心风机则应尽量工作在 P-Q 曲线的前 1/3 段)，避免风机工作点落在风机的不稳定区(也称失速区)。图 13、图 14 分别显示了轴流风机与离心风机工作点与噪声的变化关系。

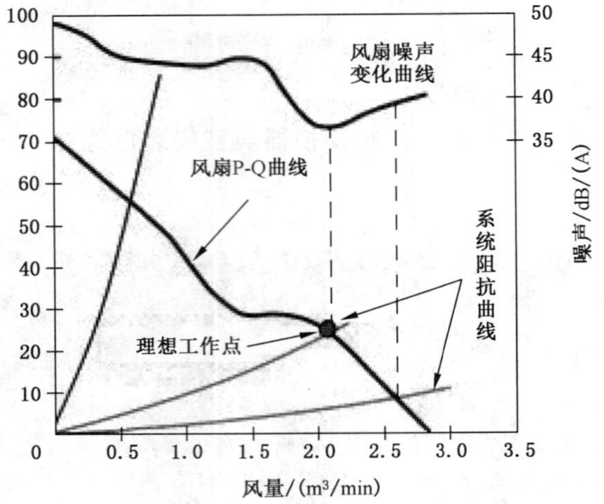

图 13　轴流风机工作点与噪声的变化关系

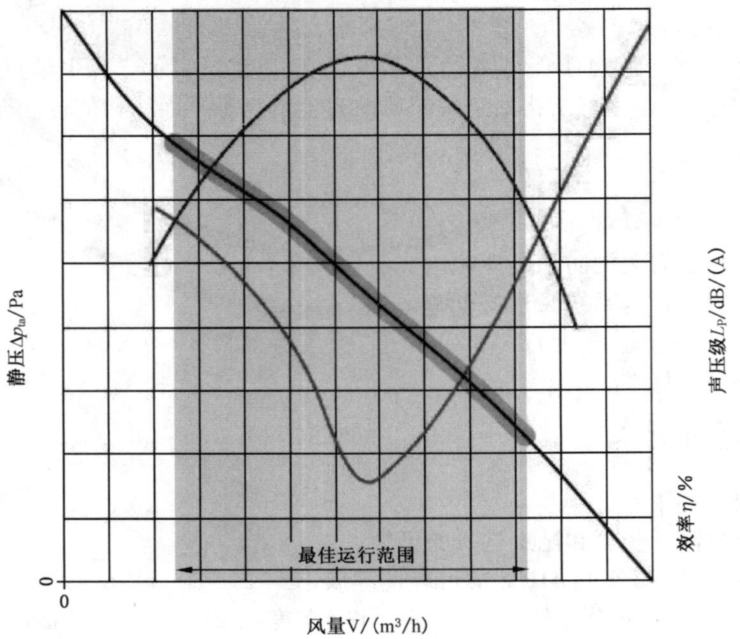

图 14　离心风机工作点与噪声的变化关系

d） 加大风机的出风口与结构件的距离，避免风机进风口面及出风口面附近有障碍物。一般情况，出风区的障碍物产生的噪声值较低，而进风区障碍物产生的噪声值较高。障碍物距风机进风口面最小距离应大于0.5倍风机厚度，建议大于30 mm；
e） 风机的马达区域应避免有障碍物；
f） 应加强风道中结构件强度，减少机械振动噪声；防止机柜的振动频率与风机的转动频率形成叠加，造成共振现象；

在安全允许的情况下，可去除风机的防护罩，粘贴警示标识；或者用风阻较小的防护罩代替风阻较大或加工中易出现尖锐边角的防护罩（见图15），推荐光滑的钢丝网式、蜂窝网孔形式（见图16）；

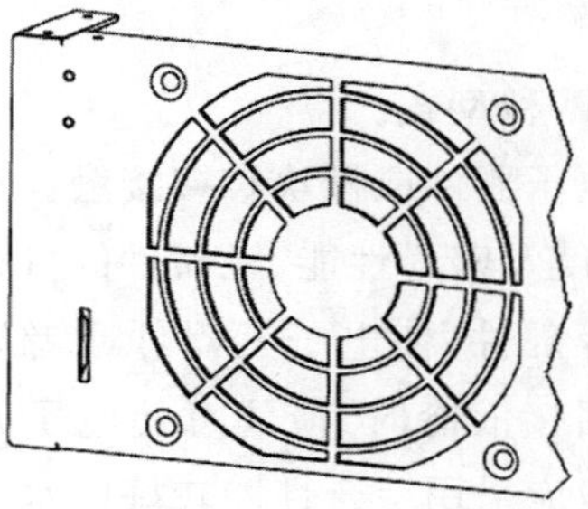

图15　标靶造型冲压形式风机防护罩（不推荐）

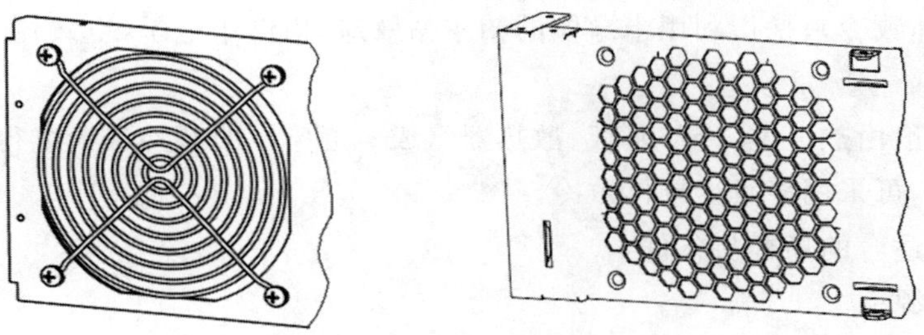

图16　钢丝网式防护罩和蜂窝网式孔防护罩（推荐）

g） 避免风道中风速较高的区域存在缝隙，防止产生啸叫；
h） 在风速较高的区域，可采用吸音棉吸音降噪。

5.2.6　强迫风冷散热常用的主要措施

强迫风冷散热常用的主要措施有：

a） 增加有效散热面积。例如，在芯片表面安装散热器；将热量通过引线或导热绝缘材料传导到PCB板上，利用周围PCB的表面散热；
b） 提高过流表面风速，增大对流换热系数；
c） 增加扰动，破坏层流边界层：
  - 紊流的换热强度是层流的数倍；
  - 换热壁面上的不规则凸起可以破坏层流状态。
d） 尽量减小导热界面的接触热阻。在接触面可以使用导热硅胶（绝缘性能好）、导热硅脂或铝箔等材料。

5.2.7　强迫风冷设备的热管理原则

根据环境温度，设备应可以进行风机调速，以达到降低噪声和节能的目的。同时应考虑降低风机损坏、防尘网堵塞等所导致的设备温度过高的散热安全风险，并采用热管理措施。以下三种热管理方法可以组合使用，也可以只用其中的一种：

a） 对强迫通风设备每个风机的运行状态进行实时检测，若检测到任一风机故障时，则设备应自动将设备中其余所有的风机提速到最大转速；

b） 监控设备出风口的温度，当温度过高时立即报警；

c） 在设备中重要单板、芯片处安装温度传感器，当温度过高时立即报警。

5.3 其他散热技术

5.3.1 液冷技术

液冷方式分直接冷却和间接冷却两种型式。

直接冷却，即冷却液与被冷却的电子器件或模块直接接触。设计直接液体冷却系统时，应注意冷却液的黏度、冷却液的稳定性、机壳的强度及密封性能、元器件的排列。

间接冷却，即借助冷板及换热器等部件，使电子元器件或者局部环境内空气的热量得到有效的散失，从而获得满意的许用温度。采用间接液冷时，应注意使电子元器件或模块与冷板间保持良好的接触，确保热量有效传递。且冷却液一般应采用综合性能较好的水，推荐采用去离子的蒸馏水。

5.3.2 热电致冷

热电致冷（半导体致冷），是指利用半导体的帕尔帖效应，借助于电子（空穴）在运动中直接传输能量来实现致冷（或制热）。

热电致冷模块一般由热电堆、冷却基板、散热器组成。通常一级致冷最大能得到50 ℃左右的温差，如果需要较大的温差，可采用多级半导体致冷。

设计时应考虑其适合的场合与条件：

a） 适用直流电源；

b） 加热效率可大于1；

c） 需要高可靠性能；

d） 不需要致冷剂等。

其不适应的场合与条件：

a） 对工作效率要求的较低；

b） 对重量和体积有限制要求等。

5.3.3 相变蓄热

相变蓄热是指利用相变材料的潜热，达到能量储存的目的，利于实现节能和温度控制。

设计时应注意其主要应用于空调蓄冷、电子器件控温等。

6 机房热管理技术

6.1 概述

机房热管理是指将设备和机房作为一个整体，对机房内的热流进行研究、规划和管理，通过将机房的空调制冷系统与设备的通风散热系统实施合理配置，在为设备提供所需工作环境的条件下，达到节能降耗的目的。

6.2 机房热管理基本原则

6.2.1 机房规划

6.2.1.1 规划原则

规划原则是：

a) 优先考虑设备、其次考虑环境；

b) 冷热通道独立设置。

6.2.1.2 机房分类

按机房的功率密度，分为高密度机房、中密度机房和低密度机房，其单位面积功耗、单机柜功耗等控制指标见表4。

表4 机房分类表

序号	机房类型	单位面积平均功率	单机柜最大功率
1	高密度机房	≤1.6 kW/m^2	≤8 kW/柜
2	中密度机房	≤1.2 kW/m^2	≤3 kW/柜
3	低密度机房	≤0.8 kW/m^2	≤2 kW/柜

6.2.1.3 机柜排列

机房机柜布置宜采用“面对面、背对背”的排列方式，即相邻两列设备的吸风面（正面）安装在冷通道上，排风面（背面）安装在热通道上，如图17所示。在冷热通道端头可设置不到顶的垂直挡板，将冷热通道进行隔离，该措施不应对气体灭火喷头产生阻挡。

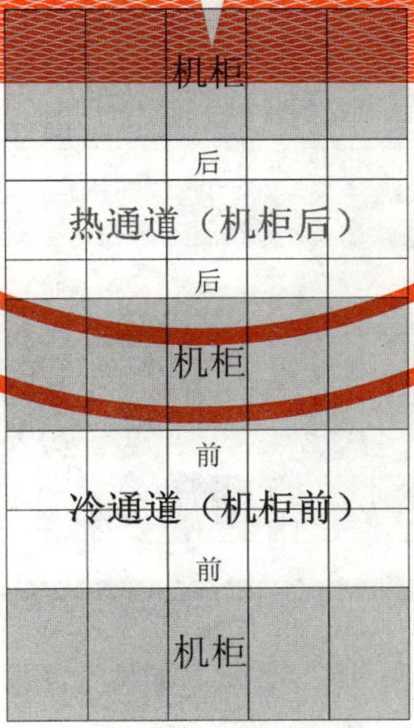

图17 机柜正确排布，构成冷热通道

6.2.1.4 走线架要求

机房线缆布放时应采用走线架，不宜采用走线槽道。走线架应安装在机柜上方，不应安装在热通道上方。

6.2.1.5 设备列间距

设备柜列间距应考虑安装、运行和维护空间，以及机柜装机功率密度的大小。

采用上送风方式时，根据风速和机柜装机功率计算列间距，最小间距不宜小于 800 mm。

采用下送风方式时，冷通道布置地板送风口在满足设备维护空间的前提下，还要满足两列机柜的风量需求。单机柜平均发热量约为 2 kW 时，机柜间距宜为 900 mm～1 000 mm；单机柜平均发热量约为 3 kW 时，机柜间距宜为 1 000 mm～1 200 mm；单机柜平均发热量约为 5 kW 时，机柜间距宜为 1 500 mm～1 800 mm。

6.2.1.6 架空地板高度

下送风方式的架空地板高度(含地板厚度)不宜小于 400 mm，小于此值时下部区域不可作为静压箱考虑。

静压箱的作用是稳压、降噪，并把部分动压变为静压使风量均匀分配。静压箱的设计应考虑总风量时通过三个截面中的任意一个的风速不应大于 2 m/s。

6.2.1.7 机柜内挡风板

当机柜内未装满设备时，未安装设备的位置应统一安装挡风盲板(假面板)，以防止冷空气直接由该位置进入热通道。

6.2.2 机房冷却方式

对于中心机房，一般采用空调上送风或下送风两种冷却方式，根据送风方式的不同可采用风管、冷热通道封闭等方法或措施提升冷量利用率。对于采用空调的通讯基站机房等小型机房，可根据环境因素选择智能新风、智能换热等节能措施。

6.2.2.1 地板下送风方式

地板下送风方式气流模拟情况如图 18 所示。

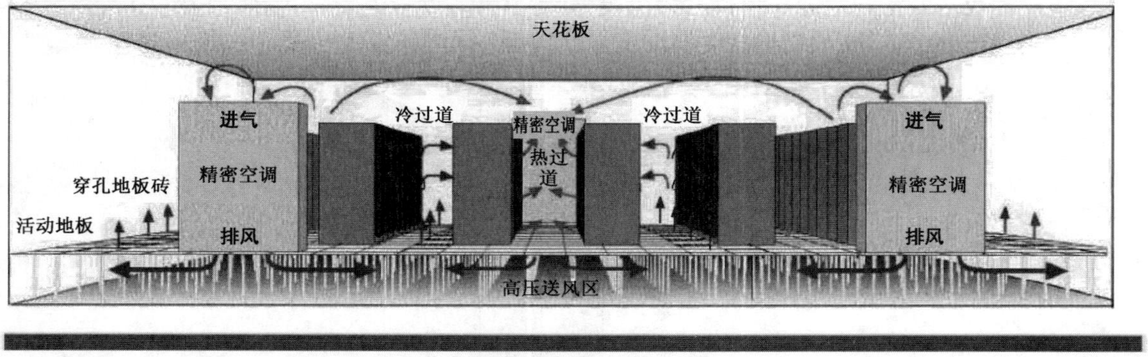

图 18 地板下送风气流图

采用地板下送风方式时，应采用上走线形式。地板下不应布放任何通信或电源线等相关线缆(消防用线缆除外)。

架空地板应采用阻燃材料制成，并具有良好的防静电、防老化及防龟裂性能。架空地板的支架结构设计应满足抗震和设备的承重要求。

为避免楼板凝露，可对楼板进行保温处置，并送风温度不宜太低，其温度可根据焓湿图设定。

6.2.2.2 风帽上送风方式

一般不推荐采用。

6.2.2.3 风管上送风方式

风管上送风方式应设置连通风管，保证任一台空调出现故障后，机房内部不出现明显的送风不均匀情况。

风管上送风方式设计应综合考虑风管、风口、气体灭火管道、照明灯具，以及与走线架等专业的布置。

6.2.2.4 精确送风

精确送风系统，主要由机房空调、送风管道、调节阀、封闭结构件及机房智能监控系统等共同组成。

其中，机房智能监控系统主要由空调联动监控系统、机架温度和送风阀监控系统、机房温控管理系统组成。

精确送风的机房布局形式有：

a) 风管精确上送风

通过上送风恒温恒湿空调、风管、风量调节阀、门板式送风器等设备把冷风直接输送至机柜内，单机柜密度建议 2 kW～3 kW。机房布局如图 19 所示。

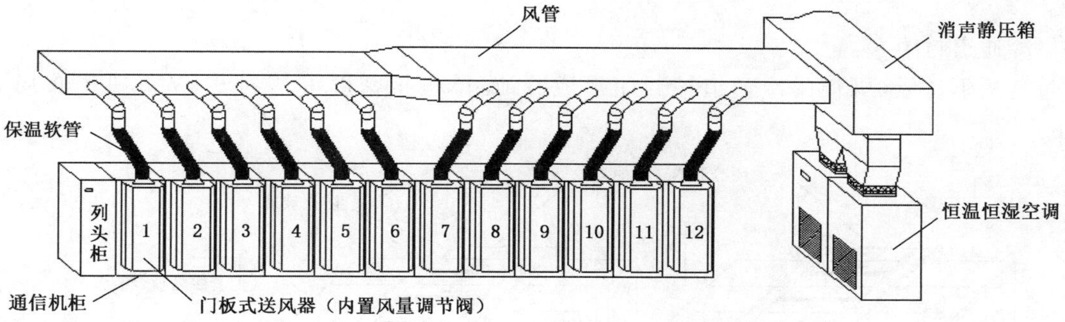

图 19 风管精确上送风机房布局

b) 精确上送风＋冷通道封闭

通过上送风恒温恒湿空调、风管、封闭冷通道（冷池）等设备把冷风输送至冷通道区域内，冷通道二次均压后，进入机柜冷却设备，单机柜密度可以达到 5 kW。机房布局如图 20 所示。

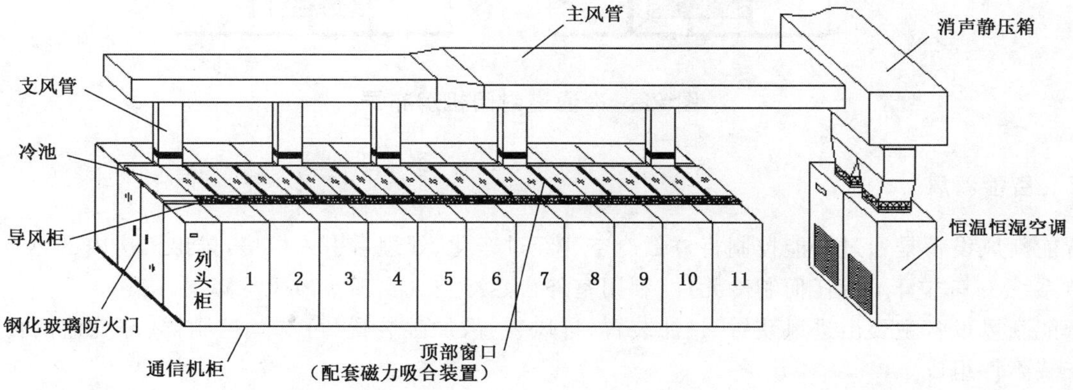

图 20 风管精确上送风＋冷通道封闭机房布局

c) 精确下送风

通过高架地板形成的静压箱或下送风管道将冷风直接从机柜底部或附加的送风柜底部送入设备，如图 21 所示。

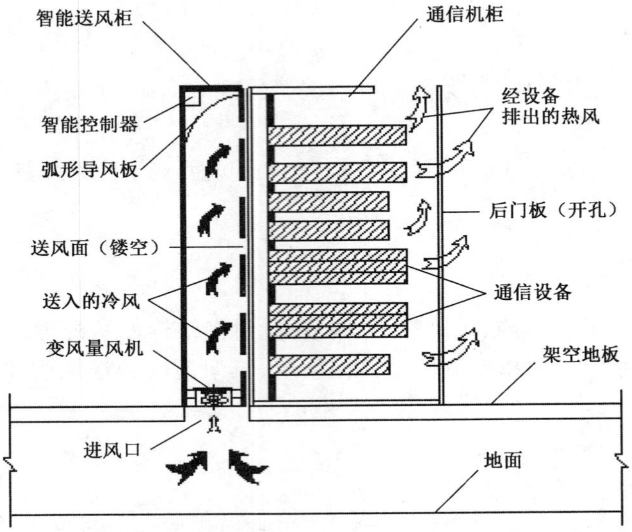

图 21 精确下送风示意图

d) 冷通道封闭

通过地板下送风，机柜的冷通道被封闭形成冷池，单机柜密度可达到 8 kW。机房布局如图 22 所示。

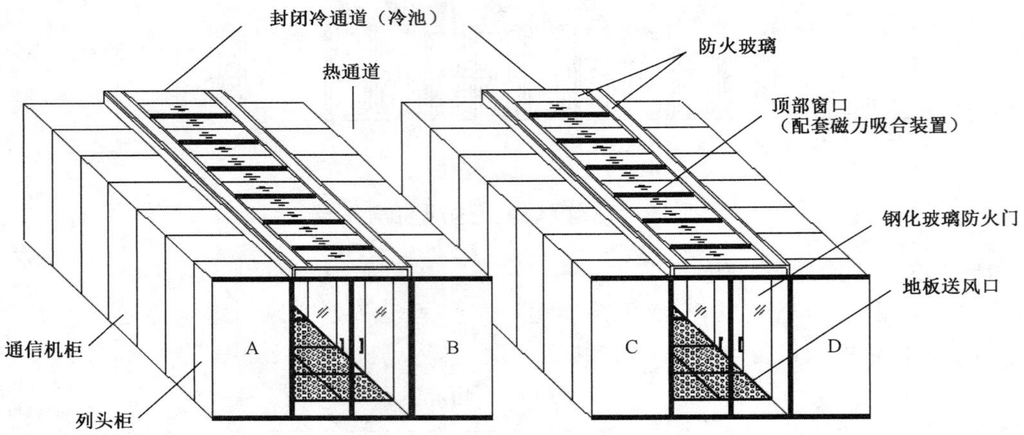

图 22 冷通道封闭机房布局

6.2.2.5 智能新风

智能新风设备是通过智能控制将外部冷空气经过净化、处理后引入机房，排出机房内部热空气的空气调节系统。其本身不带任何制冷元件，利用室外自然冷空气实现室内风冷降温。

智能新风设备主要由进风装置、过滤装置、排风装置、加湿装置（可选）、控制器、环境监测传感器和其他安装附件组成。

智能新风设备硬件应具有高可靠性，整个设备的平均故障间隔时间（MTBF）不低于 20 000 h，使用寿命不小于 10 年。

智能新风设备的应用，应满足下列要求：

a) 密封性要求：

1) 应具备隔离装置，防止雨水、动物等的入侵；

2) 停止工作时，应做到室内外空气隔离，进风装置及排风装置安装后开孔处应设有风阀，并在冬季做保温处理；

3) 运行时，室内应维持一定正压，与室外静压差不应小于 5 Pa。

b) 噪声要求。在额定工作状况下，新风设备的噪声要求见表 5。

表 5 新风设备工作噪声要求

项目名称		交流供电		直流供电
		220 V	380 V	
小型	室内	<64 dBA		
	室外	<60 dBA		<55 dBA
中型	室内	<68 dBA	<68 dBA	
	室外	<64 dBA	<64 dBA	
大型	室内	<74 dBA	<74 dBA	
	室外	<68 dBA	<68 dBA	

注 1：以上噪声指标均为 A 计权声压级。

注 2：使用声压计在距离引风口或排风口 1 m 的距离，均布取 5 个测试点，测点水平位置应与引风口或排风口一致，取加权平均值。

c) 过滤器要求：

1) 配置的过滤器应符合 YD/T 1821—2008 中规定的洁净度要求；

2) 面积要根据风量、风速、容尘量指标具体配置；

3) 断面风速应控制在 1.5 m/s～2 m/s 范围内；

4) 应可清洁并重复使用，清洗后过滤效率、阻力等指标应满足 GB/T 14295—2008 的相关要求。

对于小型新风设备，应采用两级过滤，第一级用于阻挡昆虫；第二级过滤器过滤等级应高于 G4 (EN 779—2002)标准。

小型新风设备在额定风量下工作，第二级过滤器告警，需要更换或清洁维护时的容尘量指标，不应小于下表 6 中的要求。

表 6 智能新风设备第二级过滤器容尘量要求

级别	1 200(m^3/h)	1 700(m^3/h)	3 000(m^3/h)
1 级容尘量/g	43	61	108
2 级容尘量/g	65	92	162
过滤器维护时最小送风量/(m^3/h)	960	1 360	2 400

注 1：中过滤器容尘量按照智能通风机组每天工作 12 h，工作 30 天的总时长计算。

注 2：按照 GB 3095 中总悬浮颗粒物年平均值划分。各级容尘量总悬浮颗粒物浓度分别为：1 级 0.2 mg/m^3；2 级 0.3 mg/m^3。

除防虫网外，对于中大型新风设备，应采用多级过滤。

d) 智能监控要求：

1) 实时监测室内及室外温度、湿度；在确保机房环境的前提下，依据室内外温湿度，控制风机、空调的切换运行。

2) 应具有有效防止新风设备与空调频繁切换的功能。新风设备与机房空调切换间隔时间应不小于 35 min；

3) 应具有来电自启动功能；

4) 外围传感器配置及要求见表 7。

表 7 传感器配置与参数说明

类型	精度要求
室内、室外温度传感器	优于 3%
室内温度传感器	优于 5%
压差计	优于 5 Pa

6.2.3 机房冷却方式选择

应通过对机房装机率、功耗、维护、送风方式、能源管理、可靠性、经济性等方面综合评估后确定机房的冷却方式。

对于中心机房，风帽上送风方式不宜应用在新建机房，但可应用于解决局部过热点且改造对机房影响较小的情况。

对于小型机房，可选用智能新风或智能换热等技术。小型机房也可以通过分区温控方式进行精细化冷却。

7 关键散热部件及导热界面材料

7.1 散热器

7.1.1 散热器的设计

7.1.1.1 散热器的设计流程

散热器的设计流程如下：

第 1 步：收集元器件的热流密度、体积功率密度、温升要求及散热方式（自然冷却或强迫风冷）等信息。

第 2 步：根据器件功耗、环境条件及器件温度降额要求的允许结温，确定散热器的形状并计算出散热器的表面积、热阻等参数。

第 3 步：根据计算得到的散热器的形状、表面积和热阻等参数，选择合适的散热器，或设计新的散热器。散热器选择或设计好后，可以根据实际的单板和系统布局情况建立热仿真模型，进行热仿真模拟分析，验证散热器是否满足散热要求；

第 4 步：根据单板的布局，选择合理的固定方式及界面材料，完成样机并进行测试。

7.1.1.2 散热器的一般设计要求

散热器的一般设计要求如下：

a） 表面应设计以增强辐射换热效果的涂敷，但器件附近有高热源的情况除外；
b） 材质一般推荐选用铝型材、铸铝或紫铜；
c） 铝型材散热器的齿面应加波纹齿，型材散热器的肋片表面的波纹齿推荐高度为 0.5 mm、宽度为 0.5 mm～1 mm；
d） 应保证铝型材散热器基板有一定厚度，以减小传导热阻；
e） 流向长度大于 300 mm 时，应把散热器的齿片从中间断开，以增加空气扰动。

7.1.2 散热器的安装要求

散热器的安装要求如下：

a） 器件与散热器的接触面应保持平整光洁，散热器的安装孔应去毛刺；
b） 器件与散热器或导热绝缘膜间的所有接触面处应涂导热硅脂或加其他导热绝缘材料（对免涂导热硅脂的导热绝缘膜，可忽略此要求）；
c） 对于自然冷却方式，铝型材散热器的安装应使齿槽与水平面垂直，以增强自然对流效果；对于强迫冷却方式，铝型材散热器的安装应使齿槽与风的流向平行；
d） 为了减少器件与散热器之间的接触热阻，应适当增加接触力；
e） 为避免使元器件受力，散热器应有适当的固定支撑点。

7.2 热管

7.2.1 概述

热管的构成与不同类型热管的比较参见附录 C。

7.2.2 热管的应用场合

以扁形嵌入散热器的底部应用。将热管折弯，与外部或远端的散热器相联结，可解决在设计空间受到限制的情况下，大热耗器件（芯片）的散热问题。

7.2.3 热管的选择安装

应考虑：

a） 根据具体应用场景，考虑工质和毛细结构等因素，选择合适类型的热管；
b） 根据热源功率，选择合适的热管规格和数量，防止热管失效；
c） 尽可能少打扁和折弯，应折弯时，折弯半径尽可能大；
d） 热管与散热器（肋片）的联结，一般用焊接，不宜采用过盈配合；
e） 当热管散热器用在户外产品中直接暴露在空气中时，要进行适当的涂覆处理以防止腐蚀。

7.3 导热界面材料

7.3.1 概述

导热界面材料是元器件与散热器安装时必不可少的一种重要材料，在器件与散热器之间起填充作用，它可以只起导热作用，也可以兼有导热和绝缘两种作用。

导热界面材料一般由基片/基材及填充料构成,基片/基材主要是为了物理加强,提高介电强度。基片/基材的种类如玻璃纤维、聚脂、硅橡胶或它们的组合;填充料是为了改善导热界面材料的导热性能而填入的高导热性能物质,如 Al_2O_3、BN,BeN 等。

7.3.2 导热界面材料的性能与参数

7.3.2.1 导热系数

导热系数的测试方法按 ASTM D5470 进行。

7.3.2.2 热阻

主要取决于下列几个因素:

a) 配合表面的平面度和平滑度;

b) a)中两者之间的接触压力;

c) 导热界面材料的厚度、导热系数和一致性。

7.3.2.3 连续使用温度

应符合产品的使用环境范围,一般要求导热垫片至少能够在 −40 ℃～150 ℃情况下长期稳定的工作。

7.3.2.4 硬度和可压缩性

导热垫片和芯片直接接触情况下,需要其有较低的硬度。

导热垫片压缩范围一般为 10%～30%,要求最大变形时压力不超过 100 psi[2)]。

7.3.2.5 击穿电压

当需要考虑器件和金属散热器之间的电气绝缘时,应考虑导热界面材料的击穿电压,该值按照 ASTM D149 规定进行测量。击穿电压值愈大,材料的耐压程度就愈好。影响导热界面材料击穿电压的因素,包括材料的厚度、接触表面的面积、温度、湿度、作用在绝缘材料上的机械应力、局部放电等。

7.3.3 导热界面材料的种类

导热界面材料的种类和使用要求参见附录 D。

8 热测试

8.1 热测试的目的

热测试的目的是对热设计的效果进行检验,对散热系统的适用性和有效性进行评价。除了检查新设计的散热系统是否达到预定技术指标外,还要对不同场景下的发热元器件、插箱、机柜系统等的热特性参数进行测量,为热设计方案改进提供技术数据。

8.2 热测试的内容

测试内容主要包括规定环境下系统和功率元器件热特性参数、安全冗余以及风机调速策略、噪声和防尘等相关性能。

---

2) psi:Pounds per square inch,1 psi=6.895 kPa=0.068 95 Bar 欧美等国家习惯使用 psi 作压力单位。

温度是影响设备热可靠性的重要因素，元器件的失效率随温度升高呈指数型增加。通常对设备内部指定区域或热敏感元器件进行温度测量，以评价其热应力和热特性。

8.3 热测试方案的制定

热测试项目一般包括：

a) 长期工作温度、高温、低温等环境适应性；

b) 针对强迫风冷设备，验证风机调速策略的设备需求符合性；

c) 低温加热及保温；

d) 不同工程环境下的散热、噪声与防尘等性能；

e) 电压拉偏、风机失效和工程维护等异常工况的安全冗余能力。

8.3.1 测试环境

设备热特性与配置和工作环境等因素相关，应当根据不同应用场景和需求进行热测试，也可按照严酷环境进行极限测试验证。一般要求在设备达到热平衡后记录相关数据。模块或部件的工作环境通常是指设备在规定环境下，模块或部件所处的局部环境。

8.3.2 测试点的选择

测试点一般应选择在：

a) 设备的进、出风口；

b) 设备内部较严酷的局部环境，或关键元器件和散热部件所处位置；

c) 系统内模块和散热器等周围；

d) 热敏感器件。

8.4 常用测试设备

常用热测试设备适用范围见表 8。

表 8 常用热测试设备适用范围

仪表名称	适用范围
热电偶＋数据采集仪	对关键器件以及设备内部空气温度重点测试和监控
红外热像仪	可全面了解设备内部温度场
风洞	风机 PQ 性能测试、系统风量测试、系统阻抗测试等。还可提供定流量做热传实验
热线风速仪	适用于空气流速、温度的简易测试

8.5 传感器的安装位置

8.5.1 测试器件表面温度时的安装位置

通常选择最靠近热源的表面进行温度测量，如图 23 所示。圆柱形器件，例如电解电容，测温点选取在顶部；半导体器件，主要根据器件资料上所提供的热阻值来确定测量位置。

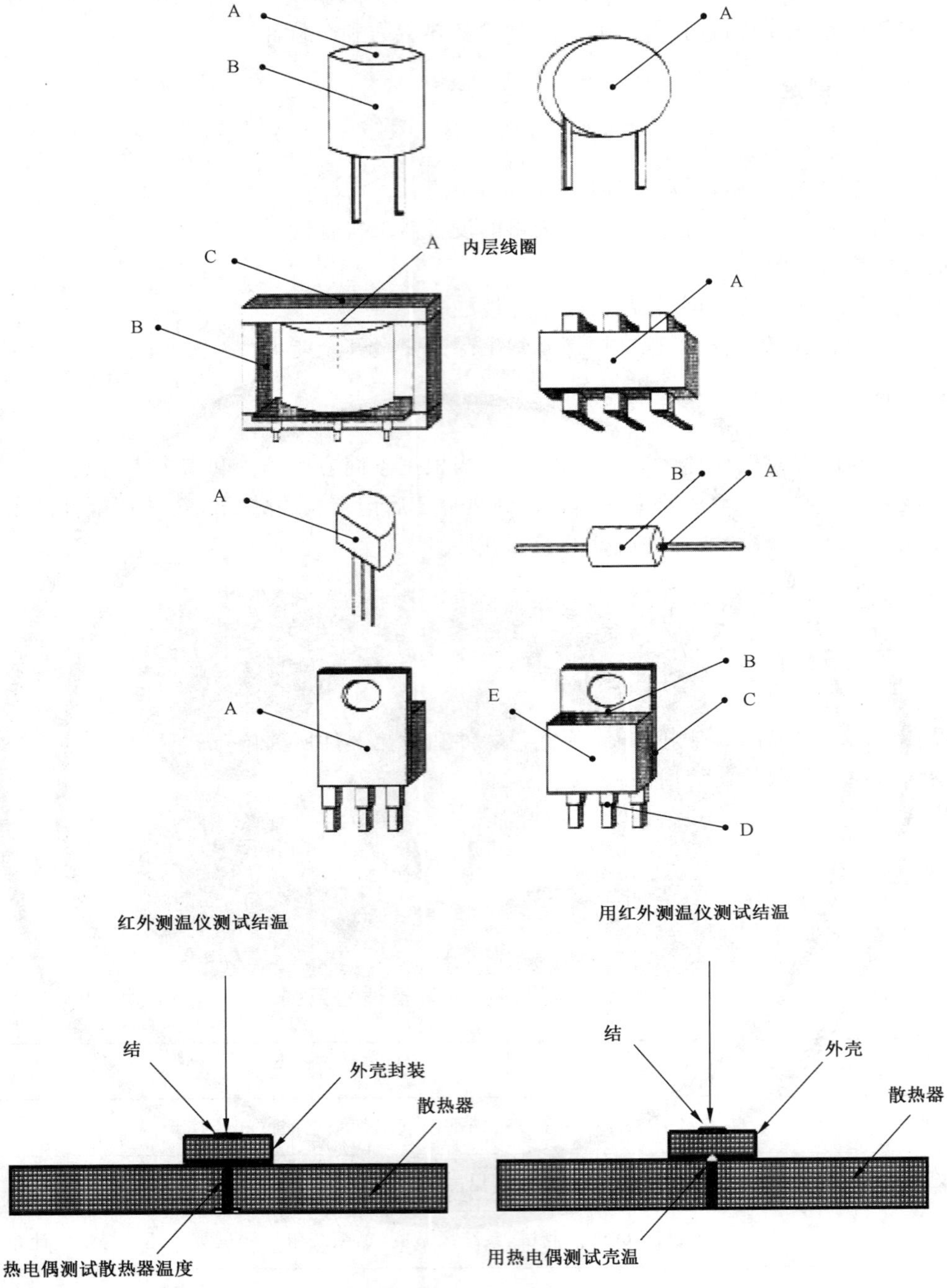

图 23　常用测温位置

8.5.2　测试空气温度时的安装位置

测试空气环境温度时，推荐将传感器布置在距设备表面中心 150 mm 处。如测量系统中可能存在的最高空气温度时，应将传感器布置在大功率热源或存在涡流的区域。

测试器件局部环境温度时，应将传感器布置在器件来流方向距器件前上方(45°)约 2 倍器件长度距离处，如图 24 所示。

如果上游存在其他器件，则应布置在两个器件间距的中心位置。

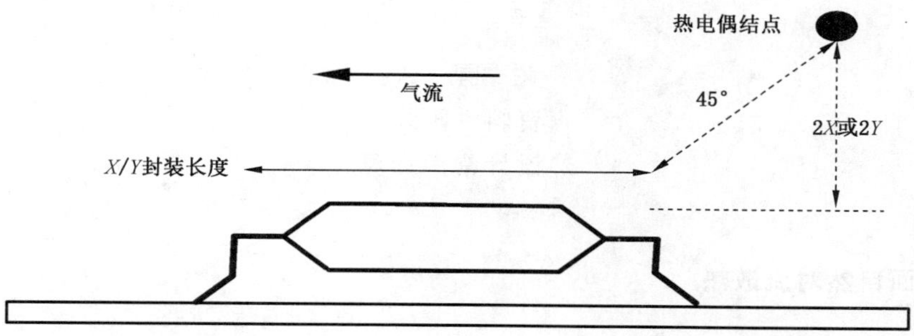

图 24　测试局部环境温度时传感器布置图

8.5.3　测试 PCB 温度时的安装位置

当系统中存在大热流密度的器件时，为避免 PCB 过热，需测试 PCB 的温度。测试时，应将传感器布置在器件较长边中心位置，可焊接在该位置紧贴器件的 PCB 走线上，不得将热电偶结点焊接在两个电势不同的走线上。对 BGA 封装器件，应将传感器安装在 PCB 背面对应器件的中心位置。

8.5.4　测试功放管时的安装位置

功放管的结温一般应通过测量器件壳温、散热器温度或周围空气温度推算出器件的结温。测量壳温时，测量点应尽量选取靠近结的地方，其中结的分布依据封装形式各异，如图 25 所示。

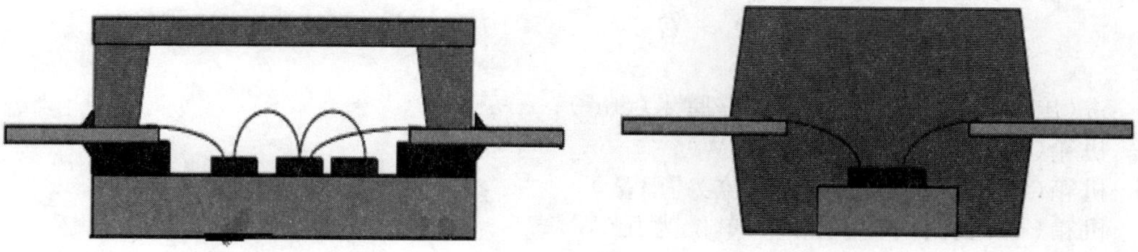

图 25　功放管内部结构图

依据功放管封装形式不同，测试点可选在表面封装的中心位置、塑料封装气孔处、与散热器接触的管座表面或其安装螺栓上。

附　录　A
（资料性附录）
热设计常用计算

A.1　机箱(柜)表面自然对流散热

对在海平面任意方向尺寸小于 600 mm 的机箱(柜),表面的自然对流换热可以用下列简化公式计算:

$$Q_2 = 2.5CA\Delta t^{1.25}/D^{0.25}$$

式中:

Q_2——表面自然对流散热量,单位为瓦(W);

C ——系数,水平板时,热面朝上为 0.54,朝下为 0.27;竖平板时为 0.59;

A ——散热面积,单位为平方米(m^2);

Δt——换热表面与流体(空气)的温差,单位为摄氏度(℃);

D ——特征尺寸,对于竖平板或竖圆柱,特征尺寸为高度 H,其他,为(长+宽)/2,单位为米(m)。

A.2　机箱的开孔设计

当表辐射换热量和表面对流换热量之和,小于机箱(柜)的总功耗时,应在机箱(柜)上开通风孔,使冷空气从机箱(柜)的底部进入,热空气从顶部排出。通风孔的面积为:

$$S = (Q - Q_1 - Q_2)/(2.4 \times 10^{-3} \cdot H^{0.5} \cdot \Delta t^{1.5})$$

式中:

S ——进(出)风口面积,单位为平方厘米(cm^2);

Q ——机箱(柜)总功耗,单位为瓦(W);

Q_1——机箱(柜)表辐射换热量,单位为瓦(W);

Q_2——机箱(柜)表面对流换热量,单位为瓦(W);

H——机箱(柜)的高度,单位为厘米(cm);

Δt——机箱(柜)的温升,单位为摄氏度(℃)。

小型机箱(柜)的通风孔面积与耗散功率可从图 A.1 查得。

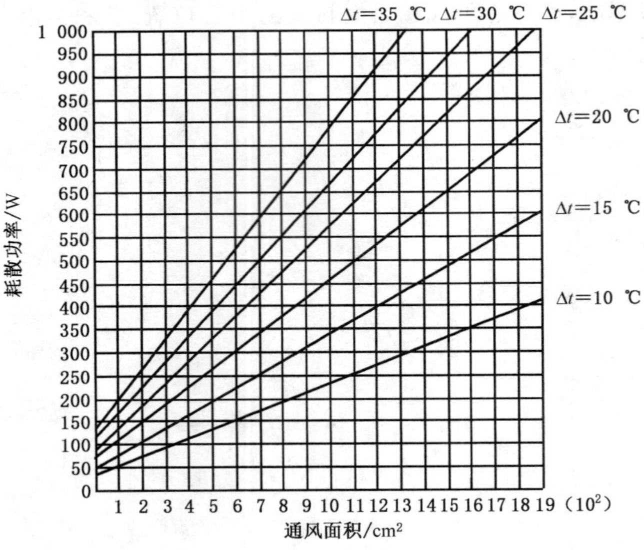

图 A.1　通风孔面积与耗散功率关系图

A.3 太阳辐射能量计算

户外设备表面所吸收的太阳辐射能量可以按照如下公式计算：

$$Q=\sum_{i=1}^{n}\alpha_i A_i I$$

式中：

Q ——设备表面吸收的太阳辐射能量，单位为瓦(W)；

α_i ——设备不同表面的太阳辐射吸收率，为设备吸收的太阳辐射能量与接收照射的太阳辐射总能量的比值，无量纲；

I ——户外太阳辐射强度，单位为瓦每平方米(W/m²)；

A_i——设备不同表面在垂直太阳直射方向上的投影面积，单位为平方米(m²)。

A.4 强迫对流换热计算

强迫对流换热按照下列公式计算：

$$Q=h_c A\Delta t$$

式中：

Q ——强迫对流的换热量，单位为瓦(W)；

A ——散热表面面积，单位为平方米(m²)，若散热体为PCB板，则散热表面积为1.3倍的单面面积，因为背面散热量大约为前面的30%；

Δt——风道内主器件表面温度与机箱内温度之差，单位为摄氏度(℃)；

h_c——对流换热系数，与风道尺寸形状有关。h_c 可按下面方法计算：

a) 准则方程法

雷诺数 Re 的计算公式为：

$$Re=\rho vD/\mu$$

式中：

ρ ——流体的密度，单位为千克每立方米(kg/m³)；

v ——流体流速，单位为米每秒(m/s)；

μ ——流体动力粘度，单位为帕秒(Pa·s)；

D——特征尺寸，单位为米(m)。

强迫对流换热准则方程见表A.1。

表 A.1 强迫对流换热准则方程

换热表面形状	Re 范围	流态	准则方程	特征尺寸
管内流动	<2 200 >10^4	层流 紊流	$Nu=1.86(RePrD/L)^{1/3}(\mu_1/\mu_w)^{0.14}$ $Nu=0.023Re^{0.8}Pr^{0.4}$ 式中： D ——特征尺寸，单位为米(m)； L ——管长，单位为米(m)； μ_1 ——平均温度下流体的动力黏度，单位为帕秒(Pa·s)； μ_w——壁温下流体的动力黏度，单位为帕秒(Pa·s)	内径或当量直径
沿平板流动(或平行柱体流动)	<10^5 >10^5	层流 紊流	$Nu=0.66Re^{0.5}$ $Nu=0.032Re^{0.3}$	沿流动方向长度

而努谢尔特数 Nu 为：

$$Nu = h_c D/\lambda$$

式中：

h_c ——对流换热系数，单位为瓦每平米摄氏度[W/(m²·℃)]；

D ——特征尺寸，单位为米(m)；

λ ——流体的导热系数，单位为瓦每米摄氏度[W/(m·℃)]。

b) 质量流量法

$$h_c = JC_pGPr^{-2/3}$$

式中：

C_p ——定压空气比热容，单位为焦耳每千克摄氏度[J/(kg·℃)]；

G ——通道的单位面积的质量流量，单位为千克每平米秒[kg/(m²·s)]；

Pr ——普朗特数；见 B.3；

J ——考尔本数，取决于雷诺数 Re 及通风道结构尺寸与形状；

当 $200 \leqslant Re \leqslant 1\,800$，风道为矩形，长宽比≥8 时：

风道为正方形时：

$$J = \frac{6}{Re^{0.98}}$$

$$J = \frac{2.7}{Re^{0.95}}$$

当 $10^4 \leqslant Re \leqslant 1.3 \times 10^5$，紊流时：

$$J = \frac{0.23}{Re^{0.2}}$$

当 $400 \leqslant Re \leqslant 1\,500$，通道为扁平肋片式冷板时：

$$J = \frac{0.72}{Re^{0.7}}$$

上面，单位面积的质量流量 $G = q_m/A$，式中 q_m 为质量流量，A 为通风道横截面积。

$$q_m = \phi/(C_p \Delta t) = \rho q_v$$

式中：

ϕ ——热流量，单位为瓦(W)；

ρ ——空气密度，单位为千克每立方米(kg/m³)；

q_v ——体积流量，单位为立方米每秒(m³/s)。

A.5 风机相关计算公式

A.5.1 风机冷却时的风量计算

风机冷却时的风量按照下列公式计算：

$$q = W/(0.355\Delta t)$$

式中：

q ——理论上所需风量，单位为立方米每小时(m³/h)；

W ——系统总的热耗，单位为瓦(W)；

Δt ——空气的温升，单位为摄氏度(℃)，一般可取 5℃～15℃；

根据经验，可以按照 1.5 倍～3 倍的裕量确定系统所需的冷却风量，即：

$$Q=(1.5\sim3)q$$

式中：

Q ——系统所需的冷却风量，单位为立方米每小时(m^3/h)。

A.5.2 系统压力损失的计算

风机向机箱内吹风或抽风，气流通过不同的狭窄风道产生摩擦力和静压损失，使风压降低、风速减小。静压损失分为沿程压力损失和局部压力损失，一般地，可根据风道的形状做出估算。

如果能判定损失是一个速度头或在流动阻力较大的节流区有两个速度头，就可以用空气在该截面处的流动速度，求得实际的压力损失，这是一种经验的计算方法。

系统的总压头(压降)用速度头和静压头可表示为：

$$H_t=H_v+H_s$$

式中：

H_t——总的压头，单位为帕(Pa)；

H_v——速度头，单位为帕(Pa)；

H_s——静压头，单位为帕(Pa)。

速度头与空气流速的关系为：

$$H_v=\left(\frac{v}{1.278}\right)^2(\text{Pa})$$

其中 v 为空气流速，单位为米每秒(m/s)。

根据计算的系统压力损失，在风机的特性曲线上可以得到对应的风量，如果该值大于上面计算的系统所需冷却风量，则风机满足要求；否则，按上面的方法重新选择。也可以先假定一个系列的风量，据此求出系统的阻力特性曲线，根据阻力特性曲线与风机特性曲线的交点，来确定风机的工作点，从而选择风机。

A.5.3 风机性能参数常用计算公式

风机性能参数常用的计算公式如下：

a) 风机风量与转速的关系

对于同一风机，风机的风量与转速成正比。Q_1、Q_2 为风量，n_1、n_2 为转速：

$$Q_1/Q_2=n_1/n_2$$

b) 风机风压与转速的关系

对于同一风机，风机的风压与转速的平方成正比。P_1、P_2 为风压，n_1、n_2 为转速。

$$P_1/P_2=(n_1/n_2)\times(n_1/n_2)$$

c) 风机噪声与转速的关系

对于同一风机，两个转速的噪声差与转速比的对数成正比。N_1、N_2 为噪声，n_1、n_2 为转速。

$$N_1=N_2+50\log(n_1/n_2)$$

根据对应关系，转速下降一半时，噪声减小 15 dBA。

d) 风机噪声与风机个数的关系

对于 n 个相同的风机联合使用，风机组的噪声为比单个风机的噪声增加 10 倍的 $\log(n)$。N_{total} 为并联后的风机噪声，N_{single} 为单个风机的噪声。

$$N_{total}=N_{single}+10\log(n)$$

附 录 B
（资料性附录）
材料的热物理性质

B.1 材料的导热系数

材料的导热系数见表B.1。

表 B.1 材料的导热系数

材料	导热系数/(W/m·K)
纯铜(pure copper)	380～400
砷化镓(GaAs)	55
焊锡(Solder)	35
锡铅合金(Sn60Pb40)	64
铝(AL)	140～180
铜合金(Cu Alloy)	100～380
锗(Germanium)	70
锡铅材料(Tin/Lead)(die attach)	20
钼(Molybdenum)	140
钨(Tungsten)	170
铁镍合金 Alloy 42(Ni42Fe58)	15.7
氮化铝(AlN)	180～270
环氧玻璃(Epoxy Glass(FR4))	0.3
二氧化硅(SiO_2,Silicon dioxide)	6～10
环氧树脂(Epoxy resin)(molding compound)	0.63
黏合剂(Adhesive)	0.1～0.2
碳化硅(SiC,Silicon carbide)	220
硅(Si)	150
聚酰亚胺(Polyimide)	0.2～0.4
氧化铝(Al_2O_3,Aluminia)	30
氧化铍(BeO,Beryllia)	200
硅化锗(SiGe)	2～140

B.2 常用材料的黑度

常用材料的黑度见表B.2。

表 B.2　常用材料的黑度

材料(状态)	黑度	材料(状态)	黑度
铝(工业薄板)	0.09	铁(喷黑漆)	0.8
铝(磨光)	0.06	钢(磨光)	0.06
铝(喷砂)	0.81	黄铜(磨光)	0.06
铝(氧化)	0.33	黑漆、白漆	0.8～0.95
铁(磨光)	0.14～0.38		

B.3　干燥空气的热物理性质

干燥空气的热物理性质相关参数见表 B.3。

表 B.3　干燥空气的热物理性质相关参数

温度 t ℃	密度 λ kg/m³	定压比热容 $C_p \times 10^{-3}$ J/(kg·℃)	导热系数 $\lambda \times 10^2$ W/(m·℃)	导温系数 $\alpha \times 10^6$ m²/S	动力黏度 $\mu \times 10^6$ Pa·s	运动黏度 $\nu \times 10^6$ m²/s	膨胀系数 $\beta \times 10^6$ ℃⁻¹	普朗特数 Pr	自然对流模数 $\alpha \times 10^{-7}$ 1/(m³·℃)
−50	1.584	1.013	2.04	12.7	14.6	9.24		0.728	
−40	1.515	1.013	2.12	13.8	15.2	10.04		0.728	
−30	1.435	1.013	2.20	14.9	15.7	10.80		0.723	
−20	1.395	1.009	2.28	16.2	16.2	11.61		0.716	
−10	1.342	1.009	2.36	17.4	16.7	12.43		0.712	
0	1.293	1.005	2.44	18.88	17.2	13.28	3.66	0.707	13.97
10	1.247	1.005	2.51	20.0	17.6	14.16	3.53	0.705	11.72
20	1.205	1.005	2.59	21.4	18.1	15.06	3.41	0.703	10.00
30	1.165	1.005	2.67	22.9	18.6	16.00	3.33	0.701	8.70
40	1.128	1.005	2.76	24.3	19.1	16.96	3.19	0.699	7.41
50	1.094	1.005	2.83	25.7	19.6	17.95	3.10	0.698	6.44
60	1.060	1.005	2.90	26.2	20.1	18.97	3.00	0.696	5.60
70	1.029	1.009	2.96	28.6	20.6	20.02	2.92	0.694	4.95
80	1.000	1.009	3.05	30.2	21.1	21.09	2.83	0.692	4.32
90	0.972	1.009	3.13	31.9	21.5	22.10	2.75	0.690	3.76
100	0.946	1.009	3.21	33.6	21.9	23.13	2.68	0.688	3.37
120	0.898	1.009	3.34	36.8	22.8	25.45	2.54	0.686	2.69
140	0.854	1.013	3.49	40.3	23.7	27.80	2.42	0.684	2.12
160	0.815	1.017	3.64	43.9	24.5	30.09	2.32	0.682	1.73
180	0.779	1.022	3.78	47.5	25.3	32.49	2.21	0.681	1.40
200	0.746	1.026	3.93	51.4	26.0	34.85	2.11	0.680	1.16

附　录　C
（资料性附录）
热管的构成与不同类型热管的比较

热管的构成如图 C.1 所示，主要包括三个部分：外壳、工作流质和毛细吸液层。通常外壳材料为纯铜；工作流质一般为纯净水（也可为丙酮等其他种类，视具体用途决定），含量很少；根据热管内部毛细层的不同，常见的热管可分为纤维型、沟槽型、筛网型和烧结型，其中沟槽型和筛网型应用较广泛。各种类型热管的优、缺点如表 C.1 所示。

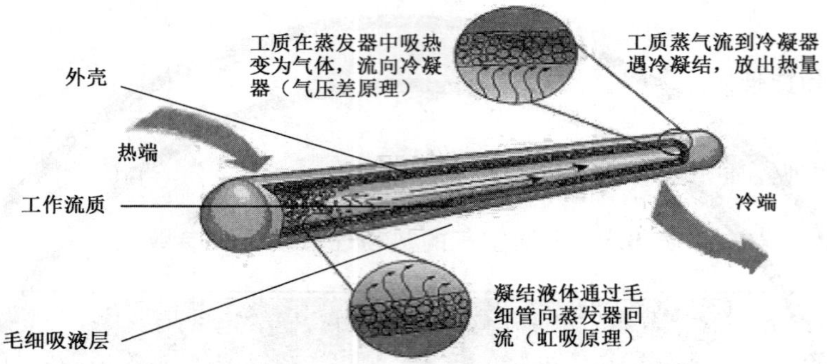

图 C.1　热管的构成

表 C.1　不同类型热管的比较

管芯结构	优点	缺点
筛网型	制作成本低 价格适宜 热反应快	折弯后品质变异度大（内网易因弯曲成形，影响蒸气流断切面积，液体回流不易）
沟槽型	成本低 可打扁率高 热反应快	传热功率最小 毛细力受重力方向的影响
粉末烧结型	传热功率最高 易于后序加工（折弯，打扁） 毛细力强	打扁厚度受限成本较高 受变形、冲击易碎
纤维型	弯曲或扁平加工时，仍能维持良好的毛细力 液体单向回流，因此不易受音速、毛细等限制	因构造复杂，本体制造较不容易 单价成本高

热管是一种传导率非常高的导热元件，其等效导热率可达 30 000 W/(m·K)以上。但热管的导热率不是恒定的，在一定范围内，通常受热端温度越高，则热管导热率越高；但是当温度到达一定程度时，热管的导热率会急剧下降，造成失效。因此对于不同规格的热管，都有一个最大传输功率。

附　录　D
（资料性附录）
导热界面材料的种类和使用要求

D.1　导热界面材料的种类

导热界面材料分类及性能特点见表D.1。

表D.1　导热界面材料分类及性能特点

大类	小类	性能特点
导热不绝缘材料	普通白色硅脂油	成分为碳矽胶状化合物。导热效果一般，用在没有绝缘要求的场合，主要是填充元器件与散热器间的微小间隙，减少元器件与散热器的热阻，提高导热效果
	银硅脂油	成分为氧化银或银粉的胶状化合物。导热性能较好，有较好的导热效果，用在没有绝缘要求的场合。主要是填充元器件与散热器的微小间隙，减少元器件与散热器的热阻，提高导热效果
	替代硅脂或硅油的导热材料	成分通常为硅胶加铝箔、硅胶加石墨或聚合物加铝箔。有较好的导热效果，适合于较大间隙的填充，用在没有绝缘要求的场合，且可彻底解决硅脂或硅油不易清理、易结灰尘、挥发物会腐蚀电极接头等缺点
导热绝缘材料	替代硅脂或硅油的导热绝缘材料	该材料具有较高的导热系数，适用于替代硅脂或硅油来填充散热器与元器件的空气间隙且有绝缘要求的场合
	免涂硅脂或硅油的导热绝缘材料	该材料既具有较高的导热系数，又具备一定的绝缘强度，且填充物为硅胶，质较软，在一定压力下，能够填充满空气间隙，从而可以完全不用硅脂或硅油
	免涂硅脂或硅油的导热绝缘材料，且双面附胶	该材料既具有较高的导热系数，又具备一定绝缘强度，且填充物为硅胶，质较软，材料两面都附有粘胶，适用于有些器件与散热器间无法实施紧固的场合。胶可以保证器件、导热绝缘材料及散热器三者紧密结合，从而降低接触面的接触热阻
	形状适应型空气间隙填充材料	该材料较软，具有形状适应性，能够填充满PCB板与散热器或外壳间的空气间隙，适应与PCB与外壳之间，元器件与外壳间的热传递

D.2　导热界面材料的使用要求

D.2.1　导热非绝缘材料

导热非绝缘材料的使用方法如下：

a）　确定使用的散热器后，应首先清洁散热器的底部；

b）　在散热器底部与器件接触区域均匀涂抹导热膏，使导热膏的“微粒”渗入散热片的纹路里面，特别是对表面较为粗糙的散热器，应充分填隙；

c）　注意清除多余的导热材料，防止过多溢出后导致器件管脚短路或增加散热片和芯片间的热阻；

d) 安装散热器时，应注意一次安装到位。一旦拆卸返工，需重新涂敷后再安装，以确保填隙效果。

D.2.2 需要紧固的导热绝缘材料

需要紧固的导热绝缘材料使用方法如下：

a) 用棉球或棉布沾上酒精/异丙基溶剂，清洁散热器和器件表面；

b) 将导热绝缘材料放在散热器和元器件之间，充分覆盖元器件发热面；

c) 散热器紧固力应符合元器件允许的规格。

D.2.3 不需要紧固的导热绝缘材料

不需要紧固的导热绝缘材料使用方法如下：

a) 用棉球或棉布沾上酒精/异丙基溶剂，清洁散热器和器件表面；

b) 撕下透明保护膜，注意手指不要触及胶面。将其贴在散热器(或元器件)上，均匀用力 40 psi～50 psi 预压 3 s(注意不要超过器件表面承压限值)，以使粘接牢靠；

c) 再撕下另外一层保护膜，按上述同样的方法使胶贴与器件(或散热器)粘接牢靠。

参 考 文 献

[1] GB/T 4797.2—2005 电工电子产品自然环境条件 第2部分:海拔与气压、水深与水压

[2] GB 50174—2008 电子信息系统机房设计规范

[3] GJBZ 27—1992 电子设备可靠性热设计手册

[4] ETS 300 753 Equipment Engineering(EE); Acoustic Noise Emitted by Telecommunications Equipment

[5] GR-3028 Thermal Management In Telecommunications Central Offices

[6] UL 94 Tests for Flammability of Plastic Materials for Parts in Devices and Appliances

ICS 31.240
K 05

中华人民共和国国家标准

GB/T 31846—2015

高压机柜 通用技术规范

Cabinets for high-voltage switchgear—General technical specification

2015-07-03 发布 2016-02-01 实施

中华人民共和国国家质量监督检验检疫总局
中国国家标准化管理委员会 发布

前　言

本标准按照 GB/T 1.1—2009 给出的规则起草。

请注意本文件的某些内容可能涉及专利。本文件的发布机构不承担识别这些专利的责任。

本标准由全国电工电子设备结构综合标准化技术委员会(SAC/TC 34)提出并归口。

本标准起草单位:苏州电器科学研究院股份有限公司、万控集团有限公司、广东优科检测技术服务有限公司、中煤电气有限公司、江苏天港箱柜有限公司、江苏天翔电气有限公司、张家港市天越电气有限公司、张家港市天翼电气成套结构件有限公司、慈溪奇国电器有限公司、天津正本电气股份有限公司、许继电气股份有限公司、温州市国通电器有限公司、福州先行机柜制造有限公司、温州市中意锁具电器有限公司、武汉光谷机电科技有限公司、武汉通源电气结构有限公司、厦门先海电气设备有限公司。

本标准主要起草人:项雅丽、木信德、张玉、王亚智、巫珏、钟杰、赵建明、罗雪成、江国庆、申随章、王卫红、张建国、黄拯宇、潘正东、廖小文、宋宗翔、曾晓煌、张涛。

高压机柜　通用技术规范

1　范围

本标准规定了高压机柜的技术要求、型式试验、包装和运输与贮存。

注：本标准所指的高压机柜为额定电压为 3.6 kV～40.5 kV、频率为 50 Hz 及以下交流金属封闭开关设备和控制设备用的机械结构机柜。

本标准适用于高压机柜(以下简称机柜)产品的设计、制造、试验与验收。

2　规范性引用文件

下列文件对于本文件的应用是必不可少的。凡是注日期的引用文件，仅注日期的版本适用于本文件。凡是不注日期的引用文件，其最新版本(包括所有的修改单)适用于本文件。

GB 1985—2014　高压交流隔离开关和接地开关

GB/T 2423.1—2008　电工电子产品环境试验　第 2 部分：试验方法　试验 A：低温

GB/T 2423.2—2008　电工电子产品环境试验　第 2 部分：试验方法　试验 B：高温

GB/T 2423.4—2008　电工电子产品环境试验　第 2 部分：试验方法　试验 Db 交变湿热(12 h＋12 h 循环)

GB/T 2423.5—1995　电工电子产品环境试验　第二部分：试验方法　试验 Ea 和导则：冲击

GB/T 2423.10—2008　电工电子产品环境试验　第 2 部分：试验方法　试验 Fc：振动(正弦)

GB 3906—2006　3.6 kV～40.5 kV 交流金属封闭开关设备和控制设备

GB 4208—2008　外壳防护等级(IP 代码)

GB/T 5465.2—2008　电气设备用图形符号　第 2 部分：图形符号

GB/T 11022—2011　高压开关设备和控制设备标准的共用技术要求

GB/T 18663.2—2007　电子设备机械结构　公制系列和英制系列的试验　第 2 部分：机柜和机架的地震试验

GB/T 20138—2006　电器设备外壳对外界机械碰撞的防护等级(IK 代码)

GB/T 25293—2010　电工电子设备机柜　机械门锁

GB/T 31844—2015　电工电子设备机柜　铰链

3　术语和定义

GB/T 11022—2011 和 GB 3906—2006 界定的术语和定义适用于本文件。

4　总则

4.1　正常工作条件

户内正常工作条件见 GB/T 11022—2011 中 2.2.1 的规定，即：

a）周围空气温度不超过 40 ℃，且 24 h 内测得的平均值不超过 35 ℃。最低周围空气温度的优选值为－5 ℃，－15 ℃和－25 ℃；

b）阳光辐射的影响可以忽略；

c) 海拔不超过 1 000 m；
d) 周围空气没有地受到尘埃、烟、腐蚀性和/或可燃气体、蒸汽或盐雾的污染；
e) 湿度条件如下：
——在 24 h 内测得的相对湿度的平均值不超过 95%；
——在 24 h 内测得的水蒸气压力的平均值不超过 2.2 kPa；
——月相对湿度平均值不超过 90%；
——月水蒸气压力平均值不超过 1.8 kPa。

户外工作条件见 GB/T 11022—2011 中 2.2.2 的规定。

特殊条件见 GB/T 11022—2011 中 2.3 的规定。

4.2 一般要求

机柜应按 GB/T 11022—2011、GB 3906—2006 和本标准的规定设计制造。

4.3 制造商规定的技术要求

送试样品通过型式试验后，制造商向用户提供的产品应与送试样品一致，但因电路方案不同，机械结构的细节容许不同。

除非有特殊规定，或者制造商与用户有协议规定，只要产品可以通过型式试验，以下内容可以由制造商规定：

a) 制造材料；
b) 机械结构设计的细节；
c) 产品的表面处理。

4.4 送试样品的配置

4.4.1 固定式送试样品的配置

固定式送试样品的配置由制造商按供货典型方案配置。

4.4.2 抽出式送试样品的配置

抽出式送试样品的配置推荐为：

a) 机柜结构本体(包括门和覆板等)；
b) 制造商规定耐受电压等级的触头盒、(穿墙)套管、绝缘子(传感器)，以及相关的绝缘件；
c) 制造商规定耐受电压等级的接地开关；
d) 除可移开/可抽出部件用的断路器底盘车以外的联锁装置或机构(不包括电磁联锁)；
e) 活门机构及相应的联锁机构。

4.4.3 送试样品的资料

资料包括本标准规定由制造商提供的技术要求的标准或技术文件。

5 技术要求

5.1 柜体和外壳防护等级

5.1.1 柜体

除观察窗外，产品一般应由金属制造。只要金属隔板或活门封闭了高压部件，则产品的盖板和门也可以是绝缘材料的。

产品外壳提供的防护等级(IP代码)应符合GB/T 11022—2011中5.13.2和5.13.3的规定。

产品在正常使用条件下(户内使用)防止设备受到机械撞击(IK代码)的防护应符合GB/T 20138—2006中的IK07(2J)。

界定不可触及隔室的外壳部件应清楚地标明(例如警告标志等)且只能用工具拆除。

产品的水平表面,例如顶板,一般不能支撑人员。如果需要支撑人员,则那些不能安全站立或行走的区域,例如压力释放结构或器件,应清楚地标明。

可移开部件在机械上应有互换性。

5.1.2 盖板和门

盖板和门应由金属材料制造。如果高压部件由接地的金属隔板或活门封闭,则产品的盖板和门也可以是绝缘材料的。

当作为产品一部分的盖板和门关闭后,应具有与产品相同的防护等级。

盖板和门不应使用网状的金属编织物、拉制的金属以及类似的材料制成,当盖板和门上有通风通道、通风口或观察窗时,应符合5.1.4和5.1.5的规定。

盖板和门分为两类:

a) 应使用工具才能打开的盖板和门。是指可触及隔室的盖板或门打开后会导致触及带电部件时,此时应使用工具方可将盖板和门打开、拆下或移开,并且要求采取了预防措施确保安全后方可打开这些盖板。预防措施可包括打开盖板时断电,或隔室内可触及的带电部件的防护等级不低于IP2X,或装有一挡板阻隔;

b) 不用使用工具就可打开的盖板和门。是指由联锁控制的可触及隔室,当联锁闭合时,可触及隔室内不带电且接地时,或主开关在隔离位置,且相应活门关闭后才能打开隔室的盖板和门,或者由规定的程序(操作程序)控制的可触及隔室,但应设有上锁措施,例如挂锁。

5.1.3 隔板和活门

隔板和活门至少应达到GB/T 11022—2011中表7规定的IP2X防护等级。

当相邻隔室为常规气压时,隔板应能承受一定的机械应力。

应采用套管或其他等效的方法使导体穿过隔板以满足要求的防护等级。

活门的分类:

a) 金属隔板和活门,即PM级活门。其金属部件应连接到功能单元的接地点,且满足5.3.1规定的要求。关闭的活门间隙的防护等级应达到IP2X的要求;

b) 非金属隔板和活门,即PI级活门。其全部或部分由绝缘材料制成,应满足:

   1) 主回路带电部分和绝缘隔板、活门可触及的表面之间的绝缘,应能耐受GB/T 11022—2011中4.3规定的对地和极间的试验电压;

   2) 绝缘材料同样应耐受规定的工频试验电压。GB/T 11022—2011所规定的试验方法适用;

   3) 主回路带电部分和绝缘隔板、活门的内表面之间,至少应能耐受150%的设备额定电压;

   4) 如果通过绝缘表面的连续路径或通过被小的气体或液体间隙截断的路径而在绝缘的隔板和活门的可触及表面产生泄漏电流,在规定的试验条件(见GB 3906—2006中6.104.2)下,此泄漏电流不应超过0.5 mA。

5.1.4 观察窗

观察窗至少应达到对外壳规定的防护等级。

观察窗应使用机械强度与外壳相近的透明板遮盖。同时应有静电屏蔽等措施(例如在观察窗的内侧加一个适当的接地金属编织网),防止形成危险的静电电荷。

主回路带电部分与观察窗的可触及表面之间的绝缘(例如接地开关带电部分与观察窗之间),应能耐受GB/T 11022—2011中4.3规定的对地和极间的试验电压。

5.1.5 通风通道、通风口

通风通道和通风口的布置和防护,应使其具有与外壳相同的防护等级。通风通道和通风口可以使用网状编织物或类似的材料制造,但应具有足够的机械强度。

通风通道和通风口的布置,应考虑到在压力的作用下排除气体或蒸汽不致危及到操作人员。

5.2 外观、外形尺寸和门结构

5.2.1 外观

产品表面涂覆等应符合产品图样要求。涂层应均匀,不应有皱纹、起泡、斑点、附着物、刷痕等。

5.2.2 外形尺寸

外形尺寸应符合制造商图样的要求。

外形尺寸不包括突出于柜体外(如顶部)的结构。

5.2.3 门结构

门应满足以下要求:

a) 开启大于90°;

b) 门锁开启与闭合应灵活。

门锁应符合GB/T 25293—2010。

铰链应符合GB/T 31844—2015。

5.3 接地

5.3.1 电的连续性

产品各个金属件之间通过30A(DC)时,其电压降最大为3 V。

5.3.2 接地端子、接地导体和接地标识

应设置可靠的适用于规定故障条件的接地端子,该端子有一紧固螺钉或螺栓用来连接接地导体。紧固螺钉或螺栓的直径应该不小于12 mm。接地连接点应该标以GB/T 5465.2—2008中规定的"保护导体"的符号。

注:规定的故障条件是指接地回路的短时耐受电流,其取决于系统中中性点的接地类型。对于中性点直接接地的,接地回路的短时耐受电流最大值可达到主回路的额定短时耐受电流。对于中性点非直接接地的,接地回路的短时耐受电流最大值可达到主回路的额定短时耐受电流的87%(异相接地故障情况下的短路)。

如果用户将安装延伸到产品整个长度(如柜的宽度)的接地导体(铜排,接地系统的一部分),则制造商可不提供接地端子、接地导体和接地标识。

5.3.3 外壳的接地

金属外壳(产品)可以看作接地导体,即产品本身就是接地导体。

每个功能单元的外壳都应连接到金属框架上。固定在外壳或框架上的小部件只要直径不超过

12.5 mm，就不需要连接到专门的接地导体上，例如螺母。除主回路和辅助回路外的所有接地的金属零件都应直接或通过金属构件连接到框架上。

通过框架、盖板、门、隔板或其他构件间的电气连续性应确保功能单元内部相互之间的接地连接(例如通过螺钉或焊接的方式)。高电压隔室的门应采用适当方法连接到框架。

5.3.4 可移开/可抽出部件的接地

可抽出部件应接地的金属部分在试验位置和隔离位置，以及所有的中间位置时均应保持接地。插入时，通常接地的可移开部件的金属部分应在主回路的可移开部件与固定出头接触之前接地。

5.4 联锁装置

产品应满足不同元件之间可能需要的联锁装置，例如开关装置(断路器等)和相关的接地开关之间。

联锁装置是由元件(它可能包括机械部件、电缆、接触器、线圈等)组成的系统，每个元件都应被看作辅助和控制设备的部件(见 GB/T 11022—2011 中 5.4)。

一般情况，制造商只提供联锁装置的机械部件(结构)，其他电器元件按协议提供，并且由机械部件和电器元件所组成的联锁装置系统的性能由用户负责。对于主回路的机械联锁装置应：

a) 具有可移开/可抽出部件的产品应：

——只有可移开/可抽出部件等处于分闸(工作)位置时才能抽出和插入，即防止带负荷分合操作；

——只有可移开/可抽出部件等处在工作位置、隔离位置、移开位置、试验位置或接地位置时才能操作，即防止误分、误合操作；

——接地开关处于合闸状态时，可移开/可抽出部件等不能进入工作位置，即防止接地开关处在闭合位置时关合操作；

——可移开/可抽出部件等处于合闸(工作)状态时，接地开关不能进行合闸操作，即防止在带电时误合接地开关；

——进入隔室如可触及带电部件时应断电，即防止误入带电隔室。如：可移开/可抽出部件等在工作位置时，二次插头应被锁定不能拔开；可移开/可抽出部件等从工作位置移至隔离/试验位置后，活门将静触头盒隔开，防止误入带电隔室。检修时，可用挂锁将活动帘板锁定。

对 IAC 级产品，在内部电弧情况下，可移开/可抽出部件推进到工作位置或由工作位置抽出都不应降低规定的防护等级。可以通过仅在用于保护人员安全的盖板和门关闭时才能操作来实现。

注：缩写“IAC”表示为内部电弧级开关设备和控制设备，即经试验能满足在内部电弧情况下保护人员规定要求的金属封闭开关设备和控制设备。

b) 对装有隔离开关的产品应：

联锁应防止在规定条件(见 GB 1985—2014)以外操作隔离开关。只有相关的断路器、负荷开关或接触器在分闸位置时才能操作隔离开关。

只有隔离开关处于合闸位置、分闸位置或接地位置(如果有)时断路器、负荷开关或接触器才能操作。

接地开关与相关的隔离开关之间应加装联锁。

不正确的操作能造成损害或用来确保形成隔离断口的开关装置，如隔离开关，应提供锁定装置(例如加装挂锁)。

如果主回路通过与接地开关串联的主开关装置(断路器、负荷开关或接触器)接地，则接地开关应与主开关装置联锁。

5.5 位置指示

合闸位置用“Ⅰ”或“合”标志，颜色用绿色标志，分闸位置用“O”或“分”标志，颜色用红色标志，例如接地开关。

5.6 阻燃性

制造商应规定或提供产品的非金属零部件，以及表面被覆材料的阻燃要求或试验验证报告。

5.7 防腐蚀要求

制造商应规定产品涂层、镀层的防腐蚀要求。螺栓和螺钉在经过腐蚀性试验后仍应保证接地回路的电气连续性。

5.8 电气间隙和爬电距离

制造商应规定电气间隙和爬电距离。

5.9 内部故障

应设置有压力释放装置，例如泄压板等。如果泄压结构不能满足要求时，可以使用经过试验验证的专用泄压产品，例如泄压阀等。

5.10 机械特性

5.10.1 振动与冲击

产品的外壳应该具有足够的机械强度，应验证设施的动态机械特性。严酷等级由产品标准规定，试验方法为：

a) 振动(正弦)试验，按 GB/T 2423.10—2008 验证；

b) 冲击(1/2 正弦波)试验，仅做 y 轴，按 GB/T 2423.5—1995 验证。

5.10.2 机械操作特性

接地开关可以连续完成打开、合上操作各 5 次的验证。

可移开/可抽出部件应满足：

a) 推进与抽出应灵活轻便、无卡滞、碰撞现象；

b) 推进或抽出时，活门装置应安全可靠，动作灵活；

c) 应可连续完成插入、抽出各 25 次的验证，并且各种联锁均应可靠。

5.10.3 地震

如制造商与用户间有地震验证的协议，可参考 GB/T 18663.2—2007 验证。

5.11 标牌、标识和铭牌

5.11.1 标牌、标识

标牌、标识应安装正确、牢固。

5.11.2 铭牌

一般情况，产品应设铭牌。

铭牌应耐久清晰、易识别、牢固平整、布局美观。

铭牌的内容应包括制造商、型号、出厂编号、制造年月和适用的标准等。

6 试验方法

6.1 检验规则

6.1.1 型式试验

凡遇下列情况之一者，应进行型式检验：

a) 新产品完成时；

b) 转厂及异地生产的产品；

c) 当产品的设计、工艺或生产条件及使用的材料发生重大改变而影响到磁盘性能时；

d) 正常生产的产品每隔八年应进行性能验证试验，具体的验证试验项目在产品标准中规定；

e) 出厂检验的结果与以前进行的型式检验结果发生不可容许的偏差；

f) 不经常生产的产品(停产三年以上)，再次生产时应按 d)的规定进行验证试验。

注：型式试验允许试品劣化并假定试品不再进行使用。

6.1.2 出厂试验

出厂试验应在每台产品上完成。

6.2 型式试验

型式试验应在一台样机上完成。

型式试验项目与试验(检验)方法见表 1。

表 1 型式试验项目与试验(检验)方法

序号	项目	技术要求条款	试验(检验)方法
1	环境适应性验证	4.1	仅验证户内使用的产品。 低温试验，按 GB/T 2423.1—2008 验证； 高温试验，按 GB/T 2423.2—2008 验证； 湿热试验，按 GB/T 2423.4—2008 验证 注：一般情况，应按整台机柜验证环境适应性，也可以选取与机柜的材料、制造工艺相同的试样，进行环境适应性试验。试样尺寸不应小于 100 mm×100 mm。
2	柜体一般性检验	5.1.1	检验不可触及隔室和压力释放结构和器件的警告标志
3	外壳防护等级(IP)	5.1.1	根据 GB/T 11022—2011 中规定的 IP2X 防护等级，按 GB 4208—2008 验证外壳防护等级，试验时应填充所有进出口
4	机械撞击的防护(IK)	5.1.1	按照 GB/T 20138—2006 中规定的要求进行。试验后外壳不应该开裂且外壳的变形不应该影响到产品的正常功能，不降低绝缘和/或缩短爬电距离，也不使规定的防止接近危险部件的防护等级降到允许值以下。表面损伤如油漆脱落或小面积的凹陷可以忽略
5	盖板和门	5.1.2	按 5.1.2 的规定检验并按 GB 4208—2008 验证防护等级，至少应达到 GB/T 11022—2011 中表 7 规定的 IP2X 防护等级

表 1（续）

序号	项目	技术要求条款	试验(检验)方法
6	隔板和活门	5.1.3	按 GB 4208—2008 验证隔板和活门的防护等级，至少应达到 GB/T 11022—2011 中表 7 规定的 IP2X 防护等级。 对金属隔板和活门，即 PM 级活门，按 5.1.3 中 a)的规定检验其电的连续性(5.3.1)，按 GB 4208—2008 验证活门间隙，至少应达到 GB/T 11022—2011 中表 7 规定的 IP2X 防护等级。 对非金属隔板和活门，即 PI 级活门，按 5.1.3 中 b)的规定进行耐压试验
7	观察窗	5.1.4	按 GB 4208—2008 验证观察窗的防护等级，是否与外壳相同的防护等级一致。检验观察窗的静电屏蔽等措施。 在主回路带电部分与观察窗的可触及表面之间(例如接地开关带电部分与观察窗之间)，按 GB/T 11022—2011 中 4.3 规定进行对地和极间的电压试验
8	通风通道、通风口	5.1.5	按 GB 4208—2008 验证通风通道和通风口的防护等级，是否与外壳相同的防护等级一致
9[a]	外观	5.2.1	检验产品表面是否符合 5.2.1 的要求
10[a]	外形尺寸	5.2.2	按制造商图样检验外形尺寸
11[a]	门结构	5.2.3	检验开启角度大于 90°，且门锁开启与闭合灵活
12	电的连续性	5.3.1	用电桥电路随机测量金属结构件之间的压降，符合 5.3.1 的要求
13	接地端子和接地导体	5.3.2	检验接地标记、接地螺钉和接地导体的截面积是否符合规定。留有安装接地导体结构的样品可忽略此项
14[a]	外壳的接地	5.3.3	按 5.3.1 的要求验证各个功能单元，以及框架、盖板、门、隔板以及类似结构之间的电的连续性
15	可移开/可抽出部件的接地	5.3.4	按 5.3.1 的要求验证可抽出部件应接地的金属部分在试验位置和隔离位置，以及所有中间位置时的电的连续性
16[a]	联锁装置	5.4	将联锁装置处于防止可移开/可抽出部件插入或抽出的位置，对可移开/可抽出部件插入和移开各 25 次的试操作。进行试验时，只应施加正常的操作力，不允许对可移开/可抽出部件及联锁装置进行调整。如果满足了下列条件，则认为联锁通过了试验： a) 可移开/可抽出部件完全被阻止； b) 可移开/可抽出部件及联锁装置工作情况良好，并且试验前后操作力基本相同。 对 IAC 级产品，还应检验试验报告
17[a]	位置指示	5.5	检验用以标识合分闸状态的颜色，以及合分闸的位置是否符合规定要求
18	易燃性	5.6	检验制造商提供的技术文件与非金属零部件，以及表面被覆材料阻燃的试验报告是否一致。 如无试验报告，则可从送试样品上取得零件和小的样品，按制造商规定的阻燃要求进行试验验证

表 1（续）

序号	项目	技术要求条款	试验(检验)方法
19	防腐蚀要求	5.7	检验制造商提供的技术文件与涂层、镀层的试验报告是否一致。 如无试验报告，则可从送试样品上取得零件和小的样品，按制造商规定的防腐蚀要求进行试验验证
20[a]	电气间隙	5.8	按制造商提供的标准或技术文件检验
21[a]	爬电距离	5.8	按制造商提供的标准或技术文件检验
22[a]	防内部故障设施	5.9	验证泄压板是否按设计要求制造； 检验泄压产品(泄压阀)是否有型式试验报告
23	振动与冲击	5.10.1	振动(正弦)试验按 GB/T 2423.10—2008 验证，试验条件为总负荷不大于 300 kg，其中 3/2 的负荷应置于机柜底部，其余置于机柜的中部。 冲击(1/2 正弦波)试验仅做 y 轴，按 GB/T 2423.5—1995 验证。试验条件为峰值加速度为 40 m/s^2，持续时间 10 ms，冲击次数为 3 次。 振动与冲击的试验评定： a) 试验后不允许有影响形状、配合或功能的部件变形或损坏； b) 按 5.3.3 和 5.3.4 验证外壳和可移开/可抽出部件的接地连续性
24[a]	接地开关的操作特性	5.10.2	验证连续完成打开、合上操作各 5 次
25[a]	可移开/可抽出部件的操作特性	5.10.2	a) 验证可移开/可抽出部件推进与抽出是否灵活轻便，有无卡滞、碰撞现象； b) 验证可抽出部件抽出或推进时，活门装置是否安全可靠，动作灵活； c) 验证可移开/可抽出部件是否可连续完成插入、抽出各 25 次的验证，并且各种联锁是否可靠
26[a]	标牌、标识	5.11.1	检验标牌、标识安装是否正确、牢固
27[a]	铭牌	5.11.2	检验铭牌是否清晰、识别、牢固、平整等。 检验铭牌的内容，是否包括如括制造商、型号、出厂编号、制造年月和适用的标准等
[a] 为出厂试验项目。			

7 包装

包装要求如下：

a) 包装尺寸、包装标志、包装材料应符合有关产品包装的标准；

b) 装箱的实物应与装箱单一致；

c) 采用箱装应有防水、防潮措施；

d) 所包装的产品及其零部件应有名称和/或代号标志，并保证在安装前清晰可见。

8 运输与贮存

产品运输与贮存条件由制造商规定。

ICS 31.240
K 05

中华人民共和国国家标准

GB/T 31847—2015

电工电子设备机械结构 模数序列及其应用

Mechanical structures for electrotechnical and electronic equipment—Modular order and associated applications

2015-07-03 发布　　2016-02-01 实施

中华人民共和国国家质量监督检验检疫总局
中国国家标准化管理委员会　发布

前　言

本标准按照 GB/T 1.1—2009 给出的规则起草。

请注意本文件的某些内容可能涉及专利。本文件的发布机构不承担识别这些专利的责任。

本标准由全国电工电子设备结构综合标准化技术委员会(SAC/TC 34)提出并归口。

本标准由北京四方继保自动化股份有限公司负责起草,国网电力科学研究院、东莞市锐嘉精密机械制造有限公司、国电南京自动化股份有限公司、华为技术有限公司、中兴通讯股份有限公司、南京南瑞继保电气有限公司、许继电气股份有限公司、中国船舶重工集团公司第七一五研究所、烽火通信科技股份有限公司、江苏天港箱柜有限公司、慈溪奇国电器有限公司、万控集团有限公司、天津正本电气股份有限公司参加起草。

本标准主要起草人:张开国、田蘅、张钰、胡鹏、吴蓓、张实、王蔚、尹东海、张艳婷、庞海鸥、袁丰华、游汉涛、巫珏、江国庆、杨博、申随章。

电工电子设备机械结构 模数序列及其应用

1 范围

本标准规定了电工电子设备机械结构的模数序列的术语和定义、模数序列和模数序列的应用。

本标准适用于公制尺寸系列的和英制尺寸系列的电工电子设备机械结构。

2 规范性引用文件

下列文件对于本文件的应用是必不可少的。凡是注日期的引用文件，仅注日期的版本适用于本文件。凡是不注日期的引用文件，其最新版本(包括所有的修改单)适用于本文件。

GB/T 1360—1998 印制电路网格体系

GB/T 8582—2008 电工电子设备机械结构术语

GB/T 19290(所有部分) 发展中的电子设备构体机械结构模数序列

GB/T 19520(所有部分) 电子设备机械结构 482.6 mm(19 in)系列机械结构尺寸

IEC 指南 103 尺寸协调指南(Guide for dimensions for co-ordination)

3 术语和定义

GB/T 8582—2008 界定的以及下列术语和定义适用于本文件。为了便于使用，以下重复列出了 GB/T 8582—2008 中的某些术语和定义。

3.1

模块 module

所有边都是格距整数倍数的三维结构，也可用于二维的网格。

[GB/T 8582—2008，定义 3.1.1]

3.2

模数 modular

一维模块格距的数值。

[GB/T 8582—2008，定义 3.1.2]

3.3

基本模数 base modular

模数序列中指定的模数，其数值等于基本格距。

[GB/T 8582—2008，定义 3.1.3]

3.4

模数序列 modular order

建立协调尺寸和基本格距、倍数格距，以及用于确定设备构体的安装格距之间关系的一套规则。

[GB/T 8582—2008，定义 3.1.4]

3.5

网格 grid

相等尺寸的理论直线的正交排列。

[GB/T 8582—2008,定义 3.1.8]

3.6

模数网格　modular grids

按照模数关系构成的两维或三维的格距关系(符合模数系列的两维或三维网格)。

[GB/T 8582—2008,定义 3.1.9]

3.7

基本格距　base pitch

p

设备构体的相邻网格线之间的最小距离。

[GB/T 8582—2008,定义 3.1.12]

3.8

倍数格距　multiple pitch

Mp

基本格距的整数倍(见图 6 中 Mp)。

[GB/T 8582—2008,定义 3.1.13]

3.9

等分格距　equational pitch

基本格距除以正整数所得的商。

3.10

倍分格距　pitch by multiple division

基本格距除以等比级数 2、4、8 所得到的商。

3.11

安装格距　mounting pitch

mp

在给定的空间中用于布置或安装部件或组件的格距。

[GB/T 8582—2008,定义 3.1.14]

3.12

尺寸拼加　dimensional additivity

具有相同总面积或体积的若干个较小的尺寸可替代一个大的尺寸。

3.13

尺寸分割　dimensional divisibility

具有相同总面积或体积的一个大的尺寸分割成若干个较小的尺寸。

3.14

尺寸互换性　dimensional interchangeability

外形尺寸及安装尺寸能够实现互换。

3.15

协调尺寸　co-ordination dimension

协调机械接口的基准尺寸。

注:协调尺寸不是制造尺寸。

4　模数序列

4.1　一般规则

在进行机械结构尺寸的规划和设计时,反映公制或英制系列尺寸的三维空间的格距关系有以下几种方式:

a)　机械结构三维模块的公制尺寸系列的基本格距和倍数格距之间的相互关系(见图 1,仅以公制尺寸为例)；

b) 机械结构的设计有时只需要二维网格(见图 2)；

c) 机械结构的设计有时仅需要一维的格距(见图 3)。

GB/T 19290 系列机械结构标准采用了公制尺寸系统的模数及其网格(见 4.2)；GB/T 19520 系列机械结构采用了 19 in 英制尺寸系统的模数及其网格，但机柜的外形尺寸则采用了公制系统的模数(见 4.3)。

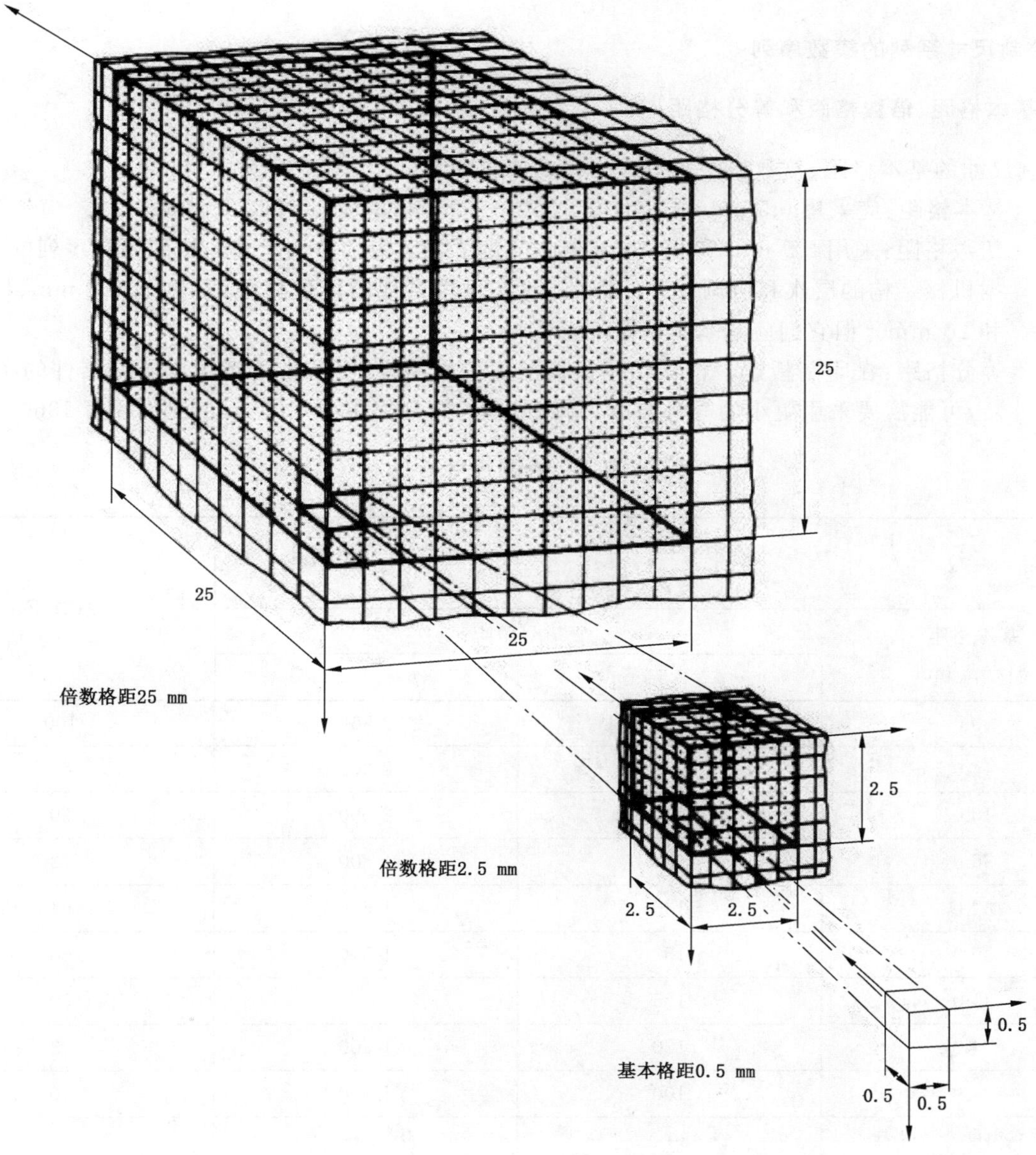

图 1 三维模块(以公制系统为例)

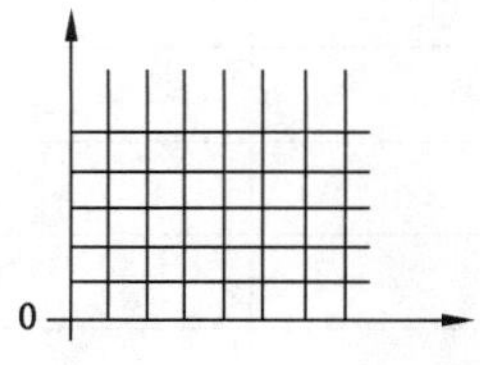

图 2 二维网格

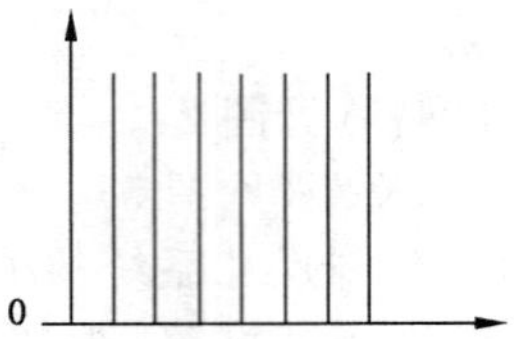

图 3　一维格距

4.2　公制尺寸系列的模数序列

4.2.1　基本格距、倍数格距和等分格距

公制尺寸的基本格距、倍数格距和等分格距的要求如下：

a)　基本格距：应采用 0.5 mm(见 GB/T 1360—1998 和 GB/T 19290.1—2003)；

b)　倍数格距：采用 2.5 mm 和 25 mm，由此产生了表 1 中的协调尺寸。按照模数序列的原则，根据机械结构的层次和协调尺寸的需要，允许采用其他的倍数格距值，例如 2.0 mm、12.5 mm 和 20 mm。但它们应是基本格距的整数倍；

c)　等分格距：在印制板这一机械结构最低层次的网格设计中，由于考虑电子元器件的布置和安装，可能需要采用更小的等分格距，例如最小的等分格距为 0.05 mm(见 GB/T 1360—1998)。

表 1　协调尺寸 C_i　　单位为毫米

协调尺寸 C_i^a/mm $C_i=p\times F$			系数 F
基本格距 $p=0.5$ mm	倍数格距		
	$p=2.5$ mm	$p=25$ mm	
50.0	250	2 500	100
44.0	220	2 200	88
40.0	200	2 000	80
36.0	180	1 800	72
32.0	160	1 600	64
30.0	150	1 500	60
25.0	125	—	50
24.0	120	1 200	48
20.0	100	1 000	40
16.0	80.0	800	32
15.0	75.0	—	30
12.5	—	—	25
12.0	60.0	600	24
10.0	50.0	500	20
8.0	40.0	400	16
7.5	—	—	15

表 1（续）

单位为毫米

协调尺寸 C_i^{a}/mm $C_i = p \times F$			系数 F
基本格距 $p=0.5$ mm	倍数格距		
	$p=2.5$ mm	$p=25$ mm	
6.0	30.0	300	12
5.0	25.0	250	10
4.0	20.0	200	8
3.0	15.0	150	6
2.5	12.5	125	5
2.0	10.0	100	4
1.5	7.5	75	3
1.0	5.0	50	2
0.5	2.5	25	1

[a] 必要时，系列 $C_i = 25 \times F$ 可以扩展到更大的值。

4.2.2 公制模数的具体应用

GB/T 19290 采用了公制模数，表 1 为由公制模数序列导出的协调尺寸。

本标准 5.4 中列出在 GB/T 19290.1—2003 中规定的可供设计选择的公制网格格距以及与协调尺寸的关系。

4.3 英制尺寸系列的模数网格

4.3.1 英制系列尺寸的格距关系

英制尺寸的格距关系类似于公制系列，参见图 1～图 3，只是采用了以英制尺寸为计量单位的格距（见 4.3.2）。

4.3.2 基本格距、倍数格距和等分格距

根据 GB/T 1360—1998 和 GB/T 19520.3，英制尺寸的基本格距、倍数格距和等分格距的要求如下：

a) 基本格距：2.54 mm(0.1 in)；

b) 倍数格距：基本格距的整数倍，例如 5.08 mm(0.2 in)，25.4 mm(1 in)；

c) 倍分格距：在印制板这一机械结构层次的网格设计中，可能需要采用倍分格距，例如采用最小的倍分格距 0.025 mm(0.001 in)。

4.3.3 英制格距的具体应用

英制格距在 GB/T 19520 的 482.6 mm(19 in)的机械结构系统中的应用情况如下：

a) 在印制板层次，采用 2.54 mm 格距或更小的等分格距；

b) 在插件层次，通常采用 2.54 mm(1/10 in)的基本格距；

c) 在插箱层次，与插件的接口尺寸采用 5.08 mm 的倍数格距，插箱高度采用 1 U 等于 44.45 mm(7/4 in)的高度格距(进制)；

d) 在机架和机柜层次，与插箱的接口尺寸(插箱安装尺寸、框口尺寸)采用英制格距，外形和安装尺寸采用公制格距。

5 模数序列的应用

5.1 模数序列应用的目的

在机械结构设计中，采用模数序列中模数构成的网格系统，以达到下述目的：

a) 有效利用尺寸空间；

b) 便于尺寸之间有效地拼加、分割；

c) 实现尺寸的协调、互换和兼容；

d) 实现产品设计的模块化；

e) 有利于产品的自动化生产。

5.2 机械结构的层次及其模数关系

电工电子设备机械结构的典型层次见图 4，各层次之间采用的模数及其关系见图 5(以公制为例并延伸到建筑物)。

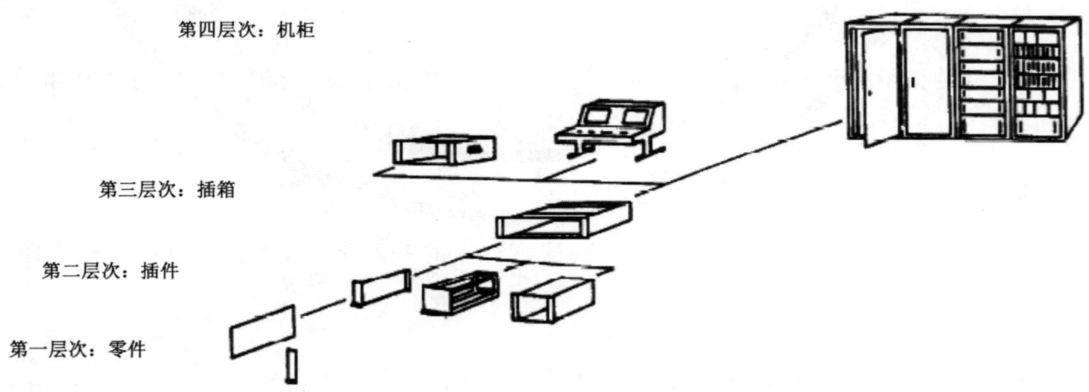

图 4 机械结构的典型层次

单位为毫米

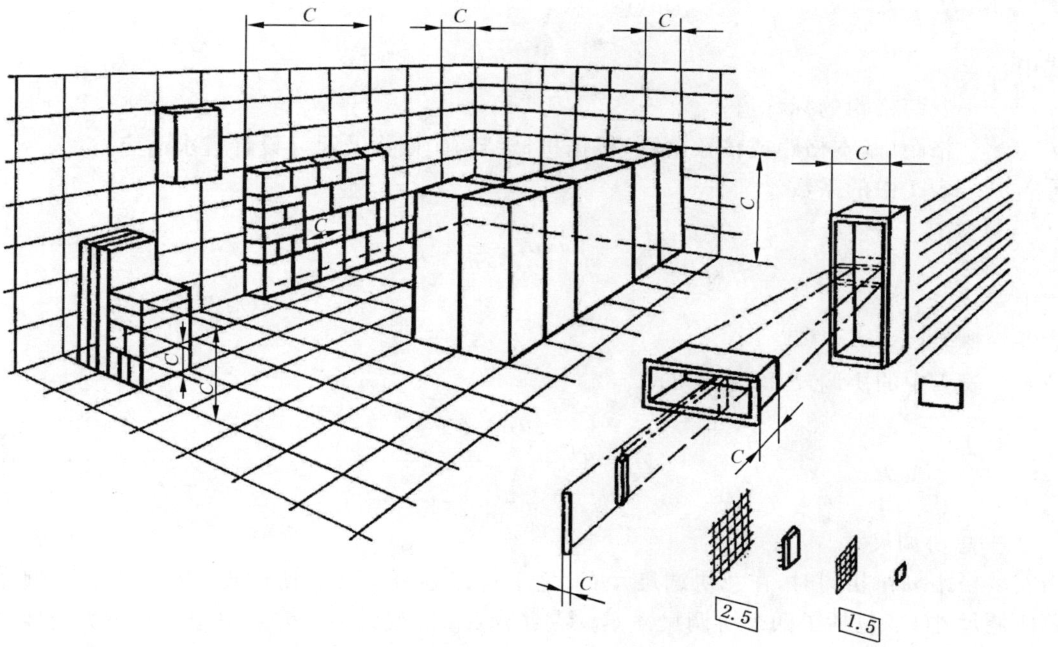

注：格距“p”为模数尺寸，用方框□表示。

图 5 机械结构各层次间的模数及协调尺寸

5.3 安装格距的应用原则

在确定机械结构各层次的安装格距时，应遵循以下原则：

a) 在不同的机械结构层次的设计中，安装格距“mp”可采用不同的数值（基本的、倍数的或倍分的）见图 5）；

b) 安装格距应是基本格距的整数倍；

c) 由于 19 in 机械结构系统采用英制计量单位所带来的不便，除了印制板及其插件、面板、插箱和机箱，以及与机架和机柜的接口（安装）尺寸采用英制模数外，机架和机柜的外形尺寸则采用公制模数。

模数及其应用的背景资料参见附录 A。

5.4 模数的应用

5.4.1 格距、安装格距与协调尺寸

图 6 表示格距 p（基本的或倍数的）、安装格距 mp_i 和协调尺寸 C_i 之间的关系。

安装格距的应用应遵循下列原则：

a) 安装格距应是基本格距、倍数格距或等分格距；

b) 协调尺寸应是上述格距与系数 F 的乘积（F 值见表 1）；

c) 不同层次的机械结构可各自选用不同的安装格距；

d) 协调尺寸不是考虑了安装间隙的设计尺寸和带有公差的制造尺寸；

格距、协调尺寸及总协调尺寸的具体应用见式(1)～式(4)。

$$mp_i = F \times p \qquad (1)$$

式中：

mp_i ——安装格距的标称值；

p ——格距(基本格距或倍数格距，根据机械结构的层次及尺寸设计需求而定)；

F ——表1中的系数。

$$mp_i = \frac{C_i}{n_i} \qquad (2)$$

式中：

n_i——整数；

C_i——表1中的协调尺寸(见式3)。

$$C_i = n_i \times mp_i \qquad (3)$$

$$C_0 = C_1 + C_2 + C_3 + \cdots \qquad (4)$$

式中：

C_0——总协调尺寸。

当安装格距 mp 相同时，在总协调尺寸 C_0 之下可以划分为多个协调尺寸(见图6)。例如，图6所示的总协调尺寸 C_0 包括了四个协调尺寸 C_1、C_2、C_3、C_4，并仅以一个安装格距 mp 作为条件(所有尺寸单位为毫米)：

$$\begin{aligned} mp &= F \times p = 2 \times 25 = 50 \\ C_0 &= C_1 + C_2 + C_3 + C_4 \\ &= n_1 \times mp + n_2 \times mp + n_3 \times mp + n_4 \times mp \\ &= 2 \times 50 + 3 \times 50 + 5 \times 50 + 6 \times 50 \\ &= 100 + 150 + 250 + 300 \\ &= 800 \end{aligned}$$

安装格距 mp 和协调尺寸 C_i 与表1的数值一致。协调尺寸 C_i 可以是相同的或不同的值。

单位为毫米

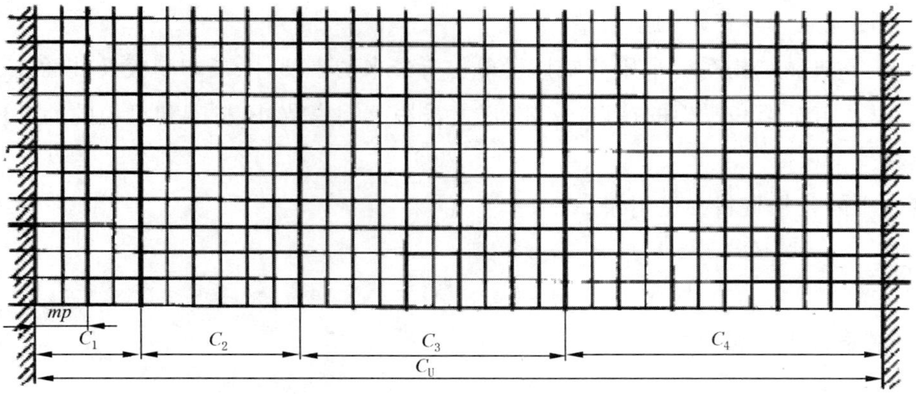

说明：

网格格距 $p=12.5$；

安装格距 $mp=50$。

图6 格距、安装格距与协调尺寸之间的关系

5.4.2 协调尺寸

采用公制尺寸系列的电工电子设备机械结构推荐的协调尺寸见表1，这些尺寸主要源自IEC指南

103:1980 的表 I.1。

协调尺寸的应用举例如下：

a） 机架、机柜、机箱等的外形尺寸；

b） 部件、零件、导线、电缆等的安装空间；

c） 零件和部件的安装格距；

d） 元器件的安装空间。

5.5 模数（格距）的应用示例

5.5.1 网格的设置

在进行机械结构设计时，网格的设置可采用基本格距、倍数格距或等分格距，见图 7。

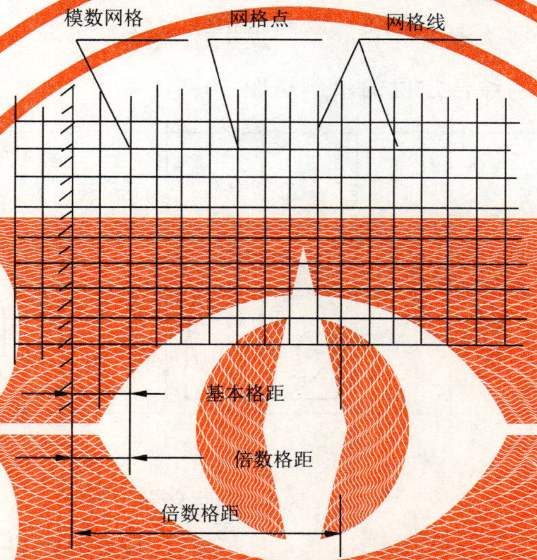

图 7 网格的设置

5.5.2 零部件、元器件在网格中的布置

为达到合理布局，零部件、元器件在网格中的定位可采用以下几种形式：

a） **以网格的中心定位**的示例见图 8。

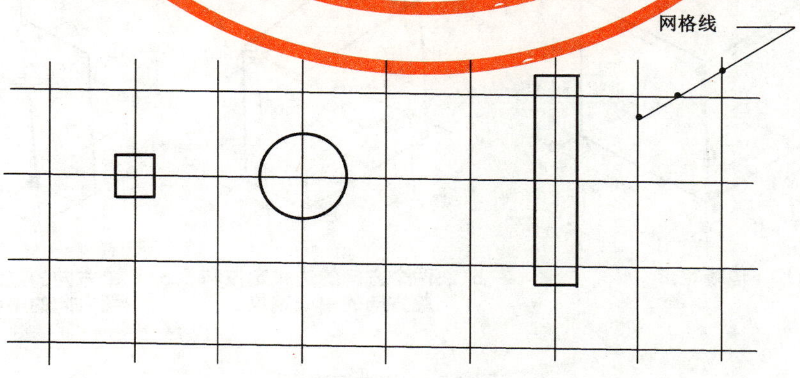

图 8 以网格中心定位

b） **以网格的边线定位**的示例见图 9。

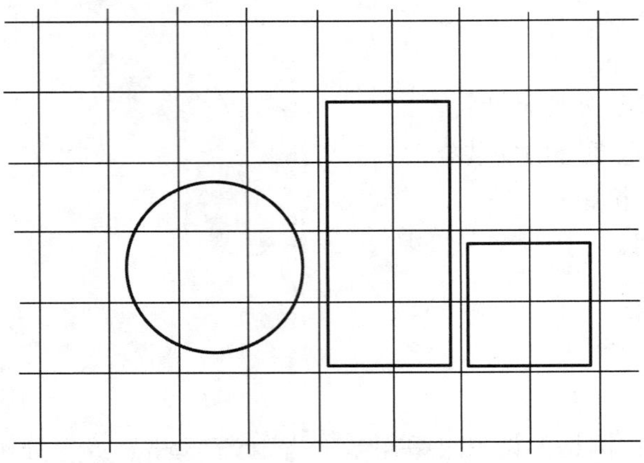

图 9　以网格边线定位

c)　**以网格的中心和边线的综合定位**的示例见图 10。

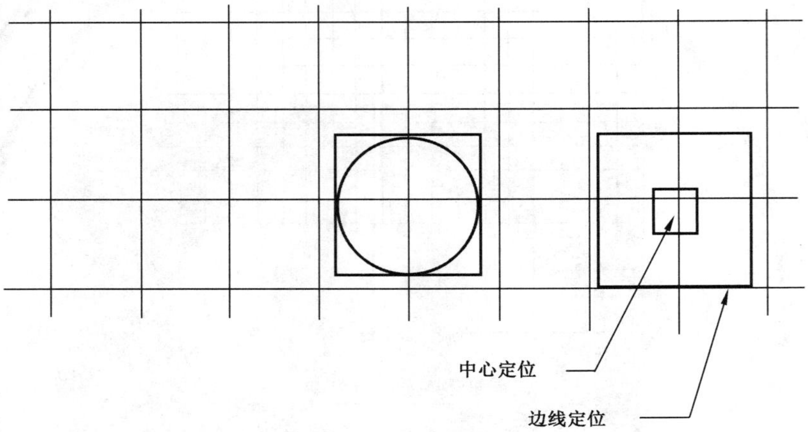

图 10　综合定位

d)　**以三维网格定位**的示例见图 11。

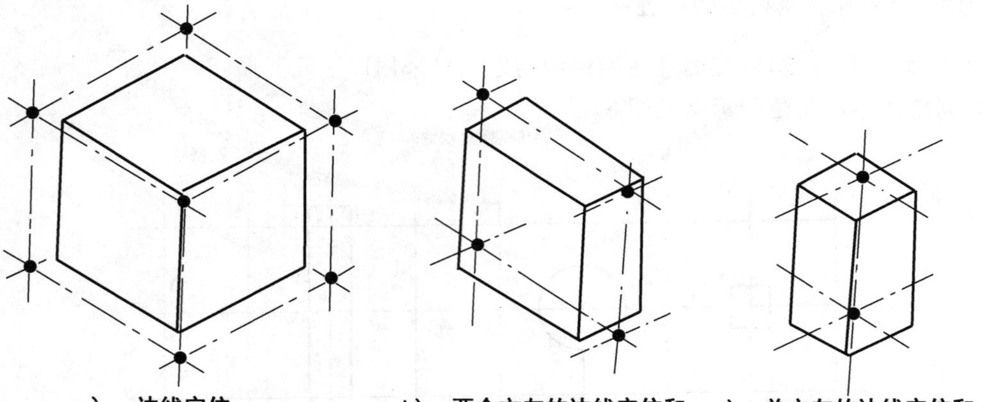

图 11　三维定位

图 12 为印制板插件在公制模数网格中定位和布局的一个示例；图 13 为插箱及其插件在英制模数网格中布局的一个示例。

单位为毫米

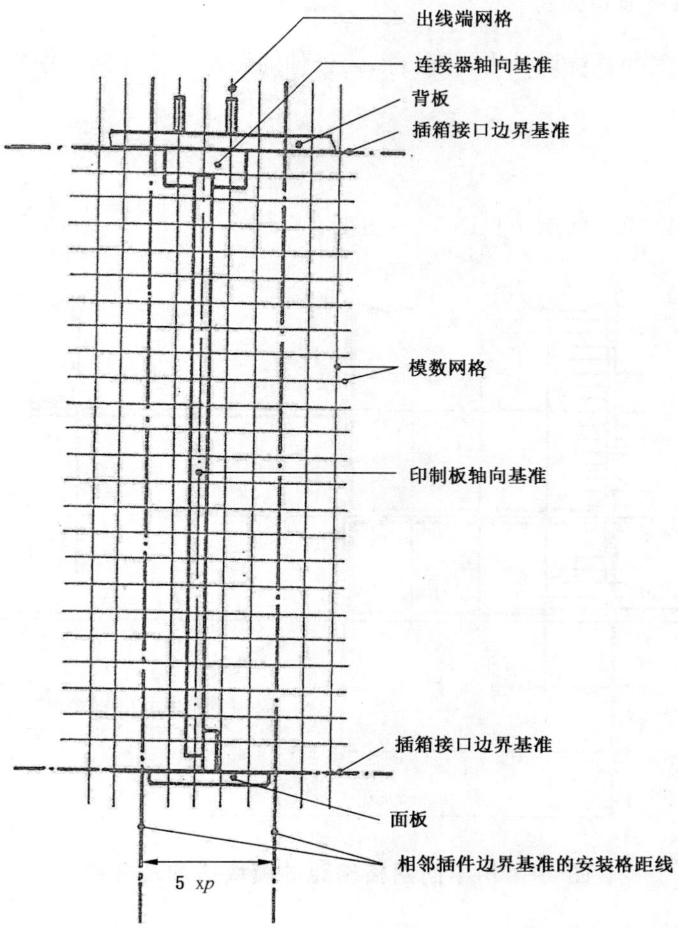

图 12　公制插件在网格上以印制板的轴向和边界为定位基准

单位为毫米

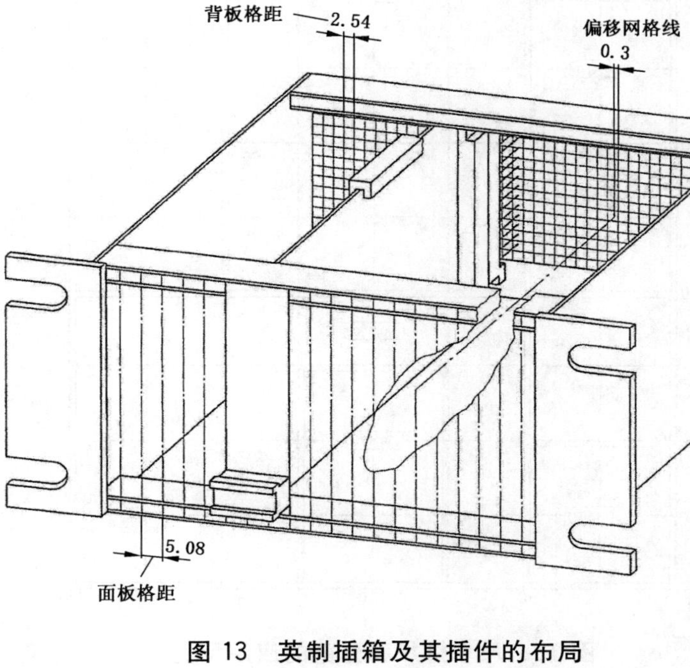

图 13　英制插箱及其插件的布局

5.5.3 机械结构尺寸的拼加和分割

在机械结构以及电气的系统设计中,零部件、元器件的协调尺寸在网格中宜达到以下的设计效果:

a) 尺寸互换;

b) 尺寸分割;

c) 尺寸拼加。

尺寸拼加和分割实际应用的例子见图 14～图 16。

单位为毫米

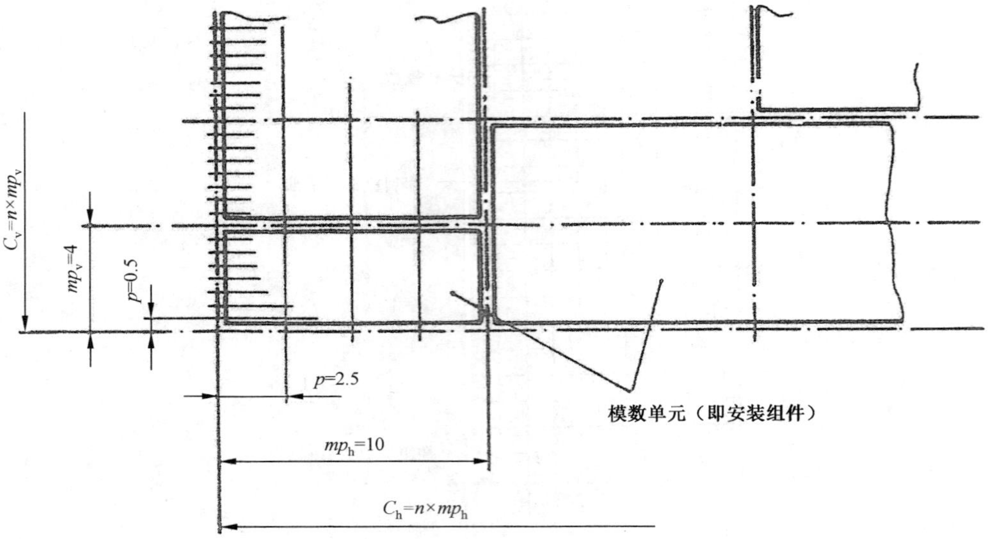

图 14 用不同网格格距的模块拼加及分割

单位为毫米

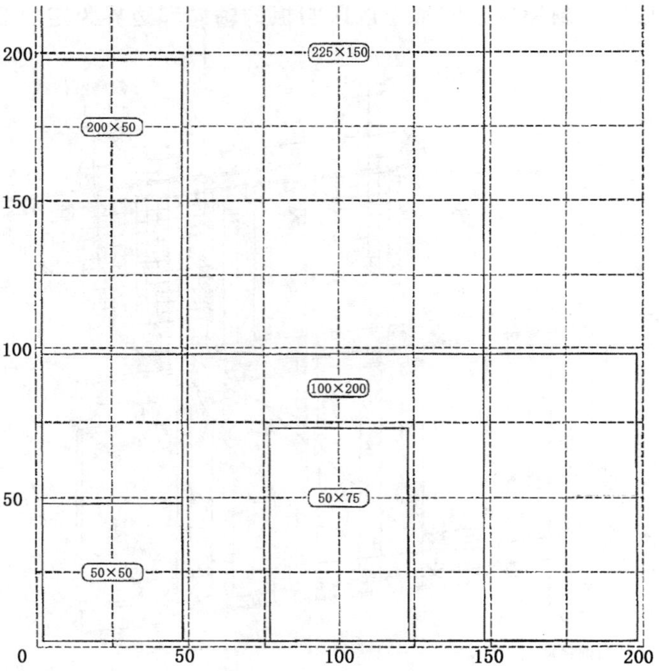

图 15 尺寸拼加和分割的应用示例

单位为毫米

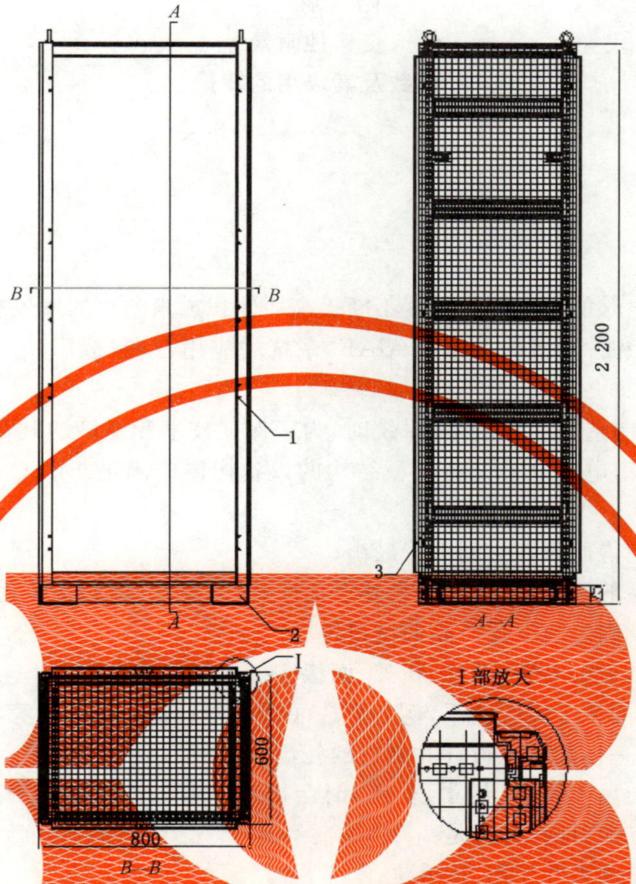

注：格距 25 mm。

1——框架；

2——底座；

3——横架板。

图 16　机柜的网格化设计示例

附 录 A
（资料性附录）
模数及其应用的背景

A.1 背景情况

电子元器件和集成电路的功能集成程度不断提高而体积愈来愈小的发展趋势，以及新的制造方法、自动制造设备、试验设备和计算机辅助工程（CAE）系统的应用，给制造厂和用户都带来可观的技术和经济利益。

当采用新型元器件、制造方法和CAE系统时，为了保证技术和经济的利益能在计划、设计、制造和试验过程中得到充分发挥，电工电子设备机械结构的设备构体应满足于IEC指南103:1980提及的下列要求：

——产品的布置宜使得面积和空间浪费最小；

——宜充分考虑产品的尺寸互换性，包括外形尺寸、安装尺寸（例如安装孔、固定孔、槽口）等；

——尺寸兼容性以及确定与下述产品的接口尺寸：

- 与其他产品，例如装置、器件、机架、面板和机柜等的组合；
- 使用于按照同一个模数体系（例如立柱间隔、房间高度、门高度等）建造的建筑物内；
- 采用按照同一模数体系设计和制造的托盘、包装箱、集装箱运输。

使用两个互不兼容的尺寸体系（英寸 — 米）时会出现障碍。针对这一困惑，该两个尺寸体系间的接口问题并非没有解决方法，推荐方法是：

——只采用一种尺寸体系并使用SI单位；

——采用具有两种尺寸体系的过度安装件。

考虑与其他规范性文件（标准、规范、技术报告、指南）在尺寸方面的协调，本标准5.4中给出的尺寸取自IEC指南103:1980的数系I。

A.2 与相邻技术领域的尺寸协调

开发新的电工电子设备构体时，需要考虑外部接口和内部接口。电子设备构体最重要的接口包括：

a） 外部接口：
- 建筑物中房间的设施，例如门、电梯、地面瓷砖和天花板等；
- 包装和运输，例如货车、船舶和飞机的货仓、集装箱和包装物，以及运输用托盘；
- 各种设备、设施的组合及集成所构成的系统，例如输配电设备系统、电源系统、工业流程控制系统、通信系统等。

b） 内部接口：
- 电工电子设备的机电接口；
- 电工电子设备的功能单元，例如AC/DC变换器、开关电源、测量和控制组件、电池、熔断器等；
- 印制电路、连接器、机电元件；
- 半导体元器件；
- 导线和电缆及其接线附件。

当确定任何电工电子系统的设备构体时，应考虑其中的许多接口。对于这些接口，协调尺寸宜作为达到与相关技术领域尺寸相兼容的手段。

当需要确定公共接口的相关协调尺寸时，宜考虑ISO和IEC出版物的概况（见附录B），并尽量与之协调。

附　录　B
（资料性附录）
国家标准、国际标准出版物所采用的模数或协调尺寸

国家标准、国际标准出版物所采用的模数或协调尺寸见表 B.1。

表 B.1　国家标准、国际标准出版物所采用的模数或协调尺寸

出版物	名　称	模数或协调尺寸/mm
GB/T 1413—2008	系列 1 集装箱　分类、尺寸和额定质量	公称长度：3 000，6 000，9 000，12 000
GB/T 2934—2007	联运通用平托盘　主要尺寸及公差	1 200×1 000
GB/T 4892—2008	硬质直方体运输包装尺寸系列	平面尺寸模数 600×400
GB/T 5824—2008	建筑门窗洞口尺寸系列	100，300，600
GB/T 15233—2008	包装　单元货物尺寸	最小平面尺寸 1 200×1 100
GB 50006—2010	厂房建筑模数协调标准	基本模数 100，扩大模数 3×100
GB/T 50100—2001	住宅建筑模数协调标准	100，n×100
ISO 1006	建筑物结构　模数协调　基本模数	100
ISO 6514	建筑物结构　模数协调　倍分模数增量	20；25；50
ISO 1040	建筑物结构　模数协调　平面协调尺寸的倍数模数	300；600；1 200；1 500；3 000；6 000
ISO 3394	硬质长方形包装尺寸　运输包装	600×400…1 200×800…
ISO 3676	包装　单位装载容量　尺寸	1 200×800…
ISO 3827-1	*造船　船舶的设备尺寸协调　第 1 部分：尺寸协调的原则*	50；100；300
IEC 指南 103	尺寸协调导则	0.5；1；2.5（数系 I）
IEC 60097	印制电路的网格系统	米制：0.05，0.5；英制：0.635，2.54
IEC 60255-18	*电器继电器　第 18 部分：通用有或无继电器的尺寸*	2.5，5
IEC 60629	*家用和类似设施的安装附件模数系统标准活页*	12.5
IEC 60473	*面板安装式指示和记录电测量仪表的尺寸*	12.5
IEC 60668	盘装和架装的工业过程测量及控制仪表的盘面和开孔尺寸	12.5
IEC 60297-3-100	电子设备机械结构 482.6 mm（19 in）系列机械结构尺寸　第 3-100 部分：面板、插箱、机箱、机架和机柜的基本尺寸	2.54，44.45；25，50，100
IEC 60297-3-101	电子设备机械结构　482.6 mm（19 in）系列机械结构尺寸　第 3-100 部分：插箱及其插件	2.54，5.08；20
IEC 60917-1	发展中的电子设备构体机械结构模数序列　第 1 部分：总规范	0.5，2.5，25
IEC 60917-2	发展中的电子设备构体机械结构模数序列　第 2 部分：25 mm 的设备构体的接口协调尺寸	25，50
IEC 60917-2-1	发展中的电子设备构体机械结构模数序列　第 2-1 部分：25 mm 的设备构体的协调接口尺寸　机柜和机架尺寸	25，100
IEC 60917-2-2	发展中的电子设备构体机械结构模数序列　第 2-2 部分：25 mm 的设备构体的接口协调尺寸　插箱、机箱、背板、和插件尺寸	0.5，2.5，5，25

表 B.1（续）

出版物	名　称	模数或协调尺寸/mm
ETSI EN 300 119-3	环境工程　设备构体的欧洲通信标准　混装的机架和机柜的工程要求	100
ETSI EN 300 119-3	环境工程　设备构体的欧洲通信标准　混装的机架和机柜中插箱的工程要求	25
IEEE 1101.1	采用 IEC 60603-2 连接器的微机机械结构	2.54,44.45
IEEE 1301.4	用于微机的米制设备构体　过渡板的协调文件	25

注：斜体字的出版物目前已经废止，仅作为模数序列应用的参考。

参 考 文 献

［1］ GB/T 321—2005 优先数和优先数系(ISO 3:1973,IDT)

［2］ GB/T 1413—2008 系列1集装箱 分类、尺寸和额定质量(ISO 668:1995+Amd 1+Amd 2:2005,IDT)

［3］ GB/T 2934—2007 联运通用平托盘 主要尺寸及公差(ISO 6780:2003,MOD)

［4］ GB 3100 国际单位制及其应用(GB 3100—1993,eqv ISO 1000:1992)

［5］ GB 3101 有关量、单位和符号的一般原则(GB 3101—1993,eqv ISO 31-0:1992)

［6］ GB/T 4892—2008 硬质直方体运输包装尺寸系列(ISO 3394:1984,NEQ)

［7］ GB/T 5824—2008 建筑门窗洞口尺寸系列

［8］ GB/T 15233—2008 包装 单元货物尺寸(ISO 3676:1983,MOD)

［9］ GB/T 16471—2008 运输包装件尺寸与质量界限

［10］ GB/T 18832—2002 箱式、立柱式托盘

［11］ GB/T 19763—2005 优先数和优先数系的应用指南(ISO 17:1973,IDT)

［12］ GB 50006—2010 厂房建筑模数协调标准

［13］ GB/T 50100—2001 住宅建筑模数协调标准

［14］ ISO 1006 房屋建筑 模数协调 基本模数

［15］ ISO 1040 房屋建筑 模数协调 平面协调尺寸的倍数模数

［16］ ISO 3394 硬质直方体运输包装尺寸系列

［17］ ISO 3827-1 造船 船舶的设备尺寸协调 第1部分:尺寸协调的原则

［18］ IEC 指南 103:1980 尺寸协调导则

［19］ IEC 60097 印制电路的网格系统

［20］ IEC 60255-18 电器继电器 第18部分:通用有或无继电器的尺寸

［21］ IEC 60297-3-100 电子设备机械结构 482.6 mm(19 in)系列机械结构尺寸 第3-100部分:面板、插箱、机箱、机架和机柜的基本尺寸

［22］ IEC 60297-3-101 电子设备机械结构 482.6 mm(19 in)系列机械结构尺寸 第3-101部分:插箱及其插件

［23］ IEC 60473 面板安装式指示和记录电测量仪表的尺寸

［24］ IEC 60629 家用和类似设施的安装附件模数系统标准活页

［25］ IEC 60668 盘装和架装的工业过程测量及控制仪表的盘面和开孔尺寸

［26］ IEC 60917-1 发展中的电子设备构体机械结构模数序列 第1部分:总规范

［27］ IEC 60917-2 发展中的电子设备构体机械结构模数序列 第2部分:25 mm的设备构体的接口协调尺寸

［28］ IEC 60917-2-1 发展中的电子设备构体机械结构模数序列 第2-1部分:25 mm的设备构体的协调接口尺寸 机柜和机架尺寸

［29］ IEC 60917-2-2 发展中的电子设备构体机械结构模数序列 第2-2部分:25 mm的设备构体的接口协调尺寸 插箱、机箱、背板、和插件尺寸

［30］ ETSI EN 300 119-3 环境工程 设备构体的欧洲通信标准 混装的机架和机柜的工程要求

［31］ ETSI EN 300 119-3 环境工程 设备构体的欧洲通信标准 混装的机架和机柜中插箱的工程要求

［32］ IEEE 1101.1 采用IEC 60603-2连接器的微机机械结构

［33］ IEEE 1301.4　用于微机的米制设备构体　过渡板的协调文件
［34］ DIN 41 494:1992　电子设备机械结构　482.6 mm 机械结构　应用指南
［35］ DIN 43 355:1986　电子设备的构成方式　模数序列

ICS 43.040
T 34

中华人民共和国国家标准

GB/T 31848—2015

汽车贴膜玻璃　贴膜要求

Film mounted motor vehicle glass—Requirements for mounting

2015-07-03 发布　　2016-06-01 实施

中华人民共和国国家质量监督检验检疫总局
中国国家标准化管理委员会　发布

前　言

本标准按照 GB/T 1.1—2009 给出的规则起草。

本标准由全国汽车标准化技术委员会（SAC/TC 114）归口。

本标准负责起草单位：中国建材检验认证集团股份有限公司、中国汽车技术研究中心。

本标准参加起草单位：3M 中国有限公司、宁波申山新材料科技有限公司、伊士曼（上海）化工商业有限公司、中国中材东方国际贸易有限公司、常州山由帝杉防护材料制造有限公司、亚什兰（中国）投资有限公司、浙江紫光科技有限公司、菲迪薄膜科技（广州）有限公司、张家港康得新光电材料有限公司、上海浩驰科技股份有限公司、河北铠朗新型材料科技有限公司、广州市光致圣炫科技有限公司、国家安全玻璃及石英玻璃质量监督检验中心。

本标准的主要起草人：邱娟、王睿、苗向阳、张丛丛、卢佳、张虎寅、张建军、樊惠民、王磊、赵连明、袁敏华、林群、陈琪伟、余兴亮、尹剑、王淳彦、满迪、丁佐鑫、刘静、程学然、张京玲。

汽车贴膜玻璃　贴膜要求

1　范围

本标准规定了汽车玻璃的贴膜要求,包括施工准备和要求、贴膜步骤和要求、验收要求、交付使用要求。

本标准适用于既有汽车玻璃贴膜施工过程。

2　规范性引用文件

下列文件对于本文件的应用是必不可少的。凡是注日期的引用文件,仅注日期的版本适用于本文件。凡是不注日期的引用文件,其最新版本(包括所有的修改单)适用于本文件。

GB/T 31849—2015　汽车贴膜玻璃

3　术语和定义

下列术语和定义适用于本文件。

3.1

贴膜　glass film mounting

贴装汽车玻璃膜的过程。

4　施工准备和要求

4.1　施工人员要求

施工人员应经过专业的贴膜技能培训。施工人员的着装应干净、整洁、不产生静电、不掉毛屑、不存在可能划伤车身的钮扣或尖锐物品。

4.2　膜的要求

汽车玻璃膜的外观质量应符合 GB/T 31849—2015 表 1 中膜的外观质量要求。

4.3　工位准备

4.3.1　工位型式

应采用封闭式工位。施工车间应有推拉门或卷帘门等设施,在贴膜施工过程中可以做到封闭施工。施工时施工车间环境温度宜在 15 ℃～25 ℃。

4.3.2　工位面积

施工工位至少满足在打开车门后,车身前、后、左、右四个方向最远端不应与障碍物相接触。

4.3.3　降尘设施

工位应具有手动或自动降尘设施。在施工开始前,应对施工部位及其周围进行降尘处理。降尘处理后，工位内不应有肉眼可见的灰尘扬起。

4.3.4 照明

施工时，施工区域的照度应大于300 lx。

4.4 工具及物品准备

4.4.1 刮水板

4.4.1.1 橡胶刮水板

在将刮水板按压到玻璃上并施加一定压力时，刮水板边缘应能够按照玻璃弧度自行弯曲以完全适合的弧度与玻璃相接触。橡胶刮水板前端边缘应平整光滑，在施工过程中不能损伤膜面。

4.4.1.2 塑料刮水板

塑料刮水板应有较高的硬度，前端应经过打磨，在施工过程中不能损伤膜面。

4.4.2 裁剪工具

预裁切膜时宜使用剪刀；精细裁切膜时宜使用美工刀并配合专用垫片。

4.4.3 安装液

宜采用膜生产商推荐的安装液。安装液的主要成分为水和少量表面活性剂。安装液应为中性，且不含腐蚀性和有毒有害成分。

4.4.4 热风枪

在施工过程中所使用的热风枪应满足出风量及出风温度稳定、可调节。

4.4.5 毛巾

贴膜施工过程中所使用的毛巾应具有的特性为：吸水量大，在遇水后擦拭光滑表面（如玻璃、车身漆面、汽车内饰面等）时，无肉眼可见的纤维脱落。

4.4.6 其他工具和物品

还应准备喷壶、不锈钢刮板、防水遮蔽用品、中性的玻璃清洗液等工具和物品。

4.5 车辆准备

4.5.1 车况检查

检查车身是否有划伤、凹陷、变形等损伤。对发现的缺陷和损伤应记录并请车主书面确认。

4.5.2 玻璃检查

检查待贴膜玻璃是否有裂纹、爆边、划伤等缺陷。对发现的缺陷和损伤应记录并评估玻璃是否适宜贴膜，请车主书面确认。玻璃裂纹、爆边情况严重时不宜贴膜。待贴膜面为有机材料的窗玻璃，不宜贴膜。

4.5.3 拆卸附件

按照实际需求，拆卸前风窗玻璃后视镜、后窗高位刹车灯等可能对贴膜的流程造成阻碍或不良影响的部件。所拆卸部件不得损伤。

4.5.4 遮蔽保护

4.5.4.1 用防水遮蔽用品对车体需要避免受水侵蚀的车身仪表台、车门内板等电路部位进行保护。不应使水从仪表台面板等部位流入。

4.5.4.2 对车内饰和车身漆面易受损伤部位进行保护。

4.5.5 旧膜剥离和底胶清除

4.5.5.1 旧膜剥离

已安装玻璃膜的汽车玻璃再贴膜时，应将旧膜去除，不应重叠贴膜。用热风枪加热旧膜并将其从汽车玻璃上缓慢剥离。应控制热风枪的温度均匀加热，以免引起玻璃破损。

4.5.5.2 底胶清除

用喷洒除胶液或刀片清除等方法，将残留在玻璃上的底胶去除干净。对有加热丝的后窗玻璃进行底胶清除时，不宜使用刀片等硬物。不得损伤玻璃表面、后窗加热丝及其他元器件。

5 贴膜步骤和要求

5.1 玻璃预清洗

清洗玻璃时应使用中性清洗液。

重点清洗部位包括：汽车前风窗、后窗玻璃的外侧，及玻璃周围至少 20 cm 范围内的漆面、密封条、缝隙及安装件等部位，左右侧窗玻璃的外侧及车窗升降导轨绒条、密封条等位置。

清洗后，重点清洗部位应达到：

a) 无肉眼可见的灰尘；
b) 无油脂、胶质或其他有机类污染物；
c) 无人手能够感应到的突起污染物，以避免其对膜造成伤害。

5.2 膜的预裁切

5.2.1 量取待贴膜区域的尺寸，并在操作台上裁切相应尺寸的膜。

5.2.2 应采用整张膜裁切。裁切所得的膜应稍大于待贴膜区域的尺寸，前风窗及后窗宜多出 20 mm～30 mm，侧窗宜多出至少 10 mm，以便热整形的收缩操作及后期修整。

5.3 热收缩整形

5.3.1 前风窗及后窗玻璃膜的热收缩整形

前风窗及后窗玻璃膜的热收缩整形应按如下步骤和要求进行操作：

a) 将预裁切的膜以离型膜朝上的方式放在玻璃上。使用温度及出风量可调的热风枪，采用干烤或湿烤法，将前风窗、后窗玻璃所用的膜局部收缩至与玻璃弧度相同。烤膜时应控制热风枪的出风温度并均匀加热，以免温度过高导致玻璃爆裂或者玻璃边缘饰条烫伤；
b) 用水刮法，使烘烤收缩整形所得的膜完全贴服在玻璃上；
c) 如果膜与玻璃间仍有弧度不同导致的气泡存在，则继续烘烤整形使膜收缩至完全服贴的程度。

5.3.2 侧窗玻璃膜的热收缩整形

侧窗玻璃贴膜通常不需要烘烤收缩整形。若需要烘烤收缩整形，可直接采用湿烤方式，使膜收缩至与玻璃弧度完全服贴。

5.4 膜的精细裁切

裁切膜边缘到适当位置。裁切后膜的边缘应平滑。可开闭侧窗，膜与玻璃边缘距离应在 2 mm～3 mm，关闭后不应漏光。当玻璃边部有黑边或黑点时，膜边缘与玻璃内缘黑边或黑点的距离应小于 1 mm。应将影响无线信号接收区域的膜裁掉，预留出功能窗口。精细裁切时，宜配合使用专用垫片，刀片不应在玻璃或加热丝表面留下任何肉眼可见的划伤。

5.5 玻璃内表面的清洁

贴膜前，应对玻璃内表面进行清洁，至无任何肉眼可见的残胶、油污、油渍、灰尘等会对贴膜质量造成影响的污染物。

5.6 膜的贴装

5.6.1 揭除离型膜

揭除离型膜时，不应对膜造成折痕、压痕及撕裂等损伤。

5.6.2 膜的定位

在玻璃与膜的接触面喷洒适量的安装液。将膜附到玻璃内表面，并移动至预定位置。

在定位过程中，不得用力按压膜表面，避免出现粘合过于彻底，移动时出现胶转移等缺陷。

5.6.3 刮水

5.6.3.1 前风窗及侧窗的刮水

对前风窗及侧窗玻璃膜进行刮水时，应使用橡胶或塑料材质的刮水板。

沿水平方向将膜与玻璃中间的安装液彻底刮出，每两次刮水的刮板轨迹应有 50％以上的重叠。

刮水完成后，膜表面不可有刮板留下的刮伤痕迹，可对刮板与膜的接触面用离型膜、毛巾或无纺布等做保护。

5.6.3.2 后窗的刮水

后窗刮水操作方式按照 5.6.3.1 进行。

当后窗有加热丝时，刮水时应增加竖直方向刮水步骤，使刮板向上或向下刮过每条加热丝，宜使加热丝边缘部位没有安装液残留。

5.6.4 去除保护用品

完成刮水后，去除 4.5.4 规定的所有保护用品。

5.6.5 清洁

彻底清理车内残留的安装液及剩余材料等。

6 验收要求

在较好的自然光线或散射光照条件下，在车内和车外从距离车窗玻璃 600 mm 处观察汽车贴膜玻璃，其外观质量应符合 GB/T 31849—2015 表 1 中贴膜玻璃的外观质量要求。前风窗贴膜玻璃的颜色识别应符合 GB/T 31849—2015 中 5.7 的规定。

检查车身漆面和内饰是否有损伤。检查车辆相关电子元器件功能是否正常。书面记录检查结果。

7 交付使用要求

7.1 应将以下事项以书面形式告知车主，至少包括：

a) 贴膜后限制升降侧窗已贴膜玻璃、限制清洗贴膜面和使用玻璃电加热功能的时间；

b) 车内不宜使用和存放的挥发性物质；

c) 不得在贴膜玻璃的膜面吸附、悬挂物品；

d) 贴膜玻璃正常清洗时使用的清洗液、清洗工具的要求。

7.2 交付后 7 天内如贴膜玻璃出现少量可修复的外观质量缺陷，施工店应修复至符合 GB/T 31849—2015 表 1 中贴膜玻璃的外观质量要求。在质保期内，不应出现膜层褪色、大量起泡现象。

ICS 43.040
T 34

中华人民共和国国家标准

GB/T 31849—2015

汽车贴膜玻璃

Film mounted motor vehicle glass

2015-07-03 发布　　2016-06-01 实施

中华人民共和国国家质量监督检验检疫总局
中国国家标准化管理委员会　发布

前　言

本标准按照 GB/T 1.1—2009 给出的规则起草。

本标准由全国汽车标准化技术委员会(SAC/TC 114)归口。

本标准主要起草单位：中国建材检验认证集团股份有限公司、中国汽车技术研究中心。

本标准参加起草单位:宁波申山新材料科技有限公司、3M 中国有限公司、浙江紫光科技有限公司、常州山由帝杉防护材料制造有限公司、亚什兰(中国)投资有限公司、伊士曼(上海)化工商业有限公司、中国中材东方国际贸易有限公司、菲迪薄膜科技(广州)有限公司、张家港康得新光电材料有限公司、河北铠朗新型材料科技有限公司、上海浩驰科技股份有限公司、广州市光致圣炫科技有限公司、国家安全玻璃及石英玻璃质量监督检验中心。

本标准主要起草人:张丛丛、苗向阳、邱娟、韩松、王文彪、张虎寅、卢佳、袁敏华、王磊、赵连明、张建军、樊惠民、林群、陈琪伟、尹剑、余兴亮、袁涛、满迪、王赓、杜大艳、左辉霞、张睿。

汽车贴膜玻璃

1 范围

本标准规定了汽车贴膜玻璃的术语和定义、分类、要求、试验方法、检验规则和标志。

本标准适用于在既有汽车的玻璃上贴膜形成的贴膜玻璃。

本标准不适用于防护外力破坏型的贴膜玻璃。

2 规范性引用文件

下列文件对于本文件的应用是必不可少的。凡是注日期的引用文件，仅注日期的版本适用于本文件。凡是不注日期的引用文件，其最新版本(包括所有的修改单)适用于本文件。

GB/T 4851—2014 胶粘带持粘性的试验方法

GB/T 5137.1—2002 汽车安全玻璃试验方法 第1部分:力学性能试验

GB/T 5137.2—2002 汽车安全玻璃试验方法 第2部分:光学性能试验

GB/T 5137.3—2002 汽车安全玻璃试验方法 第3部分:耐辐照、高温、潮湿、燃烧和耐模拟气候试验

GB/T 5137.4—2001 汽车安全玻璃太阳能透射比测定方法

GB/T 8170 数值修约规则与极限数值的表示和判定

GB 8410 汽车内饰材料的燃烧特性

GB 9656—2003 汽车安全玻璃

GB/T 11942 彩色建筑材料色度测量方法

GB/T 16422.2—2014 塑料实验室光源暴露试验方法 第2部分:氙弧灯

JC/T 632 汽车安全玻璃术语

3 术语和定义

JC/T 632 界定的及下列术语和定义适用于本文件。

3.1

汽车贴膜玻璃 film mounted glass for motor vehicle

在汽车玻璃上粘贴汽车玻璃膜而形成的复合玻璃制品。

3.2

斑点 spot

膜上色泽与整体不一致的点状缺陷。

3.3

麻点 dust

由于尘粒粘附而在膜层中或膜层表面产生的点状固体缺陷。

3.4

斑纹 stripe

膜上表面的云状、放射状或条纹状缺陷。

3.5

皱褶　crease

膜上不可恢复的折痕。

3.6

异物　inclusion

成分与膜不一致的杂质。

3.7

粘合失效　adhesion failure

持粘试验中,膜与玻璃基板出现位移或脱离的现象。

4 分类

汽车贴膜玻璃按应用部位分为风窗贴膜玻璃和风窗以外贴膜玻璃。

5 要求

5.1 外观质量

汽车玻璃膜及汽车贴膜玻璃外观质量应满足表1的规定。

表1　汽车玻璃膜及贴膜玻璃外观质量

<table>
<tr><th colspan="3">项目</th><th colspan="2">要求</th></tr>
<tr><td rowspan="14">膜缺陷</td><td rowspan="5">麻点</td><td>直径<0.8 mm</td><td colspan="2">不允许密集[a]</td></tr>
<tr><td>0.8 mm≤直径<1.2 mm</td><td>中部[b] 允许个数[c]:≤3.0×S[d]</td><td>边部[b] 允许个数:≤10.0×S</td></tr>
<tr><td>1.2 mm≤直径<1.6 mm</td><td>中部允许个数:≤2.0×S</td><td>边部允许个数:≤8.0×S</td></tr>
<tr><td>1.6 mm≤直径≤2.0 mm</td><td>中部:不允许</td><td>边部允许个数:≤5.0×S</td></tr>
<tr><td>直径>2.0 mm</td><td colspan="2">不允许</td></tr>
<tr><td rowspan="3">斑点</td><td>1.0 mm≤直径≤2.0 mm</td><td>中部允许个数:≤5.0×S</td><td>边部允许个数:≤6.0×S</td></tr>
<tr><td>2.0 mm<直径≤3.0 mm</td><td>中部:不允许</td><td>边部允许个数:≤3.0×S</td></tr>
<tr><td>直径>3.0 mm</td><td colspan="2">不允许</td></tr>
<tr><td>斑纹</td><td>目视可见</td><td colspan="2">不允许</td></tr>
<tr><td>皱褶</td><td>目视可见</td><td colspan="2">不允许</td></tr>
<tr><td rowspan="2">划伤</td><td>0.1 mm<宽度≤0.3 mm,
且长度≤60 mm</td><td colspan="2">允许条数[c]:≤5.0×S,且划伤间距≥100 mm</td></tr>
<tr><td>宽度>0.3 mm
或长度>60 mm</td><td colspan="2">不允许</td></tr>
<tr><td>异物</td><td>目视可见</td><td colspan="2">不允许</td></tr>
<tr><td>气泡</td><td>目视可见</td><td colspan="2">不允许</td></tr>
</table>

表 1（续）

项目			要求
贴膜玻璃缺陷	膜的折痕	风窗玻璃及后窗玻璃	每片玻璃上应≤2 个且长度≤2 mm，折痕位置与玻璃边缘距离应<50 mm
		侧窗玻璃	不允许
	水泡		不允许
	尘粒		每片玻璃周边 100 mm 内的范围，尘粒数应不超过 10 个，其他部位应无尘点
	线状杂质		应≤2 个且长度≤2 mm
	气泡		不允许
	视物模糊		不允许
	位置		膜边缘与玻璃内缘黑边或黑点的距离应小于 1 mm；可开闭侧窗，膜与玻璃边缘距离应在 2 mm～3 mm，关闭后不应漏光

[a] 膜层麻点密集是指在 ϕ100 mm 面积内超过 20 个；
[b] 中部是指距离膜边缘 75 mm 以内的区域，其他部分为边部；
[c] 允许个数及允许条数为各系数与 S 相乘所得的数值，按 GB/T 8170 修约至整数；
[d] S 是以平方米为单位的膜面积，保留小数点后两位。

5.2 可见光透射比

汽车风窗贴膜玻璃及风窗以外贴膜玻璃用于驾驶人视区部位的可见光透射比应不小于 70%，公路客车、旅游客车和校车其他部位车窗贴膜玻璃的可见光透射比均应不小于 50%。汽车玻璃膜的选择可参见附录 A。

5.3 可见光反射比

汽车贴膜玻璃的玻璃面和膜面可见光反射比均应不大于 20%。

5.4 紫外线透射比

汽车贴膜玻璃的紫外线透射比应不大于 2%。

5.5 副像偏离

风窗贴膜玻璃的副像偏离应符合 GB 9656—2003 中 5.3 的规定。

5.6 光畸变

风窗贴膜玻璃的光畸变应符合 GB 9656—2003 中 5.4 的规定。

5.7 颜色识别

风窗贴膜玻璃的颜色识别应符合 GB 9656—2003 中 5.5 的规定。

5.8 颜色均匀性

汽车贴膜玻璃的颜色均匀性，以 CIELAB 均匀色空间色差 ΔE_{ab}^{*} 来表示，透射色差和反射色色差均应不大于2.5。

5.9 耐磨性

汽车贴膜玻璃贴膜面因磨耗引起的雾度应不大于4%。

5.10 耐辐照性

试验后,汽车贴膜玻璃应满足如下要求:

a) 不产生气泡,膜层经擦拭不脱色;

b) 膜层不产生尺寸变化;

c) 可见光透射比相对变化率不大于3%。

5.11 耐有机溶剂性

试验后,汽车贴膜玻璃的膜层应没有软化、胶粘、龟裂或明显失透现象。

5.12 耐温度变化性

试验后,汽车贴膜玻璃的膜层不应出现变色、脱膜、气泡或其他显著缺陷。

5.13 耐燃烧性

试验后,汽车贴膜玻璃应满足下列a)、b)或c)中任意一条的规定:

a) 不燃烧;

b) 燃烧,但燃烧速率不大于100 mm/min;

c) 从试验计时开始,火焰在60 s内自行熄灭,且燃烧距离不大于50 mm。

5.14 持粘性能

汽车贴膜玻璃,膜与玻璃的粘合失效时间应不小于168 h。

5.15 剥离强度

汽车贴膜玻璃,膜与玻璃的剥离强度应不小于4.0 N。

5.16 耐老化性能

试验后,汽车贴膜玻璃应满足如下要求:

a) 不产生气泡、裂纹、皱褶、发雾或其他显著变化;透过试样能识别白、黄、红、绿、蓝、琥珀各色;

b) 可见光透射比差值的绝对值不大于5%;

c) 剥离强度的减小不大于20%。

5.17 人头模型冲击性能

汽车贴膜玻璃人头模型冲击性能应符合GB 9656—2003中5.10.2的规定,对于膜厚度不大于0.063 5 mm的汽车贴膜玻璃不做要求。

5.18 加热尺寸变化率

汽车玻璃膜纵向尺寸收缩率应不小于1.0%。

5.19 挥发性有机物

汽车玻璃膜挥发性有机物含量应不大于0.05 mg/cm^2。

6 试验方法

6.1 试验条件

除特定要求外，试验应在下述环境条件下进行：温度 20 ℃±5 ℃，相对湿度 50%～70%，大气压 8.6×10^4 Pa～1.06×10^5 Pa。

6.2 外观质量

6.2.1 膜的外观质量

6.2.1.1 试样

以切裁好的玻璃膜为试样。

6.2.1.2 麻点、斑点、划伤的检验

在不受外界光线影响的环境内，使用装有数支间距 300 mm 的 40 W 平行日光灯管的黑色无光泽屏幕。试样垂直放置，与日光灯管平行且相距 600 mm，观察者距试样 600 mm 视线垂直试样进行观察，如图 1 所示。麻点、斑点尺寸及划伤宽度用精度 0.1 mm 的读数显微镜测定，划伤的长度用最小刻度为 1 mm 的钢卷尺测量。

单位为毫米

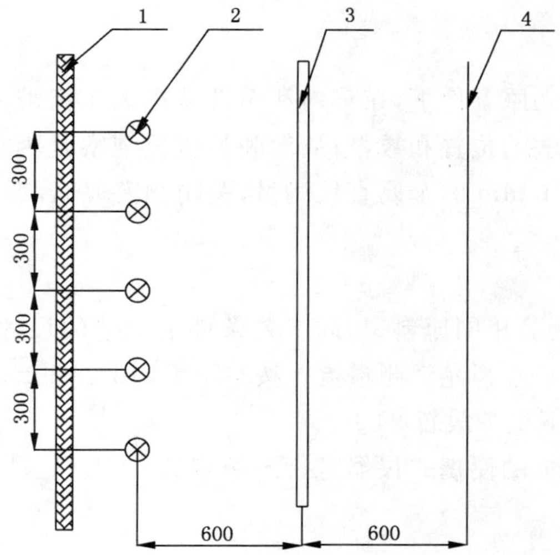

说明：

1——黑色无光泽屏幕；

2——日光灯管；

3——试样；

4——观察者位置。

图 1 麻点、斑点、划伤的检验示意图

6.2.1.3 斑纹、皱褶、气泡的检验

如图 2 所示，在自然散射光均匀照射下，试样垂直放置，观察者距离试样 1 000 mm，视线与试样表面法线成 30°角进行观察。

单位为毫米

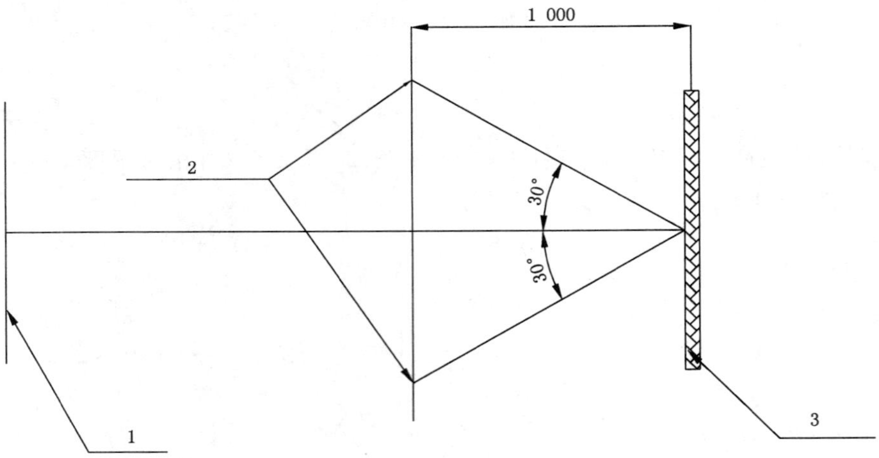

说明：

1——光源；

2——观察者位置；

3——试样。

图 2　斑纹、皱褶、气泡的检验示意图

6.2.2　贴膜玻璃的外观质量

在较好的自然光线或散射光照条件下，在车内和车外从距离车窗玻璃 600 mm 处观察并记录膜的折痕、折印、尘粒、线状杂质、气泡的位置和数量；从驾驶员座位观察是否存在水泡、色差及视物模糊；膜和玻璃边缘距离用最小刻度为 1 mm 的金属直尺测量；关闭侧窗玻璃，观察是否漏光。

6.3　可见光透射比

以制品为试样，或者以与制品相同原料、相同工艺条件下制造的尺寸为 100 mm×100 mm 样品为试样，数量为 3 片，以试样几何中心为光学测量点。按 GB/T 5137.2—2002 第 4 章的规定进行检验。试验前试样应在 6.1 规定的条件下至少放置 24 h。

也可采用其他满足测试要求的便携式仪器进行现场测试。GB/T 5137.2—2002 规定的方法为仲裁方法。

6.4　可见光反射比

6.4.1　试样制备

将 100 mm×100 mm 的膜装贴在同样尺寸可见光透射比为(89±1)%的 3 mm 平板玻璃上制成试样，数量为 3 片，以试样几何中心为光学测量点。试验前试样应在 6.1 规定的条件下至少放置 24 h。

6.4.2　仪器设备及试验程序

仪器设备应符合 GB/T 5137.2—2002 第 9 章的要求；按 GB/T 5137.2—2002 第 9 章规定的程序进行试验。

6.5 紫外线透射比

6.5.1 试样制备

试样制备同 6.4.1。

6.5.2 仪器设备及测量计算

仪器设备应满足 GB/T 5137.4—2001 中 4.1 的要求。按 GB/T 5137.4—2001 中 4.3、4.4 测定和计算大气质量 1.5 下的紫外线透射比。

6.6 副像偏离、光畸变

以制品为试样，分别按 GB/T 5137.2—2002 中 5.5 和第 6 章的规定进行检验。试验前试样应在 6.1 规定的条件下至少放置 24 h。

6.7 颜色识别

以制品为试样，按 GB/T 5137.2—2002 第 8 章的规定进行检验。试验前试样应在 6.1 规定的条件下至少放置 24 h。

6.8 颜色均匀性

6.8.1 试样制备

在一包装单位的膜中任意位置裁取长度为 1 000 mm、宽度为包装宽度的膜样品，在样品的四角和正中间取 100 mm×100 mm 的膜 5 片，取样位置见图 3。

单位为毫米

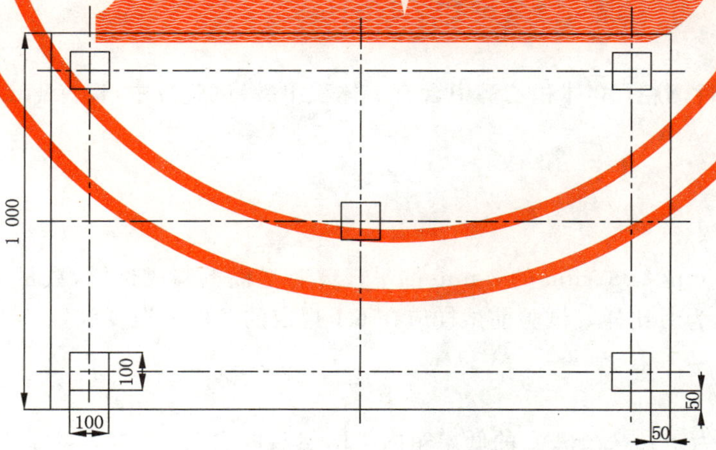

图 3 取样位置

分别将膜装贴在同样尺寸可见光透射比为(89±1)%的 3 mm 平板玻璃上制成试样。试样应在 6.1 规定的条件下至少放置 24 h。

6.8.2 测量方法

依据 GB/T 11942 规定的方法进行测量。以在正中位置切取的膜制成的试样为标准片，其余 4 片试样均与该试样进行透射和反射比较，测得最大色差值。

6.9 耐磨性

将 100 mm×100 mm 的膜装贴在同样尺寸可见光透射比为(89±1)%的 3 mm 平板玻璃上制成试样。试验的装置器具和程序应符合 GB/T 5137.1—2002 第 7 章的规定。所磨表面为贴膜面，转数为 100 r。

6.10 耐辐照性

6.10.1 试样制备

将膜装贴在 300 mm×76 mm 可见光透射比为(89±1)%的 3 mm 的平板玻璃上制成试样，数量为 3 片。试验前试样应在 6.1 规定的条件下至少放置 7 d。

6.10.2 试验装置及程序

装置应符合 GB/T 5137.3—2002 中 5.2 的规定；按 GB/T 5137.3—2002 中 5.3 的规定进行试验，辐照面为玻璃面，时间为 100 h。

6.11 耐有机溶剂性

6.11.1 试样制备

将膜装贴在 125 mm×50 mm 的 3 mm 的平板玻璃基板上制成试样，数量为 3 片。试验前试样应在 6.1 规定的条件下至少放置 7 d。

6.11.2 试验程序

将试样浸没在变性酒精(10 体积乙醇中含有 1 体积甲醇)试验液中，保持 1 min，取出并擦干。

6.12 耐温度变化性

6.12.1 试样制备

将膜装贴在 300 mm×300 mm 的 3 mm 的平板玻璃基板上制成试样，数量为 4 片，其中 3 片用于温度变化试验，1 片作为对比样。试验前试样应在 6.1 规定的条件下至少放置 7 d。

6.12.2 试验程序

将试样放入温度为－40 ℃±2 ℃的低温箱内 1 h，然后取出在 6.1 规定的条件下放置 1 h，再将试样放入温度为 72 ℃±2 ℃的烘箱内 3 h，取出在 6.1 规定的条件下冷却至室温。在白色背景下将 3 片试样与对比样进行对照观察，记录变化情况。

6.13 耐燃烧性

6.13.1 试样制备

将膜装贴在 300 mm×76 mm 的 3 mm 的平板玻璃基板上制成试样，数量为 3 片。试验前试样应在 6.1 规定的条件下至少放置 7 d。

6.13.2 试验装置及程序

试验装置应符合 GB 8410 的规定；按 GB 8410 规定的步骤进行试验。

6.14 持粘性能

6.14.1 试样制备

分别将 125 mm×25 mm 的膜装贴在 125 mm×50 mm 的 3 mm 平板玻璃上制成试样，数量为 3 片。膜在玻璃上的位置见图 4。其自由端的胶面上可扑上滑石粉或贴上纸片、离型膜等以防粘连。试验前试样应在 6.1 规定的条件下至少放置 7 d。

单位为毫米

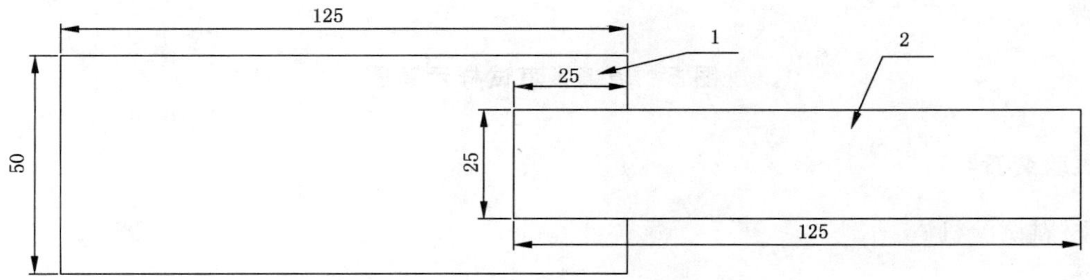

说明：

1——玻璃；

2——膜。

图 4 持粘性试样示意图

6.14.2 试验装置

试验架及辅助仪器应符合 GB/T 4851—2014 中 5.3.4 的要求；电热干燥箱应能容纳试验架，温度应能控制到试验温度的±1℃。

6.14.3 试验程序

持粘性能的试验程序应为：

a) 将试验架放入干燥箱内并升温至 70 ℃；

b) 将夹具夹在膜的自由端，确保夹具完全夹住试样的整个宽度，并使荷载均匀分布；

c) 将试样放在试验架上，使试样的自由端垂直，确保没有剥离力作用在试样上，保温 10 min；

d) 将砝码轻轻施加到夹具上，以免对试样产生剪切冲击力；

e) 记录试样粘合失效时间。

6.15 剥离强度

6.15.1 试样制备

分别将 250 mm×25 mm 的膜装贴在 125 mm×50 mm 的 3 mm 平板玻璃上制成试样，数量为 3 片。膜在玻璃上的位置见图 5。其自由端的胶面上可扑上滑石粉或贴上纸片、离型膜等以防粘连。试验前试样应在 6.1 规定的条件下至少放置 21 d。

单位为毫米

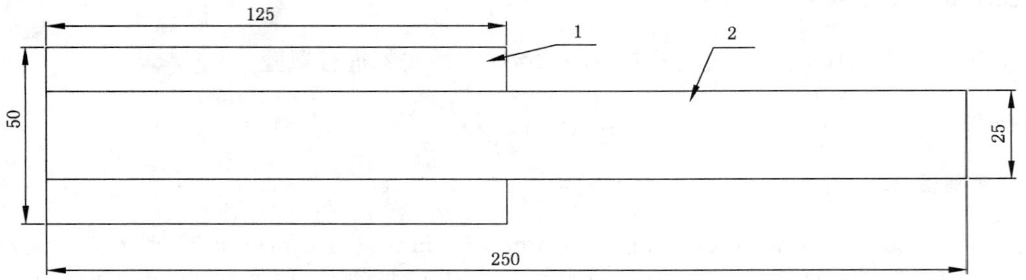

说明：

1——玻璃；

2——膜。

图 5　玻璃强度试样示意图

6.15.2　试验装置

万能材料试验机。

6.15.3　试验程序

将试样自由摆动部分的膜翻折 180°，剥离约 25 mm 后，将膜与玻璃分别夹于万能材料试验机上下夹具，如图 6 所示。以(300±30)mm/min 的速度拉揭下来。每剥离 20 mm 读取一次力值，每片试样读取 4 次，取平均值。数值修约至小数点后一位。

单位为毫米

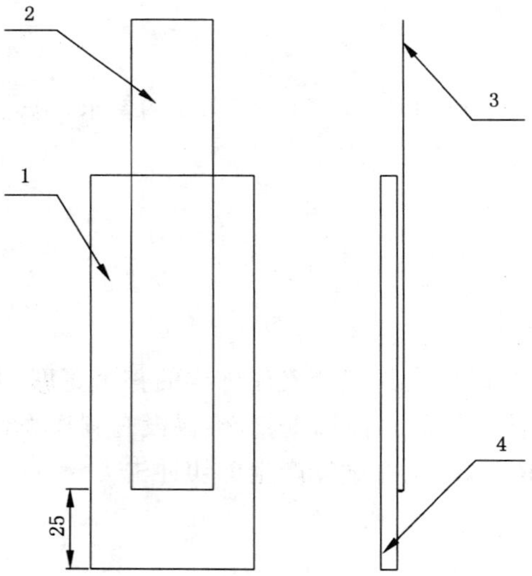

说明：

1——玻璃；

2——膜；

3——膜夹紧处；

4——玻璃夹紧处。

图 6　试样剥离示意图

6.16 耐老化性能

6.16.1 试样制备

同 6.15.1。试验前试样在 6.1 规定条件下放置时间为至少 7 d。

6.16.2 试验装置

试验装置应符合以下规定：

a) 光源为符合 GB/T 16422.2—1999 规定的氙弧灯，试样表面的辐照度为[255×(1±10%)]W/m²。

b) 黑板温度(63±3)℃，箱体温度(40±3)℃，相对湿度(50±5)%。

c) 试验时，试样架始终旋转，在 120 min 照射中进行 18 min 的水喷射。

6.16.3 试验程序

将试样置于耐老化试验装置中，玻璃面朝向光源，如图 7 所示，照射 600 h。辐照完毕取出在 6.1 规定的条件下放置 24 h 后进行观察，并进行可见光透射比、紫外线透射比和剥离强度的测试。

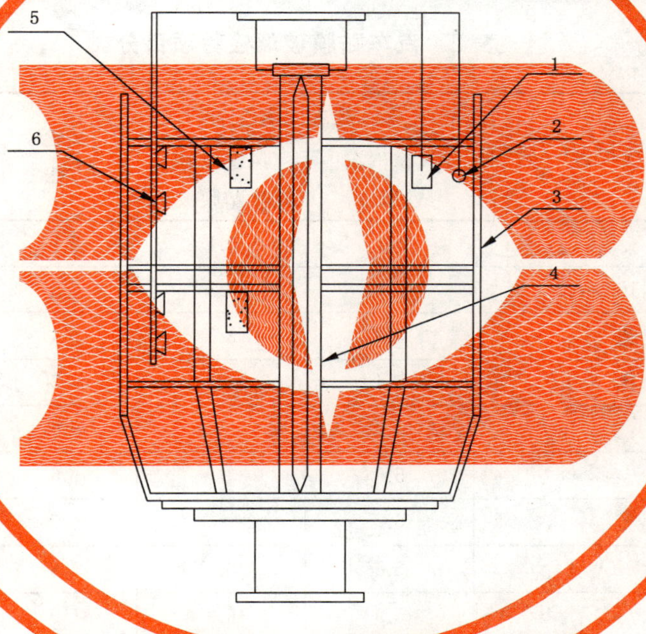

说明：

1——黑板温度计；
2——光辐射测量传感器；
3——试样架；
4——氙弧灯管；
5——试样；
6——喷水口。

图 7 耐老化试验装置示意图

6.17 人头模型冲击性能

6.17.1 试样制备

以制品为试样，数量为 4 片；或以与原车玻璃结构、材料、生产工艺相同、尺寸为 1 100 mm×500 mm的平型玻璃为基板、装贴相同玻璃膜制造的样品为试样，数量为 6 片。

6.17.2 试验程序

按 GB/T 5137.1—2002 第 9 章的规定进行。

6.18 加热尺寸变化率

按附录 B 的规定进行检验。

6.19 挥发性有机物

按附录 C 的规定进行检验。

7 检验规则

7.1 检验分类

检验分为交付检验和型式检验，具体检验分类见表 2。

表 2 汽车贴膜玻璃检验项目分类

序号	检验项目	技术要求		试验方法	交付检验项目	型式检验项目
		风窗汽车贴膜玻璃	风窗以外汽车贴膜玻璃			
1	外观质量	5.1	5.1	6.2	√	√
2	可见光透射比	5.2	5.2	6.3	—	√
3	可见光反射比	5.3	5.3	6.4	—	√
4	紫外线透射比	5.4	5.4	6.5	—	√
5	副像偏离[a]	5.5	—	6.6	—	√
6	光畸变[a]	5.6	—	6.6	—	√
7	颜色识别	5.7	—	6.7	√	√
8	颜色均匀性	5.8	5.8	6.8	—	√
9	耐磨性	5.9	5.9	6.9	—	√
10	耐辐照性	5.10	5.10	6.10	—	√
11	耐有机溶剂性	5.11	5.11	6.11	—	√
12	耐温度变化性	5.12	5.12	6.12	—	√
13	耐燃烧性	5.13	5.13	6.13	—	√
14	持粘性能	5.14	5.14	6.14	—	√
15	剥离强度	5.15	5.15	6.15	—	√
16	耐老化性能	5.16	5.16	6.16	—	√
17	人头模型冲击性能	5.17	5.17	6.17	—	√
18	加热尺寸变化率	5.18	5.18	6.18	—	√
19	挥发性有机物	5.19	5.19	6.19	—	√

[a] 可由供需双方商定是否有必要进行此项检验。

7.2 交付检验

汽车贴膜玻璃外观质量和颜色识别执行100%检验;检验结果分别符合表1及5.7的要求,则认为交付检验合格,否则为不合格。

7.3 型式检验

7.3.1 总则

当玻璃膜材料发生变化时,应进行全部型式检验;当仅基板玻璃厚度发生变化时,应进行5.2、5.4的检验;当仅基板玻璃颜色发生变化时,应进行5.2、5.4及5.7的检验。

7.3.2 单项判定

7.3.2.1 外观质量、颜色均匀性、挥发性有机物的判定

检验结果符合标准要求即为合格,否则为不合格。

7.3.2.2 可见光透射比、可见光反射比、紫外线透射比、副像偏离、光畸变、颜色识别、耐磨性、耐辐照性、耐有机溶剂性、耐温度变化性、耐燃烧性、持粘性能、剥离强度、耐老化性能的判定

所有试样检验结果均符合标准要求为合格,否则为不合格。

7.3.2.3 人头模型冲击性能的判定

若6片试样检验结果均符合标准要求,则判定该批产品上述性能指标合格;若4片及4片以下符合时,认为不合格;当5片试样符合时,应再追加6片新试样,6片全部符合要求时为合格。

7.3.3 综合判定

若各项性能均符合要求,则判定该产品型式检验合格,否则为不合格。

8 标志

汽车玻璃贴膜上的标志不应影响驾驶人视野。

附 录 A
（资料性附录）
汽车玻璃膜的选择

不同汽车及汽车上不同部位的贴膜玻璃对可见光透射比有不同的要求。由于汽车玻璃本身以及汽车玻璃膜的品种多样，组合后的结果也千差万别。表A.1是乘用车上玻璃的主要类型和典型参数。汽车膜的选择参见表A.2。

表 A.1 汽车玻璃的主要类型和典型参数

汽车玻璃部位	主要玻璃品种	公称厚度/mm	玻璃颜色	玻璃的可见光透射比
风窗	夹层玻璃	4.76、4.96、5.36	无色＋无色	87%～88%
			无色＋绿色	79%～82%
			绿色＋绿色	72%～76%
风窗以外	钢化玻璃	3.5、4.0、5.0	无色	＞86%
			绿色或浅灰	75%～80%

表 A.2 汽车玻璃膜的选择

汽车玻璃部位	贴膜玻璃可见光透射比要求	玻璃颜色	建议选用的汽车玻璃膜可见光透射比
风窗及驾驶人视区	≥70%	无色＋无色	＞70%
		无色＋绿色	＞75%
		绿色＋绿色	＞85%
公路客车、旅游客车和校车的风窗以外	≥50%	无色	＞55%
		绿色或浅灰	＞60%
注：汽车玻璃膜可见光透射比为膜装贴在厚度3 mm、可见光透射比(89±1)%平板玻璃上测得的数值。			

附 录 B
(规范性附录)
加热尺寸变化率测定方法

B.1 试样制备

分别从已在 6.1 规定条件下放置 2 h 的膜的中部和边部各切取 120 mm×120 mm 试样，共 3 片。切取边部试样时应距膜的边缘 50 mm～60 mm。

B.2 试验装置

B.2.1 电热鼓风干燥箱

容量应能使试验组(包括高岭土床和试样)的总体积不超过其 10%，并能使试验组放在其内时相互间和距箱壁至少 50 mm。箱内循环空气通过的速率每小时至少换气 6 次，温度应能控制到保持试验组试验温度的±2 ℃。

B.2.2 金属容器

金属容器包括厚度约 20 mm 的高岭土床，其大小应能使试样平整地放在上面不变形，并能放入干燥箱中。

B.2.3 测温装置

测温探头应能浸埋在高岭土床内。

B.2.4 量具

最小刻度为 0.5 mm 的金属直尺。

B.3 试验程序

按如下步骤进行检验：

a) 在试样上膜的纵向方向上标记并测量初始长度；
b) 将试样平展放在金属容器的高岭土床上，上面用一薄层高岭土覆盖；
c) 将容器放入鼓风干燥箱，升温至 160 ℃后保持 30 min；
d) 加热结束后取出试样，在 6.1 规定的条件下至少放置 30 min，再次测量标记间长度。

B.4 结果表达

按式(B.1)计算膜的收缩率：

$$\Delta L = \frac{L_0 - L}{L_0} \times 100\% \qquad \text{(B.1)}$$

式中：

ΔL ——膜的收缩率；

L ——加热后标记间长度的数值，单位为毫米(mm)；

L_0 ——初始标记间长度的数值，单位为毫米(mm)。

附 录 C
（规范性附录）
挥发性有机物含量测定方法

C.1 试样制备

试样为 50 mm×50 mm 膜，数量为 8 片，其中 4 片用于总挥发物含量测定，4 片用于水分含量的测定。

C.2 试验设备

电热鼓风干燥箱、卡尔费休干燥炉、容量法微量水分测定仪、氮气（N_2＋Ar 纯度大于 99.995%，H_2O 小于 5×10^{-6}体积分数）和精度为 10^{-4} g 的电子天平。

C.3 试验程序

C.3.1 总挥发物含量测定

C.3.1.1 取 1 片试样，去除离型膜。称量质量，然后将其放在托盘内，放入(100±5)℃的鼓风干燥箱内，保温 1 h。然后将试样取出放入干燥器内冷却至室温，称量其质量。根据式(C.1)计算试样总挥发物含量。

$$m_t = m_1 - m_2 \qquad \cdots\cdots(C.1)$$

式中：

m_t ——试样总挥发物含量的数值，单位为毫克(mg)；

m_1 ——烘干前试样质量的数值，单位为毫克(mg)；

m_2 ——烘干后试样质量的数值，单位为毫克(mg)。

C.3.1.2 按上述步骤进行另 3 片试样的测定。取 4 次测试结果的平均值，修约到小数点后四位。

C.3.2 水分含量测定

C.3.2.1 取 1 片试样，去除离型膜。称量质量，然后将其放入卡尔费休干燥炉中，炉温控制在(100±5)℃，保持氮气流速(200±20)mL/min，测定试样水分质量分数。根据式(C.2)计算试样水分含量。

$$m_w = m_3 r \qquad \cdots\cdots(C.2)$$

式中：

m_w ——试样水分含量的数值，单位为毫克(mg)；

m_3 ——试样质量的数值，单位为毫克(mg)；

r ——试样水分质量分数。

C.3.2.2 按上述步骤进行另 3 片试样的测定。取 4 次测试结果的平均值，修约到小数点后四位。

C.3.3 单位面积挥发性有机物含量的计算

根据式(C.3)和式(C.4)计算试样单位面积挥发性有机物含量。

$$m = m_t - m_w \qquad \cdots\cdots\cdots\cdots\cdots\cdots\cdots\cdots (C.3)$$

$$m_a = \frac{m}{25} \qquad \cdots\cdots\cdots\cdots\cdots\cdots\cdots\cdots (C.4)$$

式中：

m ——试样挥发性有机物含量的数值，单位为毫克(mg)；

m_t ——试样总挥发物含量的数值，单位为毫克(mg)；

m_w ——试样水分含量的数值，单位为毫克(mg)；

m_a ——试样单位面积挥发性有机物含量的数值，单位为毫克每平方厘米(mg/cm^2)，修约到小数点后三位。

ICS 59.100.99
Q 69

中华人民共和国国家标准

GB/T 31850—2015

非金属密封材料热分解温度测定方法

Test method for thermogravimetry (TG) of no-matallic sealing materials

2015-07-03 发布　　　　2016-06-01 实施

中华人民共和国国家质量监督检验检疫总局
中国国家标准化管理委员会　发布

前　言

本标准按照GB/T 1.1—2009给出的规则起草。

本标准由中国建筑材料联合会提出。

本标准由全国非金属矿产品及制品标准化技术委员会(SAC/TC 406)归口。

本标准主要起草单位:无锡市祥健四氟制品有限公司、咸阳非金属矿研究设计院有限公司、国家非金属矿制品质量监督检验中心。

本标准主要起草人:朱绵鹏、王健、乔忠强、石志刚、侯彩虹、张振。

非金属密封材料热分解温度测定方法

1 范围

本标准规定了非金属密封材料热分解温度测定的术语和定义、原理概述、试验设备、试样制备、设备校准、试验步骤、结果表述和试验报告。

本标准适用于测定非金属密封材料的分解温度和分解速率，也适用于测定非金属密封材料中所含挥发物、添加剂和/或填料的含量，非金属密封材料用原材料亦可参照使用。

本标准适用于动态模式（在程序条件下质量随温度或时间变化）或等温模式（在恒定温度下质量随时间变化）下进行热重测量。

2 术语和定义

下列术语和定义适用于本文件。

2.1

热重分析法 thermogravimetry；TG

在程序温度控制下，测量试样质量与温度或时间关系的一种方法。

2.2

动态质量变化测量 dynamic mass-change determination

在程序变温速率下，记录试样质量随温度的变化的一种技术。

2.3

等温质量变化测量 isothermal mass-change determination

在恒温条件下，记录试样质量随时间的变化的一种技术。

2.4

热重曲线 TG curve

由热重分析法得到的曲线，以试样的质量为纵坐标（y 轴），以温度 T 或时间 t 为横坐标（x 轴）。

2.5

差示扫描量热法 differential scanning calorimetry；DSC

在程序控温和一定气氛下，测量输给试样和参比物的热流速率和加热功率（差）与温度和/或时间的关系的技术。

2.6

差热分析 differential thermal analysis；DTA

在程序控温下，测量试样和参比物之间的温度差与温度和/或时间关系的一种技术。

2.7

居里温度 curie temperature

磁性材料可以在铁磁体和顺磁体之间转变的温度。

2.8

热分解温度 thermal decomposition temperature

材料受热分解失效时对应的温度。

3 原理概述

3.1 在程序控温下,以恒定速率加热试样,测量试样质量变化与温度的关系。也可以是在给定的时间内,试样保持在恒定的温度下,测量试样质量变化与时间的关系。通常造成试样质量变化的反应有分解反应、氧化反应或组分挥发。质量的变化记录为热重曲线。
3.2 材料质量的变化是温度的函数,变化的程度反映了材料的热稳定性。因此,在相同试验条件下,热重数据可以用于评价同类非金属密封材料的相对热稳定性,或用于评价非金属密封材料之间或非金属密封材料与添加剂之间的相互作用。
3.3 热重(TG)数据可用于过程控制、过程开发及材料评价。长期热稳定性是与控制及环境条件的一个复杂函数。单独的热重(TG)数据不能说明一种非金属密封材料长期的热稳定性。

4 试验设备

4.1 热天平:为零位式或偏转式。试样的质量小于 50 mg 时,精度为±0.020 mg。热天平的构造应使气流通过试样周围,并能使热量以恒定的速率向试样传递。
4.2 炉体:具有低热容外壳,可在室温至 1 000 ℃温度范围内进行快速或慢速的加热及冷却(通常速率至少为 50 ℃/min)。
4.3 温度传感器:测量试样温度。它位于尽量靠近试样的位置。
4.4 升温程序控制器:可在预定温度范围内进行线性速率扫描。
4.5 记录设备:显示质量损失和温度或时间的关系,并记录样品质量和温度和/或时间的变化。
4.6 试样皿:具有足以承载至少 5 mg 试样的形状和尺寸,并由可承受最高使用温度的材质制成。
4.7 保护气体:干燥空气或氧气(氧化条件下),也可以是氧气含量为 0.001%(体积分数)或更小的合适的惰性气体(非氧化条件)。无论上述何种气体,其含水量都应小于 0.001%(质量分数)。
4.8 流量计:测量 50 mL/min 至 150 mL/min 范围内的气体流速。
4.9 天平:测量试样的初始质量,精度为 0.01 mg。

5 试样制备

5.1 试样要求

试样应制成碎沫状。

5.2 试样状态调节

试样应在 23 ℃±5 ℃环境中,放置在干燥器内 24 h 以上。

5.3 试样质量

试样的质量应大于 10 mg,除非试样的质量较小。

6 设备校准

6.1 质量校准

在无任何气流穿过热天平的条件下(避免浮力和/或对流的干扰),使用 10 mg～100 mg 的校准砝码按下述步骤校准热天平：首先将热天平调零，将校准砝码置于热天平上并测量相应的质量变化；如必要，调节热天平使测量质量与校准砝码的质量相等。

6.2 温度校准

安装温度传感器(一般为热电偶)于合适位置，读取试样温度。对于不同的仪器，安装位置可能不同。应使用与实际测量相同的环境、气体流速和加热速率来进行温度校准(见第7章)。

如使用热天平时，按下列步骤校准：

a) 从包含于GM761的5个标准物(见附录A)中选择两种或两种以上标准参比物，所选参比物的居里温度应接近待测温度范围。如可能，应使待测温度范围处于所选用的两种参比物的居里温度之间。

b) 开始加热，以与实际测量相同的升温速率开始升温，根据居里温度转变的起始温度 T_A、中点温度 T_C 和最终温度 T_B 进行温度校准。

注：GM761被国际热分析协会(ICTA)和美国国家标准与技术研究院(NIST)指定作为居里(磁性转变)的标准温度范围(参见附录A)。

等于或大于99.99 %的镍也可用于校准。

如果热天平与DSC(差示扫描仪)或DTA(差示热分析仪)检测器联用，推荐使用适用于DSC或DTA校准的标准参比物来进行热天平的温度校准。标准校准物参见附录A。

注1：标准参比物的熔点被定义为曲线拐点处推断基线与吸热波切线的截距(即所谓的起始温度)。

注2：校准是获取可靠的热重数据最关键的步骤。温度传感器、试样的几何形状和气氛的种类包括气体流速之间的关系，都会影响测量系统的校准。

7 试验步骤

7.1 动态模式

7.1.1 称量试样，将试样置入试样皿中。

7.1.2 热天平调零。

7.1.3 将盛有试样的试样器皿置于热天平上。选择气体流速，通入气流并记录初始质量。对于在严格惰性气氛下进行的试验，则需用真空泵抽空热天平然后充入惰性气体。或在记录质量前用较高流速惰性气体长时间注入保护气体。测定中可以更换气体，但应使用相同的气体流速。建议使用密度接近的气体，以使浮力的影响较为接近。如无法使用密度接近的气体，则需要进行浮力修正。

注：通入气流时会引起热天平中浮力和对流的变化。即使实际质量不变，也会观察到质量的表观变化，且质量测量精度会下降。建议在与实际测量相同的升温速率及气体流速下进行无试样的预运行，以观察质量的表观变化。质量测量的精度不会比预运行试验获得的结果更佳。

7.1.4 如适用，应遵照参考标准的规定设定温度程序。程序应包括初始温度和终止温度，若干次恒温，以及程序温度间的升温速率。

7.1.5 开始执行温度程序并记录热重曲线。

7.2 等温模式

按照7.1.1、7.1.2和7.1.3的规定操作。然后启动仪器，以最大的速率(如100 ℃/min或更大)升温，以尽快达到指定的温度。

8 结果表述

8.1 图示

以质量变化量或质量分数变化量与时间或温度关系曲线的形式显示热重数据。

8.2 确定质量增量

根据曲线确定质量的最大值 $m_{\max}$(见图 1)。

质量增量 M_G 按式(1)计算:

$$M_G = \frac{m_{\max} - m_s}{m_s} \times 100\% \qquad \cdots\cdots(1)$$

式中:

M_G ——质量增量;

$m_{\max}$ ——质量的最大值,单位为毫克(mg);

m_s ——加热前的质量,单位为毫克(mg)。

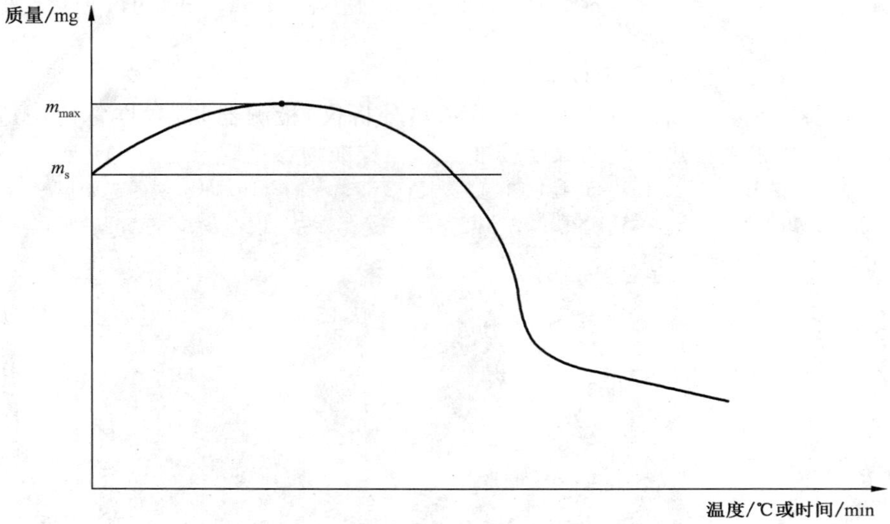

图 1 质量增加的 TG 曲线示例

8.3 确定单阶质量降低时的质量损失

从 TG 曲线中确定 A、B 和 C 点(见图 2)。

A 为起始点——起始质量线与通过 TG 曲线上斜率最大点的切线的交点;

B 为终点——最终质量线与通过 TG 曲线上斜率最大点的切线的交点;

C 为中点——TG 曲线与通过 A 和 B 间中点且与 x 轴平行的直线的交点。

根据 A、B 和 C 点可确定出质量 m_s 和 m_f 及温度 T_A、T_B 和 T_C。

质量损失 M_L 按式(2)计算:

$$M_L = \frac{m_s - m_f}{m_s} \times 100\% \qquad \cdots\cdots(2)$$

式中:

M_L——质量损失;

m_s——加热前的质量,单位为毫克(mg);

m_f——在终止温度处对应的质量,单位为毫克(mg)。

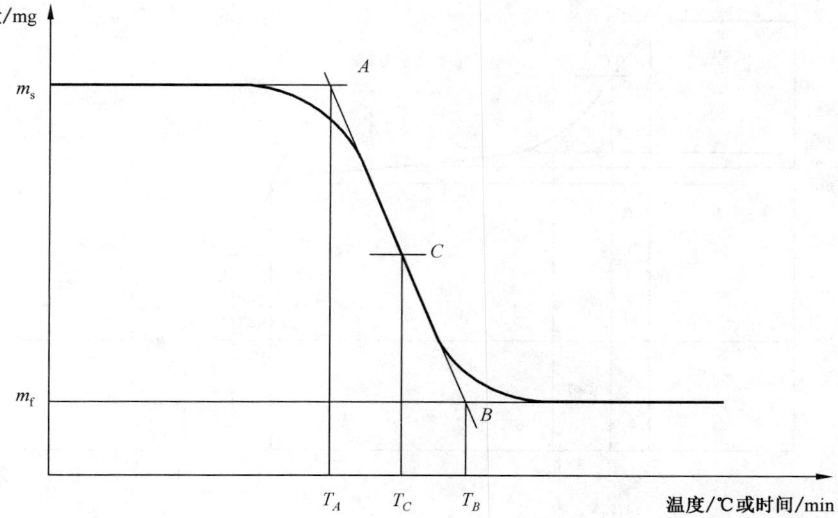

图 2　单阶质量降低的 TG 曲线示例

8.4　确定多阶质量降低时的质量损失

若质量降低超过两阶时，按 8.3 中所述方法确定 A_1、B_1、C_1、A_2、B_2、C_2 等点(见图 3)。根据这些点，确定质量 m_s、m_i、m_f 和温度 T_{A1}、T_{B1}、T_{C1}、T_{A2}、T_{B2}、T_{C2} 等。

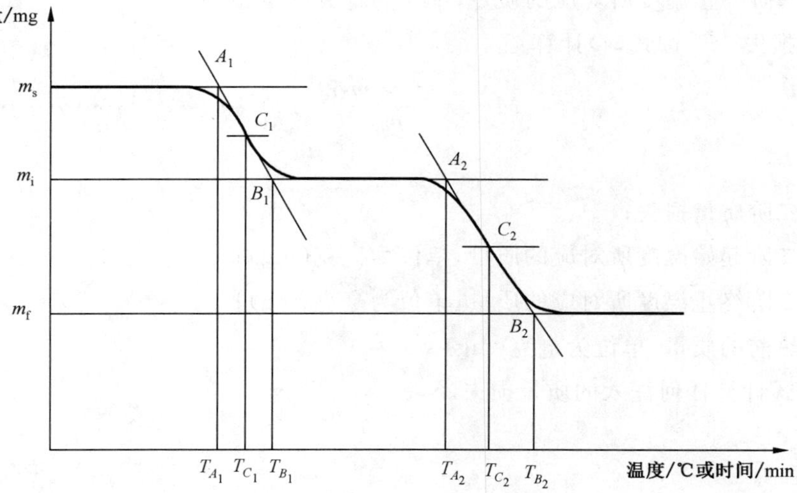

图 3　多阶质量降低的 TG 曲线示例

如果 TG 曲线在第一阶段和第二阶段反应未呈现质量恒定过程(见图 4)，则这部分曲线斜率最小点的切线与第一阶曲线斜率最大点的切线的交点应取作终止点 B_1；这部分曲线斜率最小点的切线与第二阶段曲线斜率最大点的切线的交点取作为起点 A_2。质量 m_i 取作 m_{B_1} 和 m_{A_2} 的中点对应的质量。

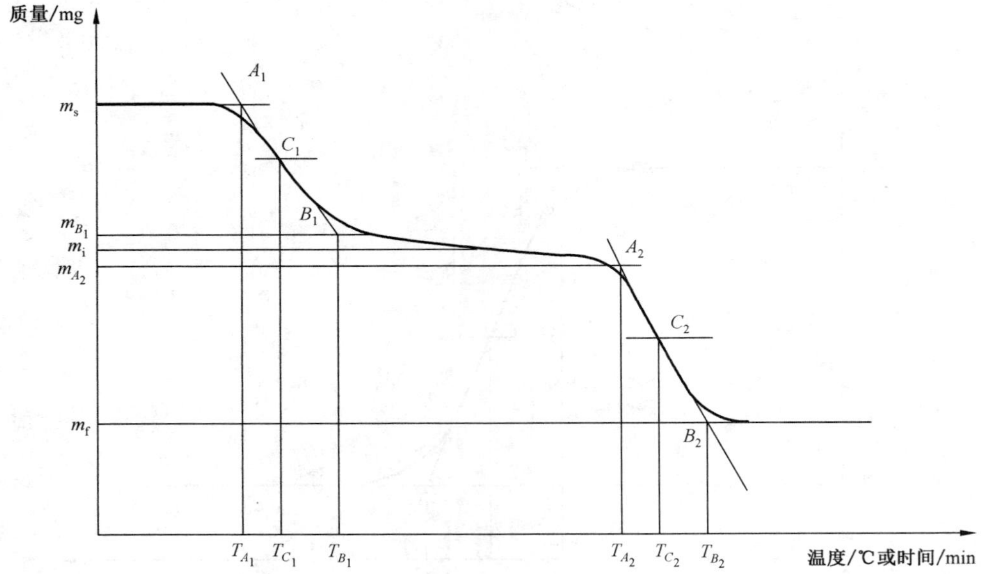

图 4 反应间未达质量恒定的多阶质量降低 TG 曲线示例

第一阶质量损失 M_{L_1} 按式(3)计算：

$$M_{L_1}=\frac{m_s-m_i}{m_s}\times 100\% \qquad \cdots\cdots(3)$$

式中：

M_{L_1}——第一阶质量损失；

m_s ——加热前的质量，单位为毫克(mg)；

m_i ——第一阶终止温度所对应的质量，单位为毫克(mg)。

第二阶质量损失 M_{L_2} 按式(4)计算：

$$M_{L_2}=\frac{m_i-m_f}{m_s}\times 100\% \qquad \cdots\cdots(4)$$

式中：

M_{L_2}——第二阶质量损失；

m_i ——第二阶起始温度所对应的质量，单位为毫克(mg)；

m_f ——第二阶终止温度所对应的质量，单位为毫克(mg)；

m_s ——加热前的质量，单位为毫克(mg)。

以相同的方式计算任何深入的质量损失。

8.5 残留量测定

质量残留量 R 按式(5)计算：

$$R=\frac{m_f}{m_s}\times 100\% \qquad \cdots\cdots(5)$$

式中：

R ——质量残留量；

m_f——终止温度所对应的质量，单位为毫克(mg)；

m_s——加热前的质量，单位为毫克(mg)。

8.6 热分解温度的确定

8.6.1 单阶热分解温度的确定

从 TG 曲线中确定单阶热分解温度(见图 2),图 2 中 A 点所对应的温度 T_A 就是该阶热分解温度。

8.6.2 多阶热分解温度的确定

若质量降低超过两阶称为多阶(见图 3),图 3 中 A_1、A_2 点所对应的温度 T_{A_1}、T_{A_2} 就是该两阶热分解温度。其他阶热分解温度的确定方法相同。

9 试验报告

报告应包含下列信息:

a) 样品的名称及编号;
b) 样品的形状及尺寸(如有);
c) 试样的采集细节及质量;
d) 测定前的试样调节内容;
e) 所用热天平的类型;
f) 试样器皿的尺寸和材质;
g) 所用温度传感器的型号及传感器的位置(在试样器皿内部或外部);
h) 使用的保护气氛和气流速率;
i) 升温速率(程序升温)或使用的等温条件;
j) 温度校准用的标准参比物;
k) 8.2、8.3 和 8.4 中所计算的质量增加和/或质量损失;
l) 8.5 中所计算的残留量;
m) 8.3 和 8.4 中确定的质量变化温度;
n) 与设备、测定条件或试样行为相关的任何观测值;
o) 测定日期。

附　录　A
（规范性附录）
校准用标准参比物

用于热重仪和联用仪的 NIST GM761 磁性转变参比物见表 A.1。

表 A.1　用于热重仪和联用仪的 NIST GM761 磁性转变参比物

参比物	T_A/℃	T_C/℃	T_B/℃
Permanorm 3	253	259	267
镍	351	353	355
高磁导率铁镍合金	378	382	386
Permanom 5	451	455	458
Trafoperm	749	750	751
注：NIST 为美国国家标准与技术研究院。			

与 DSC 或 DTA 联用的仪器所使用各种参比物的转化或熔融温度和熔融焓见表 A.2。

表 A.2　与 DSC 或 DTA 联用的仪器所使用各种参比物的转化或熔融温度和熔融焓

参比物	转变点或熔点(平衡温度)/℃	熔融焓/(J/g)	NIST 参考号
环己烷(转化)	−83[a]		NIST GM757
水银(熔融)	−38.9	11.47	NIST SRM2225
1,2-环己烷(熔融)	−32[a]		NIST GM757
环己烷(熔融)	7[a]		NIST GM757
苯基醚(熔融)	30[a]		NIST GM757
邻三联苯(熔融)	58[a]		NIST GM757
联苯(熔融)	69.2	120.2	NIST SRM2222
硝酸钾(转变)	127.7		NIST GM758
铟(熔融)	157	28.42	NIST GM758
高氯酸钾(转变)	299.5		NIST GM758,GM759
锡(熔融)	231.9	60.22	NIST SRM2220,GM758
铅(熔融)	327.5	23.16	
锌(熔融)	419.6	107.38	NIST SRM2221a
硫酸银(转变)	430		NIST GM758, GM759
石英(转变)	573		NIST GM759, GM760
硫酸钾(转变)	583		NIST GM759, GM760
铬酸钾(转变)	665		NIST GM759, GM760

表 A.2（续）

参比物	转变点或熔点(平衡温度)/℃	熔融焓/(J/g)	NIST 参考号
碳酸钡(转变)	810		NIST GM760
碳酸锶(转变)	925		NIST GM760
注：NIST 为美国国家标准与技术研究院。			
[a] 峰值温度。			

ICS 90.100.50
Q 24

中华人民共和国国家标准

GB/T 31851—2015

硅酮结构密封胶中烷烃增塑剂检测方法

Test method for alkane plasticizer in structural silicone sealants

2015-07-03 发布　　2016-06-01 实施

中华人民共和国国家质量监督检验检疫总局
中国国家标准化管理委员会　发布

前　言

本标准按照GB/T 1.1—2009给出的规则起草。

本标准由中国建筑材料联合会提出。

本标准由全国轻质与装饰装修建筑材料标准化技术委员会(SAC/TC 195)归口。

本标准起草单位:河南建筑材料研究设计院有限责任公司、郑州中原应用技术研究开发有限公司、成都硅宝科技股份有限公司、广州市白云化工实业有限公司、广州市高士实业有限公司、广东新展化工新材料有限公司、浙江凌志精细化工有限公司、浙江汇杰有机硅有限公司、北京卓越中空玻璃有限公司。

本标准主要起草人:邓超、段林丽、郭月萍、李步春、蒋金博、胡新嵩、向华、陈世龙、王洪敏、文忠、杨潇珂。

引　　言

本文件的发布机构提请注意，声明符合本文件时，可能涉及到相关专利ZL 2010 1 0200499.2《一种掺白油的硅酮密封胶的鉴定方法》的使用。

本文件的发布机构对于该专利的真实性、有效性和范围无任何立场。

该专利持有人已向本文件的发布机构保证，他同意本文件的使用者可免费使用该专利的相关技术内容。该专利持有人的声明已在本文件的发布机构备案。相关信息可以通过以下联系方式获得：

专利持有人名称：郑州中原应用技术研究开发有限公司

地址：河南省郑州市华山路213号

http://www.cnsealant.com

请注意除上述专利外，本文件的某些内容仍可能涉及专利。本文件的发布机构不承担识别这些专利的责任。

硅酮结构密封胶中烷烃增塑剂检测方法

1 范围

本标准规定了硅酮结构密封胶中烷烃增塑剂(以下简称烷烃增塑剂)检测方法的术语和定义、通则、热重分析试验方法、热失重试验方法、红外光谱分析试验方法和试验报告。

本标准适用于以热重分析、热失重和红外光谱分析方法,定量或定性检测硅酮结构密封胶中的烷烃增塑剂(白油、液体石蜡)。其他硅酮密封胶也可参照执行。

2 规范性引用文件

下列文件对于本文件的应用是必不可少的。凡是注日期的引用文件,仅注日期的版本适用于本文件。凡是不注日期的引用文件,其最新版本(包括所有的修改单)适用于本文件。

GB/T 6040—2002 红外光谱分析方法通则

3 术语和定义

下列术语和定义适用于本文件。

3.1

烷烃增塑剂 alkane plasticizer

在硅酮结构密封胶中添加的,以碳-碳单键构成的饱和烃为主要成分的增塑剂,如白油、液体石蜡。

3.2

白油 white oil

从轻质润滑油中深度精制的或化学合成的一种几乎没有颜色、荧光的油品。

[GB/T 4016—1983(2004),定义 1-091]

3.3

液体石蜡 liquid paraffin

从煤油或柴油分离所得的轻质正构烷烃。

[GB/T 4016—1983(2004),定义 1-154]

4 通则

4.1 标准试验条件

试验室标准试验条件为:温度(23±2)℃ ,相对湿度(50±5)%。

4.2 试验样品和状态调节

试验样品为原包装的单组分密封胶或双组分密封胶。制样前,试验样品应在标准试验条件下放置至少 24 h。

5 热重分析试验方法

5.1 原理

在规定控温条件下持续加热并连续称量被测样品，记录样品在规定时间内和规定温度范围内的质量变化曲线，对比被测样品与空白试验的热重曲线，经计算，定量判定被测样品中烷烃增塑剂的含量。

5.2 一般规定

热重分析试验方法适用于双组分密封胶样品的定量检测。

5.3 试剂和材料

5.3.1 氮气：纯度不小于99.999%。

5.3.2 模具：材料为聚乙烯或聚四氟乙烯，外形及尺寸见图1，用于制备试样。

单位为毫米

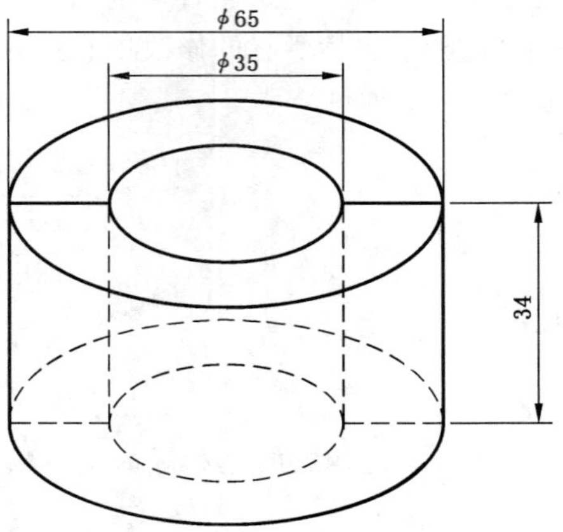

图1 模具示意图

5.3.3 防粘材料：防粘薄膜或防粘纸，如聚乙烯薄膜等，用于制备试样。

5.4 仪器

5.4.1 热重分析仪（TGA）：温度调节范围为室温至1 100 ℃，精度±0.15 ℃，升温速率可调范围为0.1 ℃/min～250 ℃/min，内置天平灵敏度不小于0.001 mg，有完整的热分析系统，能在较短的时间内测出热重曲线。

5.4.2 分析天平：分度值不小于0.1 mg。

5.5 试样制备

将模具的两部分合为一体，固定后立放在防粘材料上。按生产厂标明的比例称取双组分密封胶样品，混合均匀后注入模具内腔。填满并修平模具上表面，在标准试验条件下养护2 d。然后拆模，取出圆柱状胶样。每组样品制备1个胶样。

5.6 试验步骤

5.6.1 试验准备

试验前，先打开天平保护气，用高纯氮气以20 mL/min～30 mL/min恒定流量净化系统，再打开恒温水浴电源，在 22 ℃温度下稳定 30 min 后，打开热重分析仪主机电源，进行仪器自检。

5.6.2 空白试验

在吹扫流量为 30 mL/min～50 mL/min 的氮气流下以 160 ℃/min 的升温速率加热到 200 ℃，并在此温度下保持约 5 min，然后再以 80 ℃/min 升温速率加热至 850 ℃，升温至终点后，用冷却系统自动降温至 50 ℃。按照上述程序进行空白试验，当基线稳定后再进行被测样品的检测。

5.6.3 样品试验

5.6.3.1 将按 5.5 制备养护的密封胶胶样，在其中线沿垂直方向和水平方向各切一刀，在切开的胶样中心处切取约 5 mg～10 mg 试样，放入坩埚内，用分析天平(5.4.2)称量试样质量，精确至 0.1 mg，记为 m。将 m 值输入到 TGA 系统中。

5.6.3.2 打开仪器炉体，将盛有试样的坩埚放到传感器上，关闭炉体，然后开启自动检测系统。

5.6.3.3 以 160 ℃/min 的升温速率加热到 200 ℃，并在此温度下保持约 5 min，此时记录样品失重质量为 Δm。然后再以 80 ℃/min 升温速率加热至 850 ℃，升温至终点后，用冷却系统自动降温。

5.7 结果计算

烷烃增塑剂质量分数的结果计算按式(1)进行，以%表示：

$$w = \frac{\Delta m}{m} \times 100 - w_A \qquad \cdots\cdots(1)$$

式中：

w ——烷烃增塑剂质量分数，%；

Δm ——试样的失重质量，单位为毫克(mg)；

m ——试样的初始质量，单位为毫克(mg)；

w_A ——修正值，%。

5.8 修正值

用于测试双组分硅酮结构密封胶中烷烃增塑剂的热重分析试验方法的修正值(w_A)为 1%。

6 热失重试验方法

6.1 原理

在规定温度条件下加热被测样品，称量并记录被测样品加热前后的质量，经计算，定量判定被测样品中烷烃增塑剂的质量分数。

6.2 一般规定

热失重试验方法适用于单组分和双组分密封胶样品的定量检测。

6.3 试剂和材料

6.3.1 丙酮：分析纯。

6.3.2 模框：厚度为 1 mm 的不锈钢板，外形尺寸为 80 mm×80 mm，内框尺寸为 40 mm×40 mm。

6.3.3 垫板：厚度约 0.4 mm 的铝板，尺寸为 80 mm×80 mm，表面平整。

6.4 仪器

6.4.1 分析天平：分度值不小于 0.1 mg。

6.4.2 鼓风式干燥箱：温度可调至(105±2)℃和(250±2)℃。

6.5 试样制备

6.5.1 用丙酮等溶剂清洗模框和垫板，在(105±2)℃的恒温箱中干燥 24 h 后备用。

6.5.2 用天平称量垫板的质量(m_0)，精确至 0.1 mg。

6.5.3 将模框放置在垫板上，用刮刀将单组分密封胶样品或事先按规定配比混合均匀的双组分密封胶样品刮抹在模框内，刮平后去除模框。每组样品按同样方法制备 3 个试件。

6.6 试验步骤

6.6.1 去除模框后，用天平快速称量每个试件的质量(m_1)，精确至 0.1 mg。

6.6.2 将试件平放于温度已调至(250±2)℃的鼓风式干燥箱中，加热 4 h。然后取出放在干燥器中，在标准试验条件下放置 30 min。

6.6.3 用天平再次称量每个试件的质量(m_2)，精确至 0.1 mg。

6.7 结果计算

烷烃增塑剂质量分数的结果计算按式(2)进行，以%表示：

$$w=\frac{m_1-m_2}{m_1-m_0}\times 100-w_A \qquad \cdots\cdots(2)$$

式中：

w ——烷烃增塑剂质量分数，%；

m_1 ——试件的初始质量，单位为克(g)；

m_2 ——处理后的试件质量，单位为克(g)；

m_0 ——垫板的质量，单位为克(g)；

w_A ——修正值，%。

6.8 修正值

用于测试单组分硅酮结构密封胶中烷烃增塑剂的热失重试验方法的修正值(w_A)为 6%。

用于测试双组分硅酮结构密封胶中烷烃增塑剂的热失重试验方法的修正值(w_A)为 5%。

7 红外光谱分析试验方法

7.1 原理

在特定波数范围内，将波长连续变化的红外光照射在经过处理的被测样品上，使样品选择性吸收与其分子固有振动能级相对应的特定波长红外线，得到与样品分子基团结构对应的特定光谱，从而定性鉴定被测样品中烷烃增塑剂的官能团。

7.2 一般规定

红外光谱分析试验方法适用于单组分和双组分密封胶样品的定性检测。

7.3 仪器

傅立叶变换红外光谱仪，波数范围为 4 000 cm^{-1}～400 cm^{-1}，光谱分辨率不低于 4 cm^{-1}，扫描次数可调至 15 次。

7.4 试样制备

7.4.1 用合适材料在防粘材料(5.3.3)上组装成空腔,使空腔尺寸为 200 mm×20 mm×10 mm。然后用挤枪将单组分样品嵌填在空腔内,制成厚度为 10 mm 的长条状胶样,在标准试验条件下养护 7 d。然后拆模,取出胶样。每组样品制备 1 个胶样。

7.4.2 双组分样品的试样制备和养护同 5.5。

7.5 试验步骤

7.5.1 将按 7.4 养护后的密封胶胶样剪碎,称取约 10 g 剪碎试样,放入 50 mL 具塞锥形瓶内,用 20 mL 丙酮(6.3.1)浸泡 7 d。

7.5.2 打开仪器,进行背景扫描,扣除空气中的水与二氧化碳的影响。

7.5.3 将 1 滴浸泡液试样涂抹在晶片上,待溶剂挥发后,按 GB/T 6040—2002 中 5.2.2 的规定进行红外分析检测,宜采用透过法。每个样品进行 1 次测试,报告测试的红外光谱的谱图。

7.6 结果分析

烷烃增塑剂的定性结果分析按 GB/T 6040—2002 第 7 章的规定进行。如果在红外光谱图的波数范围 715 cm^{-1} ～725 cm^{-1}、1 375 cm^{-1} ～1 385 cm^{-1}、1 450 cm^{-1} ～1 470 cm^{-1}、2 850 cm^{-1} ～2 860 cm^{-1}、2 920 cm^{-1}～2 930 cm^{-1}、2 955 cm^{-1}～2 965 cm^{-1}中出现至少 4 个吸收峰,则可判定样品中含有烷烃增塑剂(如白油、液体石蜡)。

烷烃增塑剂的典型红外吸收光谱图参见附录 A。

7.7 检出限

用于测试硅酮结构密封胶中烷烃增塑剂的红外光谱分析试验方法的检出限为 2%。

8 试验报告

试验报告应写明下述内容:

a) 试验室名称和试验日期;
b) 采用的本标准的名称和编号;
c) 密封胶样品种类、包装、批号和来源;
d) 使用的试验方法(热重分析试验方法或热失重试验方法,红外光谱分析试验方法),所用仪器;
e) 定量或定性分析试验结果,必要时报告热重曲线、红外光谱图;
f) 与本标准规定试验条件的差异。

附 录 A
（资料性附录）
烷烃类矿物油的红外吸收光谱图

本附录给出了用红外光谱分析仪测试的烷烃类矿物油的红外吸收光谱图，该谱图不是以标准物质为基准测得的。本附录只是为本标准的使用者提供方便，可作为按本标准测试同类样品时，分析红外吸收光谱图结果的参考。

烷烃类矿物油的红外吸收光谱图见图 A.1。

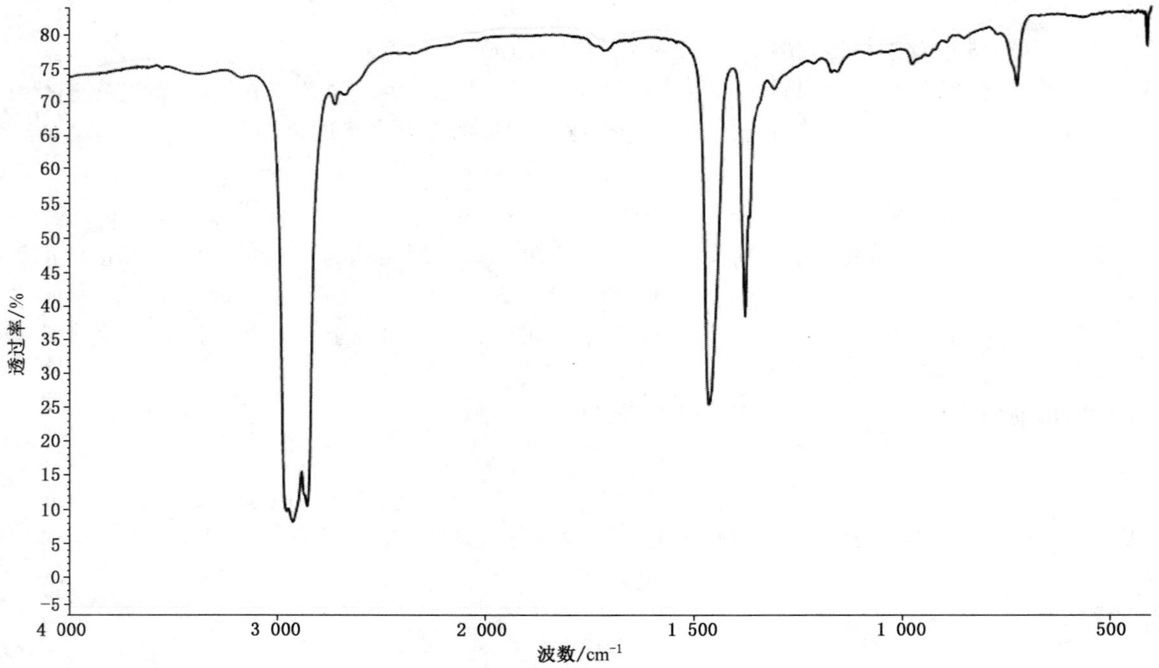

图 A.1 烷烃类矿物油的红外吸收光谱图

参 考 文 献

[1] GB/T 4016—1983(2004) 石油产品名词术语
[2] JY/T 014—1996 热分析方法通则
[3] SH/T 0006—2002 工业白油
[4] SH/T 0416—1992 重质液体石蜡
[5] SH/T 0417—1992 液体石蜡

ICS 13.030.10
Z 05

中华人民共和国国家标准

GB/T 31852—2015

铬渣处理处置规范

Treatment and disposal specification for chromite processing residue

2015-07-03 发布　　2016-02-01 实施

中华人民共和国国家质量监督检验检疫总局
中国国家标准化管理委员会　发布

前　言

本标准按照 GB/T 1.1—2009 给出的规则起草。

本标准由中国石油和化学工业联合会提出。

本标准由全国废弃化学品处置标准化技术委员会(SAC/TC 294)归口。

本标准起草单位:四川省银河化学股份有限公司、中海油天津化工研究设计院、湖北振华化学股份有限公司、甘肃锦世化工有限责任公司、山东出入境检验检疫局。

本标准主要起草人:马顺友、李霞、陈小红、张忠元、赵祖亮、谢友才、毛雪琴、刘静文、白礼太。

铬渣处理处置规范

1 范围

本标准规定了铬渣的处理处置方法的术语和定义、铬渣处理处置方法、铬渣处理后要求及废水处理。

本标准适用于铬渣的处理处置过程。

2 规范性引用文件

下列文件对于本文件的应用是必不可少的。凡是注日期的引用文件，仅注日期的版本适用于本文件。凡是不注日期的引用文件，其最新版本(包括所有的修改单)适用于本文件。

GB 5085.3—2007 危险废物鉴别标准 浸出毒性鉴别

HJ/T 299 固体废物 浸出毒性浸出方法 硫酸硝酸法

3 术语和定义

下列术语和定义适用于本文件。

3.1

铬渣 chromite processing residue

以铬铁矿为原料生产铬化合物的过程中，经氧化焙烧、浸取后产生的废渣为铬渣。其中，铬铁矿采用无钙焙烧工艺(氧化焙烧时不添加任何含钙物质)产生的废渣称为无钙铬渣。

4 铬渣处理处置方法

4.1 无钙铬渣生产含铬合金

4.1.1 方法原理

无钙铬渣、还原剂(焦炭、兰炭或煤)、助熔剂(硅石、石灰或萤石)等在电炉中进行高温冶炼。高温下C被渣中氧化物部分氧化为CO，C和CO将渣中的六价铬还原成三价铬，进而将渣中Cr_2O_3、Fe_2O_3还原为单质Cr、Fe，部分生成碳化铬、碳化铁。单质Cr、Fe和碳化物相互熔融形成金属熔液(铬铁相)，无钙铬渣中其他成分SiO_2、MgO、Al_2O_3等在助熔剂作用下形成熔点较低的低共熔混合物(渣相)。铬铁相与渣相互不相熔，且铬铁相密度大于渣相密度，致使两相分层。助熔剂使渣中其他成分生成低共熔混合物的同时，降低了渣相的熔点和黏度，便于渣相和铬铁相分离分层，依次出炉。其主要化学反应式如下：

$$2C+O_2 \rightarrow 2CO\uparrow$$

$$2Na_2CrO_4+3CO \rightarrow 2NaCrO_2+Na_2CO_3+2CO_2\uparrow$$

$$4Na_2CrO_4+3C \rightarrow 4NaCrO_2+2Na_2CO_3+2CO_2\uparrow$$

$$Fe_2O_3+3C \rightarrow 2Fe+3CO\uparrow$$

$$2/3Cr_2O_3+2C \rightarrow 4/3Cr+2CO\uparrow$$

$$2/3Cr_2O_3+26/9C \rightarrow 4/9Cr_3C_2+2CO\uparrow$$

$$2/3Cr_2O_3+18/7C \rightarrow 4/21Cr_7C_3+2CO\uparrow$$

$$2/3Cr_2O_3+54/23C \rightarrow 4/69Cr_{23}C_6+2CO\uparrow$$

$$14/5Cr_3C_2+2/3Cr_2O_3 \rightarrow 4/3Cr+6/5Cr_7C_3+2CO\uparrow$$

$$1/3Cr_{23}C_6+2/3Cr_2O_3 \rightarrow 9Cr+2CO\uparrow$$

4.1.2 工艺流程

冶炼用助熔剂(硅石、石灰或萤石)经提升机送入磨头仓,由计量皮带输送机送入磨机粉磨,合格助熔剂粉进入助熔剂料仓,助熔剂粉和还原剂(焦炭、兰炭或煤)按比例通过微机自动控制,采用稳流计量绞刀计量,由提升机送入混合料仓,混合料和无钙铬渣经过微机自动控制系统的配比控制,送入混料机混合,同时加入专用的造球剂,并控制液固比进行造球。

造好的球团用干燥机连续加热烘干后,由皮带输送机送入储料仓,料仓内的球团称重计量后经斜桥上料,将物料送入加料仓,加入电炉进行冶炼。碳将球团中六价铬还原,并将铬、铁氧化物还原,生成碳化物和单质铬、铁。冶炼产生的烟气经重力除尘、布袋除尘后,达标排放,尘灰进入生产重铬酸钠的生产系统。

冶炼完成后的铁水倒入铁水包,将铁水包中铁水注到锭模中,冷却后进行精整,得到含铬合金。炉渣通过渣槽流入水淬池进行水淬,经水淬至合适粒度后作水泥添加剂。

无钙铬渣生产含铬合金工艺流程图见图1。

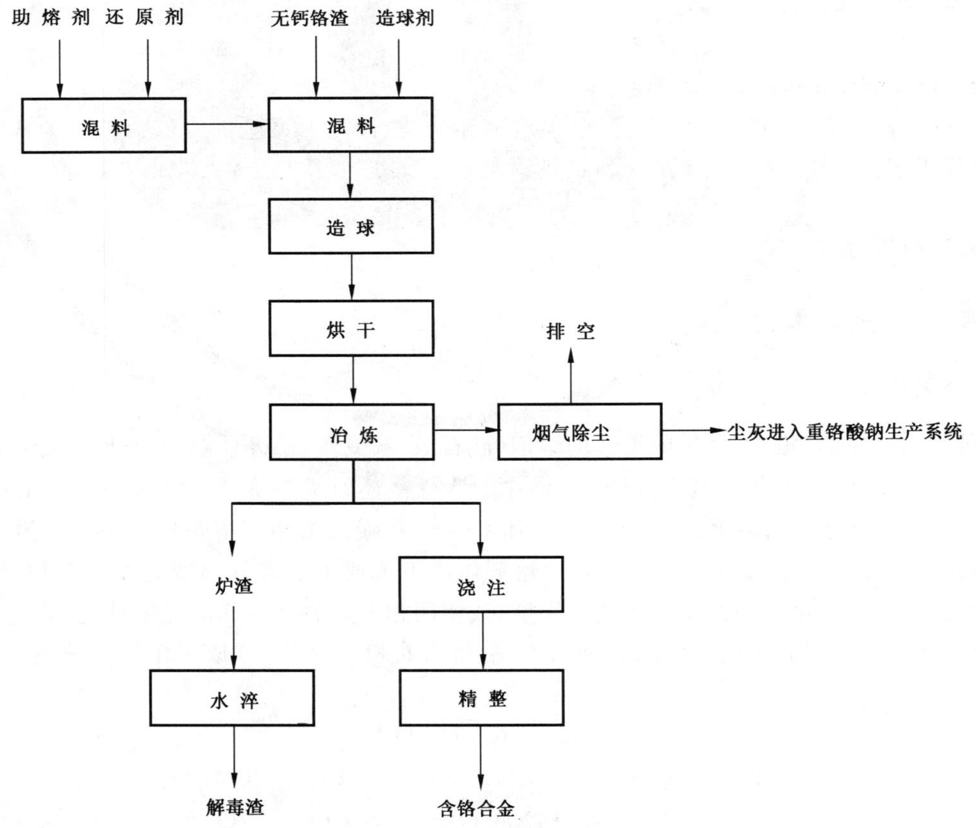

图1 无钙铬渣生产含铬合金工艺流程图

4.1.3 工艺控制条件

4.1.3.1 配料、烘干工序

配料、烘干工序主要工艺控制条件见表1。

表1 配料、烘干工序主要工艺控制条件

项　目		指　标
助熔剂配比/(kg/t)		100～150
还原剂配比/(kg/t)		200～300
无钙渣配比/(kg/t)		600～700
配料准确度/%		100±5
混料均匀度/%	≥	95
球团水分 w/%	≤	5
球团粒度(5 mm 筛余物)/%	≥	60
烘干机进口温度/℃		500～700

4.1.3.2 冶炼工序

冶炼工序主要工艺控制条件见表2。

表2 冶炼工序主要工艺控制条件

项　目		指　标
二次电压/V		150.0～180.0
袋除尘空压压力/MPa		0.35～0.45
水淬水温/℃	≤	50
水淬渣粒度/cm	≤	1

4.1.4 主要设备

配料、烘干工序的主要设备有:磨机、破碎机、混料机、造球机、电动筛、干燥机、输送机、铰刀、提升机等。

冶炼工序的主要设备有:斜桥上料机、电磁振动给料机、电炉及变压器、循环水泵及冷却水池、液压站、袋除尘、砸铁机、铁水包、锭模、双梁起重机等。

4.1.5 含铬合金技术要求

由无钙铬渣生产的含铬合金可用于生产耐磨钢球、钢段、衬板、耐磨溜槽,可深加工成不锈钢,也可添加入其他合金中调整铬含量。由无钙铬渣生产的含铬合金应符合表3技术要求。

表 3　技术要求

项　目		指　标
铬(Cr)w/%	≥	15
碳(C)w/%	≤	6
硅(Si)w/%	≤	3
硫(S)w/%	≤	0.1

4.2　回转窑干法解毒

4.2.1　方法原理

铬渣与煤炭按照一定比例混合煅烧，碳生成一氧化碳，高温下碳和一氧化碳与六价铬发生氧化还原反应，生成亚稳定状态的三价铬，经含有还原剂的水溶液水淬急冷，转变为稳定的三氧化二铬。其主要化学反应式如下：

$$2C+O_2 \rightarrow 2CO\uparrow$$

$$2Na_2CrO_4+3CO \rightarrow 2NaCrO_2+Na_2CO_3+2CO_2\uparrow$$

$$2CaCrO_4+3CO \rightarrow Ca(CrO_2)_2+CaO+3CO_2\uparrow$$

$$4Na_2CrO_4+3C \rightarrow 4NaCrO_2+2Na_2CO_3+CO_2\uparrow$$

$$4CaCrO_4+3C \rightarrow 2Ca(CrO_2)_2+2CaO+3CO_2\uparrow$$

4.2.2　工艺流程

铬渣与还原煤分别破碎后按比例进入料仓，由下料皮带机送入回转窑煅烧。破碎系统的除尘装置采用布袋除尘器。

燃烧煤先经颚式破碎机破碎后进入球磨机，磨细至 80 μm 的煤粉进入煤粉仓，由鼓风机喷入回转窑内燃烧，提供反应所需热量，窑内尾气经沉降室、旋风除尘、高压静电除尘后排空。

进入回转窑的铬渣和煤与高温气流逆流，经干燥、预热，进入高温段时被加热至 800 ℃～900 ℃左右，六价铬还原为三价铬。继续保持还原气氛，经窑头下料口落入冷却螺旋，用硫酸亚铁溶液或含其他还原剂的水溶液进行水淬，使高温亚稳定状态的三价铬通过水淬急冷，转变为常温稳定的三氧化二铬。冷却后的解毒渣送入解毒渣场。

回转窑干法解毒工艺流程图见图 2。

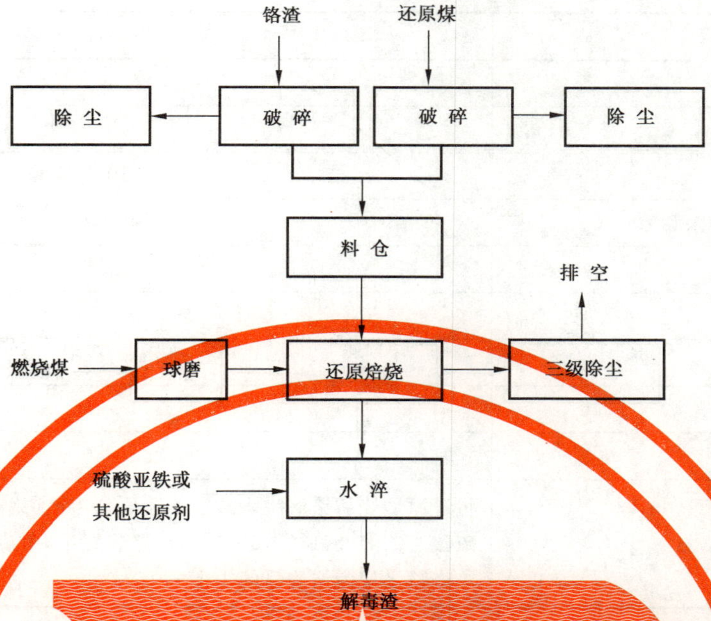

图2 回转窑干法解毒工艺流程图

4.2.3 工艺控制条件

4.2.3.1 煅烧前生料的制备

煅烧前生料制备的主要工艺控制条件见表4。

表4 煅烧前生料制备的主要工艺控制条件

项 目	指 标
铬渣细度/mm	4～10
还原煤细度/mm ≤	10
铬渣与还原煤配比/t/t	100∶10
还原煤水分 w/% ≤	5
铬渣水分 w/% ≤	5

4.2.3.2 还原煅烧、冷却工序

回转窑干法解毒还原煅烧及冷却的主要工艺控制条件见表5。

表5　还原煅烧、冷却工序的主要工艺控制条件

项　目		指　标
燃烧煤热值/(kJ/kg)	≥	25 092
燃烧煤挥发分 w/%	≥	25
燃烧煤灰分 w/%	≤	10
燃烧煤细度(0.08 mm 筛余物)w/%		10～12
燃料煤水分 w/%	≤	1.5
回转窑窑头温度/℃		650～750
回转窑高温带温度/℃		800～900
回转窑窑尾温度/℃		350～450
窑尾负压/Pa		60～80
水淬		将还原煅烧后铬渣浸入酸性含还原剂溶液[锅炉脱硫除尘废水或酸性硫酸亚铁溶液(1%～3%)]的水淬装置中,急冷至 500 ℃以下,还原水淬渣喷水量为铬渣量的 10%～15%

4.2.4　主要设备

回转窑干法解毒的主要设备有:破碎机、直线振动筛、输送机、提升机、旋风除尘器、电除尘器、回转窑及燃烧系统、水淬系统、球磨机、空压机、布袋除尘器、余热利用锅炉等。

4.3　增压隔氧解毒法

4.3.1　方法原理

铬渣与煤混合细磨后挤压成坯块,进入辊道窑进行高温煅烧,碳在高温缺氧条件下生成的一氧化碳与坯块中的六价铬发生氧化还原反应,将六价铬还原成亚稳定状态的三价铬,经含有还原剂的水溶液水淬急冷,转变为稳定的三氧化二铬。其主要化学反应式如下:

$$2C + O_2 \rightarrow 2CO\uparrow$$

$$2Na_2CrO_4 + 3CO \rightarrow 2NaCrO_2 + Na_2CO_3 + 2CO_2\uparrow$$

$$2CaCrO_4 + 3CO \rightarrow Ca(CrO_2)_2 + CaO + 3CO_2\uparrow$$

4.3.2　工艺流程

铬渣送入烘干窑烘干后破碎。烘干系统的除尘装置采用气箱脉冲除尘器。将铬渣均匀填搭煤粉后,进入球磨机磨细。磨细后的粉料进双轴搅拌,加水进行匀混,湿润的粉料进入压机挤压成型。压好的砖坯由坯线送入辊道窑进行煅烧,未成型的断砖返回破碎系统。

进入辊道窑中的砖坯经过干燥、预热,进入高温段时被加热至 900 ℃～1 000 ℃左右,六价铬在密闭缺氧的条件下被还原为三价铬。然后继续保持还原气氛,经高温还原后的物料通过冷却带,进入含还原剂的水中快速水淬降温,使高温亚稳定状态的三价铬通过水淬急冷,转变为稳定的三氧化二铬。打捞解毒渣,冷却后送入解毒渣场。

增压隔氧解毒法工艺流程图见图 3。

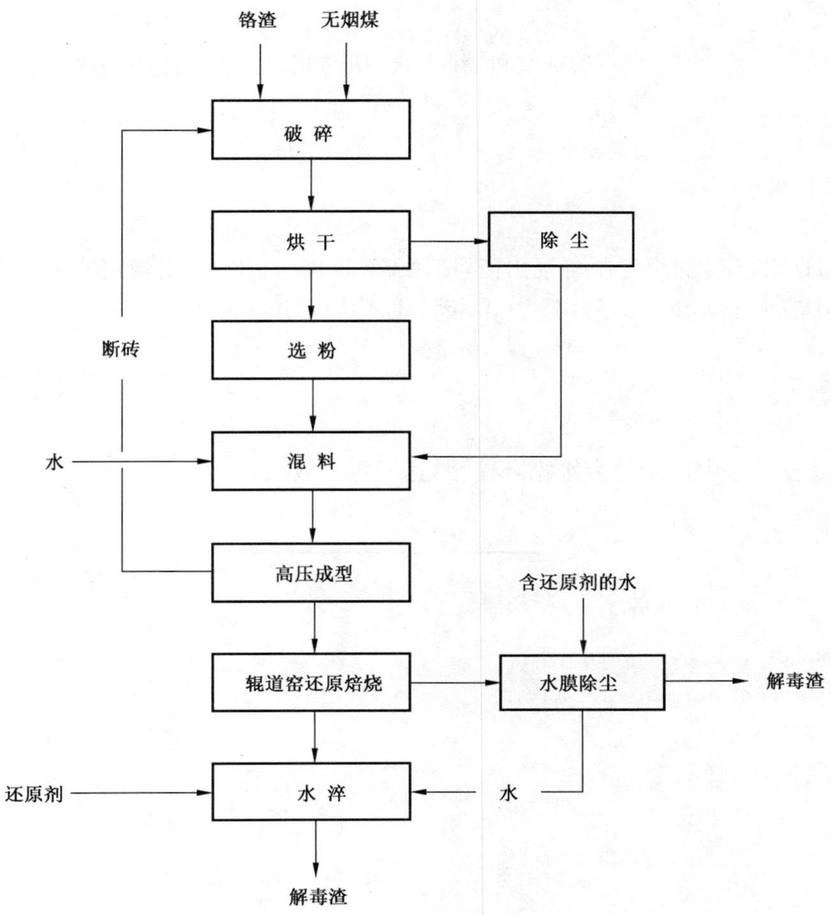

图 3　增压隔氧解毒法工艺流程图

4.3.3　工艺控制条件

增压隔氧解毒法主要工艺控制条件见表 6。

表 6　主要工艺控制条件

项　目	指　标
烘干后铬渣水分 w/%　　≤	3
粉料细度(0.075 mm 筛余物)w/%	25～38
搭煤量 w/%	2～9
压前粉料水分 w/%	4～8
坯块尺寸/(mm×mm×mm)	250×250×50
烘干砖坯水分 w/%　　≤	4
烧成带窑温/℃	900～1 000
水淬	将高温解毒后渣浸入含有还原剂(亚硫酸钠或硫酸亚铁)的水淬装置中,将渣的明火浇灭,降温到 300 ℃以下

4.3.4 主要设备

增压隔氧解毒法的主要设备有:球磨机、烘干机、压砖机、收尘风机、辊道窑、水膜除尘器、气箱脉冲除尘器等。

5 铬渣处理后要求

解毒渣按 HJ/T 299 的规定制备浸出液,按照 GB 5085.3—2007 中规定的分析方法检测,浸出液中铬(六价)浓度不应大于 5 mg/L,浸出液中总铬浓度不大于 15 mg/L。

6 废水处理

铬渣处理处置过程中产生的废水循环使用,达到零排放。

ICS 91.140.01
P 42

GB

中华人民共和国国家标准

GB/T 31853—2015

矢量无负压供水设备

Water supply equipment of vector control non-negative press

2015-07-03 发布　　2016-06-01 实施

中华人民共和国国家质量监督检验检疫总局
中国国家标准化管理委员会　发布

前　言

本标准按照 GB/T 1.1—2009 给出的规则起草。

本标准由中华人民共和国住房和城乡建设部提出。

本标准由全国城镇给水排水标准化技术委员会(SAC/TC 434)归口。

本标准负责起草单位:北京威派格科技发展有限公司。

本标准参加起草单位:杭州沃德科技有限公司、上海沃德华资机械有限公司。

本标准主要起草人:柳兵、李纪玺、杨峰、徐宏建、孙海玲、张传明、李纪伟、丁凯、冯林平。

矢量无负压供水设备

1 范围

本标准规定了矢量无负压供水设备的术语和定义、标记和结构、设备使用条件、要求、试验方法、检验规则、标志、包装、运输和贮存。

本标准适用于工业与民用建筑生活用水的矢量无负压供水设备。

2 规范性引用文件

下列文件对于本文件的应用是必不可少的。凡是注日期的引用文件，仅注日期的版本适用于本文件。凡是不注日期的引用文件，其最新版本(包括所有的修改单)适用于本文件。

GB 150.4 压力容器 第4部分：制造、检验和验收

GB/T 156 标准电压

GB/T 191 包装储运图示标志

GB 755 旋转电机 定额和性能

GB/T 762 标准电流等级

GB/T 2423.1—2008 电工电子产品环境试验 第2部分：试验方法 试验A：低温

GB/T 2423.2—2008 电工电子产品环境试验 第2部分：试验方法 试验B：高温

GB/T 2423.3—2006 电工电子产品环境试验 第2部分：试验方法 试验Cab：恒定湿热试验

GB/T 3047.1 高度进制为20 mm的面板、架和柜的基本尺寸系列

GB/T 3214 水泵流量的测定方法

GB/T 3797—2005 电气控制设备

GB 4208 外壳防护等级(IP代码)

GB/T 5657 离心泵技术条件(Ⅲ类)

GB 5749 生活饮用水卫生标准

GB/T 5750(所有部分) 生活饮用水标准检验方法

GB 7251.1—2013 低压成套开关设备和控制设备 第1部分：总则

GB/T 12771 流体输送用不锈钢焊接钢管

GB/T 13306 标牌

GB/T 13384 机电产品包装通用技术条件

GB/T 14549 电能质量 公用电网谐波

GB/T 17219 生活饮用水输配水设备及防护材料的安全性评价标准

GB/T 17626.7 电磁兼容 试验和测量技术 供电系统及所连设备谐波、谐间波的测量和测量仪器导则

GB/T 22669—2008 三相永磁同步电动机试验方法

GB/T 25198 压力容器封头

GB 50015 建筑给水排水设计规范

GB 50343 建筑物电子信息系统防雷技术规范

CJ/T 352 微机控制变频调速给水设备

HY/T 112 超滤膜及其组件

JB/T 3085 电力传动控制装置的产品包装与运输规程

JB/T 4711 压力容器涂敷与运输包装

JB/T 7387 工业过程控制系统用电动控制阀

JB/T 8097 泵的振动测量与评价方法

JB/T 8098 泵的噪音测量与评价方法

3 术语和定义

下列术语和定义适用于本文件。

3.1

矢量无负压供水设备 water supply equipment of vector control non-negative press

安装在市政供水管网与用户之间,以矢量泵组、矢量变频控制柜为核心,在市政供水管网压力下,叠压供水,并保证叠压供水压力不低于当地供水部门所规定的最小服务水头,具有水质改善与远程在线监控等功能的二次供水设施。

3.2

三腔式稳压补偿罐 the pressure-stabilization compensation tank with three-cavity

安装在市政供水管网与矢量泵组吸水口之间,具有稳定用户管道压力、流量补偿功能的分腔式罐体,由超高压腔、高压腔和恒压腔组成。

3.3

多级双向补偿器 the multilevel bidirectional compensator

安装在三腔式稳压补偿罐之间,具有自动蓄水调节功能的装置,由补水功能阀组、差量补偿功能阀组和小流量保压功能阀组组成。

3.4

敏捷流量控制器 the sensitive flowrate controller

安装在市政供水管网与三腔式稳压补偿罐之间,具有时时监测市政供水管网压力并保证市政供水管网压力不低于当地供水部门所规定的最小服务水头调节设备入口流量功能的装置,由主阀体、导阀以及相应的控制系统组成。

3.5

矢量电机 vector control motor

采用矢量模式变频控制的稀土永磁同步电机。

3.6

矢量泵组 vector control pump

由矢量电机驱动的水泵机组。

3.7

矢量变频控制　frequency conversion vector control

将电动机的定子电流矢量分解为产生磁场的电流分量(励磁电流)和产生转矩的电流分量(转矩电流)分别加以控制并同时控制两个电流分量的幅值和相位的一种控制方式。

3.8

水质改善功能模块　the water improving module

以超滤膜为核心,在线对接矢量无负压设备,可对市政供水进行改善,包括预处理、超滤膜水质处理、超滤膜药洗、超滤膜反冲洗四部分。

3.9

远程在线监测模块　the remote online monitoring module

能够在线监测水质和设备运行状态,主要由颗粒计数仪、控制柜及远程监控平台组成。

4　标记和结构

4.1　标记

矢量无负压供水设备(以下简称设备)标记:

□-□/□-□-□

- 水泵台数(包括备用泵)
- 设备额定供水扬程(m)
- 设备额定供水流量(m^3/h)
- 水质改善与监测功能(-S)
- 设备代号(SW)

示例:

具有水质改善与监测功能,额定供水流量为 100 m^3/h,额定供水扬程为 80 m,配置两台工作水泵和一台备用水泵的矢量无负压供水设备表示为:SW -S/100-80-3。

4.2　结构

4.2.1　设备组成图 ,见图 1。

4.2.2　水质改善功能模块 ,见图 2。

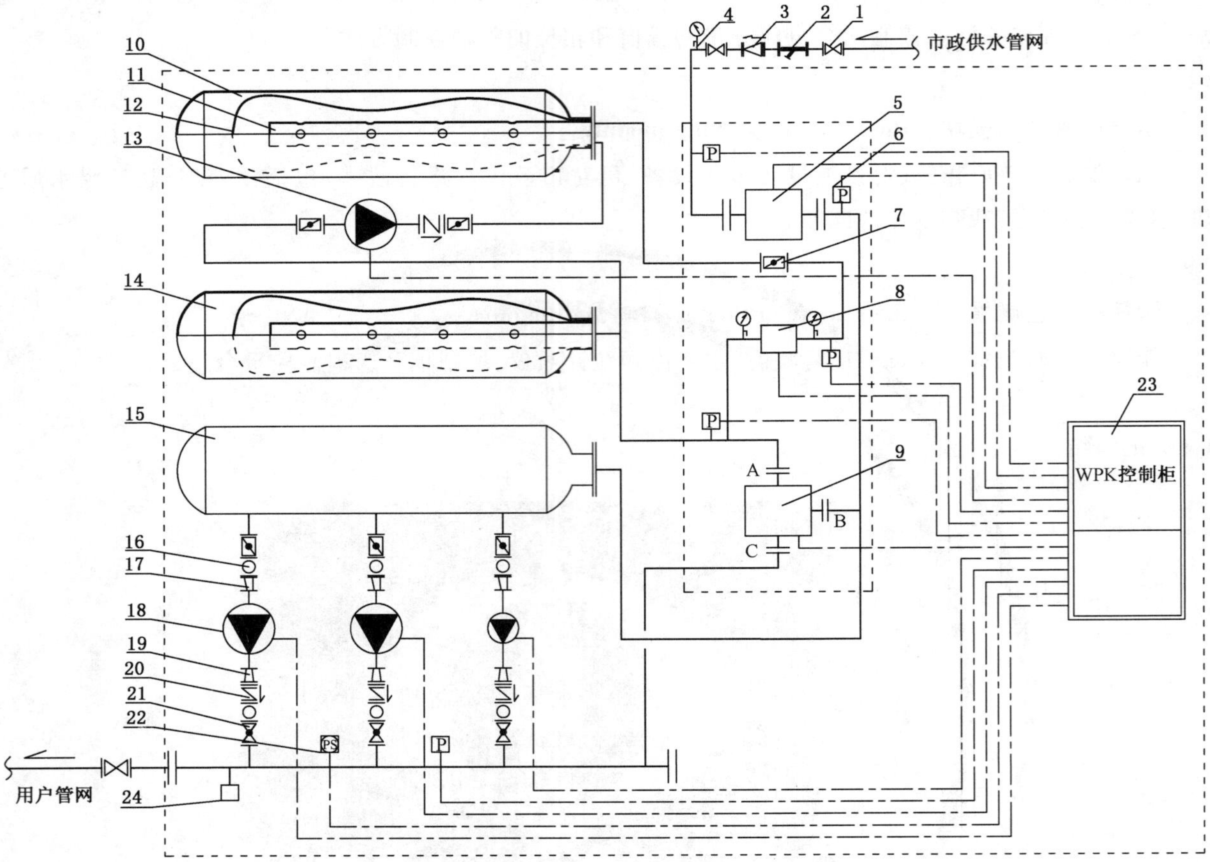

说明：

1——阀门；	13——超高压蓄能泵；
2——Y 型过滤器；	14——高压腔；
3——倒流防止器；	15——恒压腔；
4——压力表；	16——可曲挠橡胶接头；
5——敏捷流量控制器；	17——偏心异径管；
6——压力传感器；	18——矢量泵组；
7——蝶阀；	19——同心异径管；
8——电磁减压阀；	20——对夹式止回阀；
9——多级双向补偿器；	21——球阀；
10——超高压腔；	22——压力传感器；
11——导流管；	23——矢量变频控制柜；
12——食品级水囊；	24——超压保护装置。

注：虚线外框以内为厂家供货范围。

图 1　设备组成图

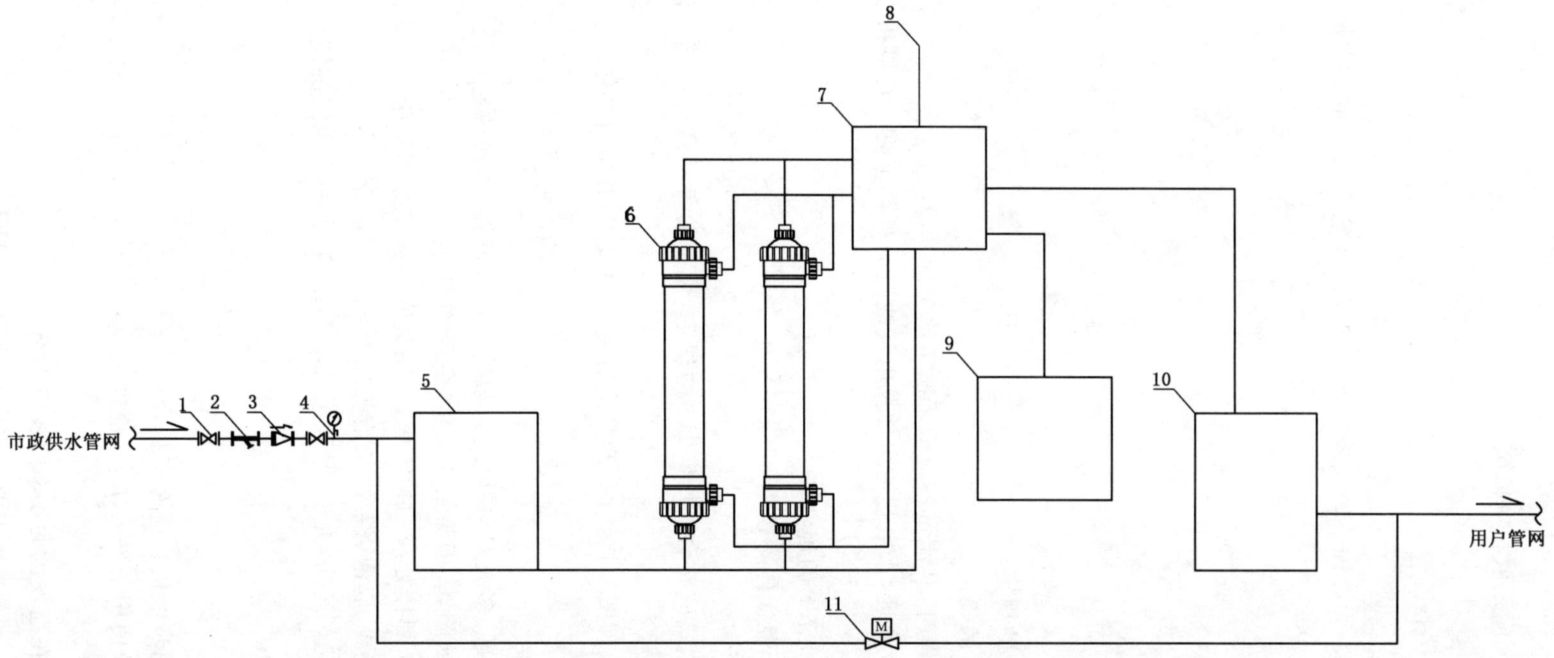

说明：

1 ——阀门；
2 ——Y 型过滤器；
3 ——倒流防止器；
4 ——压力表；
5 ——预处理单元；
6 ——超滤膜组件；
7 ——超滤膜切换阀组件；
8 ——超滤膜排水口；
9 ——药洗组件；
10——矢量无负压组件；
11——应急切换阀组件。

图 2　水质改善功能模块图(可选项)

5 设备使用条件

5.1 环境温度：4 ℃～40 ℃，若超出此范围应采取相应措施。
5.2 相对湿度：≤90%(20 ℃)，无凝露。
5.3 供电电源：三相五线，(380±27)V，50 Hz。
5.4 海拔高度：≤1 000 m。
5.5 设备安装地点应无导电或爆炸性尘埃，无腐蚀金属或破坏绝缘的气体或蒸汽及其他严重污染环境的介质。
5.6 流量范围：≤500 m^3/h。
5.7 工作压力范围：≤2.5 MPa。

6 要求

6.1 一般要求

6.1.1 设备的额定电压应符合 GB/T 156 的规定。
6.1.2 设备的额定电流应符合 GB/T 762 的规定。
6.1.3 在工频状态，设备单泵满足额定扬程时，其流量不应低于额定流量的 95%。
6.1.4 设备的整体结构及部件安装位置应合理，水电管道组件及电气线路的布置应便于安装和维修。
6.1.5 电机的性能应符合 GB 755 的规定。
6.1.6 设备的控制柜尺寸应按照 GB/T 3047.1 的规定。
6.1.7 设备过流部件的材质宜采用不低于奥氏体不锈钢 06Cr19Ni10。
6.1.8 设备底盘应进行热浸锌处理。
6.1.9 管材、管件、阀门等的使用及连接方式应符合 GB 50015 的规定，设备的各种阀门及其他活动部件应能够方便操作。
6.1.10 产品应有使用说明书、电气控制原理图和接线图，产品应有良好的包装，并附有装箱单。

6.2 外观

6.2.1 设备的矢量泵组、三腔式稳压补偿罐、多级双向补偿器、敏捷流量控制器、水质改善功能模块、管路等表面不应有明显的磕碰伤痕、变形等缺陷，表面涂层应完整、色泽均匀。
6.2.2 矢量变频控制柜表面应平整、均匀，焊接处应均匀牢固，无明显变形或烧穿等缺陷。表面涂层不应有炫目反光，颜色应均匀一致，不应有脱漆、起泡、裂纹、流痕等现象。
6.2.3 不锈钢设备焊缝应均匀、牢固，不应有气孔、夹渣、裂纹或烧穿等缺陷，表面应做酸洗钝化或电解抛光处理。

6.3 矢量泵组

6.3.1 矢量泵组电动机应配置稀土永磁同步电机且应有产品合格证。
6.3.2 矢量泵组的流量和扬程应满足设备使用条件要求，其他性能应符合 GB/T 5657 的规定，与水泵配套的电机性能应符合 GB 755 的规定。
6.3.3 变频工况时效率应保持在高效区，在高效区的效率曲线应平坦。
6.3.4 系统信号响应时间应小于或等于 1 s，出水压力波动不应超过±0.01 MPa。
6.3.5 水泵进口应配置偏心异径管，出口应配置同心异径管。
6.3.6 设备应配置备用泵。

6.4 矢量变频控制柜

6.4.1 一般要求

6.4.1.1 制造应符合 GB/T 3047.1 和 CJ/T 352 的规定。

6.4.1.2 变频器应采用专用矢量变频器,对矢量泵一对一独立控制,当一台变频器出现故障时,另一台仍能变频运行,保障供水安全。

6.4.1.3 矢量变频器应对电机实时控制,实时监控电机运行参数。

6.4.1.4 控制柜屏应配有嵌入式一体化工控机和声光报警指示灯;面板上应设有设定压力、实际压力、电流、电压、频率等的显示窗口;按钮、指示灯及显示仪表应齐全,且分布应合理并易于操作和观察;应设有水泵启闭状态显示、功能指示标志,其图形及文字要求应符合国家现行相关标准的规定。

6.4.1.5 应配置人机界面,分辨率不低于 800×480;应有数据采集、传输模块,可存储运行数据、故障数据、操作记录,并可将以上数据导出。

6.4.1.6 控制柜内电缆应为防火、阻燃型。

6.4.1.7 控制柜内应有排风扇。

6.4.1.8 控制柜内应有温湿度采集控制装置、强制通风装置、照明装置和加热装置。

6.4.1.9 柜门打开后应有 LED(发光二极管)灯照明,LED 灯应受行程开关控制实现自动开闭功能。

6.4.1.10 元器件应有产品合格证,内部配件应装配合理、结构紧凑、工艺完好、维修方便。

6.4.1.11 控制柜应有吊装环。

6.4.2 电气间隙与爬电距离

设备中带电电路之间以及带电零部件或接地零部件之间的电气间隙和爬电距离应符合 GB/T 3797—2005 的规定。

6.4.3 外壳防护等级

外壳防护等级应符合 GB 4208 的 IP54 的规定。

6.4.4 抗干扰性要求

6.4.4.1 在距离控制柜 1 m 处 20 kW 的电动设备干扰下,控制柜应能稳定可靠工作。

6.4.4.2 控制柜指示灯应采用防电磁干扰型。

6.4.5 绝缘电阻与介电强度

6.4.5.1 外部电端子与机壳之间的绝缘电阻应大于 2 MΩ;电源接线与地之间的绝缘电阻应大于 15 MΩ。

6.4.5.2 外部带电端子与机壳及地之间应承受 2 000 V 介电试验电压,试验过程无电击穿和闪络现象。

6.4.6 安全接地

6.4.6.1 金属构体上应有接地点,与接地点相连接的保护导线的截面,应符合 GB/T 3797—2005 中表 5 的规定。与接地点连接的导线应为黄、绿双色线。不能明显表明的接地点,应在其附近标注明显的接地符号。

6.4.6.2 主接地点与金属部件之间的电阻不应超过 0.1 Ω。

6.4.6.3 连接接地线的螺钉和接线点不应作其他机械紧固用。

6.4.7 温升

各部件的温升应符合 GB/T 3797—2005 中 4.9 的规定。

6.4.8 防雷

应设有防雷措施，且应符合 GB 50343 的规定。

6.4.9 环境试验

6.4.9.1 低温储存

控制柜放置在低温箱内，温度降至 −40 ℃±3 ℃，待温度稳定后搁置 2 h，各项功能检测正常。

6.4.9.2 高温储存

控制柜放置在低温箱内，温度升至 55 ℃±2 ℃，待温度稳定后搁置 2 h，各项功能检测正常。

6.4.9.3 恒定湿热

控制柜放入恒温箱内，温度升至 40 ℃±2 ℃，相对湿度 90%～95%，待温度稳定后搁置 48 h，各项功能检测正常。

6.5 三腔式稳压补偿罐

6.5.1 设计、制造、检验等应符合 GB 150.4 的规定。
6.5.2 应分为超高压腔、高压腔、恒压腔三个独立的腔体。
6.5.3 承压等级分为：0.6 MPa、1.0 MPa、1.6 MPa 和 2.5 MPa。
6.5.4 高压腔与超高压腔，应设置食品级橡胶水囊，水囊应采用全囊设计。
6.5.5 材质不应低于奥氏体不锈钢 06Cr19Ni10。
6.5.6 应保证密闭结构不与外界相通。
6.5.7 应设有定时循环。市政压力长期在设定值之上，又无小流量状态时，设备应能通过多级双向补偿器与敏捷型流量控制器配合工作，完成定时循环。
6.5.8 底部应设有充气孔、泄水口。
6.5.9 封头应选用椭圆形标准封头，其尺寸应符合 GB/T 25198 的规定。
6.5.10 焊接时，在焊道的正面与背面均应采用惰性气体保护；焊接区域内，不应有裂纹、气孔和咬边等缺陷。
6.5.11 用自来水进行水压试验后应将水渍清除干净。

6.6 多级双向补偿器

6.6.1 应能与三腔式稳压补偿罐配套使用。
6.6.2 在三腔式稳压补偿罐对出水管网起稳压作用和对进水管网进行水量补偿时开启或关闭，延迟时间应小于或等于 1 s。
6.6.3 超高压腔到高压腔、高压腔到恒压腔应具有多级减压，防止超压的功能，且组件前后应设置相应手动阀门便于更换维修。
6.6.4 承压不应低于 2.5 MPa，安装前应进行水压实验。

6.7 敏捷流量控制器

6.7.1 敏捷流量控制器按接口法兰尺寸分为 DN80、DN100、DN150、DN200 和 DN300 五种规格。

6.7.2 应具有随时监测供水管网压力，保证市政供水管网端压力不低于最小服务水头。压力控制精度应小于等于 0.01 MPa，压力控制反应时间应小于或等于 1 s。

6.7.3 承压不应低于 0.6 MPa，安装前应进行水压实验。

6.8 水质改善功能模块

6.8.1 应采用超滤膜处理工艺，并宜设置预处理工艺。

6.8.2 膜处理工艺应配合三腔式稳压补偿罐进行模块化设计，并应有备用膜组件。超滤膜及组件应符合 HY/T 112 的规定，电动阀应符合 JB/T 7387 的规定。

6.8.3 与市政供水管网直接对接，可利用市政供水管网压力不间断产水、反冲洗、药洗等，并应设置旁通管。

6.8.4 反冲洗水质应符合 GB 5749 的规定。

6.8.5 可设二级水质改善功能模块。

注：此模块为可选模块。

6.9 远程在线监测模块

6.9.1 设备宜具有对水质、电量等各种运行参数的实时在线监测、采集、传输功能，并通过有线网络传至远程监控中心显示各参数运行状态。

6.9.2 采集频率宜小于或等于 30 s，传输方式应采用有线方式。

6.9.3 本地数据连续储存时间不应小于半年。

注：此模块为可选模块。

6.10 管路系统

6.10.1 管材及管件应采用不锈钢材质，并应符合 GB/T 12771 的规定，材质不应低于奥氏体不锈钢 06Cr19Ni10。

6.10.2 管路最低处应设有排水设施。

6.11 功能

6.11.1 节能

较传统三相异步电机变频供水最高工作效率应提高 5% 以上，低频率低负载状态下损耗应降低 20% 以上。

6.11.2 无负压功能

当市政供水管网压力到达市政最小服务水头值时，敏捷流量控制器应调节稳压补偿罐入口流量，使市政供水管网压力维持在最小服务水头不再下降，且对市政供水管网不应产生负压，同时满足用户用水需要与不间断供水情况下的反冲洗、药洗功能。

6.11.3 全密闭补偿

设备应全密闭运行，三腔式稳压补偿罐的超高压腔和高压腔中存储的水应适时补充至市政供水管网进水口。

6.11.4 高转矩

矢量水泵在较低的频率下运行，输出转矩应达到相同额定功率的异步电机的 1.5 倍。

6.11.5　流量自动调节

设备应能在用水高峰、用水低峰的不同时段，自动调整水泵机组运行台数，适应不同时段用水量和扬程的变化。

6.11.6　小流量保压功能

用户用水低谷或夜间小流量用水时，设备应处于不启泵的保压状态。小流量保压能力应满足一个水龙头(0.15 L/s)持续使用 1 000 s 的使用量。

6.11.7　水质改善功能

设备宜具有以超滤膜为核心的水质改善功能。

6.11.8　远程在线监测功能

设备应具有水质、电量等运行参数的实时在线监测、采集并通过有线网络传输至远程监控中心的功能。

6.11.9　响应速度与稳压能力

矢量泵组应对系统信号响应时间应小于或等于 1 s，出水压力波动应控制在±0.01 MPa 以内。

6.11.10　超压保护

设备应具有超压保护功能，实际压力升至设定的超高压力时，设备应能报警并自动停止运行。当超高压力消除以后，设备应能自动恢复正常运行。

6.11.11　噪声与振动

设备正常运行的噪声与振动应符合 JB/T 8097 和 JB/T 8098 的规定；当对环境噪声、振动有要求时，应采取有效的降噪、隔振措施。

6.11.12　人机对话

设备应设有人机对话功能，界面应为中文操作系统，图标显示应完整、清晰、明显和易于识别，操作方便。

6.11.13　消除谐波

变频器投入运行时，谐波分量不应超过 GB/T 14549 的规定；当不能满足要求时，应增设滤波器。

6.11.14　休眠与唤醒

设备的供水压力满足供水管网休眠要求时，矢量泵组自动休眠；供水压力下降到唤醒值时，矢量泵组自动唤醒，设备恢复运行。

6.11.15　水泵切换

工作泵与备用泵应定时轮换运行，换泵设定时间的误差不应超过±30 s，且应先启先停。

6.11.16　设备启停控制

设备应具有手动、自动和远程控制的启动、停止功能。

6.11.17 自动保护

设备应具有超压、欠压、过流、缺相、短路、过热等故障的自动保护功能，对可恢复的故障应能自动消除并恢复正常运行。

6.11.18 电压波动适应性

电源电压在(380±27)V 时，设备应能正常工作。

6.11.19 流量监测

设备应具有至少一年一次瞬时流量及累计流量监测和显示的功能。

6.11.20 电量采集

设备应具有电量采集、记录与传输的功能。

6.11.21 用户管网失压保护

设备以设计的全负荷投入运行时，如仍不能满足管网的压力恒定，应启动流量保护功能，设备停机并发出报警信号。

6.12 供水能力

设备的供水能力不应低于额定扬程、额定流量。

6.13 连续运行能力

设备在额定流量及额定供水扬程条件下进行连续运行试验，连续运行时间不应少于表 1 的规定。试验中各控制功能应准确无误。

表 1 连续运行时间表

电机功率/kW	连续运行试验时间/h
0.75～7.5	10
11～22	12
30～75	24
90～280	36

6.14 卫生性能

设备不应对水质产生影响，且应符合 GB/T 17219 的规定。

7 试验方法

7.1 试验条件

应符合第 5 章的规定。

7.2 一般检验

7.2.1 目测或量具测量，检查是否符合 6.1.1、6.1.2 与 6.1.4～6.1.10 的规定。

7.2.2 通过检测平台,流量计等配合使用,检查是否符合 6.1.3 的规定。

7.3 外观检验

在自然光线下,目测结合手感,检查是否符合 6.2.1～6.2.3 的规定。

7.4 矢量泵组检验

7.4.1 检查水泵合格证是否符合 6.3.1 和 6.3.2 的规定。

7.4.2 按 GB/T 3214 规定的方法试验,用压力表测出单泵扬程,检查是否符合 6.3.2 和 6.13 的规定。

7.4.3 目测,检查是否符合 6.3.3、6.3.5 与 6.3.6 的规定。

7.4.4 通过检测平台,检查矢量泵组是否符合 6.3.4 的规定。

7.5 矢量变频控制柜检验

7.5.1 一般要求

目测,是否符合 6.4.1 的规定。

7.5.2 电气间隙与爬电距离检查

设备中不等电位的裸导体之间,以及带电的裸导体与裸导电部件之间的最小电气间隙和爬电距离应在出厂试验时,直观检查是否符合 6.4.2 的规定。

7.5.3 外壳防护等级

按 GB 4208 中的规定检验是否符合 6.4.3 的规定。

7.5.4 抗干扰

设备在正常的工作条件下,距控制柜 1 m 处,开动 20 kW 电焊机进行干扰,观察设备运行、功能及程序检查是否符合 6.4.4 的规定。

7.5.5 绝缘电阻与介电强度

7.5.5.1 绝缘电阻按 GB 7251.1—2013 中 10.9.4 的规定进行,检查是否符合 6.4.5.1 的规定。

7.5.5.2 介电强度按 GB 7251.1—2013 中 10.9.3 的规定进行,检查是否符合 6.4.5.2 的规定。

7.5.6 安全接地

按 GB/T 3797—2005 中 5.2.6 的规定进行,检查是否符合 6.4.6 的规定。

7.5.7 温升试验

按 GB/T 3797—2005 中 5.2.10 的规定进行,检查是否符合 6.4.7 的规定。

7.5.8 防雷试验

按 GB 50343 的规定进行,检查是否符合 6.4.8 的规定。

7.5.9 环境试验

7.5.9.1 低温储存按 GB/T 2423.1 的规定进行,检查是否符合 6.4.9.1 的规定。

7.5.9.2 高温储存按GB/T 2423.2的规定进行,检查是否符合6.4.9.2的规定。

7.5.9.3 恒定湿热按GB/T 2423.3的规定进行,检查是否符合6.4.9.3的规定。

7.6 三腔式稳压补偿罐检验

7.6.1 目测或量具测量,三腔式稳压补偿罐的外观、规格检测是否符合6.5.1～6.5.3与6.5.8～6.5.10和GB 150.4、GB/T 25198的规定。

7.6.2 目测或量具测量囊的密闭性,检查是否符合6.5.4和6.5.6的规定。

7.6.3 利用光谱分析仪检查不锈钢材质,检查是否符合6.5.5的规定。

7.6.4 对罐体进行打压试验,检查是否符合6.5.6的规定。

7.6.5 设备安装在大型检测平台上,进行通水试验,修改强制循环时间,检查是否符合6.5.7的规定。

7.7 多级双向补偿器检验

7.7.1 目测或量具测量,检查是否符合6.6.1的规定。

7.7.2 设备安装在大型检测平台上,进行通水试验,模拟设备差量补偿与小流量保压功能,监测多级双向补偿器反应,检查是否符合6.6.2的规定。

7.7.3 应配备压力表等工具,通过手动调节多级双向补偿器观测前后压差变化及后端精确度,检查是否符合6.6.3的规定。

7.7.4 多级双向补偿器应接入试压平台,进行注水打压,检查是否满足6.6.4的规定。

7.8 敏捷流量控制器检验

7.8.1 量具检测是否符合6.7.1的规定。

7.8.2 敏捷流量控制器应按照图纸进行检测,应进行调试功能试验,检查是否符合6.7.2的规定。

7.8.3 进行注水打压,检查是否符合6.7.3的规定。

7.9 水质改善模块检验

7.9.1 配置浊度为1 NTU的原水于设备进水口处,根据GB/T 5750检验设备出水水质,检查是否符合6.8.1的规定。

7.9.2 观测膜处理方式、设备管路功能标注、设备试运行效果等应符合6.8.2、6.8.3的规定。超滤膜及组件应符合HY/T 112的规定,检查电动阀是否符合JB/T 7387的规定。

7.9.3 设定稳定来水水量、水压、超声波流量计检测设备前后端流量,手动进行反洗、药洗逻辑运行,监测在进出水水量一致时,检查是否符合6.8.4的规定。

7.9.4 设置跨膜压差、运行时间或累计处理量等排列组合,人工运行反洗,按照GB/T 5750检验设备出水水质,观测处理量、参考产水率等指标,检查是否符合6.8.5的规定。

7.10 远程在线监测模块检验

7.10.1 远程监控中心平台监测被检设备水质、电量等相应参数,检查是否符合6.9.1的规定。

7.10.2 查看设备连接传输方式,观测远程监控中心记录数据时间及间隔情况,检查是否符合6.9.2的规定。

7.10.3 查看控制柜嵌入一体机的设置及参数,检查是否符合6.9.3的规定。

7.11 管路系统检验

7.11.1 利用光谱分析仪检测管路材质是否符合6.10.1的规定。

7.11.2 目测管路系统是否符合 6.10.2 的规定。

7.12 功能检验

7.12.1 节能试验

应按 GB/T 22669—2008 中 B 法的规定进行，检查是否符合 6.11.1 的规定。

7.12.2 无负压功能试验

设备运行正常后，逐渐关小进水口阀门，在模拟供水管网供给量小于用水量时，观察设备进水口敏捷流量控制器压力指示情况，检查设备进口处与出口处设置的超声波流量计计数差额是否符合 6.11.2 的规定。

7.12.3 全密闭补偿功能试验

设备正常运行状态下，在设备进水端与出水端均设置超声波流量计，逐渐关小设备进水端阀门，通过秒表计时，并同时记录设备进水端与出水端的超声波流量计读数，检查是否符合 6.11.3 的规定。

7.12.4 高转矩试验

设备从 5 Hz～30 Hz 运行，通过矢量运行器产生磁场定向定子电流分量给定值和滑差角频度给定值，将其测量所得的电机转速经过积分运行，由测得的电流经矢量变换得到的转矩电流分量要高出 V/F 控制下得到的转矩电流，检查是否符合 6.11.4 的规定。

7.12.5 流量自动调节试验

设备处于自动工作状态，手工修改定时单元，使试验时间达到用水高峰和用水低谷的不同时段，观察并记录设备投入水泵机组台数，检查是否符合 6.11.5 的规定。

7.12.6 小流量保压功能试验

调试设备达到运行正常状态，在设备出水端设置超声波流量计，逐渐关闭设备出口阀门，当出口流量计显示为零时，设备经过延时停机后，此时开启一个标准水龙头(0.15 L/s)，观察出口压力表能否维持在设定值，并采用秒表计时，时间应符合 6.11.6 的规定，在设备完成相应小流量保压功能后设备应具备自动唤醒功能。

7.12.7 水质改善功能实验

配置浊度为 1 NTU 的原水于设备进水口处，通过水处理功能模块后，根据 GB/T 5750 规定检查设备出水水质，是否符合 6.11.7 的规定。

7.12.8 在线监测功能实验

在远程监控中心平台监测被检设备水质、电量等相应参数，检查是否符合 6.11.8 的规定。

7.12.9 响应时间与稳压能力实验

设备模拟运行正常后，记录设备响应时间与压力的数据，比较前后数据，检查是否符合 6.11.9 的规定。

7.12.10 超压保护试验

设备模拟运行时，人为调整设备出水口压力使其超过设定压力的 1.2 倍以上，观察设备的运行，停机保护及报警情况，检查结果是否符合 6.11.10 的规定。

7.12.11 噪声与振动试验

按照 JB/T 8098 和 JB/T 8097 的有关规定进行，检查是否符合 6.11.11 的规定。

7.12.12 人机对话试验

在设备正常运行的状态下，检查人机对话的界面、图示和操作等情况，检查是否符合 6.11.12 的规定。

7.12.13 消除谐波试验

按照 GB/T 17626.7 的有关规定进行，对试验的设备在变频器投入运行时进行谐波测量，检查是否符合 6.11.13 的规定。

7.12.14 休眠和唤醒试验

模拟供水管网压力调高至用户设定压力和降低至唤醒值，观察水泵的休眠与唤醒情况，检查是否符合 6.11.14 的规定。

7.12.15 水泵切换试验

试验装置进行试验，使设备处于自动工作状态，手工修改定时单元。试验时间可任意设定，然后观察设备运行，检查是否符合 6.11.15 的规定。

7.12.16 设备启停控制试验

设备分别处于手动、自动、远程状态，启动和停止任何一台水泵，检查是否符合 6.11.16 的规定。

7.12.17 自动保护试验

7.12.17.1 过流保护试验

设备在正常工作条件下，将用户设定压力下调低于水泵额定扬程范围以下，人为造成水泵过载，当电流超过电机额定电流的 1.1 倍时，观察设备的运行情况和停机保护情况，是否符合 6.11.17 的规定。

7.12.17.2 缺相保护试验

设备在正常工作条件下，将控制柜(箱)的三相输入电源中任意一相切断，水泵应停止运行，故障显示并报警，检查是否符合 6.11.17 规定。

7.12.17.3 欠压、超压保护试验

设备在正常工作条件下，用调压器调整控制柜(箱)的输入电压，当输入电压超过或低于额定电压的偏差的允许值时，水泵应停止运行，故障显示并报警，检查是否符合 6.11.17 的规定。

7.12.18 电压波动试验

在设备输入端连接调压器，将电源电压分别调到(380±27)V，进行电压波动试验，检查是否符合6.11.18的规定。

7.12.19 流量监测及管网失压保护试验

设备安装在大型检测平台上，进行通水试验，采集运行参数，检查是否符合6.11.19～6.11.21的规定。

7.13 供水能力检验

设备的全部水泵(不包括备用泵)处于并联工频运行状态，调节机组流量调节阀，使设备的出水口压力达到额定供水扬程，同时测量设备出口的供水量，检查是否符合6.12的规定。

7.14 连续运行能力检验

设备处于正常运行状态，调节设备出口阀门，自动启动水泵，使设备出口水量升至额定流量，连续运行时间不小于表1的规定，检查是否符合6.13的规定。

7.15 卫生性能检验

按GB/T 17219的规定进行，检查是否符合6.14的规定。

8 检验规则

8.1 检验分类

检验分出厂检验和型式检验。

8.2 出厂检验

8.2.1 设备出厂前，应经质量检验部门检验合格后填写产品合格证方可出厂。

8.2.2 设备应逐台进行出厂检验，在出厂检验中，若出现不合格项目，应返修直至合格。

8.2.3 出厂检验项目见表2。

8.3 型式检验

8.3.1 有下列情况之一时，应进行型式检验：

a) 新产品或老产品转厂的试制定型鉴定；

b) 正式生产后，如结构、材料、工艺有较大改变可能影响产品性能时；

c) 正常生产，至少三年一次；

d) 产品停产一年后，恢复生产时；

e) 出厂检验结果与上次型式检验有较大的差异时。

8.3.2 抽样，由出厂检验合格的产品中任选一台做样机。

8.3.3 型式检验项目见表2。

8.4 判定规则

产品在型式检验中，如有一项不合格或出现故障，应通过加倍抽样对不合格项目进行检验，若加倍抽样全部合格，则判定型式检验合格；若检验仍出现不合格项目，则判定该产品为不合格品。

表 2　检验项目

项目		出厂检验	型式检验	要求	试验方法
设备外观要求		√	√	6.2	7.3
矢量泵组		—	√	6.3	7.4
矢量变频控制柜	一般要求	√	√	6.4.1	7.5.1
	电气间隙与爬电距离	—	√	6.4.2	7.5.2
	外壳防护等级	—	√	6.4.3	7.5.3
	抗干扰性要求	—	√	6.4.4	7.5.4
	绝缘电阻与介电强度	—	√	6.4.5	7.5.5
	安全接地	—	√	6.4.6	7.5.6
	温升	—	√	6.4.7	7.5.7
	防雷	—	√	6.4.8	7.5.8
	环境试验	—	√	6.4.9	7.5.9
三腔式稳压补偿罐		√	√	6.5	7.6
多级双向补偿器		√	√	6.6	7.7
敏捷流量控制器		√	√	6.7	7.8
水质改善功能模块		—	√	6.8	7.9
远程在线监控模块		—	√	6.9	7.10
管路系统		√	√	6.10	7.11
功能	节能	—	√	6.11.1	7.12.1
	无负压	√	√	6.11.2	7.12.2
	全密闭补偿	√	√	6.11.3	7.12.3
	水泵高转矩	—	√	6.11.4	7.12.4
	流量自动调节	√	√	6.11.5	7.12.5
	小流量保压	√	√	6.11.6	7.12.6
	水质改善	—	√	6.11.7	7.12.7
	远程在线监测	—	√	6.11.8	7.12.8
	响应速度与稳压能力	√	√	6.11.9	7.12.9
	超压保护	√	√	6.11.10	7.12.10
	噪声与振动	—	√	6.11.11	7.12.11
	人机对话	√	√	6.11.12	7.12.12
	消除谐波	—	√	6.11.13	7.12.13
	休眠与唤醒	√	√	6.11.14	7.12.14

表 2（续）

项目		出厂检验	型式检验	要求	试验方法
功能	水泵切换	√	√	6.11.15	7.12.15
	设备启停控制	√	√	6.11.16	7.12.16
	自动保护	—	√	6.11.17	7.12.17
	电压波动适应性	—	√	6.11.18	7.12.18
	流量监测	—	√	6.11.19	7.12.19
	电量采集	—	√	6.11.20	7.12.19
	用户管网失压保护	—	√	6.11.21	7.12.19
供水能力		—	√	6.12	7.13
连续运行能力		—	√	6.13	7.14
卫生性能		—	√	6.14	7.15
注：“水质改善功能”和“远程在线监测功能”为可选项，在有需求时应进行型式检验。					

9 标志、包装、运输和贮存

9.1 标志

9.1.1 设备标牌标志内容应包括：

a) 制造厂名称、地址。

b) 产品名称、型号、编号。

c) 出厂日期。

d) 设备主要参数，包括：

1) 额定扬程(m)；

2) 额定流量(m^3/h)；

3) 水泵台数；

4) 额定功率(kW)；

5) 三腔式稳压补偿罐容积(m^3)；

6) 外型尺寸(mm×mm×mm)等。

e) 标牌的尺寸和技术要求应符合 GB/T 13306 的规定。

f) 产品标准号。

9.1.2 设备运输包装箱标志应包括下列内容：

a) 制造厂名称、地址；

b) 产品名称、型号、编号；

c) 出厂日期。

9.1.3 包装储运图示标志应符合 GB/T 191 的规定。

9.2 包装

9.2.1 控制柜及矢量泵组的包装应符合 GB/T 13384 和 JB/T 3085 的规定。

9.2.2 三腔式稳压补偿罐的包装应符合 JB/T 4711 的规定。

9.2.3 包装箱内应有下列文件：

a) 质量证明文件、出厂合格证；

b) 电控系统原理图、接线图；

c) 产品使用说明书；

d) 装箱单。

9.3 运输

9.3.1 控制柜及矢量泵组的运输应符合 GB/T 13384 和 JB/T 3085 的规定。

9.3.2 三腔式稳压补偿罐的运输应符 JB/T 4711 的规定。

9.4 贮存

设备宜放在室内干燥、通风良好且无腐蚀性介质环境中，如露天停放应有防雨、防晒及防潮等措施。

ICS 29.045
H 82

中华人民共和国国家标准

GB/T 31854—2015

光伏电池用硅材料中金属杂质含量的电感耦合等离子体质谱测量方法

Test method for measuring metallic impurities content in silicon materials used for photovoltaic applications by inductively coupled plasma mass spectrometry

2015-07-03 发布 2016-03-01 实施

中华人民共和国国家质量监督检验检疫总局
中国国家标准化管理委员会 发布

前　言

本标准按照 GB/T 1.1—2009 给出的规则起草。

请注意本文件的某些内容可能涉及专利。本文件的发布机构不承担识别这些专利的责任。

本标准由全国半导体设备和材料标准化技术委员会(SAC/TC 203)及材料分技术委员会(SAC/TC 203/SC 2)共同提出并归口。

本标准起草单位:信息产业专用材料质量监督检验中心、中国电子技术标准化研究院、江苏中能硅业科技发展有限公司、洛阳中硅高科技有限公司、国家电子功能与辅助材料质量监督检验中心、天津市环欧半导体材料技术有限公司。

本标准主要起草人:褚连青、王奕、徐静、王鑫、何秀坤、裴会川、冯亚彬、鲁文峰、余慧茹、张雪囡。

光伏电池用硅材料中金属杂质含量的电感耦合等离子体质谱测量方法

警告——使用本标准的人员应有正规实验室工作的实践经验。本标准并未指出所有可能的安全问题。使用者有责任采取适当的安全和健康措施,并保证符合国家有关法规规定的条件。

1 范围

本标准规定了利用电感耦合等离子体质谱仪(ICP-MS)测定光伏电池用硅材料中痕量体金属杂质含量的方法。

本标准适用于光伏电池用硅材料中痕量体金属杂质铁、铬、镍、铜、锌含量的测定。各元素的测量范围见表1。

表1 体金属杂质含量测量范围

单位为纳克每克

元素名称	元素符号	测量范围
铬	Cr	1～2×10³
铁	Fe	2～2×10³
镍	Ni	1～2×10³
铜	Cu	2～2×10³
锌	Zn	2～2×10³
注:在实验室综合条件允许的情况下,检测下限可进一步降低。		

2 规范性引用文件

下列文件对于本文件的应用是必不可少的。凡是注日期的引用文件,仅注日期的版本适用于本文件。凡是不注日期的引用文件,其最新版本(包括所有的修改单)适用于本文件。

GB/T 25915.1—2010 洁净室及相关受控环境 第1部分:空气洁净度等级

3 方法提要

将试样用硝酸和氢氟酸的混合物溶解,加热使溶液蒸干,溶液中的硅以 SiF_4 的形式挥发。然后用硝酸溶液溶解残渣,用超纯水定容后利用电感耦合等离子体质谱仪(ICP-MS)测定溶液中待分析金属元素的含量。

4 干扰因素

4.1 实验室的洁净度、容器和仪器进样系统的洁净度、试剂和水的纯度以及操作过程等因素直接影响测量结果的准确度,应严格控制。

4.2 双原子离子、多原子离子、基体效应、背景噪声、元素间的干扰、交叉污染和仪器漂移等因素会影响测量结果。

4.3 由于硅材料中金属杂质分布不均匀，样品的选择会影响产品中体金属杂质含量的评价结果，因此所取样品应具有代表性。

4.4 如果样品中杂质含量高，可采用电感耦合等离子体原子发射光谱等方法进行测定，以仪器被污染，影响仪器的检测限和精确度。

5 试剂

本方法需要下列试剂：

a) 超纯水：电阻率大于 18.2 MΩ·cm，且每种金属杂质含量低于 20 ng/L；

b) 硝酸：质量分数 65%，每种金属杂质含量均低于 10 ng/L；

c) 氢氟酸：质量分数 48%，每种金属杂质含量均低于 10 ng/L；

d) 标准贮存溶液：铁、铬、镍、铜、锌、钇浓度均为 1 mg/mL，采用国内外可以量值溯源的有证标准物质；

e) 硝酸溶液：硝酸和超纯水的体积比为 $V_{HNO_3}:V_{H_2O}=1:19$；

f) 硝酸-氢氟酸混合溶液：硝酸和氢氟酸的体积比为 $V_{HNO_3}:V_{HF}=1:2$。

6 仪器和设备

本方法需要下列仪器和设备：

a) 电感耦合等离子体质谱仪；

b) 分析天平：感量为 0.1 mg；

c) 通风橱；

d) 器皿：所用器皿应由聚四氟乙烯(PTFE)或全氟烷氧基树脂(PFA)等耐氢氟酸腐蚀并可清洗的材料制成；

e) 电热板。

7 环境条件

7.1 温度：18 ℃～25 ℃。

7.2 相对湿度：应不大于 65%。

7.3 洁净度：应优于 GB/T 25915.1—2010 中所定义的 ISO 6 级洁净度要求。

8 试样准备

8.1 将样品加工成便于溶解的颗粒状，粉碎过程中严格避免沾污。

8.2 将试样在适当浓度的氢氟酸溶液中处理，必要时加入适当浓度的硝酸溶液处理，用超纯水洗净。

8.3 将试样于 100 ℃～110 ℃下烘干备用。

9 试验步骤

9.1 试样量

推荐按表 2 称取试样，准确至 0.000 1 g，不同实验室可根据实际情况进行相应调整。

表 2 试样用量

单元素杂质含量 ng/g	试样量 g	硝酸-氢氟酸混合溶液(5.f))用量 mL
1～10	2	40
10～100	1	20
100～500	0.5	10
500～2 000	0.2	8

9.2 测定次数

独立地进行 3 次测定，取 3 次测量结果的算术平均值。

9.3 空白试验

随同试样做空白试验。

9.4 标准溶液的配制

9.4.1 混合元素标准溶液的配制

将铁、铬、镍、铜、锌的标准贮存溶液，逐级稀释(稀释过程中保持合适的酸度)，配制成混合元素标准溶液，此混合元素标准溶液中各元素浓度为 1 μg/mL。

9.4.2 标准系列工作溶液的配制

在 5 个洁净的 100 mL 容量瓶中，分别加入 0 μL、50 μL、100 μL、300 μL、500 μL 混合元素标准溶液，再分别加入 40 mL 硝酸溶液，用超纯水定容。此标准系列溶液中铁、铬、镍、铜、锌的浓度分别为 0 μg/L、0.50 μg/L、1.00 μg/L、3.00 μg/L、5.00 μg/L。所配制的标准系列工作溶液浓度值应尽量与样品溶液中待测元素的浓度值接近。

9.4.3 钇标准溶液的配制

移取 100 μL 钇标准贮存溶液，置于 100 mL 容量瓶中，加入 40 mL 硝酸溶液，用超纯水稀释至刻度，摇匀，此标准溶液浓度为 1 μg/mL。

9.4.4 钇标准工作溶液的配制

移取 200 μL 钇标准溶液于 100 mL 容量瓶中，加入 40 mL 硝酸溶液，用超纯水稀释至刻度，摇匀，此标准工作溶液浓度为 2 μg/L。

9.5 样品溶液的制备

将试样置于一具有适当容积的、洁净的敞口容器中，按表 2 加入适量的硝酸-氢氟酸混合溶液，加热使试样溶解后，在 160 ℃～170 ℃下将溶液蒸发至干。室温冷却后，加入 4 mL 硝酸-氢氟酸混合溶液溶解残渣，然后再次在 160 ℃～170 ℃下将溶液蒸发至干。加入 4 mL 硝酸溶液，充分摇动使残渣完全溶解，将溶液转移至 10 mL 容量瓶中，用超纯水定容，摇匀，备 ICP-MS 测定。

9.6 仪器分析

9.6.1 仪器准备

测试前电感耦合等离子体质谱仪需要设定适当的工作条件，并进行调谐，以达到最佳测试条件。

9.6.2 同位素的选择

样品中各待分析元素和内标元素同位素的选择应按表 3 进行。

表 3 同位素选择汇总表

待测金属元素				内标元素[a]	
元素名称	同位素	元素名称	同位素	元素名称	同位素
铁	^{56}Fe	铬	^{53}Cr	钇	^{89}Y
镍	^{60}Ni	铜	^{63}Cu		
锌	^{66}Zn				
[a] 除钇外，还可以选择其他元素作为内标。					

9.6.3 分析

将空白溶液、样品溶液和标准系列工作溶液分别在电感耦合等离子体质谱仪上进行分析，以钇标准工作溶液为内标，用内标法校正。以标准系列工作溶液中各元素信号与内标元素信号的比值为纵坐标，以标准系列工作溶液中各元素的浓度为横坐标做校正曲线，仪器自动给出空白溶液和样品溶液中各待测元素的质量浓度。根据实际情况也可采用其他方法进行定量分析。

10 结果处理

按式(1)计算样品中各金属杂质的质量分数：

$$w_x = \frac{(c_2 - c_1) \times V}{m} \qquad \cdots\cdots(1)$$

式中：

w_x ——分别为样品中铁、铬、镍、铜、锌的质量分数，单位为纳克每克(ng/g)；

c_1 ——空白溶液中待测元素的浓度，单位为纳克每毫升(ng/mL)；

c_2 ——样品溶液中待测元素的浓度，单位为纳克每毫升(ng/mL)；

V ——样品溶液的体积，单位为毫升(mL)；

m ——试样的质量，单位为克(g)。

11 精密度

在重复性条件下获得两次独立的测试结果，在以下给出的平均值范围内，这两个测量结果的绝对差值不超过重复性限(r)，超过重复性限(r)的情况不超过 5%，重复性限(r)按表 4 数据采用线性内插法求得。

表 4　重复性限

单位为纳克每克

样品序号	1#	2#	3#
w_{Cr}	9	52	710
r_{Cr}	4	11	81
w_{Fe}	12	91	1 100
r_{Fe}	5	10	100
w_{Ni}	10	59	870
r_{Ni}	4	11	92
w_{Cu}	8	67	970
r_{Cu}	4	15	160
w_{Zn}	16	85	570
r_{Zn}	6	12	81

注：重复性限(r)为 2.80S_r，S_r 为重复性标准差，w 为质量分数。

12　质量保证与控制

检验时，应用控制样品对过程进行校核。当过程失效时应找出原因，纠正错误后，重新进行校核。

13　报告

报告至少应包含以下内容：

a)　送样单位和送样日期；

b)　样品名称、规格和编号；

c)　样品状态描述；

d)　样品存放及运输情况；

e)　仪器型号；

f)　测量环境；

g)　测量结果；

h)　操作者、测量日期、测量单位。

ICS 13.030.30
Z 05

中华人民共和国国家标准

GB/T 31855—2015

废硫化氢处理处置规范

Treatment and disposal specification for waste hydrogen sulfide

2015-07-03 发布　　　　2016-02-01 实施

中华人民共和国国家质量监督检验检疫总局
中国国家标准化管理委员会　发布

前 言

本标准按照 GB/T 1.1—2009 给出的规则起草。

本标准由中国石油和化学工业联合会提出。

本标准由全国废弃化学品处置标准化技术委员会(SAC/TC 294)归口。

本标准起草单位:东营三协化学股份有限公司、潍坊大耀新材料有限公司、山东垦利石化集团有限公司、山东大耀特种材料有限公司、河北辛集化工集团有限责任公司、中海油天津化工研究设计院、重庆新申世纪化工有限公司。

本标准主要起草人:滕滨强、王强、魏俊文、李泊、韩海霞、张剑萍、郭永欣、杨裴、范国强、申静。

废硫化氢处理处置规范

1 范围

本标准规定了废硫化氢处理处置的术语和定义、处理处置方法和安全要求。

本标准适用于废硫化氢的处理处置。

2 规范性引用文件

下列文件对于本文件的应用是必不可少的。凡是注日期的引用文件，仅注日期的版本适用于本文件。凡是不注日期的引用文件，其最新版本(包括所有的修改单)适用于本文件。

GB/T 534 工业硫酸

GB/T 3494 直接法氧化锌

GB 12268—2012 危险货物品名表

GB 14554 恶臭污染物排放标准

GB/T 18664—2002 呼吸防护用品的选择、使用与维护

GB 20266 耐化学品的工业用橡胶靴

GB 23937 工业硫氢化钠

GB/T 24536—2009 防护服装 化学防护服的选择、使用和维护

AQ 6102 耐酸(碱)手套

HG/T 3266 工业用硫脲

3 术语和定义

下列术语和定义适用于本文件。

3.1

废硫化氢 waste hydrogen sulfide

在石油加工、煤化工、化学原料制造等化学工业生产或使用中产生的尚未利用的含硫化氢的气体，不包含符合 GB 14554 中硫化氢排放标准值的排空气体中的硫化氢。

4 处理处置方法

4.1 废硫化氢生产硫氢化钠工艺

4.1.1 原理

废硫化氢经提浓净化后与氢氧化钠碱液发生化学反应，生成硫氢化钠。其化学反应方程式如下：

$$NaOH + H_2S \rightarrow NaHS + H_2O$$

4.1.2 原料要求

4.1.2.1 原料气

利用废硫化氢生产硫氢化钠的原料气应符合表 1 要求。

表 1 原料气要求

项目		指标
硫化氢(H_2S)φ/%	≥	90
二氧化碳(CO_2)φ/%	≤	7
碳氢化合物及其他 φ/%	≤	3

4.1.2.2 氢氧化钠吸收液

利用废硫化氢生产硫氢化钠的氢氧化钠吸收液应符合表 2 要求，也可根据硫氢化钠产品的特定要求选择表 2 以外的指标。

表 2 氢氧化钠吸收液要求

项目		指标		
		优等品	一等品	合格品
氢氧化钠(NaOH)w/%	≥	48	48	48
氯化钠(NaCl)w/%	≤	0.010	0.015	0.020
碳酸钠(Na_2CO_3)w/%	≤	0.10	0.15	0.20
三氧化二铁(Fe_2O_3)w/%	≤	0.000 5	0.000 8	0.001
氯酸钠($NaClO_3$)w/%	≤	0.001	0.002	0.003
三氧化二铝(Al_2O_3)w/%	≤	0.000 4	0.000 8	0.001 0
硫酸盐(以 Na_2SO_4 计)w/%	≤	0.001	0.002	0.003
二氧化硅(SiO_2)w/%	≤	0.001 5	0.003 0	0.005 0
外观		无色透明液体		

4.1.3 工艺流程

4.1.3.1 硫化氢提浓

来自生产系统的含硫化氢酸性废气经脱水后进入第一吸收塔底部与来自塔上部的贫液接触，使酸性气中的废硫化氢充分吸收后形成富液，经泵抽出，与来自第一再生塔的贫液换热后进入第一再生塔再生，塔顶产生的硫化氢气体经冷凝器冷凝后，分离出的液相作再生塔顶回流用，气相部分作为二级吸收进料。第一吸收塔顶放空气体排入低压瓦斯网处理后排空。

来自第一再生塔顶的气相进入第二吸收塔，与进塔的贫液充分接触吸收，塔底富液经换热器后，气相部分经冷却后与原料气混合作为第一吸收塔进料，液相部分经泵打至第二再生塔再生。第二再生塔顶产生的硫化氢气体经冷凝器冷凝后，分离出的液相作再生塔顶回流用，气相部分符合表 1 要求后作为硫氢化钠制备的原料。

第一再生塔底贫液经换热器后与第二再生塔底贫液经换热器后汇合，然后进贫液冷却器冷却后进贫液循环罐循环使用。

4.1.3.2 硫氢化钠制备

经提浓的硫化氢气体首先进入第一反应釜底部与由第三反应釜初步反应的物料及第二反应釜经泵

打入的物料反应，釜顶未反应气体进入第二反应釜底部与来自第三反应釜的物料反应，反应温度通过夹套中冷却水进行调节。

第二反应釜釜顶未完全反应的气体经气体冷却器冷却后进入第三反应釜底部与来自碱液罐的氢氧化钠碱液初步反应。釜底反应物料经泵一部分打入第一反应釜，一部分循环反应用。釜上部反应物料进入第二反应釜反应。

第三反应釜底部经过充分反应的物料经泵打入硫氢化钠产品罐储存、销售。

4.1.3.3 工艺流程图

废硫化氢生产硫氢化钠工艺流程图如图1所示。

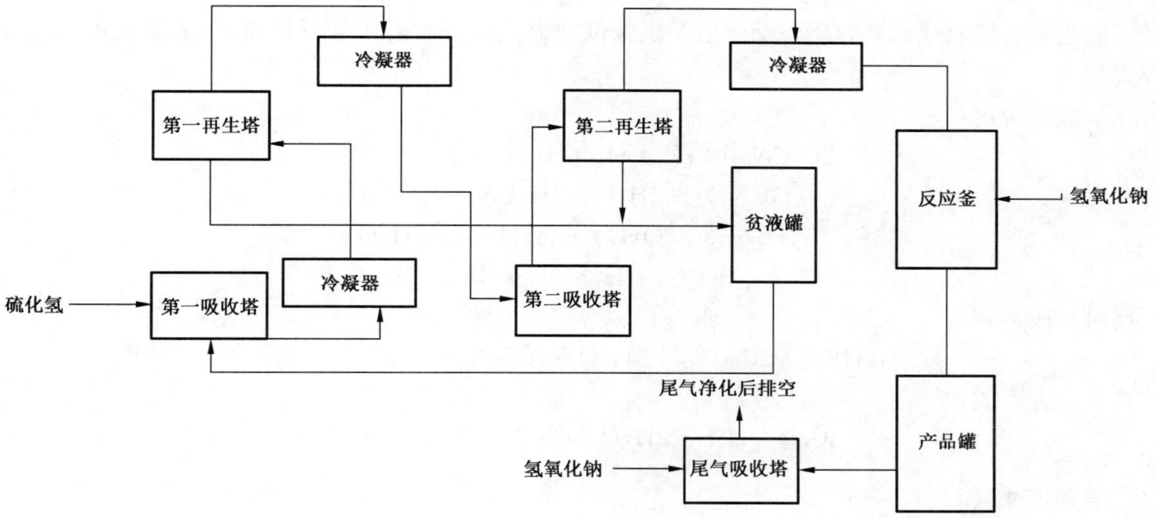

图1 废硫化氢生产硫氢化钠工艺流程图

4.1.4 主要工艺控制参数

本标准规定的废硫化氢生产硫氢化钠的主要工艺参数如表3所示。

表3 主要工艺参数

项目		操作参数
硫化氢提浓	吸收温度/℃	40±5
	再生温度/℃	115±5
	一级吸收塔反应压力/MPa	0.04～0.06
	二级吸收塔反应压力/MPa	0.04～0.06
	再生塔反应压力/MPa	0.06～0.08
	脱硫剂浓度 w/%	47±3
硫氢化钠制备	反应温度/℃	65±5
	反应压力/MPa	0.04～0.06

4.1.5 主要设备

本标准规定的废硫化氢生产硫氢化钠主要设备有吸收塔、再生塔、冷却器、冷凝器、循环罐、分液罐、产品罐、碱液罐、缓冲罐、放空罐和机泵等。

4.1.6 硫氢化钠产品技术要求

利用废硫化氢生产的硫氢化钠产品应符合 GB 23937 的技术要求。

4.2 废硫化氢生产硫脲工艺

4.2.1 原理

废硫化氢与氰氨化钙($CaCN_2$)反应生产硫脲可分为化学吸收阶段和反应阶段，各阶段的化学反应方程式如下：

化学吸收阶段：

$$2CaCN_2+2H_2O \rightarrow Ca(HCN_2)_2+Ca(OH)_2$$
$$Ca(HCN_2)_2+2H_2O \rightarrow 2H_2CN_2+Ca(OH)_2$$
$$2H_2S+Ca(OH)_2 \rightarrow Ca(HS)_2+2H_2O$$
$$H_2CN_2+H_2S \rightarrow CS(NH_2)_2$$

反应阶段：

$$Ca(HS)_2+2CaCN_2+6H_2O \rightarrow 2CS(NH_2)_2+3Ca(OH)_2$$

总反应方程式：

$$CaCN_2+H_2S+2H_2O \rightarrow CS(NH_2)_2+Ca(OH)_2$$

4.2.2 原料要求

利用废硫化氢生产硫脲的原料应符合表 4 要求。

表 4 原料要求

项目			指标
原料气	硫化氢含量 φ/%		27～30
氰氨化钙($CaCN_2$)	总氮(N)w/%	≥	20
	水分 w/%	≤	1
	粒度(180 μm 筛余物)w/%	≤	2.5

4.2.3 工艺流程

将硫脲结晶母液打入化合罐内开启搅拌机，通过螺旋输送机将一定量的原料氰氨化钙加入化合罐中，然后将入料口密封，开硫化氢阀门进行吸收，到一定程度后，关闭硫化氢阀门，打开入料口，采样分析硫化氢经化学吸收产生的硫氢化钙[$Ca(HS)_2$]含量。根据硫氢化钙含量计算出再次加入原料氰氨化钙的重量，并将其加入到化合罐。开蒸汽升温到一定程度进行缩合反应。缩合一定时间后采样分析硫脲含量及硫氢化钙含量。将缩合液入渣槽过滤洗涤，滤液打入结晶罐进行冷却结晶。温度降至一定程度后进行固液分离。母液打入母液罐，结晶，烘干，得到成品硫脲，包装销售。工艺流程图如图 2 所示。

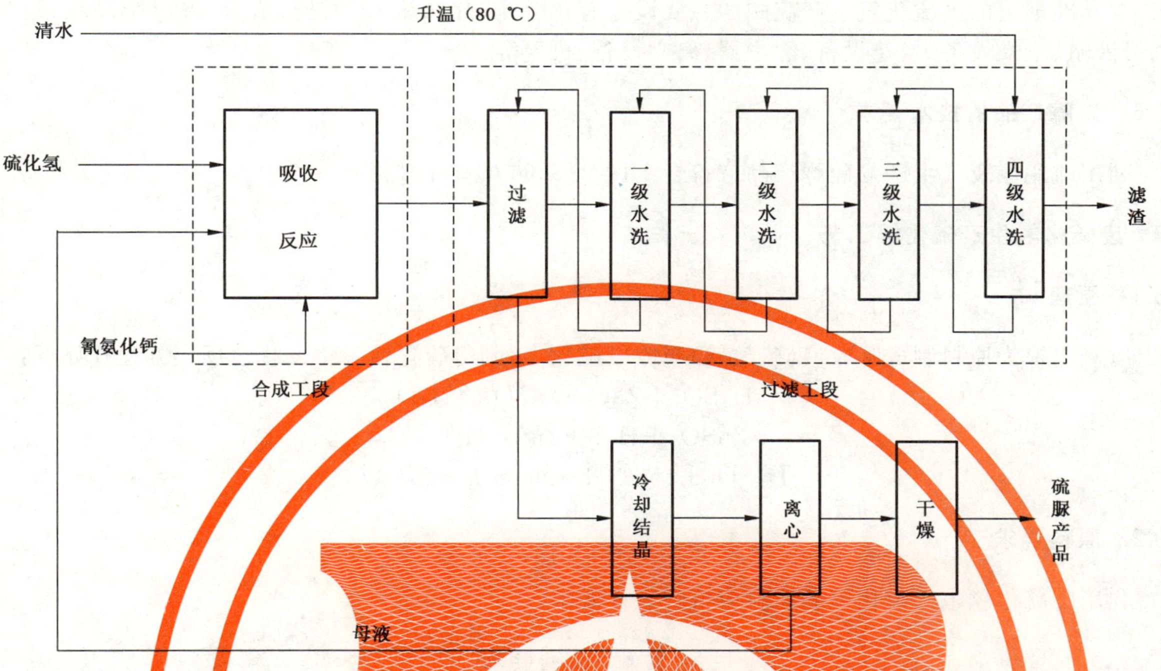

图 2　废硫化氢生产硫脲工艺流程图

4.2.4　主要工艺控制参数

本标准规定的废硫化氢生产硫脲的主要工艺参数如表 5 所示。

表 5　主要工艺参数

项　目		操作参数
合成	投料温度/℃	<40
	吸收终点硫氢化钙[$Ca(HS)_2$]浓度/(g/L)	≥60
	缩合温度/℃	80±2
	缩合终点硫氢化钙[$Ca(HS)_2$]浓度/(g/L)	≤20
	缩合终点硫脲[$CS(NH_2)_2$]浓度/(g/L)	≥260
洗渣	洗涤次数/次	4
	渣含硫脲 w/%	<1
结晶	降温速度/(℃/h)	2
	放料温度/℃	15～24
离心分离	洗涤次数/次	2～3
	水分 w/%	<5
烘干	烘干温度/℃	130～140

4.2.5 主要设备

本标准规定的废硫化氢生产硫脲的主要设备有化合罐、除沫罐、过滤槽、浓溶液罐、结晶罐、结晶滤槽、母液罐、干燥设备、换热设备、除尘器、离心设备、机泵等。

4.2.6 硫脲产品的技术要求

利用硫化氢废气生产的硫脲产品应符合 HG/T 3266 的技术要求。

4.3 废硫化氢生产硫化锌工艺

4.3.1 原理

以氧化锌为原料制成吸收液(硫酸锌)吸收废硫化氢,制得硫化锌。主要化学反应方程式如下:

$$H_2SO_4 + ZnO \rightarrow ZnSO_4 + H_2O$$

$$ZnSO_4 + H_2S \rightarrow ZnS + H_2SO_4$$

$$H_2SO_4 + 2NaOH \rightarrow Na_2SO_4 + 2H_2O$$

4.3.2 原料要求

利用废硫化氢生产硫化锌的原料应符合表 6 要求。

表 6 原料要求

项 目		指 标
原料气中硫化氢(H_2S)φ/%	≥	90
浓硫酸(H_2SO_4)		符合 GB/T 534 中优等品的技术要求
氧化锌(ZnO)		符合 GB/T 3494 的技术要求
氢氧化钠溶液(NaOH)w/%		40

4.3.3 工艺流程

废硫化氢气体经过提纯、净化后作为原料气通入精制后的硫酸锌溶液中,并通入一定量的惰性气体,在搅拌下产生沉淀,得到硫化锌浆料。当反应完全后,静置,将上层副产物输出用碱液中和。对沉淀硫化锌浆料取样烘干并测验,确定杂质成分及含量,经过多次去离子水洗涤将沉淀物硫化锌中残留的硫酸根(SO_4^{2-})及其他杂质离子逐渐稀释并排出。经水洗,检测合格后的硫化锌母料经脱水、干燥后得到成品硫化锌。

废硫化氢生产硫化锌工艺流程图如图 3 所示。

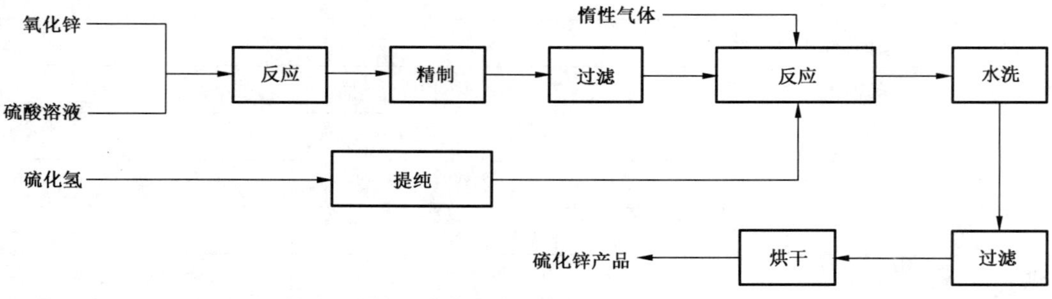

图 3 废硫化氢生产硫化锌工艺流程图

4.3.4 主要设备

本标准规定的废硫化氢生产硫化锌的主要设备有反应釜、溶解槽、精制贮槽、沉淀槽、水洗槽、水槽、母液槽、硫化氢缓冲罐、硫酸贮槽、脱水机、烘箱、筛分机、液碱罐、废水储罐等。

4.3.5 硫化锌产品技术要求

利用废硫化氢生产的硫化锌产品技术要求见表7所示，分析方法参见GB/T 31194。

表7 硫化锌技术要求

项目		指标
硫化锌(ZnS)(以干基计)w/%	≥	99.5
铁(Fe)(以干基计)/(mg/kg)	≤	0.20
铅(Pb)(以干基计)/(mg/kg)	≤	0.30
铜(Cu)(以干基计)/(mg/kg)	≤	0.20
镍(Ni)(以干基计)/(mg/kg)	≤	0.10
锰(Mn)(以干基计)/(mg/kg)	≤	0.10
镉(Cd)(以干基计)/(mg/kg)	≤	0.10
硫酸盐(以 SO_4 计)(以干基计)w/%	≤	0.10
干燥减量 w/%	≤	0.20
堆积密度/(g/cm³)		0.6～0.9

4.4 废硫化氢生产硫酸工艺

4.4.1 反应原理

利用废硫化氢生产硫酸主要化学反应方程式如下：

$$2H_2S+3O_2 \rightarrow 2SO_2+2H_2O$$

$$2SO_2+O_2 \rightarrow 2SO_3$$

$$SO_3+H_2O \rightarrow H_2SO_4$$

4.4.2 工艺流程

4.4.2.1 真空碳酸钾洗气制硫酸工艺

废硫化氢进入脱硫塔，自下而上与来自再生塔的碳酸钾溶液(贫液)逆流接触，其中的硫化氢、氰化氢等酸性气体被吸收。同时，在脱硫塔上段加入一定量碱液，进一步脱除硫化氢。吸收了酸性气体的脱硫富液进入富液槽，用再生塔富液泵抽出与再生塔热贫液换热后，进入再生塔再生。再生塔在真空低温下运行，富液与再生塔底上升的蒸汽逆流接触，使酸性成分解析。解析后的溶液称为贫液，再生塔贫液经贫富液换热器和贫液冷却器冷却后进到脱硫塔循环使用。再生塔顶出来的酸性气体进酸汽冷凝器、酸汽冷却器、汽液分离器除水后，经真空泵将酸性气体送至制酸工段。

脱硫装置真空泵后的含有硫化氢的酸性气体进入制酸装置焚烧炉，按化学反应计量比，与空气鼓风机送来的空气充分混合后，在1 000 ℃～1 050 ℃的温度下进行焚烧。酸汽中的硫化氢完全燃烧，转化为二氧化硫；氰化氢及少量氨、烃类等组分转化为氮、氮氧化物、二氧化碳和水。

焚烧后的高温过程气，经废热锅炉回收热量。从废热锅炉出来的过程气进入氮氧化物分解器。向废热锅炉后的过程气中连续喷入一定量的氨气作为还原剂，在催化剂的作用下，进行选择性还原分解，将焚烧过程中产生的氮氧化物还原分解为氮气和水。从氮氧化物分解器出来的过程气进入填充有催化剂床层的二氧化硫转化器，在转化器内，过程气中的二氧化硫在有水汽存在的条件下被催化氧化为三氧化硫。从转化器下层出来的过程气经冷却器冷至约 290 ℃后，部分三氧化硫水合生成硫酸(汽态)，回收的热量用于产生蒸汽。从转化器出来的含有三氧化硫及硫酸(汽态)的过程气进入玻璃管冷凝器，用冷空气对过程气进行间接冷却，控制冷凝器底部温度在 240 ℃～260 ℃，顶部温度在约 100 ℃，三氧化硫及硫酸(汽态)气体在冷凝器底部全部水合冷凝成浓度约为 98％的液体硫酸。

4.4.2.2 低温甲醇洗气制硫酸工艺

废硫化氢来源于相对独立的含硫气体管线(如煤气化装置、合成氨装置低温甲醇洗工序，甲醇装置低温甲醇洗工序)，混合后的酸性气体、燃料气、热空气三股气体进入焚烧炉进行燃烧，产生约 1 000 ℃含二氧化硫的高温气体，与废热锅炉进行换热后，进入二氧化硫转化器。

二氧化硫混合气体通过第一催化剂床后，二氧化硫转化率约为 90％，用水蒸气将反应气通过冷却器冷却至约 400 ℃，进入第二催化剂床，使剩余的二氧化硫继续反应，用水蒸气将反应气通过冷却器冷却至约 380 ℃，接着混合气体进入第三催化剂床，使二氧化硫的总转化率达到 99.3％。再用冷却器将混合气体冷却至约 290 ℃，进入酸冷凝器。

含三氧化硫的混合气体进入酸冷凝器，用冷空气来冷却，从酸冷凝器底部出口得到的热空气通过风机进入焚烧炉。同时含三氧化硫的混合气体被冷凝为浓度约 98％的液体硫酸。由冷凝器流出的温度较高的浓硫酸先与温度为约 40 ℃的浓硫酸混合进入浓硫酸储罐，浓硫酸温度降至约 70 ℃，再经过酸冷却器将浓硫酸冷却至 40 ℃。

4.4.2.3 二次转化冷凝制硫酸工艺

废硫化氢与空气一起进入焚烧炉燃烧，硫化氢与氧气反应生成二氧化硫(在焚烧炉内应控制空气过量以保证硫化氢及含碳物料完全燃烧)。从焚烧炉出来的工艺气体经热量回收冷却至 400 ℃左右后，进入第一转化器，其中的绝大部分二氧化硫催化氧化为三氧化硫，第一转化器采用加热过热蒸汽进行层间冷却，工艺气体冷却至约 300 ℃后进入第一冷凝器冷却，在冷却的过程中，三氧化硫和水发生水合反应生成硫酸(汽态)，并冷却、冷凝生成硫酸。含有剩余二氧化硫的气相部分则经加热后进入第二转化器，进一步反应生成三氧化硫，再进入第二冷凝器冷却生成硫酸。

一次冷凝器和二次冷凝器产生的硫酸一起送入酸冷却系统，用循环水冷却至约 40 ℃后送入硫酸贮罐进行贮存，经二次转化后二氧化硫的总转化率达到 99.9％以上。

4.4.2.4 简要工艺流程图

废硫化氢生产硫酸简要工艺流程图见图 4。

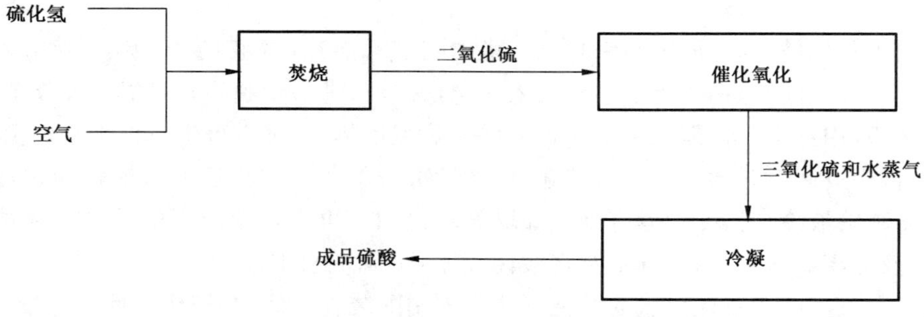

图 4 废硫化氢生产硫酸工艺流程图

4.4.3 主要设备

4.4.3.1 真空碳酸钾洗气制硫酸工艺主要设备

真空碳酸钾洗气制硫酸的主要设备有焚烧炉、废热锅炉、SCR(选择性催化还原)反应器、二氧化硫转化器、WSA(湿法制酸)冷凝器、燃烧空气风机、冷空气风机、冷空气过滤器、煤气增压机、酸捕雾器、浓氨水计量泵、氨注入器、浓氨水贮槽、酸泵、酸冷却器、酸中间槽、除氧槽等。

4.4.3.2 低温甲醇洗气制硫酸主要设备

低温甲醇洗气制硫酸的主要设备有焚烧炉、废热锅炉、燃料气分离器、二氧化硫反应器、床层冷却器、工艺气体冷却器、硫酸冷凝器、硫酸水冷器、燃料气冷却器、空气鼓风机、增压鼓风机、硫酸贮槽、硫酸泵、雾化装置、空气过滤器等。

4.4.3.3 二次转化冷凝制硫酸主要设备

二次转化冷凝制硫酸的主要设备有焚烧炉、废热锅炉、蒸汽过热器、第一转化器、工艺气体加热器、第二转化器、冷凝器、工艺气体风机、冷却风机、助燃风机、酸循环泵、酸冷却器、硫酸贮罐等。

4.4.4 硫酸产品的技术要求

利用废硫化氢生产的硫酸产品应符合 GB/T 534 的技术要求。

4.5 二次处理

对采用本标准及相关处理处置工艺处理后的含硫尾气可采用碱液吸收、活性炭吸收等净化方法进行进一步处理。净化低浓度含硫尾气常用的碱液吸收洗净方法典型工艺流程图参见附录 A。

5 安全

5.1 在含硫化氢环境中的作业人员应熟知硫化氢的物理化学特性和毒理特性(参见附录 B)、有关的安全操作规程和作业管理规定、硫化氢监测仪器及个体防护设备的使用和规定、急性硫化氢中毒的急救措施等。

5.2 对废硫化氢浓度应定期测定,测定方法参照 GB/T 14678 的规定进行,或使用经校准的物理传感仪器直接测定。

5.3 因原料组分变化、加工流程、装置改造或操作参数发生变化可能导致硫化氢浓度超过允许含量时,生产、技术、设备和安全管理等主管部门应及时通知有关车间、班组或岗位变更情况。

5.4 进入硫化氢未知浓度区域,应安排专人(两人以上)佩戴正压式空气呼吸器,携带便携式硫化氢检测仪,进行硫化氢安全检测。禁止任何人不佩戴合适的防护器具进入可能发生硫化氢中毒的区域,禁止在有毒区内脱卸防毒用具。

5.5 在可能有硫化氢泄漏的工作场所应设置硫化氢自动监测报警装置(不能根据臭味来判断危险场所硫化氢的浓度,硫化氢达到一定浓度时会导致嗅觉麻痹),其低位报警点宜设置在 10 mg/m^3,高位报警点均宜设置在 50 mg/m^3。

5.6 可能存在硫化氢泄漏的单位应建立和完善硫化氢防中毒、防窒息的安全管理制度,配备相应的安全防护器材。对容易产生和积存硫化氢的装置、设备、设施和重点部位需定期进行安全排查,凡进入密闭空间或受限空间作业前应制定施工方案、作业规程和相应的安全措施。

5.7 可能存在硫化氢泄漏的单位应制定和建立应急救援预案和急救网络，开展科学施救的应急演练。根据硫化氢气体的特点，制定有针对性的应急预案，明确紧急情况下作业人员的逃生、自救、互救方法。现场作业人员、管理人员等都要熟知预案内容和救护设施使用方法。

5.8 硫化氢泄漏的事故处理处置方案参见附录C。

附 录 A
（资料性附录）
低浓度含硫尾气碱液吸收洗净法工艺流程图

图A.1给出了净化低浓度含硫尾气常用的碱液吸收洗净方法典型工艺流程图。

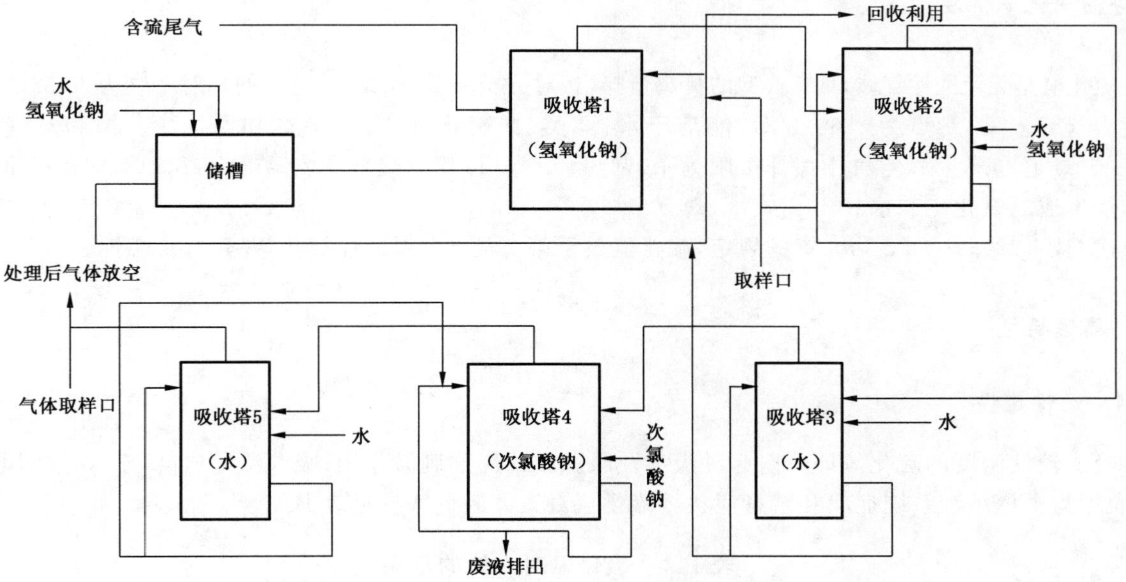

图A.1 低浓度含硫尾气碱液吸收洗净法工艺流程图

附 录 B
（资料性附录）
硫化氢的物理化学特性和毒理特性

B.1 物理化学特性

硫化氢是无色酸性气体，具有典型的臭鸡蛋味，相对分子质量 34.08，对空气的相对密度为 1.538(0 ℃)，熔点为－85.6 ℃，沸点为－60.4 ℃，能溶于水、醇类、二硫化碳、石油溶剂和原油中。饱和蒸气压为 2 026.5 kPa(25.5 ℃)，空气中爆炸极限为 4.0%～46.0%(体积分数)，自燃温度为 260 ℃，它在过量氧气中燃烧生成二氧化硫和水。

按 GB 12268—2012 第 6 章的规定，硫化氢属于第 2 类 2.3 项毒性气体，并具有易燃性。

B.2 毒理特性

B.2.1 急性毒性

吸入较低浓度的硫化氢即可引起呼吸道及眼黏膜的局部刺激作用；吸入浓度愈高，全身性作用愈明显，表现为中枢神经系统症状和窒息症状。硫化氢对人体的危害参见表 B.1。

表 B.1 硫化氢对人体的危害

空气中硫化氢浓度/(mg/m^3)	生理影响及危害
0.04	感到臭味
0.5	感到明显臭味
5.0	有强烈臭味
7.5	有不快感
15	刺激眼睛
35～45	强烈刺激眼睛
75～150	刺激呼吸道
150～300	嗅觉在 15 min 内麻痹
300	暴露时间长会有中毒症状
300～450	暴露 1 h 可引起急性中毒
375～525	4 h～8 h 内有生命危险
525～600	1 h～4 h 内有生命危险
900	暴露 30 min 可引起致命性中毒
1 500	引起呼吸道麻痹，有生命危险
1 500～2 250	在数分钟内死亡

B.2.2 慢性毒性

长期低浓度接触硫化氢会引起结膜炎和角膜损害。

附 录 C
（资料性附录）
硫化氢泄漏处理处置方案

C.1 硫化氢泄漏应急处置程序

C.1.1 当发现硫化氢泄漏时，作业人员应第一时间向上级主管部门报告，并采取一切办法切断事故源，如关闭总阀、切断总电源等。在不同情况下，报警和应急处理先后顺序可适当调整，以事故不扩大或不产生次生灾害为原则。

C.1.2 当硫化氢泄漏浓度达到低位（如 10 mg/m^3）报警时，作业人员应准备防护用具，检查泄漏点；当浓度达到高位（如 50 mg/m^3）报警时，迅速打开排风扇，疏散下风向人员，作业人员应戴上防护用具，禁止动用电、气焊，抢救人员进入戒备状态，查明泄漏原因，迅速采取措施，控制泄漏，向上级报告情况；当硫化氢浓度持续上升无法控制时，进入紧急状态，立即疏散无关人员并实施应急方案。

C.1.3 在生产非正常状态下发生大范围高浓度硫化氢扩散时，操作人员应减少或暂停对泄漏源下风向地点的巡检，并作好相关记录，及时向上级主管报告情况。处于大范围高浓度硫化氢扩散范围下风向的岗位人员，应立即撤离到上风向的安全地带；在控制室或操作室的人员立即关闭门窗，暂停局部通风换气设施的运行，防止高浓度硫化氢的继续侵入。

C.1.4 发生硫化氢泄漏，如果可能发展成为危险化学品事故时，事故单位主要负责人应当立即按照本单位危险化学品应急预案组织救援，并向当地安全生产监督管理部门和环境保护、公安、卫生主管部门报告。

C.1.5 报警的内容应包括：事故发生的时间、地点、危险化学品的种类和数量、现场状况、已采取的措施、联络电话、联络人姓名等，如果有人员中毒或伤亡应拨打 120 急救电话。

C.1.6 同时设置警戒线，疏散无关人员撤离事故区域。在救援人员未到达之前，当事人（或单位）应采取相应的措施进行自救。

C.2 个体防护

C.2.1 一般防护规定

C.2.1.1 发生泄漏时，在没有防护的情况下，任何人不应暴露在能够或可能危害健康的环境中。

C.2.1.2 应选择国家认可的、符合标准要求的防护用品。

C.2.1.3 现场救险人员进入现场前，应穿戴符合国家标准要求的防护用品，离开现场经洗消后方可脱卸防护用品。

C.2.1.4 使用防护用品时应参照产品使用说明书的有关规定，符合产品适用条件。

C.2.1.5 在硫化氢泄漏扩散影响范围内的其他岗位人员，岗位如无防护用品，可立即用毛巾或其他棉织物用水浸湿，捂在口鼻上，以吸收扩散的硫化氢等亲水毒物。

C.2.2 身体防护

现场救险人员应按 GB/T 24536—2009 第 4 章的规定选择化学防护服，宜穿气密型化学防护服-ET，必要时穿符合 GB 20266 要求的橡胶靴、戴符合 AQ 6102 要求的耐酸（碱）手套。

C.2.3 呼吸系统防护

呼吸系统防护按 GB/T 18664—2002 第 4 章的规定选择呼吸防护用品,宜选择正压式呼吸器。

C.2.4 眼睛防护

在眼睛防护时,应配戴防腐蚀液面罩或护目镜。

C.3 泄漏现场的控制

C.3.1 可根据现场情况采用关闭阀门、停止作业或改变工艺流程、物料走副线、局部停车、打循环、减负荷运行等方法控制泄漏源。针对泄漏容器、管道、阀门、法兰盘等情况,可选用适合的堵漏器具,在充分考虑防腐性能和措施后,迅速实施堵漏。

C.3.2 切断泄漏源时,现场救险人员宜在开花水枪或喷雾水枪的掩护下进行,谨慎操作。操作人员应站在上风口。

C.3.3 向有害物蒸汽云喷射雾状水,加速气体向高空扩散。对于可燃物,也可以在现场释放大量水蒸气或氮气,破坏燃烧条件。

C.4 人员急救措施

C.4.1 皮肤接触

立即脱去污染的衣物,用大量流动的清水冲洗至少 15 min。就医。

C.4.2 眼睛接触

立即提起眼睑,用大量流动清水或生理盐水彻底冲洗至少 15 min。就医。

C.4.3 吸入

迅速脱离现场至空气新鲜处,保持呼吸道通畅。如呼吸困难,立即输氧。如呼吸停止,立即进行人工呼吸。就医。

参 考 文 献

［1］ GB/T 14678　空气质量　硫化氢、甲硫醇、甲硫醚和二甲二硫的测定　气相色谱法
［2］ GB/T 31194　高纯工业品硫化锌

ICS 13.030.30
Z 05

中华人民共和国国家标准

GB/T 31856—2015

废氯气处理处置规范

Treatment and disposal specification for waste chlorine

2015-07-03 发布　　2016-02-01 实施

中华人民共和国国家质量监督检验检疫总局
中国国家标准化管理委员会　发布

前言

本标准按照 GB/T 1.1—2009 给出的规则起草。

本标准由中国石油和化学工业联合会提出。

本标准由全国废弃化学品处置标准化技术委员会(SAC/TC 294)归口。

本标准起草单位:江苏奥喜埃化工有限公司、山东新龙集团有限公司、中海油天津化工研究设计院、河南佰利联化学股份有限公司。

本标准主要起草人:徐正群、李通、杨裴、周金龙、孙雪胜、陈建立、王晓玲、廉晓燕。

废氯气处理处置规范

1 范围

本标准规定了废氯气处理处置的术语和定义、处理处置方法和安全要求。

本标准适用于废氯气的处理处置。

2 规范性引用文件

下列文件对于本文件的应用是必不可少的。凡是注日期的引用文件,仅注日期的版本适用于本文件。凡是不注日期的引用文件,其最新版本(包括所有的修改单)适用于本文件。

GB 320 工业用合成盐酸

GB 16297 大气污染物综合排放标准

GB 19106 次氯酸钠

GBZ 2.1 工作场所有害因素职业接触限值 第1部分:化学有害因素

HG/T 4684 液氯泄漏的处理处置方法

HJ 547 固定污染源废气 氯气的测定 碘量法

3 术语和定义

下列术语和定义适用于本文件。

3.1

废氯气 waste chlorine

在生产、使用系统产生的泄压氯气,钢瓶或液氯储槽内的残余氯气以及开停车过程产生的废氯气及来自生产系统、使用系统、贮存系统的设备及管道出现不正常现象时产生的氯气等。

4 处理处置方法

4.1 碱液吸收工艺

4.1.1 原理

废氯气与稀碱液发生化学反应,生成次氯酸钠。其化学反应方程式如下:

$$2NaOH + Cl_2 \longrightarrow NaClO + NaCl + H_2O$$

此反应为放热反应,当反应热蓄积,温度上升,会发生以下副反应:

$$3Cl_2 + 6NaOH \xrightarrow{\triangle} NaCl + 5NaClO_3 + 3H_2O$$

4.1.2 原料

4.1.2.1 氢氧化钠溶液:质量分数不小于30%。

4.1.2.2 水。

4.1.3 工艺流程

来自液体氢氧化钠储槽的氢氧化钠溶液与水通过流量计控制按一定比例进入混合器,配制成一定浓度的稀碱液,贮存在碱液储槽中。

废氯气从氯吸收塔的下部进入吸收塔,在填料层与塔顶循环喷淋下来的稀碱液逆流接触,进行吸收反应。产生的热量会使吸收碱液的温度升高,较热的吸收液进入吸收塔循环槽,通过加压进入吸收塔冷却器,与循环冷却水或冷冻水进行热交换,应保证吸收液温度不大于 45 ℃。从吸收塔冷却器出来的温度较低的吸收液重新进入氯吸收塔,继续吸收不断产生的废氯气。从氯吸收塔顶出来的尾气再进入尾气塔底部,在填料层继续与塔顶循环喷淋下来的稀碱液反应逆流接触,进行吸收反应。达到环保排放标准的尾气经塔顶导出,通过风机排入大气。同样,尾气吸收塔中的吸收液吸收氯气后温度升高,从塔底流出至尾气塔循环槽,通过加压进入尾气塔冷却器,与循环冷却水或冷冻水进行热交换,应保证吸收液温度不大于 45 ℃。从尾气塔冷却器出来的温度较低的吸收液重新进入尾气吸收塔,继续吸收。

随时监控游离碱和有效氯的浓度,确保吸收效果,在放出次氯酸钠溶液或打碱过程中,不应出现两个循环槽同时进行操作的情况。

碱液吸收工艺处理废氯气工艺流程图见图 1。

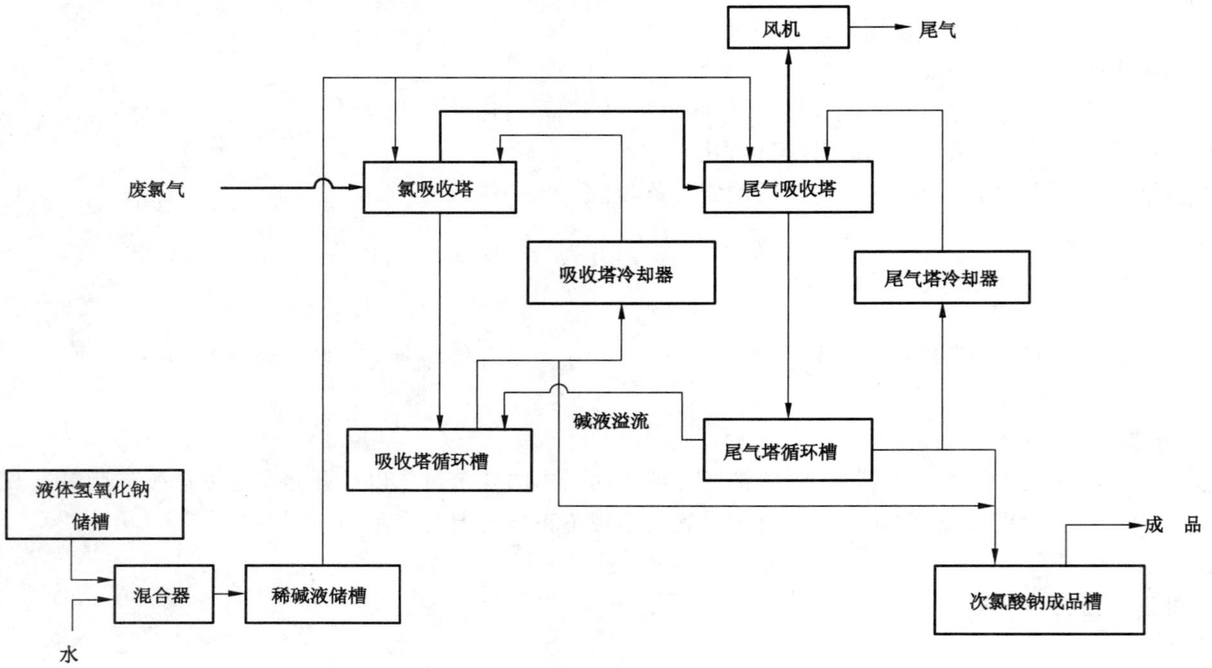

图 1 碱液吸收工艺处理废氯气工艺流程图

4.1.4 工艺过程控制

4.1.4.1 工艺参数

碱液吸收处理废氯气的工艺参数推荐如下:

——反应温度不大于 45 ℃;

——稀碱液的浓度为 15%~20%。

4.1.4.2 过程控制

4.1.4.2.1 严格控制操作温度，通过冷却系统及时将反应热移走。

4.1.4.2.2 严格控制游离碱含量，确保吸收效果。

4.1.4.2.3 密切注意废氯气系统压力的变化，控制好风机的抽气量，确保废氯气系统压力控制在负压状态，严禁氯气外泄污染环境。

4.1.4.2.4 定时分析、监测循环碱液的浓度。

4.1.4.2.5 碱液吸收工艺的应用实例参见附录A。

4.1.5 成品控制

利用废氯气所生产的次氯酸钠溶液产品应符合GB 19106的技术要求。

4.1.6 排放控制

尾气排放应符合GB 16297的相关要求。

4.1.7 主要设备

碱液吸收工艺处理废氯气的主要设备见表1。

表1 碱液吸收工艺主要设备

设备名称	材 质
氯吸收塔	聚氯乙烯/玻璃钢
尾气吸收塔	聚氯乙烯/玻璃钢
吸收塔循环槽	聚氯乙烯/玻璃钢
尾气塔循环槽	聚氯乙烯/玻璃钢
液碱储槽	304不锈钢
碱液储槽	304不锈钢
吸收塔冷却器	钛
尾气塔冷却器	钛
引风机	玻璃钢

4.1.8 装置配置要求

4.1.8.1 氯生产、使用企业应设置事故氯吸收(塔)装置，在有可能出现氯气泄漏的装置区域，安装与吸收装置连接设施。吸入端采用非金属塑料弹性软管，并可移动，非金属塑料弹性软管的长度、直径大小与数量应根据可能泄漏的氯气量和泄漏点位置确定，保证泄漏的氯气及时被导入吸收装置。移动风管配置具体可参见附录B，也可以根据氯气生产贮存或用氯规模，在生产系统或液氯储存场所附近设置单独的与事故应急相应的泄漏氯气吸收装置。

4.1.8.2 设备应具备自动切换备用电源和24 h连续运行的能力，并与系统主要设备动力电紧急停车系统连锁控制。

4.1.8.3 应满足紧急情况下的系统事故氯吸收处理能力，吸收液循环槽具备切换、备用和配液的条件，保证设备有效运行。

4.1.8.4 液碱储槽配备保温措施，应具备自控调节阀，与碱循环槽进行液位连锁控制，保证有足够的碱液供应;循环泵应配备用泵;大型吸收塔无害化气体放空管高度不应小于 25 m,并应高于现场建筑物或设备高度 2 m 以上,不应无序排放。

4.1.8.5　所有氯气生产和使用场所应配备相应的氯气捕消器,用于处理小规模的氯气泄漏。

4.2　合成盐酸工艺

4.2.1　原理

生产过程中产生的废氯气经过干燥、净化处理后,与氢气发生反应,用于合成氯化氢气体,氯化氢气体溶于水或用水喷淋形成盐酸。其化学反应方程式如下:

$$H_2 + Cl_2 = 2HCl$$

4.2.2　原料

4.2.2.1　氢气

氢气中氢(H_2)含量不小于 98%(体积分数)。

4.2.2.2　氯气

氯气中氯(Cl_2)含量不小于 95%(体积分数)、氢(H_2)含量不大于 4%(体积分数),且水分不大于 0.06%(质量分数);或者氯气中氯(Cl_2)含量不小于 75%(体积分数)、氢(H_2)含量不大于 3%(体积分数)。

4.2.3　工艺流程

氢气经炉前氢气阻火器进入石墨合成炉,与氯气按一定比例在燃烧的作用下生成氯化氢气体。从合成炉出来的 600 ℃左右的氯化氢气体经水冷管冷却后进入石墨冷却塔,冷却至 50 ℃以下,进入 HCl 吸收塔,用 HCl 尾气吸收塔的稀酸吸收,生成约 31%成品酸,从塔底经酸封进入成品槽。

在 HCl 吸收塔内未被吸收的氯化氢气体进入 HCl 尾气吸收塔顶部,被由吸收水泵送来的吸收水继续吸收,不凝性气体被水喷射泵抽入纯水水箱。

合成盐酸工艺处理废氯气工艺流程图见图 2。

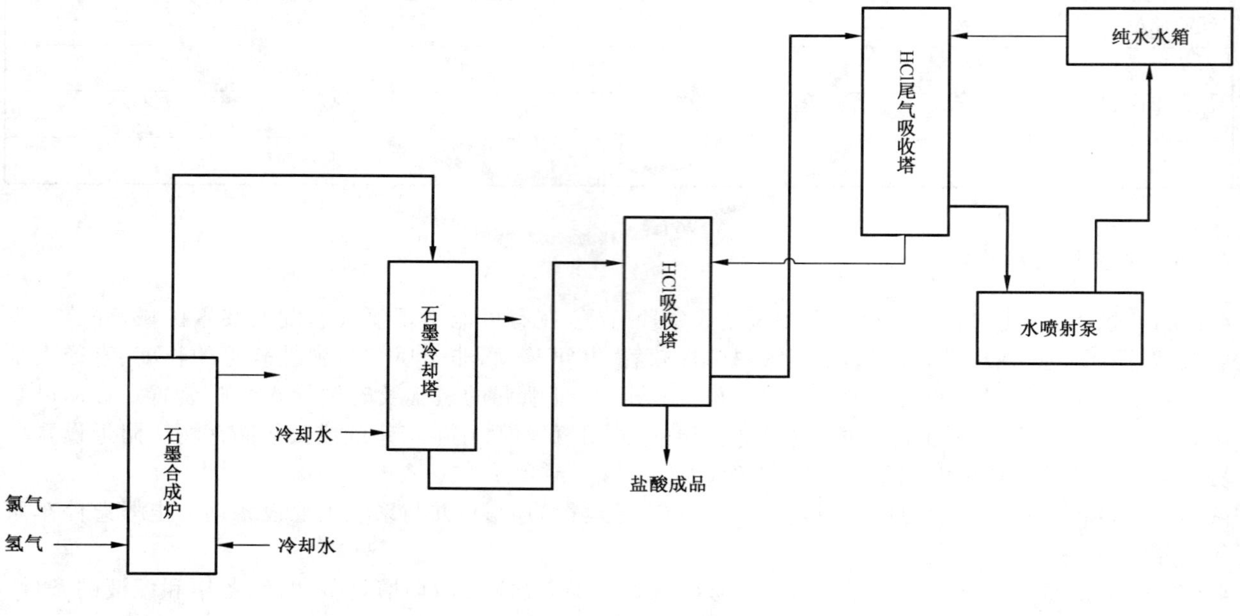

图 2　合成盐酸工艺处理废氯气的工艺流程图

4.2.4 工艺控制参数

合成盐酸工艺处理废氯气的工艺控制参数如下：

——氯气压力为 0.06 MPa～0.20 MPa；

——氢气压力不小于 6.67 kPa；

——夹套水温不大于 60 ℃；

——进塔温度不大于 60 ℃；

——进炉氯气：氢气＝1.05～1.1；

——吸收水温不大于 45 ℃；

——进炉阻力不大于 5.33 kPa；

——成品酸温度不大于 60 ℃。

4.2.5 成品控制

利用废氯气所生产的盐酸产品应符合 GB 320 的要求。

4.2.6 主要设备

合成盐酸工艺进行废氯气处理处置主要设备有石墨合成炉、石墨冷却塔、HCl 吸收塔、HCl 尾气吸收塔、水喷射泵。

4.2.7 其他要求

4.2.7.1 随时注意氯氢的压力，防止回火及氯气过量。

4.2.7.2 开车时，点火人员不可正对氢气进炉夹布胶管，以免火焰喷出灼伤，点火时如炉内发生爆鸣致使火焰熄灭时，看火人员应迅速切断气源，关闭氢气阀门，水喷射泵抽气 15 min 后，拔出氢气进炉夹布胶管，继续置换合格后方可重新点炉。

4.2.7.3 正常停车时，应逐渐调小进炉气量，先关氢气调节阀，再关氢气球阀，并同时迅速关闭氯气调节阀，停炉后，系统抽 10 min～15 min 后方可关闭水喷射泵。

4.3 氧化还原工艺

4.3.1 原理

以氯化亚铁溶液作为吸收剂，铁作为再生剂，利用氯化亚铁与氯气发生氧化反应，吸收泄漏的氯气，反应后的溶液再跟铁发生还原反应，恢复其吸收作用，获得再生，循环利用。其化学反应方程式如下：

$$2FeCl_2 + Cl_2 \longrightarrow 2FeCl_3$$

$$2FeCl_3 + Fe \longrightarrow 3FeCl_2$$

4.3.2 原料

4.3.2.1 氯化亚铁溶液。

4.3.2.2 铁屑。

4.3.3 工艺流程

当氯气发生泄漏时，启动漏氯吸收保护装置，离心风机将气体抽送到反应吸收塔，气体由下向上作湍流运动，吸收液由上向下喷淋，通过填料层充分接触，让气液两相之间物质发生充分的物质传递，氯气被吸收液有效吸收并在吸收液中与氯化亚铁发生氧化还原反应生成三氯化铁，反应后的液体又流回储液再生槽，三氯化铁又被铁屑还原成氯化亚铁，继续吸收氯气，循环使用。直到氯气含量不超过要求，系统自动停止。

氧化还原工艺处理废氯气工艺流程图见图3。

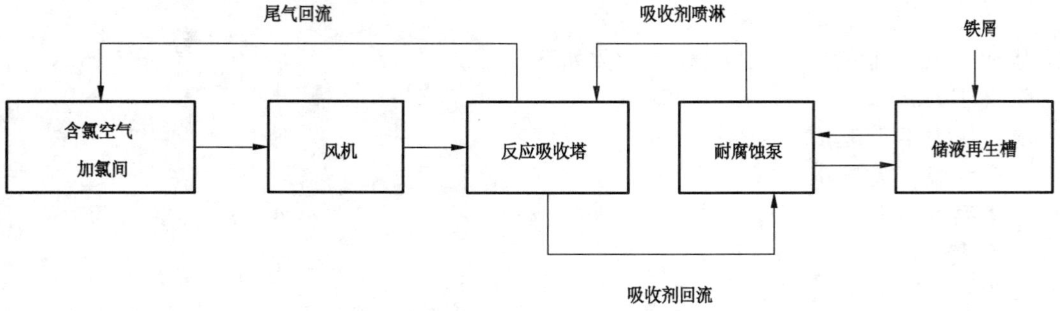

图3　氧化还原工艺处理废氯气工艺流程图

4.3.4　工艺控制参数

氧化还原工艺处理废氯气的工艺控制参数如下：

——氯化亚铁溶液浓度不小于20%；

——过量的铁屑。

4.3.5　主要设备

氧化还原工艺处理废氯气的主要设备有储液再生槽、反应吸收塔、耐腐蚀泵、风机、风管等。

4.4　总体要求

4.4.1　氯吸收装置设计吸收能力应保证至少具备处理30 min生产装置满负荷运行产出的氯气能力。系统整体应设计合理，能充分提高氯气吸收效率。

4.4.2　废氯气处理系统应配备自动控制系统，具备完善的模拟量控制、自控、连锁、报警、保护等功能，设集中和现场两种控制方式。

4.4.3　关键工艺参数应能进行自动调节和控制，并能够集中监控。

4.4.4　当存在微量泄漏时，预警系统应启动，发出声光报警，提醒有关人员。

4.4.5　吸氯装置泄氯报警系统在泄漏的氯气含量达到报警限额时，应能正确、瞬时声光报警，并能迅速启动吸氯装置工作。

4.4.6　编程控制器能控制设备全天候、全自动启动装置工作，使设备处于随时待命状态。

5　安全要求

5.1　氯的特性参见附录C，在氯环境中的作业人员应熟知并掌握。

5.2　废氯气处理处置场所应配备防氯气的过滤式防毒面具(全面罩)、正压式空气呼吸器、气密型化学防化服，配备处理液态氯泄漏的防冻伤防护用品。

5.3　废氯气处理处置场所应安装有毒气体检测仪，安装距离要求应符合相关规范。

5.4　废氯气处理处置场所应安装有氯气报警器，设定的报警浓度应符合GBZ 2.1中的要求。

5.5　废氯气处理处置场所进行氯气浓度检测时，应按照HJ 547规定的方法操作。

5.6　废氯气处理处置过程中可能接触到的化学物质在出现健康危害时的急救措施参见附录D。

5.7　在发生氯气泄漏时的处理处置方法按HG/T 4684的要求进行操作。

附 录 A
（资料性附录）
碱液吸收处理废氯气实例

A.1 工艺流程

碱液吸收处理废氯气的工艺流程见图 A.1。

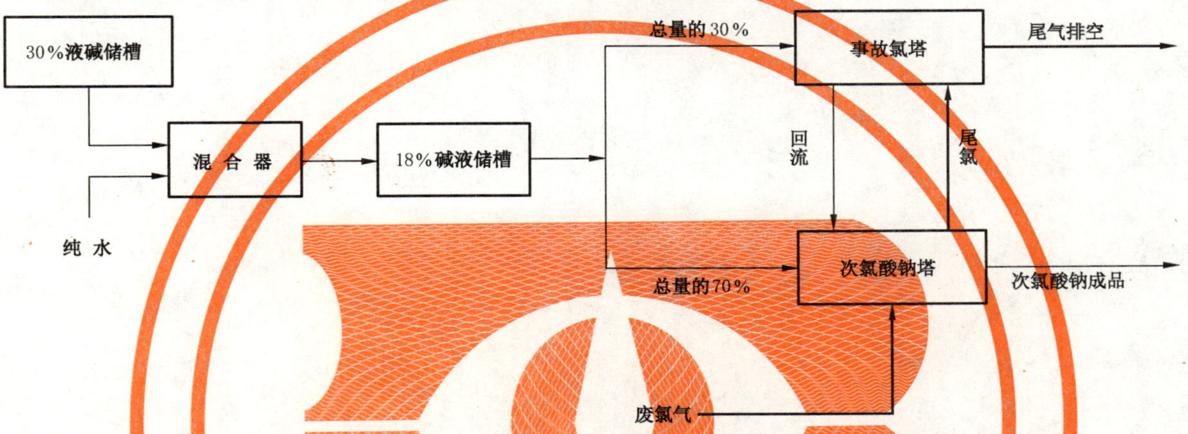

图 A.1 碱液吸收处理废氯气工艺流程图

A.2 工艺描述

30%的碱液和纯水混合后进入混合器配成 18%的碱液进入碱液储槽，根据碱液流量调节纯水自动阀的开度，建议控制为 0.59。当 18%的碱液储槽液位低于 60%时，配碱自动阀与纯水自动阀一起打开，当 18%的碱液储槽液位高于 90%时停止配碱。正常生产废氯进具有冷却器的次氯酸钠塔，经过吸收后的废气进入事故氯塔进一步吸收后排入大气。

正常生产中次氯酸钠塔由电导仪控制，当次氯酸钠塔电导率到达 153 μS/cm 时，次氯酸钠合格，去次氯酸钠成品槽自动阀打开，废氯进入事故氯塔，待次氯酸钠塔液位到达 15%时，去次氯酸钠塔自动阀关闭，18%的碱液储槽去次氯酸钠塔的自动阀打开，开始往次氯酸钠塔补 18%的碱至液位至 60%，关闭补液自动阀，同时废气自动阀关闭，废氯再次进入次氯酸钠塔。

正常生产过程中 18%的碱液 70%进次氯酸钠塔、30%进事故氯塔。事故氯塔再自动溢流至次氯酸钠塔（目的是不断补充新鲜的碱液至事故氯塔以防止不断循环过程中吸收过多空气生成碳酸钠影响碱液电导率），其中有一个连锁当次氯酸钠塔电导率下降至 148 μS/cm 即碱液临近分解时，强制打开补碱自动阀，补碱。电导率大于 158 μS/cm 时自动关闭（电导仪需每班进行校正，以保证测定结果的准确性）。

A.3 工艺控制参数

工艺控制参数如下：

——次氯酸钠塔电导率为 153 μS/cm；
——混合器自动阀开度：0.59；
——次氯酸钠塔控制温度为 12 ℃～16 ℃；
——NaOH 吸收液配制浓度为 15%～18%；
——冷媒水温度为 9 ℃～12 ℃；
——有效氯含量不小于 10%；
——游离碱含量为 0.5%～1.0%。

附　录　B
（资料性附录）
移动风管的配置图

图 B.1 给出了采用碱液吸收工艺处理处置废氯气的移动风管配置。

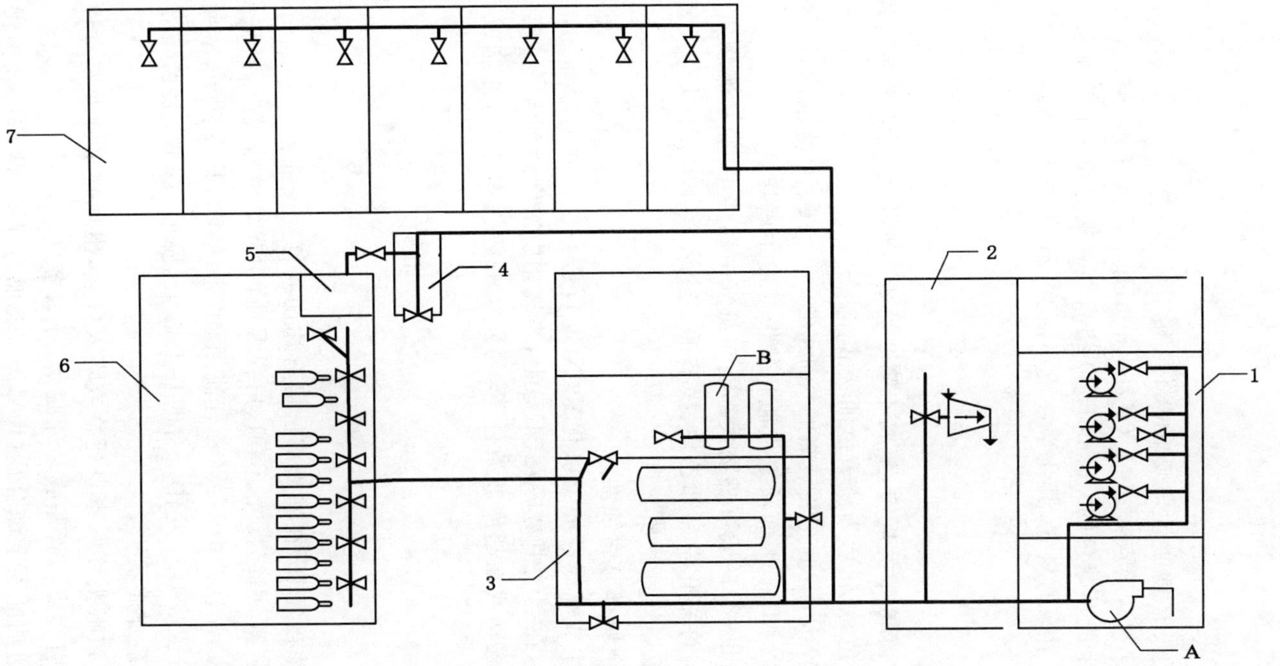

说明：
1——氯气泵房；
2——透平机房；
3——液氯储槽区；
4——液氯槽车充装台；
5——事故应急房；
6——液氯充装站；
7——液氯满瓶库。

设备：
A——事故氯风机；
B——氯气换热器。

图 B.1　移动风管配置图

附 录 C
(资料性附录)
氯的特性

C.1 理化特性

氯常温常压下为黄绿色、有刺激性气味的气体，相对密度(水＝1)：1.41(20 ℃)、相对蒸气密度(空气＝1)：2.5，沸点：－34.0 ℃，熔点：－101 ℃(760 mmHg)，可溶于水、碱液，含水的湿氯气有强的腐蚀性，当温度≤9.6 ℃时可生成黄绿色的 $Cl_2 \cdot 8H_2O$ 结晶。氯气的性质非常活泼，在不同的温度下能与各种金属作用形成化合物，干燥的氯气，其化学性质不活泼，不易与金属反应。

C.2 危险特性

C.2.1 按 GB 12268—2012 第 6 章的规定，氯属于第 2 类 2.3 项毒性气体，并具有强氧化性和腐蚀性，助燃和有刺激性，气体为黄绿色，液化后为淡黄色油状液体。

C.2.2 氯的体积膨胀系数较大，满量充装液氯的气瓶，在 0 ℃～60 ℃范围内，液氯温度每升高 1 ℃，其压力升高约 0.87 MPa～1.42 MPa，因而液氯气瓶超装极易发生爆炸。

C.2.3 氯本身不燃烧，但可助燃，一般可燃物大都能在氯气中燃烧，一般易燃物质或蒸气也能与氯气形成爆炸性混合物。氯气能与许多化学品如乙炔、松节油、乙醚、氨、燃料气、烃类、氢气、金属粉末等发生猛烈反应而引起爆炸或生成爆炸性物质。

C.2.4 对大部分金属和非金属都有腐蚀性。

C.2.5 与氮化合物如氨等生成高爆性的三氯化氮(NCl_3)，是一种剧烈的爆炸物，自燃爆炸点 95 ℃，在热水中易分解，冷水中不溶，在空气中易挥发、不稳定，当气相中浓度达到 5%～6%(体积分数)时，有潜在的爆炸危险。60 ℃时受震动或在超声波条件下，易发生分解性爆炸，与油脂或有机物等接触也可发生爆炸。

C.3 健康危害

C.3.1 皮肤接触液氯或高浓度氯气，在暴露部位可有灼伤或急性炎症。

C.3.2 眼睛接触氯可导致刺激、引起畏光、流泪、角膜混浊，引起急性角膜炎，高浓度造成角膜损伤。

C.3.3 吸入氯气会造成接触者急性中毒：轻者有流泪、咽痛、咳嗽、咳少量痰，继而咳嗽加剧出现胸闷、气急、胸骨后疼痛、呼吸困难或哮喘样发作。有时伴有恶心、呕吐、腹胀、上腹痛等消化系统症状，或头晕、头痛、烦躁、嗜睡等神经系统症状。

C.3.4 吸入极高浓度时，可致喉头痉挛窒息死亡或陷入昏迷，出现脑水肿或中毒性休克，甚至心跳骤停而发生"电击样"死亡；或可引起支气管黏膜坏死脱落，导致窒息。

C.3.5 部分可呈反应性气道功能不全综合症(RADS)，表现为哮喘、两肺可闻弥漫性哮鸣声，再次接触氯或其他刺激性气体易诱发哮喘。

C.3.6 少数重症患者可发生肺部感染，上消化道出血、气胸及纵隔气肿等并发症。

C.4 环境危害

C.4.1 氯气会与空气中的水蒸气反应生成盐酸和次氯酸雾滴对空气造成严重污染。氯的相对密度较大，泄漏时主要集中在地面，形成有毒蒸气随风沿地面扩散，会在低洼处或密闭空间内聚集，对环境造成严重污染。

C.4.2 氯气会造成植物叶子组织破坏而产生枯黄、掉落、卷叶等病态。

C.4.3 氯气会造成水体污染，对水生生物有很强的毒性。

附 录 D
（资料性附录）
急 救 措 施

D.1 次氯酸钠

D.1.1 皮肤接触

立即脱去被污染的衣着，用大量流动清水冲洗 20 min～30 min。就医。

D.1.2 眼睛接触

提起眼睑，用流动清水或生理盐水彻底冲洗至少 15 min。就医。

D.1.3 吸入

迅速脱离现场至空气新鲜处。保持呼吸道通畅。如呼吸困难，给输氧。如呼吸停止，立即进行人工呼吸。就医。

D.1.4 食入

禁止催吐。切勿给失去知觉者通过口喂任何东西。饮足量温水。就医。

D.2 氢氧化钠

D.2.1 皮肤接触

立即用水冲洗至少 15 min，紧急处理后送医院治疗。

D.2.2 眼睛接触

溅入眼内时，迅速用大量清水冲洗。不可用酸性液体中和。

D.2.3 误服

应立即口服 5%醋酸 200 mL～300 mL 或桔子水，禁忌催吐和洗胃，立即送医院急救治疗。

D.3 氯

D.3.1 皮肤接触

当液氯溅到身上时，会将衣服冻结在皮肤上，应在水冲洗解冻后方可脱去，用大量肥皂水洗涤与氯接触的身体部分，然后用干净的热水冲洗至少 15 min，静卧保温，必要时静脉注射糖皮质激素如地塞米松，就医。

D.3.2 眼睛接触

立即用大量温热的流动清水或生理盐水彻底冲洗至少 20 min，冲洗时，应把眼睑撑起，确保眼睛和眼睑的所有部位都能与水接触,不应使用中和剂。就医。

D.3.3 吸入

迅速脱离现场至空气新鲜处,将吸氯中毒者的衣裤、钮扣及裤带松开,使其呼吸畅通;如衣服上吸附了氯气,为防止第二次污染,应及时更换衣服;如呼吸困难,给输氧,给予2%～4%碳酸氢钠溶液雾化吸入;呼吸、心跳停止时,立即进行心肺复苏术。因考虑肺气肿的可能,严禁对中毒者施以人工呼吸。就医。

D.4 盐酸

D.4.1 皮肤接触

立即脱去污染的衣物,用大量流动的清水冲洗至少15 min,或用2%的碳酸氢钠溶液冲洗,就医。

D.4.2 眼睛接触

立即提起眼睑,用大量流动清水或生理盐水彻底冲洗至少15 min。就医。

D.4.3 吸入

迅速脱离现场至空气新鲜处,保持呼吸道通畅。如呼吸困难,立即输氧,给予2%～4%碳酸氢钠溶液雾化吸入。如呼吸停止,立即进行人工呼吸。就医。

D.4.4 食入

立即用水漱口,给牛奶、蛋清、植物油等口服,不可催吐,立即就医。

D.5 氯化亚铁

D.5.1 皮肤接触

立即脱去污染的衣着,用大量流动清水冲洗20 min～30 min。就医。

D.5.2 眼睛接触

立即提起眼睑,用大量流动清水或生理盐水彻底冲洗至少15 min,就医。

D.5.3 食入

口服者给予洗胃。应用络合剂,如解毒药中的依地酸钙钠($CaNa_2$-EDTA)、二乙烯三胺五乙酸(DTPA)、去铁敏,对症治疗。就医。

D.6 三氯化铁

D.6.1 皮肤接触

立即脱去被污染的衣着,用大量流动的清水冲洗至少15 min。若有灼伤,就医治疗。

D.6.2 眼睛接触

立即提起眼睑,用流动清水或生理盐水冲洗至少15 min。就医。

D.6.3 吸入

迅速脱离现场至空气新鲜处。保持呼吸道通畅。如呼吸困难，给输氧。如呼吸、心跳停止，立即进行心肺复苏术。就医。

D.6.4 食入

患者清醒时立即漱口，给饮牛奶或蛋清。就医。

检03